新工科·普通高等教育机电类系列教材
“十三五”国家重点出版物出版规划项目
现代机械工程系列精品教材
“十二五”普通高等教育本科国家级规划教材

机械 CAD/CAM 技术

第5版

主　编　王隆太
副主编　孙　进
参　编　朱　林
主　审　刘延林

机械工业出版社

本书系统地讲述了机械 CAD/CAM 的基本概念、技术原理、功能作用和关键技术，主要内容包括机械 CAD/CAM 技术概述、CAD/CAM 数据处理与管理技术、计算机图形处理技术、机械 CAD/CAM 建模技术、计算机辅助工程分析、计算机辅助工艺设计、计算机辅助数控编程和基于产品设计模型的数字化制造技术新发展。

本书在保持 CAD/CAM 技术内容系统性和完整性基础上，力求与当前 CAD/CAM 技术的发展和应用同步，突出内容的实用性，通过大量具体应用实例阐述 CAD/CAM 技术的原理和方法。各章节内容衔接自然、语言通俗流畅，便于组织教学和自学。

本书可作为机械工程及其自动化专业的本科生教材，也可作为从事 CAD/CAM 技术研究和工程应用的技术人员的培训教材或参考书。

图书在版编目（CIP）数据

机械 CAD/CAM 技术/王隆太主编. —5 版. —北京：机械工业出版社，2022.12（2024.11 重印）

新工科·普通高等教育机电类系列教材 “十三五”国家重点出版物出版规划项目 现代机械工程系列精品教材 “十二五”普通高等教育本科国家级规划教材

ISBN 978-7-111-71621-1

Ⅰ.①机… Ⅱ.①王… Ⅲ.①机械设计-计算机辅助设计-高等学校-教材②机械制造-计算机辅助制造-高等学校-教材 Ⅳ.①TH122②TH164

中国版本图书馆 CIP 数据核字（2022）第 174293 号

机械工业出版社（北京市百万庄大街 22 号 邮政编码 100037）
策划编辑：刘小慧 责任编辑：丁昕祯 杨 璇
责任校对：梁 静 刘雅娜 封面设计：张 静
责任印制：单爱军
保定市中画美凯印刷有限公司印刷
2024 年 11 月第 5 版第 3 次印刷
184mm×260mm · 17.75 印张 · 438 千字
标准书号：ISBN 978-7-111-71621-1
定价：53.80 元

电话服务	网络服务
客服电话：010-88361066	机 工 官 网：www.cmpbook.com
010-88379833	机 工 官 博：weibo.com/cmp1952
010-68326294	金 书 网：www.golden-book.com
封底无防伪标均为盗版	机工教育服务网：www.cmpedu.com

第5版前言

当前，CAD/CAM 三维几何建模技术已较为成熟，现已成为企业产品设计不可或缺的工具。然而，三维几何模型仅包含产品的结构信息，缺少产品的制造与工艺信息，仍需将三维几何模型转换为二维工程图样，并以此作为产品信息媒介在企业生产制造过程中交流与传递。

二维工程图样存在着不够直观、信息转换困难等缺陷，一直是企业信息化和数字化的瓶颈。随着数字化制造技术的发展与进步，基于模型的定义（Model Based Definition，MBD）产品建模技术应运而生。MBD 模型是一种将产品所有结构信息与制造工艺信息通过三维几何模型进行组织和定义的技术，是将原由二维工程图样所标注的产品结构尺寸、公差配合、技术要求等产品制造工艺信息全部通过产品三维几何模型进行标注，是一种完整的产品信息定义模型。

MBD 模型有效地解决了现代企业设计与制造过程所面临的复杂产品信息表达与传递困难、产品数据管理烦琐、工程更改难以贯彻等难题，为产品设计与制造过程的信息集成提供了基于唯一数据源的有效解决方案，可实现真正意义上的产品设计与制造一体化。

MBD 作为一种先进的产品数字化建模技术，在国际上已得到广泛认同和较为深入的应用。目前，国内的航空、航天、国防以及汽车、船舶等行业也已认识到 MBD 技术的优势，开始将 MBD 技术应用于产品的设计与开发。

鉴于 CAD/CAM 技术发展与应用现状，作为教科书的《机械 CAD/CAM 技术》及时补充相关的 MBD 建模技术内容已势在必行。为此，编者对第 4 版进行了新一轮的修订，此次修订重点内容主要集中在如下章节：

1）在第 1.4 节“CAD/CAM 技术的发展与应用”中，将 CAD/CAM 建模技术发展进程分为“二维工程图样”“二维工程图样+三维几何模型”及“MBD 模型”三个不同层次进行了论述。

2）在第 2 章“CAD/CAM 数据处理与管理技术”中，对原有数据管理内容进行了精简，添加了“数据可视化处理技术”。

3）在第 4 章“机械 CAD/CAM 建模技术”中，将原有的线框模型、表面（曲面）模型、实体模型和特征模型各小节内容合并为“三维几何模型”一个小节，并添加了“MBD 模型”一节新内容。

4）在第 6 章“计算机辅助工艺设计”中，添加了“基于 MBD 的 CAPP 系统”一节新内容。

5）在第 8 章“基于产品设计模型的数字化制造技术新发展”中，选择了目前已在我国有所起步的“基于模型的企业”以及“数字孪生”两项数字化制造新技术。

此外，精简及删除了第 4 版中一些陈旧及内容空泛的知识点。

本书由王隆太教授主编，朱林博士参与了第 2 章、孙进博士参与了第 8 章内容的编写。全书由华中科技大学刘延林教授主审。

由于编者水平有限，虽经多次修订，但书中仍可能存在不足和漏误之处，敬请读者批评指正。

编　者

第4版前言

本书自 2002 年出版第 1 版、2005 年出版第 2 版、2010 出版第 3 版以来，累计印次 27 次，深受广大读者和高校师生的支持和关爱。为了体现与时俱进、精益求精的精神，编者特对本书第 3 版进行了修订。

CAD/CAM 技术是一项工程应用型先进实用技术，经过半个多世纪的发展，已逐渐成熟并得到普及应用，现已成为企业产品设计与开发不可或缺的工具。作为工程应用专业类教材，面对现已成熟的技术，本次修订侧重于 CAD/CAM 技术的功能原理、技术实现以及具体的工程应用。为此，在全书结构上，添加了“计算机辅助工程分析”一章的内容，合并了原有的“CAD/CAM 的支撑技术”与“设计/制造数据的处理技术”章节，摒弃了原有的“机械 CAD/CAM 应用软件开发”章节；在内容选材方面，强化了该技术的功能原理及其技术实现方面的内容，删减了该技术的发展过程性及探索性内容；在逻辑关系上，按照机械 CAD/CAM 技术的基本概念、数据与图形处理、CAD 建模技术、CAE 分析技术、CAPP 系统、CAM 编程系统以及 CAD/CAM 技术集成的顺序，重新调整了各章节间的关系；在技术应用方面，以更多的应用实例来阐述各项技术的实际工程应用。经过本次修订，提高了本书内容的完整性、合理性和可读性，更加便于教师组织教学和学生自学。

本书各章节内容具体安排如下。

第 1 章为机械 CAD/CAM 技术概述，包括 CAD/CAM 技术内涵、CAD/CAM 系统的结构组成、作业过程、主要功能以及 CAD/CAM 技术发展历程与当前研究热点。

第 2 章为工程数据计算机管理与处理技术，包括 CAD/CAM 系统常用的数据结构、数据管理模式、工程数表及线图的计算机处理技术。

第 3 章为计算机图形处理技术，包括计算机图形处理的数学基础、窗口与图形裁剪技术、图形变换技术、计算机辅助绘图技术以及自由曲线和曲面。

第 4 章为机械 CAD/CAM 建模技术，包括 CAD/CAM 建模技术概述、线框建模技术、表面（曲面）建模技术、实体建模技术、特征建模技术和装配建模技术。

第 5 章为计算机辅助工程分析，包括 CAE 内涵与作用、涉及的功能范畴以及有限元分析、优化设计和计算机仿真。

第 6 章为计算机辅助工艺设计，包括 CAPP 的功能与作用、技术发展与趋势，CAPP 系统类型、结构组成，以及派生式 CAPP 系统、创成式 CAPP 系统和 CAPP 专家系统。

第 7 章为计算机辅助数控加工编程，包括数控加工编程技术基础、数控编程方法及其实现、刀位点计算和 CAD/CAM 系统数控编程作业过程。

第 8 章为 CAD/CAM 集成技术，包括 CAD/CAM 系统集成概念、集成关键技术、集成方式以及基于 PDM 平台的 CAD/CAM 系统集成。

本次修订由王隆太教授负责完成，宋爱平、朱灯林、戴国洪参加修订。全书由沈世德教授主审。

由于编者水平有限，书中不足、漏误之处在所难免，敬请读者批评指正。

编　者

第3版前言

本书自2002年出版第1版、2005年出版第2版以来，累计印次15次，深受高校师生的支持和关爱。为了更好地对本书进行完善，体现与时俱进、精益求精的精神，编者对本书第2版进行了修订。

此次修订删除了某些陈旧烦琐的内容，增加了一些CAD/CAM技术新发展的内容，进一步理顺了全书的结构，使全书内容更为新颖、实用，编排逻辑更为合理、流畅。其主要修订内容如下：

1）第一章在“CAD/CAM系统硬件”部分，适当增加了虚拟现实设备、三坐标测量设备等与CAD/CAM系统相关的先进硬件内容；在“CAD/CAM系统软件”部分，增加了虚拟现实软件内容；将“CAD/CAM技术的研究热点”内容改为“CAD/CAM技术的发展趋势”。

2）将第二章“成组技术”安排至第七章，结合派生式CAPP内容一同介绍；在第二章增加了“人工智能”“可视化”等CAD/CAM支撑技术的新内容。

3）第四章增加了“图形裁剪技术”内容；在“程序参数化绘图”部分，以C语言代替AutoLisp语言进行举例编程。

4）在第五章，充实、强化了“特征建模”内容，增加了“装配建模技术”小节。

5）第六章在“机械CAD应用系统二次开发技术”中，增加了对话框和用户菜单的开发技术。

6）第七章删除了“CAPP专家系统”内容，避免与第二章的“人工智能”内容重复。

7）第八章以“CAD/CAM系统数控编程作业过程”为主线，对原有内容进行了调整，使其结构逻辑更为合理。

8）第九章包括CAD/CAM系统集成技术、快速成形制造、反求工程、虚拟制造、网络化制造等有关CAD/CAM技术集成及应用的内容。

本书第3版的编写分工如下：第一、二、八、九章由王隆太编写，第三、四章由宋爱平编写，第五、六章由朱灯林编写，第七章由戴国洪编写。全书由王隆太统稿。

全书由西安交通大学赵汝嘉和吴锡英教授担任主审，他们对本书的编写提出了许多宝贵的建议和修改意见。此外，本书得到扬州大学出版基金的资助，编者在此一并表示衷心的感谢。

由于编者水平有限，书中不足、漏误之处在所难免，敬请读者批评指正。

编　者
于扬州

第2版前言

本书自2002年1月第1版出版以来，受到不少读者的支持和关爱，到2004年7月已进行5次印刷。然而，由于编者的水平所限，在第1版中无论是教材结构、内容选取，还是语言文字等方面均存在不少缺陷和不足。两年多来，不少热心的读者对本书提出了许多善意的意见和改进的建议。为了满足读者的需求，适应我国制造业快速发展的形势，编者在征求和整理读者意见的基础上，对第1版进行了修订。

第2版教材的读者对象仍然面向普通高等教育应用型机械工程类专业的在校学生，侧重点为CAD/CAM技术的工程应用，同时保留基本的CAD/CAM技术原理和方法；在内容选取方面，主要体现CAD/CAM成熟实用技术，尽可能反映本领域的前沿发展；在内容编排上，每个主要章节均附有具体的技术应用实例，以便于读者学习和理解；在教学计划和课程设置方面，建议配匹一定学时量的实践性教学环节，如课程实验或课程实习。

此次修订主要增删的内容包括：

1）将第1版第一章中的“CAD/CAM支撑技术”单列为一章，其中包括数据结构、数据管理技术、计算机网络技术和成组技术等内容。

2）第三章增加了数据库应用示例，包括数据库数表的建立和查询以及数据库技术在CAD/CAM系统开发中的应用。

3）在第四章图形变换部分增加了投影变换和透视变换的内容，以及图形变换应用举例。

4）第五章加强了机械零件三维造型示例部分，包括AutoCAD和UG系统的三维造型示例。

5）第六章删除了有关CAD系统类型的内容，从软件工程方法出发，侧重阐述机械CAD/CAM应用软件的开发原则和步骤，以及机械CAD应用软件的二次开发技术。

6）第八章在介绍数控编程基本方法和原理的基础上增加了UG系统编程示例。

7）第九章删除了原有的集成系统信息流以及集成系统类型等内容，增加了基于PDM平台的CAD/CAM集成技术和网络化制造技术等新内容。

第2版教材由王隆太教授担任主编，朱灯林博士、戴国洪博士担任副主编。具体章节编写分工如下：第一、八章由王隆太编写，第二章由陈飞编写，第三章由宋爱平编写，第四章由张剑锋编写，第五章由朱灯林编写，第六章由孙春华编写，第七、九章由戴国洪编写。全书由王隆太统稿，并参与第二章和第九章部分小节的编写，陈飞协助有关章节的图稿整理。

全书由西安交通大学赵汝嘉教授主审。

由于编者水平有限，书中不足、漏误之处在所难免，敬请读者指正。

编　者

于扬州大学

第1版前言

于20世纪60年代产生并形成的机械CAD/CAM技术，经过近40年的快速发展，现已成为一种高新技术。该技术的迅猛发展和广泛应用，给机械制造业从产品设计到加工制造整个生产过程带来了深刻、全面、根本性的变革，被评为20世纪最杰出的工程技术成就之一。目前，CAD/CAM技术已被广泛应用于机械、电子、汽车、船舶、航天、航空、轻工等各个领域，其应用水平和开发能力已成为衡量一个国家、一个企业技术水平的重要标志之一。

随着信息化时代的到来和全球化市场的形成，商品市场的竞争更趋激烈。在刚刚跨入新世纪之际，如何提高市场快速响应能力，以最短的时间、以最低的成本，向市场推出质量最好的新产品，已成为制造型企业竞争的焦点。CAD/CAM技术是企业技术创新、市场开拓的强有力的技术工具和手段。CAD/CAM技术的发展和推广应用不仅受到国家和企业的高度重视，更为广大工程技术人员所关心，如何全面、熟练地掌握CAD/CAM技术已成为工程技术人员适应新形势、新要求的重要任务。

CAD/CAM技术所涉及的内容极其广泛，学科跨度大，通过本门课程的学习究竟应掌握哪些知识和内容一直是人们所关注的话题。本书以机械工程类专业应用型人才的培养为对象，以实际、实践和实用为原则，兼顾理论基础和实际应用，系统地讲述CAD/CAM技术的基本概念、应用方法和关键技术。在内容的安排上，按照设计、工艺和加工制造三个主要机械产品生产环节，着重介绍计算机在工程图样绘制、产品几何建模、工艺规程编制和数控编程中的应用技术；在介绍具体应用方法时，通过多样化的应用实例开拓学生的思路，培养学生对实际问题的分析和解决能力；在语言描述方面，力求简洁、通俗、准确、易懂，以利于培养学生的自学能力和知识拓展能力。

本书由王隆太教授担任主编，朱灯林、戴国洪副教授担任副主编。各章编写分工如下：第一、七章由王隆太编写，第二章和第三章第一节由袁新芳编写，第三章第二、三节由章永健编写，第四、五章由朱灯林编写，第六、八章由戴国洪编写；全书由王隆太统稿；陈飞协助整理全书的图稿。

全书由东南大学吴锡英教授担任主审，在此表示感谢。

由于编者水平有限，书中不足、漏误之处在所难免，敬请读者批评指正。

编　者

目　录

第 5 版前言

第 4 版前言

第 3 版前言

第 2 版前言

第 1 版前言

第 1 章　机械 CAD/CAM 技术概述 …… 1

1.1　CAD/CAM 技术相关概念 …… 2

1.1.1　CAD 技术 …… 2

1.1.2　CAE 技术 …… 2

1.1.3　CAPP 技术 …… 3

1.1.4　CAM 技术 …… 3

1.1.5　CAD/CAM 集成技术 …… 4

1.2　CAD/CAM 系统的作业过程和主要功能 …… 5

1.2.1　CAD/CAM 系统的作业过程 …… 5

1.2.2　CAD/CAM 系统的主要功能 …… 6

1.3　CAD/CAM 系统的结构组成 …… 7

1.3.1　CAD/CAM 系统的主要组成 …… 7

1.3.2　CAD/CAM 系统的硬件 …… 8

1.3.3　CAD/CAM 系统的软件 …… 10

1.4　CAD/CAM 技术的发展与应用 …… 12

1.4.1　CAD/CAM 技术的发展 …… 12

1.4.2　CAD/CAM 技术在我国的应用 …… 15

本章小结 …… 16

思考题 …… 17

第 2 章　CAD/CAM 数据处理与管理技术 …… 18

2.1　CAD/CAM 系统常用数据结构 …… 19

2.1.1　数据结构概念 …… 19

2.1.2　线性表 …… 19

2.1.3　堆栈与队列 …… 22

2.1.4　树结构 …… 23

2.1.5　二叉树 …… 24

2.2　工程数表的处理技术 …… 27

2.2.1　数表的程序化处理 …… 28

2.2.2　数表的文件化处理 …… 30

2.2.3　数表的公式化处理 …… 32

2.2.4　数表的数据库存储 …… 35

2.3　工程线图的处理技术 …… 37

2.3.1　一般线图的处理 …… 37

2.3.2　复杂线图的处理 …… 39

2.4　数据可视化处理技术 …… 40

2.4.1　数据可视化概念 …… 40

2.4.2　数据可视化方法与工具 …… 42

2.4.3　数据可视化基本流程 …… 43

2.4.4　数据可视化应用实例 …… 44

2.5　产品数据管理技术 …… 45

2.5.1　数据管理技术的演变 …… 45

2.5.2　数据库系统 …… 46

2.5.3　产品数据管理 PDM …… 48

本章小结 …… 49

思考题 …… 50

第 3 章　计算机图形处理技术 …… 51

3.1　计算机图形处理的数学基础 …… 52

3.1.1　矢量运算 …… 52

3.1.2　矩阵运算 …… 52

3.1.3　齐次坐标 …… 54

3.2　图形裁剪技术 …… 55

3.2.1　窗口与视区 …… 55

3.2.2　直线段的裁剪技术 …… 56

3.2.3　多边形的裁剪技术 …… 59

3.3　图形变换技术 …… 63

3.3.1　几何图形的表示 …… 63

3.3.2　二维图形的几何变换 …… 64

3.3.3　三维图形的几何变换 …… 69

3.3.4　三维图形的投影变换 …… 70

3.4　工程图绘制技术 …… 75

3.4.1　交互式绘图 …… 75

3.4.2　程序参数化绘图 …… 76

3.4.3　尺寸驱动式参数化绘图 …… 78

3.4.4　工程图的自动生成 …… 81

3.5　曲线和曲面 …… 83

3.5.1　曲线和曲面的基本概念 …… 83

3.5.2 Bezier曲线曲面 …………………… 86
3.5.3 B样条曲线曲面 …………………… 90
3.5.4 NURBS曲线曲面 …………………… 95
本章小结 …………………………………… 96
思考题 ……………………………………… 97
第4章 机械CAD/CAM建模技术 …… 98
4.1 CAD/CAM建模基本知识 ……………… 99
4.1.1 几何形体的表示 …………………… 99
4.1.2 几何形体的有效性 ………………… 100
4.1.3 机械产品模型蕴含的信息 ……… 101
4.1.4 常用的机械产品数字化模型 …… 102
4.2 三维几何模型 ………………………… 106
4.2.1 线框模型 ………………………… 106
4.2.2 表面（曲面）模型 ……………… 107
4.2.3 实体模型 ………………………… 110
4.2.4 特征模型 ………………………… 114
4.2.5 特征建模实例 …………………… 117
4.3 三维装配模型 ………………………… 119
4.3.1 装配模型的基本概念 …………… 119
4.3.2 装配模型中的约束配合关系 …… 121
4.3.3 装配建模方法 …………………… 121
4.3.4 装配建模实例 …………………… 123
4.4 MBD模型 ……………………………… 129
4.4.1 MBD模型的内涵 ………………… 129
4.4.2 MBD模型数据内容及其管理 …… 130
4.4.3 SolidWorks系统MBD建模技术 … 131
本章小结 …………………………………… 136
思考题 ……………………………………… 137
第5章 计算机辅助工程分析 ……… 138
5.1 概述 …………………………………… 139
5.1.1 CAE的内涵 ……………………… 139
5.1.2 CAE的作用 ……………………… 139
5.1.3 CAE涉及的功能范畴 …………… 140
5.2 有限元分析 …………………………… 140
5.2.1 有限元法的基本思想及分析步骤 …………………………… 140
5.2.2 有限元分析软件系统 …………… 144
5.2.3 线性静力分析 …………………… 146
5.2.4 模态分析 ………………………… 150
5.3 优化设计 ……………………………… 152
5.3.1 优化设计的数学模型 …………… 152
5.3.2 优化设计过程 …………………… 154
5.3.3 常用优化算法 …………………… 155
5.3.4 优化设计应用实例 ……………… 160
5.4 计算机仿真 …………………………… 162
5.4.1 计算机仿真技术概述 …………… 162
5.4.2 计算机仿真工作流程 …………… 163
5.4.3 CAD软件系统的运动仿真 ……… 164
5.4.4 应用MATLAB软件编程仿真 …… 165
5.4.5 应用ADAMS系统仿真 …………… 170
本章小结 …………………………………… 175
思考题 ……………………………………… 176
第6章 计算机辅助工艺设计 ……… 177
6.1 概述 …………………………………… 178
6.1.1 机械制造工艺设计的基本任务 … 178
6.1.2 CAPP技术内涵及其基本组成 …… 178
6.1.3 CAPP系统类型 …………………… 179
6.2 派生式CAPP系统 …………………… 181
6.2.1 成组技术的概念 ………………… 181
6.2.2 零件分类编码系统 ……………… 182
6.2.3 派生式CAPP系统的组成及作业过程 …………………………… 185
6.2.4 派生式CAPP系统的技术实现 … 186
6.3 创成式CAPP系统 …………………… 189
6.3.1 创成式CAPP系统的组成及作业过程 …………………………… 189
6.3.2 创成式CAPP系统的技术实现 … 190
6.3.3 创成式CAPP系统的工艺决策逻辑 …………………………… 190
6.3.4 创成式CAPP系统工艺路线确定及工序设计 ……………………… 193
6.4 CAPP专家系统 ……………………… 193
6.4.1 CAPP专家系统概述 ……………… 193
6.4.2 CAPP专家系统的组成及作业过程 …………………………… 19
6.4.3 工艺知识的获取与表示 …………
6.4.4 CAPP专家系统推理策略 …………
6.4.5 CAPP专家系统开发工具 …………
6.5 基于MBD的CAPP系统 ……………
6.5.1 基于MBD的CAPP系统工艺设计思路 ……………………
6.5.2 基于MBD的CAPP系统工艺设计过程 ……………………
6.5.3 工艺MBD模型的创建 ……
6.5.4 工艺MBD模型的信息管
6.6 CAPP系统应用实例 ……

6.6.1　开目 CAPP 系统结构组成 ……… 206
6.6.2　开目 CAPP 系统工艺设计实例 … 209
本章小结 …………………………………… 211
思考题 ……………………………………… 212
第 7 章　计算机辅助数控编程 ……… 213
7.1　数控编程技术基础 …………………… 214
7.1.1　数控机床的坐标系统 …………… 214
7.1.2　数控程序格式及其相关的指令 … 215
7.1.3　常用的切削刀具 ………………… 217
7.1.4　刀具运动控制面 ………………… 218
7.2　数控编程方法及其实现 ……………… 218
7.2.1　手工编程 ………………………… 219
7.2.2　数控语言自动编程 ……………… 220
7.2.3　CAD/CAM 系统自动编程………… 222
7.3　数控编程刀位点计算 ………………… 224
7.3.1　非圆曲线刀位点计算 …………… 224
7.3.2　球头铣刀行距和步长的确定 …… 227
7.3.3　曲面加工刀位点计算 …………… 228
7.3.4　平面型腔零件加工刀位点计算 … 229
7.3.5　刀具干涉检查 …………………… 230
7.4　CAD/CAM 系统数控编程作业过程 … 232
7.4.1　数控加工工艺方案设计 ………… 232
7.4.2　数控加工刀具轨迹的生成 ……… 236
7.4.3　刀具轨迹的编辑修改 …………… 237
7.4.4　后置处理 ………………………… 238
7.4.5　加工仿真 ………………………… 240
7.4.6　数控程序传输 …………………… 241
7.5　数控编程实例 ………………………… 243
本章小结 …………………………………… 246
思考题 ……………………………………… 247
第 8 章　基于产品设计模型的数字化制造技术新发展 …………… 249
8.1　基于模型的企业（MBE） …………… 250
8.1.1　MBE 概述 ………………………… 250
8.1.2　基于模型的工程（MBe） ……… 253
8.1.3　基于模型的制造（MBm） ……… 255
8.1.4　基于模型的维护服务（MBs） … 262
8.2　数字孪生技术 ………………………… 263
8.2.1　数字孪生概念的提出和发展 …… 263
8.2.2　数字孪生技术内涵 ……………… 264
8.2.3　数字孪生的功能与作用 ………… 265
8.2.4　数字孪生体三要素 ……………… 267
8.2.5　数字孪生技术的应用 …………… 268
本章小结 …………………………………… 272
思考题 ……………………………………… 272
参考文献 …………………………………… 273

第1章 机械CAD/CAM技术概述

CAD/CAM（Computer Aided Design/Computer Aided Manufacturing）技术是计算机技术与工程应用技术紧密结合的一项先进而实用的技术。自20世纪60年代问世以来，CAD/CAM技术走完了半个多世纪的发展历程，具有应用领域宽、综合性能强、处理速度快、经济效益高的特点，是先进制造技术的重要组成部分，是当前企业数字化制造的重要基础，也是工程设计人员从事产品设计开发不可或缺的工具。CAD/CAM技术的广泛应用，大大促进了企业的技术进步和信息化水平，对国民经济的快速发展、促进社会进步均有较大影响。

重点提示：

CAD/CAM技术是先进制造技术的重要组成部分，是当今企业产品设计开发不可或缺的工具。本章在介绍CAD/CAM技术相关概念的基础上，着重讲述CAD/CAM系统的作业过程和主要功能，分析CAD/CAM系统的结构组成和常用的软硬件系统，论述当前CAD/CAM技术发展与应用现状。

1.1 ■ CAD/CAM 技术相关概念

CAD/CAM 技术是借助于计算机软硬件工具辅助从事产品设计与制造的一项工程应用技术。通常，CAD/CAM 系统包含 CAD（Computer Aided Design）、CAE（Computer Aided Engineering）、CAPP（Computer Aided Process Planning）、CAM（Computer Aided Manufacturing）等单元技术。为了便于信息资源的交流与共享，将这些单元技术进行集成，便构成了 CAD/CAE/CAPP/CAM 集成系统，通常称为 CAD/CAM 系统。下面对 CAD/CAM 技术的相关概念进行简要介绍。

1.1.1 CAD 技术

CAD 是指设计人员借助于计算机及相关软件系统，在产品设计规范和设计数据库的支撑约束下，应用自身的知识和经验，从事产品设计的整个过程。

CAD 系统的功能模型如图 1.1 所示。设计人员通过 CAD 系统平台，根据产品开发计划、功能要求和性能指标从事产品的结构设计，构建包含产品结构与工艺信息的产品三维数字化模型；对照设计要求，对该模型进行必要的计算、分析与仿真模拟，检验其功能和性能指标；根据计算分析结果对设计模型进行修改，以获得最佳的产品三维数字化模型；最后，整理输出产品设计模型以及相关的设计文档，完成产品的设计过程。

由此可见，CAD 技术实质上是一种产品建模技术，是将现实产品转化为能被计算机处理和识别的数字化模型，以供后续产品生产制造环节应用与共享。可以说，CAD 是产品数字化的源头，是产品全生命周期的信息之源。

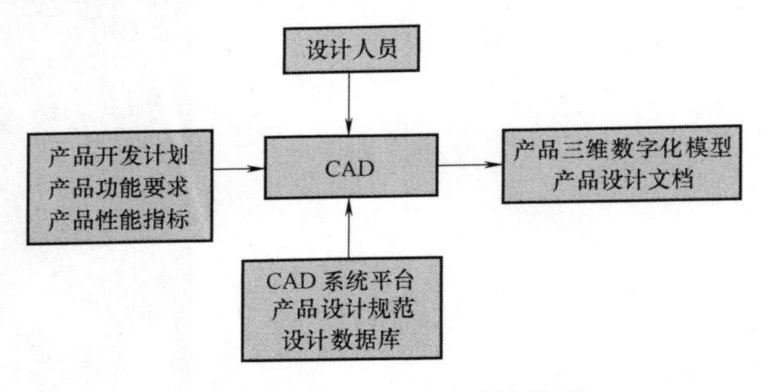

图 1.1 CAD 系统的功能模型

1.1.2 CAE 技术

CAE 是指应用计算机及相关软件系统对产品性能及其安全可靠性进行分析，对产品未来的工作状态和行为进行模拟仿真，以便及早发现设计中的缺陷，证实所设计产品的功能可用性和性能可靠性，避免将设计缺陷带入制造、装配及使用过程，以降低产品开发成本，缩短产品开发周期。

严格意义上讲，CAE 是 CAD 技术的一个组成部分，是对产品设计模型不断优化完善的设计活动。CAE 系统的功能模型如图 1.2 所示。设计人员通过 CAE 系统平台，在给定作业工况和约束条件下对产品三维数字化模型进行结构分析、运动分析以及对产品未来工作状态

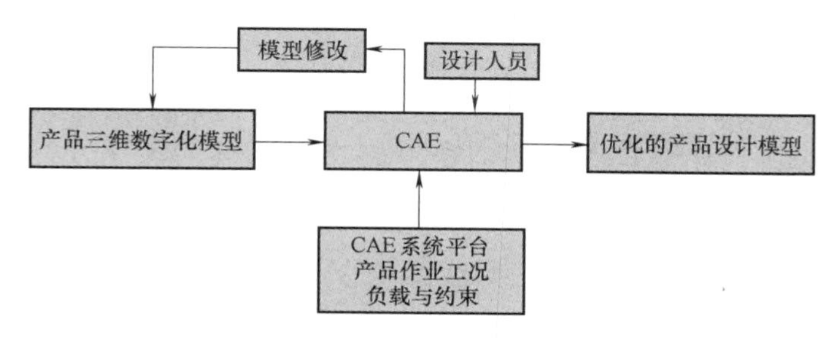

图 1.2 CAE 系统的功能模型

进行静态或动态的仿真模拟，以便调整和修改产品模型中不合理的结构与参数，输出优化的产品设计模型。

1.1.3 CAPP 技术

CAPP 是根据产品加工要求，在给定的加工条件和环境下，应用计算机及相关软件系统自动或交互地进行产品工艺路线及加工工序的设计。一般认为，CAPP 系统包括毛坯设计、工艺路线制定、加工工序及工步设计、工时定额计算等工艺设计功能，其中工序设计包含机床工具的选用、加工余量的分配、切削用量的选择以及工序图生成等设计内容。

CAPP 系统的功能模型如图 1.3 所示。工艺人员借助于 CAPP 系统平台，根据产品三维数字化模型给定的型面特征、工艺要求以及生产约束条件，按照企业生产工艺标准和规范，完成毛坯选择、工艺路线制定、加工工序及工步设计、工时定额计算等工艺设计任务。

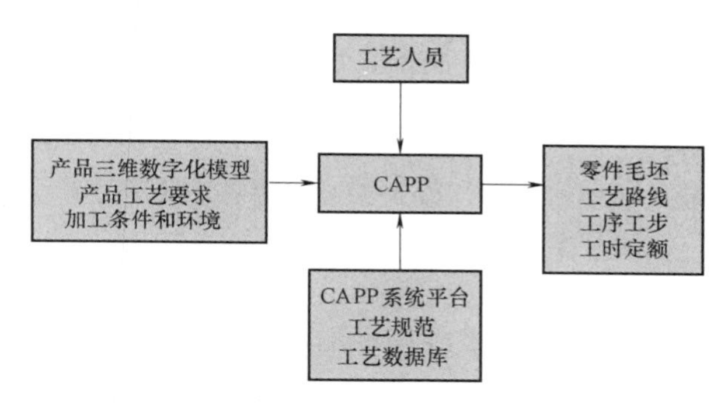

图 1.3 CAPP 系统的功能模型

产品制造工艺设计是产品加工制造前的准备工作，是制造部门的一项重要设计任务，其设计效率的高低和设计质量的优劣，对企业生产组织、产品质量、生产成本和生产周期等均有直接的影响。CAPP 技术可为企业提供完整、详尽、优化的工艺方案和工艺文件，可大大提高工艺设计效率，缩短工艺准备时间，可为企业的科学管理提供可靠的工艺数据支持。

1.1.4 CAM 技术

CAM 有广义 CAM 和狭义 CAM 之分。广义 CAM 一般是指利用计算机辅助完成从毛坯设计到产品制造全过程的直接或间接的各项生产活动，包括工艺准备、生产作业计划制订、生产管理、物流控制、质量控制等；狭义 CAM 通常是指数控程序编制，包括刀具路径规划、刀轨生成、加工仿真、后置处理等数控加工编程任务。CAD/CAM 系统中的 CAM 概念即为狭义的 CAM。

CAM 系统的功能模型如图 1.4 所示。设计人员根据 CAD 系统所提供的产品三维数字化模型以及 CAPP 系统提供的产品工艺路线、加工工序文件等，在 CAM 系统平台以及数控设备数据库的支持下，完成数控加工程序的编制。

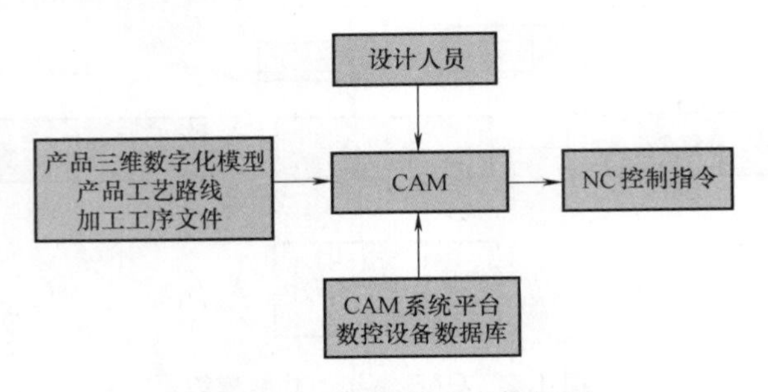

图 1.4　CAM 系统的功能模型

1.1.5　CAD/CAM 集成技术

早期的 CAD、CAE、CAPP、CAM 等单元技术各自独立地发展，推出了众多性能优良、相互独立的商品化系统。这些单元系统虽然在各自作用领域发挥了重要作用，但系统之间相互割裂，难以实现信息的相互传递与交换，大量信息资源得不到充分利用与共享。例如，CAD 的设计结果不能直接被 CAPP 系统所读取，尚需人为录入 CAPP 作业所需的产品结构和工艺信息，这不仅影响了设计效率，还难以避免人为录入差错。为使这些单元技术发挥更大的效能，CAD/CAM 集成技术便应运而生。

CAD/CAM 集成技术即借助于数据库技术、互联网技术以及产品数据交换接口技术等，将分散于机型各异的 CAD、CAE、CAPP 和 CAM 等单元系统相互连接，实现信息的高效、快捷地传递与交换，以保证 CAD/CAM 软硬件资源充分地利用与共享。

CAD/CAM 系统有不同的集成方法和工具，有基于专用或标准数据接口的集成，也有借用工程数据库的集成等。目前，普遍使用 PDM（Product Data Management，产品数据管理）系统作为 CAD/CAM 系统的集成平台。PDM 系统是管理所有与产品相关的信息与过程的系统。它是以软件技术为基础、以产品信息为核心，将产品结构设计、工艺规划、工装设计、产品质量以及产品应用维护等所有产品信息进行集成，对产品全生命周期内的数据进行统一管理。为此，也有人将 PDM 系统称为 PLM（Product Lifecycle Management，产品全生命周期管理）系统。

在 PDM 系统平台上，可以集成或封装 CAD/CAM 各个子系统，并对各个子系统的信息按用途和目的进行分类集成管理。这样，可以从 PDM 系统中提取各子系统所需要的信息，处理结束后再将其结果放回 PDM 系统中，无须与各功能系统发生直接联系，可方便地实现 CAD/CAM 系统的集成。

随着网络技术和信息技术的进步与发展，除了 CAD/CAM 集成系统之外，还有更大范围的企业信息集成系统。例如：计算机集成制造系统（Computer Integrated Manufacturing System，CIMS），它将企业内的经营管理信息、工程设计信息、加工制造信息、产品质量信息等整个企业的信息集成为一体，以获取企业最大的综合效益；敏捷制造系统（Agile Manufacturing，AM）是将企业供应链上有关供应商、分销商以及用户的信息进行集成，构建虚拟化的动态联盟组织，可对动态多变的市场做出快速响应等。然而，CAD/CAM 集成系统则是各种不同企业信息集成系统最为核心的基础。

1.2 ■ CAD/CAM 系统的作业过程和主要功能

1.2.1　CAD/CAM 系统的作业过程

CAD/CAM 系统是一种先进的计算机辅助设计及制造系统。它充分利用计算机精确高速的计算性能，强大快捷的图形数据处理能力，大容量数据存储、传递及处理功能，借助于有限元结构分析、优化设计、仿真模拟等多种设计软件工具，结合设计人员的知识、经验及其创造性，能够大大提高产品的设计效率与设计质量。

图 1.5 所示为 CAD/CAM 系统的作业过程。通常，CAD/CAM 系统是在市场需求分析以及产品概念设计的基础上，主要从事产品三维数字化建模、工程分析、工艺规程设计、数控编程和仿真模拟等设计环节。所设计产品的信息流不断地从上一设计环节流向下一设计环节，同时也伴随着设计信息的不断修改和反馈。随着设计进程的推进，产品信息在不断增加的同时也得到不断地完善。

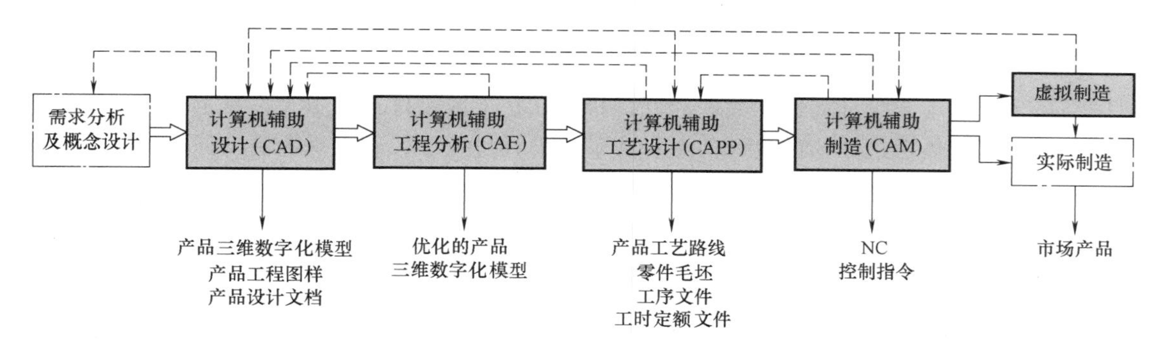

图 1.5　CAD/CAM 系统的作业过程

CAD/CAM 系统作业的主要步骤：

(1) 需求分析及概念设计　就目前 CAD/CAM 系统所具备的功能而言，新产品的市场需求分析以及概念设计主要由设计人员人工来完成，即产品设计人员在市场调研分析的基础上，确定产品的具体功能需求，进行产品的功能设计；根据产品的功能需求，制定产品的结构方案，进行产品的概念设计，最终完成产品设计的概念模型。由人工完成产品的概念设计，可充分发挥人的聪明才智和思维灵感，避免 CAD/CAM 系统的复杂化。但可断言，最终产品的概念设计将会由智能 CAD/CAM 系统自动完成。

(2) 计算机辅助设计（CAD）　在产品概念设计的基础上，借助计算机和 CAD 软件系统，交互进行产品三维数字化建模，最终完成所设计产品的三维数字化结构模型。

(3) 计算机辅助工程分析（CAE）　根据 CAD 所建立的产品三维数字化模型，结合产品实际应用所承受的负载和约束工况，借助于有限元分析软件系统，建立有限元分析模型，计算分析产品在负载工况条件下的应力/应变场、热力场、磁力场等，根据分析结果修改完善产品结构，最终获得优化的产品三维数字化模型。

(4) 计算机辅助工艺设计（CAPP）　CAPP 系统从 CAD 及 CAE 设计结果中提取产品的几何信息及工艺信息，根据成组工艺或工艺创成等技术原理，结合企业自身的工艺数据库，完成产品的工艺设计，生成产品加工工艺路线和工艺规程。

(5) 计算机辅助制造（CAM）　CAM 系统依据 CAD 和 CAPP 系统所产生的产品三维数字化模型及加工工艺文件，编制产品数控加工的控制指令，得到满足具体机床所要求的数控加工程序。

(6) 虚拟制造（Virtual Manufacturing，VM）　借助三维可视的虚拟制造环境，对产品实际制造过程进行仿真模拟试验。在产品投入实际加工前，依据已经确定的加工工艺和控制指令，模拟产品加工制造的整个工艺过程，尽早发现产品设计存在的问题或不足，以保证产品设计和制造过程一次成功。

由 CAD/CAM 系统的作业过程可以看出，现代产品设计与制造过程具有如下特征：

(1) 产品设计开发过程数字化　产品设计开发过程是产品三维数字化模型的建立、优化、完善和处理转换的过程，各个设计环节之间的衔接通过产品信息流的正向传递和逆向反馈，替代传统（如产品图样、工艺文件）纸质媒介的传递。

(2) 设计环境的网络化　产品的设计开发是一个群体作业过程，通过计算机网络将不同的设计人员、不同的设计部门、不同的设计地点联系起来，可使每个设计环节及时沟通和响应，避免信息的延误和错误的传递。

(3) 设计过程的并行化　应用 CAD/CAM 技术，可使产品设计过程并行化。通过计算机网络可建立上下游设计活动的关联和反馈机制。在上游设计过程中，可对下游设计并行地进行分析，可整体考虑产品的设计问题；在下游设计过程中，若发现上游设计的缺陷，也可及时向上反馈修改，使产品设计得到不断的完善和优化。

(4) 新型开发工具和手段的应用　应用 CAD/CAM 技术进行产品的设计开发，可应用有限元分析、可靠性分析、优化设计、模拟仿真、虚拟制造等先进制造技术，能有力地保证产品设计质量，缩短开发周期，提高产品设计的一次成功率。

1.2.2　CAD/CAM 系统的主要功能

作为一种计算机辅助设计工具，CAD/CAM 系统应能对产品设计与制造全过程的信息进行处理，包括产品的三维数字化建模、工程分析、工艺设计、数控编程、仿真模拟以及工程数据管理等。目前，CAD/CAM 系统的主要功能如下：

(1) 产品三维数字化建模　在产品设计阶段，应用 CAD 系统可对产品的结构形状、尺寸大小、装配关系进行描述，并按照一定的数据结构在计算机内构建产品实体三维数字化模型。

产品三维数字化建模是 CAD/CAM 系统的核心功能，又是产品设计与制造的基础。通过所构建的产品三维数字化模型，可动态地显示产品三维结构，进行图形消隐和色彩渲染处理，提高虚拟产品的真实感；可分析产品各组成部分的装配关系，分析结构的合理性，评价产品的可装配性；可分析产品传动机构的运动关系，检验产品各零部件间运动干涉以及与周围环境的干涉；可作为后续设计环节的数据源，进行工程分析、优化设计、工艺设计、数控编程等设计作业。

目前，市场上提供的商品化 CAD/CAM 系统，一般均具备完善的三维数字化建模功能，可满足各种产品结构和复杂曲面的建模要求。

(2) 工程分析　目前，CAD/CAM 系统一般嵌入不同功能的工程分析软件模块，也可应用独立的工程分析软件系统，通过数据转换接口，对所建立的产品三维数字化模型进行有限元分析、优化设计、多体动力学分析等工程分析作业，用以分析计算产品三维数字化模型的应力/应变场、热力场、运动学和动力学等性能，优化产品结构参数和性能指标。

（3）产品工艺设计　产品工艺设计的目的是为产品加工制造过程提供指导性文件。由于产品工艺设计的专业性较强，各制造企业的产品和生产条件不尽相同，所要求的工艺规程也不可能一致，因而产品工艺设计一般需要使用专业性的CAPP系统来完成。这些CAPP系统可根据产品模型的结构信息和制造工艺信息，辅助或自动决策生成产品加工所采用的加工方法、工艺路线、工艺参数和工艺设备。CAPP系统的设计结果：一方面生成供实际生产使用的产品加工工艺路线和工艺卡片；另一方面可作为CAM系统的输入信息源，以供编制NC程序。

（4）数控编程　根据CAD作业所建立的产品三维数字化模型以及CAPP作业所制定的加工工艺规程，选择数控加工所需要的刀具和工艺参数，确定走刀方式，自动生成刀具运动轨迹及刀轨文件，再经后置处理，生成满足加工机床所要求的NC程序。当前的CAD/CAM系统均具备3~5轴联动的数控加工编程能力。

（5）加工过程的仿真模拟　在产品投入实际加工生产之前，可应用仿真软件建立虚拟制造设备及制造环境，按照已确定的工艺规程和NC程序对所设计产品进行虚拟加工制造，以检验工艺规程的合理性以及NC程序的正确性，检查产品加工过程可能存在的几何干涉和物理碰撞现象，分析产品的可制造性，预测产品的工作性能，以免现场加工调试所造成的人力和物力消耗，降低制造成本，缩短产品研制周期。

（6）工程数据管理　CAD/CAM系统所涉及的数据量大，数据种类多，既有几何图形数据，又有属性语义数据；既有产品模型数据，又有加工工艺数据；既有静态数据，又有动态数据，并且数据结构复杂。因此，CAD/CAM系统应能提供有效的工程数据管理手段，支持产品设计与制造全过程数据信息的传递和处理。

（7）工程图样及设计文档的输出　目前，我国制造企业大多还需要以工程图样和设计文档作为信息媒介在生产制造过程中使用和传递。因而，CAD/CAM系统通常具有工程图样和设计文档的处理和输出功能，如二维工程图、物料清单（BOM表）、工艺路线和工序卡片等。

1.3 ■ CAD/CAM系统的结构组成

1.3.1　CAD/CAM系统的主要组成

一般认为，CAD/CAM系统是由硬件、软件和设计人员组成的人机一体化系统。硬件是CAD/CAM系统的基础，包括计算机主机、外部设备以及网络通信设备等有形物质设备。软件是CAD/CAM系统的核心，包括操作系统、各种支撑软件和应用软件等。软件在CAD/CAM系统中占据越来越重要的地位。软件配置水平和档次可决定CAD/CAM系统性能的优劣。软件成本占系统总成本的比例已远远超过硬件设备。软件的发展呼唤更新、更快的计算机硬件系统，而系统硬件更新为开发更好的CAD/CAM软件系统创造了物质条件。

设计人员在CAD/CAM系统中起着核心的作用。目前，各类CAD/CAM系统基本都采用人机交互的工作方式，通过人机对话完成 CAD/CAM 的各种作业过程。CAD/CAM 系统的这种工作方式要求设计人员与计算机密切合作，发挥各自的特长。计算机在信息的存储与检索、分析与计算、图形与文字处理等方面具有绝对的优势；而在设计策略、设计信息组织、设计经验与创造性以及灵感思维方面，设计人员占有主导地位。尤其在目前阶段，人在 CAD/CAM 系统作业过程中还起着不可替代的作用。

1.3.2　CAD/CAM 系统的硬件

CAD/CAM 系统的硬件主要由计算机主机、输入设备、输出设备、存储器、生产装备以及计算机网络等部分组成，如图 1.6 所示。

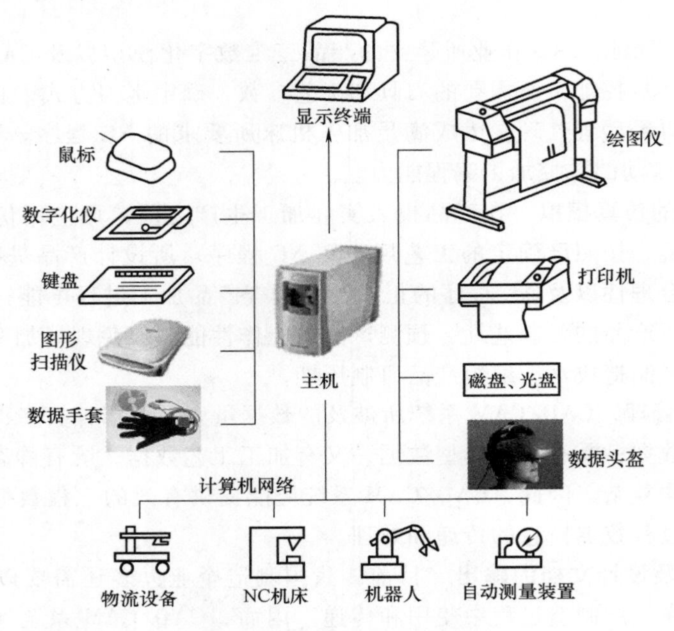

图 1.6　CAD/CAM 系统的硬件组成

为保证 CAD/CAM 系统的作业，其硬件系统应满足如下要求：

（1）**图形处理功能强**　在机械 CAD/CAM 系统中，图形处理工作量较大。为满足图形处理的需要，要求其硬件系统有大的内存容量、高的图形分辨率和快速的图形处理速度。

（2）**外存储容量大**　CAD/CAM 作业需要存储各种不同的支撑软件和应用软件以及用户自身的图形库和数据库、各类产品图样和技术文档等，这就需要有足够大的外存储容量。

（3）**人机交互环境好**　CAD/CAM 作业要求硬件系统能够提供友好的人机交互工具和快速的交互响应速度。

（4）**网络通信速度快**　CAD/CAM 系统是综合化的信息集成系统，通过计算机网络将位于不同地点、不同部门的各类异构计算机、不同应用软件和控制装置连接起来，从事各种产品的设计和制造活动，这就需要系统网络具有快速的信息传递和通信能力。

下面将扼要介绍 CAD/CAM 系统的主要硬件设备。

1. 计算机主机

计算机主机是 CAD/CAM 系统的硬件核心，主要由中央处理器（CPU）、内存储器以及输入/输出接口组成。中央处理器（CPU）是计算机的心脏，通常由各种控制器和运算器构成；内存储器是中央处理器（CPU）可以直接访问的存储单元，用于存储常驻的控制程序、用户指令和准备接受处理的数据；输入/输出接口用以实现计算机主机与外部装置的信息通信。

2. 外存储器

外存储器用于存储主机 CPU 暂时不用的程序和数据。当 CPU 需要使用外存储器中的信息时，则需先将外存储器中的信息调入内存储器，以接受主机 CPU 的处理；内存储器中暂时不用的程序和数据则放回外存储器，以便腾出内存空间供其他程序和数据使用。目前，常用的外存储器有磁带、磁盘、光盘和 U 盘等类型。

3. 输入设备

最经典的 CAD/CAM 系统输入设备为键盘和鼠标。除此之外，随着 CAD/CAM 系统功能的拓展和技术的进步，图形扫描仪、三坐标测量设备、数码相机、数据手套等已先后成为现代 CAD/CAM 系统的重要输入设备。

（1）键盘和鼠标　键盘和鼠标是 CAD/CAM 系统最基本、也是最为普及的输入设备。应用键盘可输入各类参数和命令；应用鼠标可输入图形坐标、激活屏幕菜单。使用键盘和鼠标进行输入，操作简单、使用方便、价格便宜，但它们不能胜任大数据量的输入作业。

（2）图形扫描仪　图形扫描仪是通过光电阅读装置，将所扫描的图形信息转化为数字信息进行输入的一种图形输入设备。图形扫描仪所输入的图形信息往往是以点阵式图像进行存储，须经矢量化处理将点阵式图像转化为矢量式图形信息，以供 CAD/CAM 系统直接读取。这种图形输入方法，大大提高了图形输入速度，减轻了图形输入工作量。

（3）三坐标测量设备　三坐标测量设备包括三坐标测量仪、激光扫描仪等，它是对产品实体表面参数进行输入的设备。三坐标测量仪是一种接触式测量设备，如图 1.7 所示。它使三维测量头与产品表面接触扫描，通过传感器采样记录产品表面的连续坐标数据，经去噪信息处理后，借助 CAD 几何建模功能，可建立被测实体表面的三维数据模型。三坐标测量仪测量精度较高，但测量速度和测量效率相对较低。激光扫描仪是采用激光测距原理对实体表面进行非接触测量的快速测量设备，由激光源发射的激光束对实体表面进行扫描，经实体表面反射后由 CCD 图像传感器采集，从而获得实体表面连续的三维坐标点数据，再经 CAD 系统建模处理即可建立三维实体的曲面模型，如图 1.8 所示。

图 1.7　三坐标测量仪

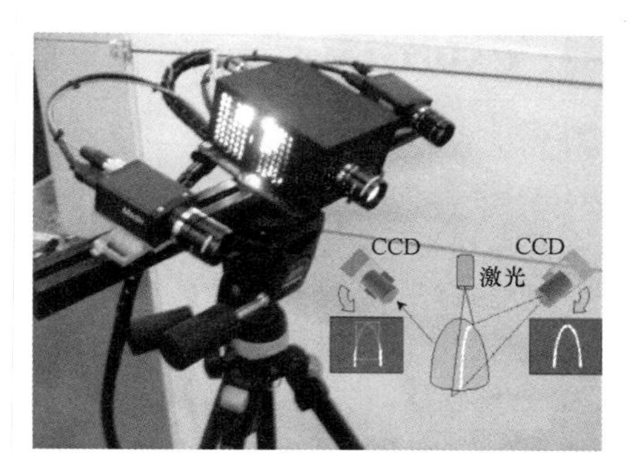

图 1.8　激光扫描仪

(4) 其他输入设备 除了上述几种输入设备之外，近年来还出现了如触摸屏、数码相机、语音识别、数据手套等多种声、光、电不同形式的 CAD/CAM 系统输入设备，大大拓宽了 CAD/CAM 系统的信息输入源。触摸屏是一种很有特色的输入设备，当人的手指触摸到屏幕不同位置时，计算机便能接收到触摸信号，并按设定的软件要求进行响应。数码相机作为一种真实的图像录入设备，是采用光电装置将光学图像转换成数字图像。语音识别输入是另一种很有发展前景的语音媒体输入手段，现已推出商品化的语音处理软件系统。数据手套（图 1.9）是伴随虚拟现实技术的产生而问世的一种新型输入装置。它是利用光电纤维的导光量来测量手指的弯曲程度，通过检测人手的位置和指向，实时生成人手与虚拟物体接近或远离的图像。

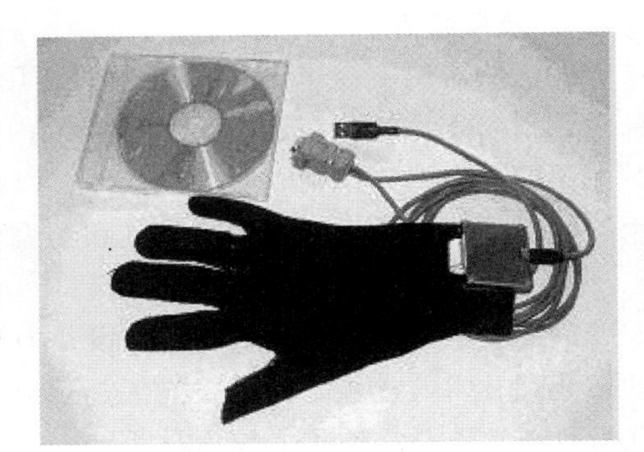

图 1.9 数据手套

4. 输出设备

CAD/CAM 系统最常用的输出设备有图形显示器、打印机和绘图仪等。近年来，随着虚拟制造和快速原型技术在产品设计开发中的应用，立体显示器和三维打印机等输出设备在现代产品设计中也开始扮演着重要的角色。

(1) 图形显示器 图形显示器是 CAD/CAM 系统最基本的输出设备。它将系统计算处理的中间或最终结果用图形和文字的形式显示出来，以供设计人员观察或浏览。目前，CAD/CAM 系统所采用的图形显示器主要以液晶显示器为主，其具有零辐射、低耗能、不失真、纤薄轻巧的特点。

(2) 打印机 打印机也是一种最常见的输出设备。它将系统设计结果以纸介质打印出来，作为技术文档长期保存。打印机以打印文字为主，也可以输出图形，是最廉价的输出设备。目前，市场上提供的打印机多为激光打印机。

(3) 绘图仪 绘图仪是一种高速、高精度的图形输出装置。它可将 CAD/CAM 系统设计完成的工程图绘制到图纸上，以便在生产中使用和交流。目前，市场上所提供的绘图仪种类较多，有静电式、热蜡式、热敏式、喷墨式、激光式等多种类型。

(4) 其他输出设备 除了上述输出设备之外，数据头盔、三维打印机以及生产车间的数控加工设备等均可直接或间接地作为 CAD/CAM 系统的输出设备。

1.3.3 CAD/CAM 系统的软件

计算机软件是一系列按照一定逻辑关系所组织的计算机数据和程序的集合。同样，CAD/CAM 系统的软件是控制 CAD/CAM 系统运行，并充分发挥计算机最大效能的各种不同功能的程序和相关数据的集合。可以说，软件是 CAD/CAM 系统的“大脑”和“灵魂”。

根据执行任务和处理对象的不同，可将 CAD/CAM 系统的软件分为系统软件、支撑软件及应用软件三个不同的层次，如图 1.10 所示。

1. 系统软件

系统软件是与计算机硬件相关联，起着扩充计算机功能和合理调度与运用计算机硬件资源的作用。系统软件有两个显著特点：一是公用性，各个应用领域都要有系统软件的支持；

二是基础性，各种支撑软件及应用软件都是在系统软件基础上开发的。

CAD/CAM 系统的系统软件包括计算机操作系统、硬件驱动系统及语言编译系统等。

计算机操作系统是计算机软件的核心，负责计算机系统所有软、硬件资源的监控和调度。目前常用的操作系统有 Windows、Unix、Linux 等。

硬件驱动系统是使计算机与外部设备进行通信的特殊软件程序，操作系统只有通过硬件驱动系统才能控制硬件设备工作。可以说，硬件驱动系统是外部硬件设备和计算机之间的“桥梁”。

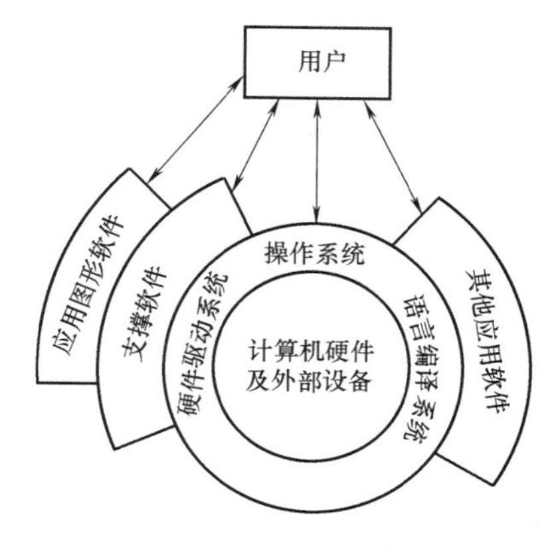

图 1.10　CAD/CAM 软件系统层次结构关系

语言编译系统是将用计算机高级语言编写的程序翻译成计算机能够执行的机器指令。目前，CAD/CAM 系统广为应用的计算机高级语言有 Visual Basic、Visual C/C++、JAVA 等。

2. 支撑软件

支撑软件是在 CAD/CAM 系统软件基础上针对用户的共性需要而开发的通用性软件，是 CAD/CAM 系统的重要组成部分。CAD/CAM 系统所涉及的支撑软件种类繁多，可大致概括为如下几类：

（1）图形接口软件　机械 CAD/CAM 系统需要处理大量的图形，这就离不开基础图形软件的支持。图形接口软件提供了众多的图形函数，使应用程序可以方便地在计算机屏幕及其他图形设备上生成如直线、曲线、路径、文本、二维/三维图形以及位图图像等图形化的处理结果。这类软件有 GKS、PHIGS、GL 等，现已成为标准化的图形接口系统。

（2）工程绘图软件　工程绘图软件主要以人机交互方法完成二维工程图的生成和绘制，具有图形的增删、缩放、复制、镜像等编辑功能；具有尺寸标注、图形拼接等图形处理功能；具有尺寸驱动参数化绘图功能；有较完备的机械标准件参数化图库等。工程绘图软件的绘图功能强、操作方便、价格便宜，在国内企业得到普及使用。目前，国内较为流行的工程绘图软件有 Autodesk 公司 AutoCAD、北京数码大方科技有限公司 CAXA 电子图板、华中科技大学开目 CAD、清华天河 CAD 等。

（3）三维建模软件　三维建模软件是为用户提供在计算机内用一定数据结构快速正确地描述三维产品几何形体的工具，具有显示、消隐、浓淡处理、实体拼装、干涉检查、实体属性计算等功能。目前，市场上商品化的三维建模软件较多，包括综合功能型的软件，如 IDEAS、UG、CATIA、Pro/E 等；单一功能型的软件，如 SolidWorks、SolidEdge、Inventor 等。

（4）工程分析软件　工程分析软件包括有限元分析、优化设计、仿真模拟等软件类型。

有限元分析软件是应用有限元法对所设计产品进行应力/应变场、电磁场、声场、流体场等性能的计算分析，主要包括前置处理、计算求解和后置处理三个组成部分。当前市场上流行的有限元分析软件有 ANSYS、SAP、NATRAN、ADINA 等。

优化设计软件是将优化技术用于产品的设计，在给定约束和工况条件下，通过参数的优选，使产品设计方案或性能指标获得最优。优化设计软件通常是以功能模块的形式嵌入到其他一些软件系统中，如 ANSYS、MATLAB 软件系统都包含优化设计软件模块。

仿真模拟软件是通过建立实际系统的计算机模型，并利用该模型对实际系统进行仿真试验的软件。在产品设计时，可用仿真模拟软件对产品实际运行或生产制造过程进行模拟，以预测产品性能、产品制造过程以及产品的可制造性。目前市场上商品化的仿真模拟软件较为广泛，如通用性的 Simulink 和 Simuwork、虚拟仪器类的 LabView、机械动力学类的 Adams 等。

（5）工艺设计软件 工艺设计软件，能帮助工艺设计人员进行加工对象的描述，进行毛坯设计、工艺路线制定、加工装备选择以及编制工序卡、计算工艺参数和工时定额等。由于工艺设计专业性较强，目前尚未有较好的通用性 CAPP 系统。目前企业所使用的 CAPP 系统大多是根据企业工艺特点量身定制的专用 CAPP 系统，或功能一般的填表式通用 CAPP 系统。

（6）数控编程软件 数控编程软件是根据给定的加工零件几何特征和工艺要求，选择所需的刀具及走刀方式，自动生成刀具运动轨迹，经后置处理转换为特定机床设备的数控加工程序。目前，市场上数控编程软件类型较多，有专用数控编程软件，如 MasterCAM、DelCAM、国产 CAXA 制造工程师等，也有诸如 UG、Pro/E、CATIA 等综合 CAD/CAM 系统所包含的 CAM 数控编程模块。

（7）产品数据管理软件 产品数据管理软件（PDM）是一种管理型软件，是管理所有产品信息及其相关过程的软件系统，是 CAD/CAM 系统较为理想的信息集成平台。目前，市场上著名的 PDM 软件有 Siemens 公司的 TeamCenter、PTC 公司的 WindChill 以及国产的用友 PDM、金蝶 PDM 系统等。

3. 应用软件

应用软件是在系统软件和支撑软件的基础上，针对专门应用领域的需要而研制的 CAD/CAM 软件。这类软件通常是由用户结合自身产品设计的需要而自行开发的，如模具设计 CAD、汽车车身设计 CAD 等均属于 CAD/CAM 应用软件的范畴。

能否充分发挥已有的 CAD/CAM 硬件和软件系统的功能和效率，应用软件的开发至关重要。CAD/CAM 应用软件的开发可借助现有商用 CAD/CAM 支撑软件所提供的二次开发工具，这样既可减轻开发工作量，又能保证所开发的应用软件的技术先进性。

实质上，应用软件和支撑软件之间并没有本质的界限，当某一应用软件成熟并普及使用后，也可将之称为支撑软件。

1.4 ■ CAD/CAM 技术的发展与应用

1.4.1 CAD/CAM 技术的发展

1. CAD/CAM 技术发展历程

CAD/CAM 技术是工程领域的一项先进而实用的技术，可大大提高产品设计效率和设计质量，现已成为企业产品开发设计不可或缺的工具。CAD/CAM 技术从 20 世纪 60 年代诞生到今天的广泛应用，经历了如下的发展历程。

（1）CAD/CAM 技术的萌芽 随着 20 世纪 40 年代电子计算机问世，数值计算在早期计算机上便得到应用。20 世纪 50 年代，美国麻省理工学院成功研制了世界上第一台数控铣床，并为其开发了计算机自动编程系统 APT；与此同时，先后推出了阴极射线管图形显示器、光笔图形输入装置以及滚筒式和平板式绘图仪等图形设备。这些计算机与图形设备的问世，标志着 CAD/CAM 技术处于初期的萌芽阶段。

（2）CAD/CAM 技术的诞生与成长　1962 年美国 E. 萨瑟兰（E. Sutherland）博士发布了世界上第一套图形系统 Sketch PAD，该系统借助于键盘和光笔进行人机交互作业，在图形显示器上成功完成图形的绘制，这是 CAD 发展史上重要的里程碑，标志着 CAD 技术的诞生。20 世纪 60 年代中后期，CAD 概念逐渐被人们所接受，陆续推出了一批著名的 CAD/CAM 系统，如美国洛克希德飞机公司的 CADAM 系统、美国通用汽车公司的 DAC-1 系统、贝尔公司的 GRAPHIC 等。许多与 CAD 技术相关的软硬件系统也走出实验室，并逐渐得以实用化，有力地促进了计算机图形学和 CAD/CAM 技术的成长与发展。

（3）CAD/CAM 技术的发展　20 世纪 70 年代，各种图形输入/输出设备已经商品化，许多 CAD/CAM 系统的功能模块也基本形成，基于线框模型的三维建模技术越来越成熟，曲线曲面的理论研究取得重大进展。法国达索公司推出了基于曲面模型的 CATIA 系统，解决了曲线曲面造型以及非规则型面加工的 CAM 难题，出现了面向中小企业的 CAD/CAM 商品化软件。1979 年发布了图形交换标准 IGES，为 CAD/CAM 系统的标准化和可交换性创造了条件，从而迎来了 CAD/CAM 技术发展的黄金时代。

（4）CAD/CAM 技术的成熟和普及应用　20 世纪 80 年代，基于 PC 微机和微机工作站的 CAD/CAM 系统得到广泛应用，促使 CAD/CAM 技术的应用从大型骨干企业向中小企业拓展，从发达国家向发展中国家推进，大大拓宽了 CAD/CAM 技术的使用面和应用普及率。在理论上，实体建模技术趋向成熟，基于边界表示法和构造体素几何表示法的实体模型得到成功应用。

（5）CAD/CAM 技术的集成　进入 20 世纪 90 年代，CAD/CAM 技术从过去单一模式、单一功能、单一领域的系统及应用，朝向标准化、集成化和智能化方向发展，推出了一批如 UG、Pro/E、CATIA、I-DEAS 等功能较为完善的 CAD/CAE/CAPP/CAM 集成系统。这类系统采用面向对象的统一数据库，综合参数化建模、实体建模和特征建模等复合建模技术，具有自顶而下和自底而上的全相关设计功能，为用户提供了工程产品设计、分析、制造、测试和仿真等综合集成的工作平台。

（6）基于单一数据源的产品设计与制造一体化　进入 21 世纪以来，随着云计算、物联网等新一代信息技术的发展，有力推动着企业数字化制造进程。针对 CAD/CAM 系统原有几何模型需要借助于二维工程图以标注产品加工工艺信息的不足，基于模型的定义（Model Based Definition，MBD）技术问世，并得到快速的发展。MBD 模型将原由二维工程图所定义的产品加工工艺信息全部标注在三维模型上，从而完全摒弃二维工程图，实现以 MBD 模型单一数据源为基础的真正意义上的产品设计与制造过程的一体化，开创了产品数字化制造的崭新模式。

2. CAD/CAM 数字化建模技术的发展与进步

数字化建模是 CAD/CAM 的核心技术。如何对所设计的产品进行数字化建模，以何种方法对其结构信息和工艺信息进行定义，采用何种数据结构将这些信息进行组织和存储，以保证所建模型准确和完整，便于查询和调用，这是 CAD/CAM 系统的关键技术之一。可以说，

CAD/CAM 技术正是伴随数字化建模技术的发展而逐渐发展成熟起来的。回顾 CAD/CAM 技术发展进程，产品数字化建模历经了二维工程图样、二维工程图样+三维几何模型以及 MBD 模型三个不同的发展层次，如图 1.11 所示。

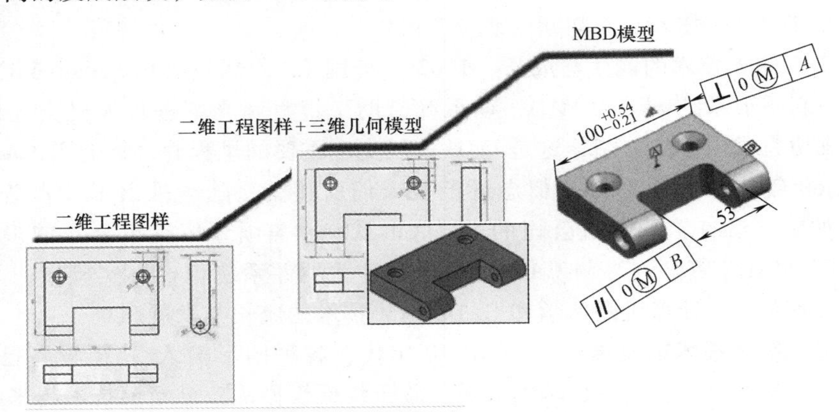

图 1.11 产品数字化建模三个不同的发展层次

(1) 二维工程图样 二维工程图样是由法国工程师加斯帕·蒙日先生于 1795 年提出的。200 多年来，二维工程图样已成为全球通用的工程语言。在 CAD/CAM 技术发展初期，人们应用交互式计算机辅助绘图系统，把自己“设想的产品”应用类似手工设计方法一笔一画地完成二维工程图样的绘制，以此完成产品数字化的建模过程。二维工程图样的产品建模方法，建模效率低，所表达的设计意图不直观，要求设计人员具有成熟的工程设计经验和较强的空间想象力，所建立的模型难以被后续的产品设计环节直接共享与调用。

(2) 三维几何模型 三维几何模型直观高效，符合人们的思维习惯，具有完整的产品结构几何信息和拓扑信息，同时也包含特定的工程语义，便于后续设计环节的集成和调用，是一种较为理想的产品设计数字化模型。自 20 世纪 70 年代以来，先后有线框模型、表面模型、实体模型和特征模型等三维几何建模技术在 CAD/CAM 系统中得到实际应用。

1）线框模型。线框模型是 CAD/CAM 系统最早使用的三维几何模型。它是应用几何形体的棱边和顶点来表示三维实体结构的一种建模方法，具有结构简单、信息量少、操作简便快捷等特点，可生成三视图、轴测图等不同形式的投影视图。由于线框模型缺少结构形体的面、体等信息，存在不能消隐、不能剖切、不能进行求交计算和物性计算等不足。

2）表面模型。表面模型是在线框模型基础上增加了三维实体的表面信息，使之具有图形消隐、剖面生成、表面渲染、求交计算等图形处理功能。然而，表面模型同样缺少实体结构的体信息以及体与面的拓扑关系，仍不能胜任如实体结构的物性计算、工程分析等设计任务。

3）实体模型。实体模型是应用如矩形体、球形体、圆柱体以及扫描体、旋转体、拉伸体等简单体素，经并、交、差正则集合运算来构建各种不同复杂结构的几何体。实体模型具有较为完整的物理实体几何信息和拓扑信息，不仅适用于各种三维图形的处理和显示，还可应用于各种物性计算、运动仿真、有限元分析等产品设计作业。实体模型有边界表示法、几何体素构造法、扫描变换法等多种计算机内部表示方法，可便于进行几何模型信息的查询、存储、运算以及模型的显示、求交、剖切等处理作业。

4）特征模型。特征即为从产品对象中概括和抽象后所得到的具有一定工程语义的产品结构和功能要素，如柱、块、槽、孔、壳、凹腔、凸台、倒角、倒圆等。特征模型即通过这些不同结构和功能要素来构建产品的数字化模型，符合通常产品的设计习惯，便于产品后续设计环节的调用和集成。目前市场上的 CAD/CAM 系统普遍采用特征建模技术。

三维几何模型虽然具有完整产品结构的几何信息和拓扑信息，但缺少产品制造所需的公差配合、技术要求等工艺信息，仍需将其转换为二维工程图样进行补充完善。为此，三维几何模型仅在产品设计过程中起主导作用，而在生产制造环节只作为一种辅助的参考资料。企业生产制造过程的产品信息传递和交流的媒介仍然为二维工程图样。可以认为，该层次的产品数字化模型是一种由二维工程图样+三维几何模型共同构建的产品数字化定义模型。

（3）MBD 模型　MBD 模型是一种将产品的所有结构信息与制造工艺信息通过三维模型进行组织和定义的技术，是将原来由二维工程图样所标注的产品结构尺寸、公差配合和技术要求等制造工艺信息全部标注在产品的三维模型上，如图 1.12 所示。MBD 模型综合了二维工程图样和三维几何模型的优势，把两者功能融合到单一的数字化模型之中，是一种完整产品信息的定义模型，能够更好地表达产品的设计思想和意图，使产品设计与制造过程的信息交换更加直接、准确和高效，彻底改变了传统的以二维工程图样为主、三维几何模型为辅的产品信息定义方法，从而使产品数字化建模技术跃升到一个新的阶段，可实现真正意义上的设计与制造一体化进程。

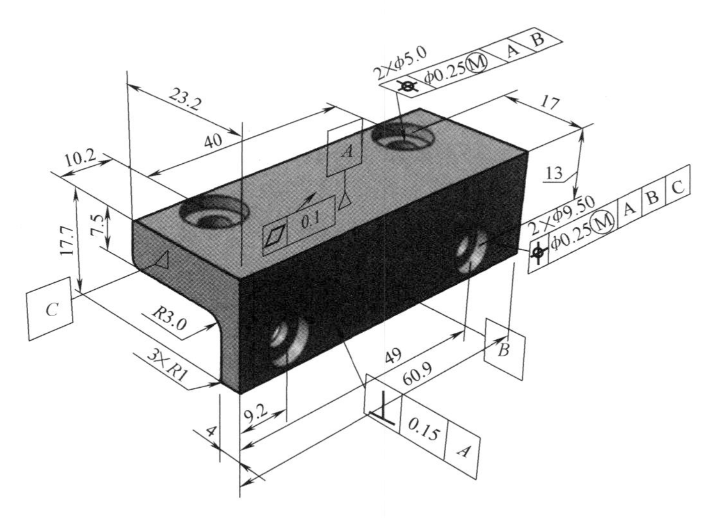

图 1.12　产品 MBD 模型

1.4.2　CAD/CAM 技术在我国的应用

CAD/CAM 技术是将计算机与工程应用技术紧密结合的一项先进而实用的技术，可大大提高产品的设计效率和设计质量，缩短产品的开发周期。目前，CAD/CAM 技术在我国制造业得到广泛应用，已成为企业产品和工程设计过程中不可或缺的工具和手段，大大提升了企业产品的设计水平和创新能力，增强了企业对用户市场的响应速度和社会竞争力。

就整体而言，CAD/CAM 技术在我国的应用可分为三个不同层次：

（1）第一应用层次——二维计算机绘图　我国 CAD/CAM 技术的应用起步于 20 世纪 70

年代，由于当时受计算机软硬件条件的限制，仅在个别企业能够应用计算机技术从事部分产品的计算与分析。20 世纪 80 年代，我国重点支持了对国民经济有重大影响的 24 个机械产品专用 CAD 系统的开发，其成果为我国 CAD/CAM 技术的发展和人才队伍的培养奠定了基础。20 世纪 90 年代，由国家科委牵头，在我国机械行业开展了"CAD 应用工程"项目，以"甩图板"为目标进行 CAD/CAM 技术的推广与普及，开发了如 CAXA 电子图板、开目 CAD、凯思 CAD、高华 CAD 等一批具有自主知识产权的二维工程绘图系统，使我国制造企业先后甩掉了图板，普及了计算机绘图的应用。

（2）第二应用层次——三维产品设计　进入 21 世纪后，由于企业数字化发展的需要，较多企业在原有二维计算机绘图技术基础上，积极引进三维 CAD/CAM 系统进行产品的三维设计，从而使企业产品设计水平和设计能力提升到一个新层次。应用产品三维几何模型，可直观评价产品设计效果，检验产品结构的合理性和满意度；应用 CAD/CAM 系统仿真功能，可检验三维产品模型各组件间的碰撞干涉以及运动部件的可及性；通过提取产品三维模型的加工型面特征，可进行数控加工编程；通过工程分析系统，可对三维产品模型进行有限元结构分析，优化产品结构和性能参数等。

当前我国企业的 CAD/CAM 技术应用大多处于三维产品设计这一层次，其差别在于各企业所涉及产品三维设计的深度：一般企业应用 CAD/CAM 系统建立产品三维几何模型，然后将其转换为二维工程图样，以供生产制造部门使用；一些技术力量稍强的企业，已将有限元分析及多体动力学分析等技术应用于产品的三维设计中，以获取优化的产品设计结果；少数实力较强的企业已借助三维产品数字化模型，实现企业产品的设计与制造一体化。

（3）第三应用层次——MBD 模型应用　MBD 模型的应用是当前 CAD/CAM 技术应用的最高层次。虽然我国在 MBD 模型技术应用方面与国外有较大差距，但近年来我国航空、航天、国防及汽车等行业已认识到 MBD 模型技术的优势，已开始将 MBD 模型技术用于自身产品的设计。在我国的航空业，MBD 模型技术已用于不同型号飞机的研制中，实现了以飞机外形为主导的飞机 MBD 数字化设计与制造模式，形成飞机异地设计与制造的数字化协同研制体系；在汽车制造业，部分合资品牌厂商在自身产品设计生产过程中开始全面推行 MBD 模型技术；在船舶制造业，虽然 MBD 模型技术的应用起步较晚，但也开始在研究国外设计标准基础上，分析我国船舶行业 MBD 模型技术应用标准化，并在船体建模等方面进行了 MBD 模型技术的有益探索和尝试。

MBD 模型技术是制造业数字化的必然之路，但其实施过程也需按照循序渐进的原则，结合企业自身的具体条件和产品的实际需求，稳步发展和引用，而不是一蹴而就或盲目跟风。

本章小结

CAD/CAM 技术是计算机与工程应用技术紧密结合的一项先进而实用的技术，可大大提高产品设计效率和设计质量，缩短产品开发周期，现已成为企业产品设计开发不可或缺的工具。

CAD/CAM 系统的作业过程通常是在产品需求分析及其概念设计的基础上，历经产品数字化建模、工程分析、工艺设计、数控编程以及虚拟制造等设计环节。

CAD/CAM系统可认为是由硬件、软件和设计人员组成的人机一体化系统。硬件是系统的基础，包括计算机主机、外部设备以及网络通信设备等；软件是CAD/CAM系统的核心，包括操作系统、各种支撑软件和应用软件等；设计人员在系统中占有主导地位，其与软硬件系统密切合作，发挥各自所长，交互地完成各项设计任务。

CAD/CAM技术是跟随数字化建模技术发展而逐渐成熟起来的。CAD/CAM数字化建模经历了二维工程图样、二维工程图样+三维几何模型以及MBD模型三个不同的发展层次。

思考题

1. 叙述CAD、CAE、CAPP、CAM各自的含义、功能与作用。
2. 为什么要进行CAD/CAM系统集成，系统集成将带来哪些优越性？
3. 简述CAD/CAM系统的作业过程。
4. 应用CAD/CAM系统进行产品设计表现出哪些技术特征？
5. 通常CAD/CAM系统有哪些应用功能？
6. 简述CAD/CAM系统的结构组成。各组成部分在系统中起到哪些作用？
7. 叙述CAD/CAM系统硬件和软件组成。CAD/CAM系统对硬件有何要求？不同类型软件相互间有何区别和联系？
8. 目前市场上流行哪些CAD/CAM支撑软件？试阐述其主要功能。
9. 概述CAD/CAM技术的发展过程以及我国当前CAD/CAM技术的应用现状。

第2章

CAD/CAM数据处理与管理技术

CAD/CAM系统的作业过程涉及大量的工程数据，包括结构型数据和非结构型数据，如字符、文字、数值、几何图形以及一些影视图像等。设计人员在进行产品开发设计时，往往需要从不同的工程设计手册中查阅大量的数表和图表，若将这些数表和图表计算机化，需要时由系统自动查询和调用，省时省力，并可避免人为的差错。CAD/CAM系统作业过程也会产生大量的中间数据和结果数据，若将这些数据以图形、图表或图像等形式呈现，将有助于对设计结果的分析与评价。为此，如何处理与管理这些工程数据，将直接影响CAD/CAM系统的应用水平和工作效率。本章在介绍CAD/CAM系统常用数据结构的基础上，重点介绍相关CAD/CAM数据的处理与管理技术。

重点提示：

工程数据的处理与管理直接影响CAD/CAM系统的应用水平和工作效率。本章在介绍CAD/CAM系统常用数据结构的基础上，着重介绍设计手册中常用工程数表和工程线图的处理、数据可视化处理以及产品数据管理等技术。

2.1 ■ CAD/CAM 系统常用数据结构

2.1.1　数据结构概念

数据结构是数据间相互关系的一种描述。通常，数据结构有逻辑结构和存储结构之分。数据的逻辑结构是描述数据元素相互间所蕴含的逻辑关系，如线性表、树结构、网络结构等，日常所说的数据结构即为数据的逻辑结构。数据的存储结构是描述数据的存储形式，是其逻辑结构在存储空间内的一种映射。通常，数据的存储结构有顺序存储和链式存储两种不同形式。也就是说，若给定一个已知逻辑结构的数据集，可用顺序存储或链式存储两种不同形式将其进行存储。某一数据集的数据结构一旦确定，便可对其进行插入、删除、更新、检索、排序等各种不同的操作运算。

CAD/CAM 系统的作业过程实质上是产品数据的产生、分析、处理和传递的过程，对产品数据采用何种逻辑结构进行组织，又用什么存储结构进行存储，涉及较多的数据结构问题。一个合理的数据结构，可大大提高 CAD/CAM 系统的运行效率和数据资源的利用率。由于数据结构的类型较多，这里仅简要介绍线性表、堆栈、队列以及树结构这几种常用的数据结构。

2.1.2　线性表

1. 线性表逻辑结构

线性表是一种最常用、最简单的数据结构。它是由 n 个类型相同的数据元素组成的有限序列。在线性表中，除表头和表尾数据元素之外，每个数据元素都有且仅有一个直接前驱和直接后继的数据元素。线性表中数据元素的个数 n 为线性表的长度；若 $n=0$，则该线性表称为空表。

线性表中数据元素可以是一个数、一个字符串、一个记录，也可以是一个线性表，甚至为其他更复杂的数据信息。例如：26 个英文字母表（A，B，C，…，Z）是一个线性表，其每一个数据元素为单个字符；某公司的工资表也是一个线性表，其数据元素为由若干数据项组成的每个职工工资记录，除了第一个和最后一个职工工资记录外，每个记录都只有一个直接前驱和一个直接后继的记录相连。

2. 线性表存储结构

如前所述，线性表的存储结构有两种不同的结构形式，即顺序存储结构和链式存储结构。

(1) 线性表的顺序存储结构　顺序存储结构就是用存储介质上连续的存储单元，依次顺序地存放线性表中相邻的数据元素。线性表的顺序存储结构具有两个显著特点：一是有序性，即存储单元所存储的数据元素的顺序与线性表中的逻辑顺序相一致；二是均匀性，每个数据元素所占有的存储单元大小相等。

图 2.1 所示为线性表的顺序存储结构。它将线性表（a_1，a_2，a_3，…，a_i，…，a_n）相邻的数据元素顺序地存储在存储器中连续的存储单元［b，$b+l$，$b+2l$，…，$b+(i-1)l$，$b+(n-1)l$］，其中 l 为该线性表各数据元素所占用存储单元的大小，b 为该线性表在存储器中的首地址。那么，该线性表第 i 个数据元素 a_i 的存储地址可按如下公式计算，即

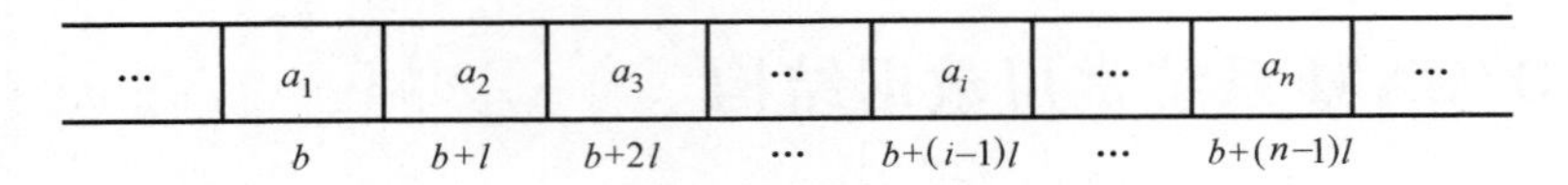

图 2.1 线性表的顺序存储结构

$$\mathrm{Loc}(a_i)=b+(i-1)l$$

计算机程序语言中的数组是一种典型的线性表顺序存储结构。应用计算机程序语言的数组说明语句，可方便地建立线性表的顺序存储结构。例如：字符线性表（'A'，'B'，'C'，'D'，'E'）可用如下 C 语言数组进行说明，即

static char listc ［10］= { 'A'，'B'，'C'，'D'，'E'}；

线性表的顺序存储结构具有结构均匀、紧凑、有序等特点，只要知道其首地址和数据元素序号，便可获知每个数据元素的实际存储地址，便于线性表数据元素的访问和修改操作。

（2）线性表的链式存储结构 线性表的链式存储结构是应用一组任意地址的存储结点来存放线性表中的各个数据元素，其存储结点可以是连续的，也可以是不连续的。每个存储结点除了存储自身数据元素之外，还需存储一个该结点直接后继或直接前驱结点的存储地址，以表示各数据元素间的逻辑关系，如图 2.2 所示。由此图可见，每个存储结点包含两个存储域：一个是数据域，用于存储数据元素自身信息；另一个是指针域，存储该结点直接后继或直接前驱结点的存储地址。线性表的链式存储结构即通过各结点指针域的存储地址将各个数据元素链接在一起。

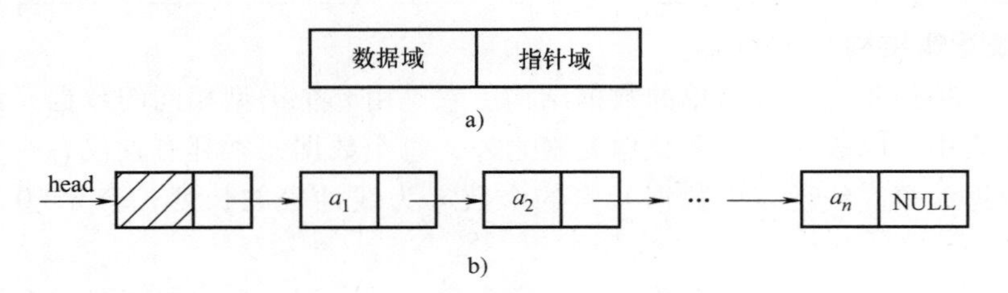

图 2.2 线性表的链式存储结构

a）结点结构 b）链式存储结构

图 2.2 所示，若各个结点的指针域只包含一个指向后继结点地址指针，则该链表称为单向链表。若各结点的指针域包含两个指针，其中一个指针指向该结点的后继结点，另一个指针指向该结点的前驱结点，则该链表称为双向链表，如图 2.3 所示。

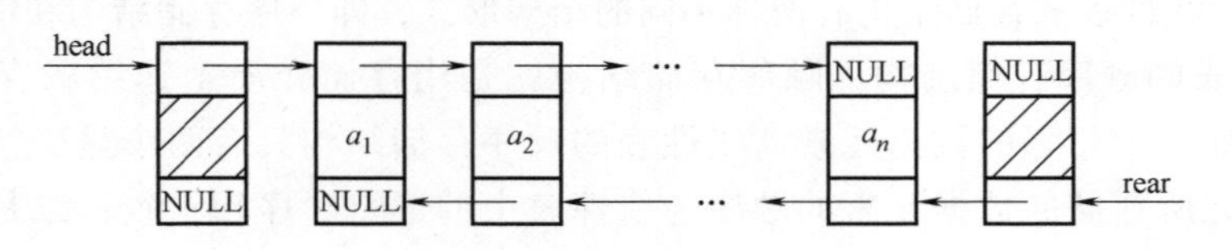

图 2.3 双向链表存储结构

在链式存储结构中，为了便于链表的操作运算，通常在链表第一个结点前增加一个头结点 head。头结点的数据域可存放链表长度等信息，指针域存放该链表第一个结点的存储地址。链式存储的线性表最后一个结点没有直接后继，因而单向链表中的最后一个结点的指针

域常为“空指针（NULL）”。若在链表最后一个结点的指针域存放链表的第一个结点地址，则该链表就构成一个循环链表，如图 2.4 所示。这样，从循环链表中任何一个结点出发均可搜寻到其他任意结点。

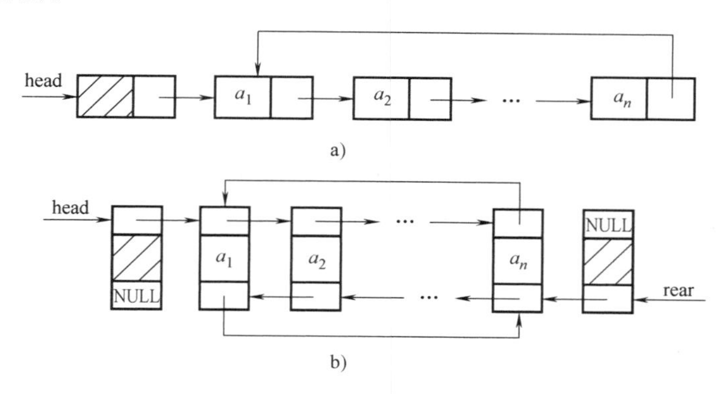

图 2.4　循环链表存储结构

a）单向循环链表　b）双向循环链表

可用计算机程序在计算机内建立线性链表存储结构。现以字符线性表（'A'，'B'，'C'，'D'，'E'）为例讨论线性链表的建立。首先用 C 语言定义如下链表结点结构：

```
struct link{
    char data;
    struct link  * next;
}
```

在该结点结构中，有数据和指针两个结构成员，其中“char data”用于存放字符数据元素，“struct link * next”用于存放直接后继结点地址。链表建立时可不必事先指定其长度，可根据需要动态地申请每一个存储结点。

创建单向字符链表的 C 语言程序如下：

```
#include<stdio. h>
#include<alloc. h>
#define MAX 5
struct link{
    char data;
    struct link  * next;
  } * head;
main( )
{int i;
  struct link  * node, * temp;
  head=temp=(struct link  * )malloc(sizeof(struct link));
  for(i=0;i<MAX;i++)
    { node=(struct link  * )malloc(sizeof(struct link));
       node->data='A'+i;
```

```
            temp->next=node;
            temp=node;
        }
    temp->next=NULL;
}
```

2.1.3　堆栈与队列

堆栈与队列是两种常见的特殊线性表，其特殊性在于其操作运算受到限制。堆栈的操作限制为“后进先出”，而队列的操作限制为“先进先出”。

1. **堆栈**（Stack）

堆栈是一种限定在表尾进行进栈或出栈操作运算的“后进先出”线性表，其表尾端称为栈顶（Top），表头端称为栈底（Bottom）。不含任何数据元素的堆栈称为空栈。如图 2.5 所示，设堆栈 S=(a_1，a_2，…，a_n)，则 a_1 是栈底元素，a_n 是栈顶元素。

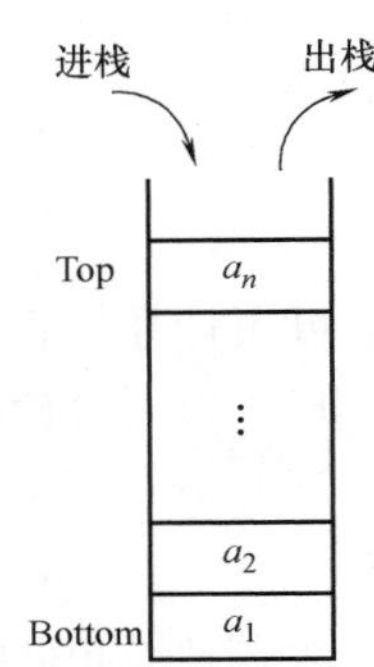

图 2.5　**堆栈的逻辑结构**

堆栈一经确定，其容量和栈底便固定不变，而栈顶则随数据元素的进栈和出栈不断地浮动。与线性表类似，堆栈可以顺序存储，也可以链式存储。由于堆栈容量事先设定，其运算仅限于栈顶一端，所以堆栈通常采用顺序存储结构。

堆栈仅有进栈和出栈两种操作方式。

进栈操作时，首先要检查是否栈满，若栈未满则将栈顶指针加一，并在此处存放待进栈的数据元素；若堆栈已满，表示堆栈内已无空间可容纳待进栈的元素，则应指示该堆栈上溢出错。

出栈操作时，也需要先检查是否为空栈。若栈顶指针大于栈底指针，表明堆栈未空，则可输出栈顶元素，然后将栈顶指针进行减一操作；若栈顶指针等于栈底指针，表示该堆栈已没有元素可出栈，则应指示堆栈下溢出错。

2. **队列**（Queue）

队列是限定在表的一端入队，在另一端出队的“先进先出”的特殊线性表。允许入队的一端称为队尾（rear），允许出队的一端称为队头（front），如图 2.6 所示。队列与购物排队的情形类似，第一个进队的数据元素将是第一个出队的元素。

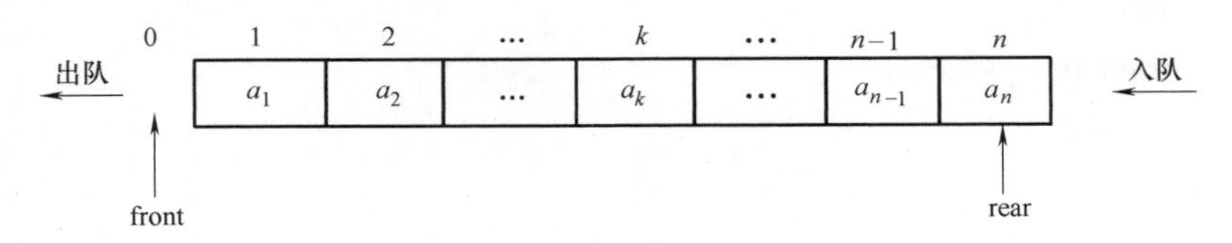

图 2.6　**队列的数据结构**

同样，队列可顺序存储，也可链式存储。在顺序存储时，需将头指针 front 和尾指针 rear 分别设置指向队头和队尾。若 front=rear 时，则队列为空。

设图 2.6 所示的顺序存储队列，其队长为 n，当 front=rear 时，表示队列中没有元素可供出队，应指示下溢错误；当 rear-front=n 时，表示该队列已没有存储空间可供入队元素存储，应指示上溢错误。在图 2.6 所示状态下，若将队列中的头元素进行出队操作，有 front=front+1，则 rear-front<n，表示此时队列为非满状态，若此时进行入队操作，由于队尾指针仍处于队列的上限位置，还是不能进行入队操作，从而产生了所谓的假溢出现象。为消除该现象，在每次出队操作后须对队列中所有元素进行一次左移操作，以便空出队尾存储单元，当然这会有一定的时间消耗。

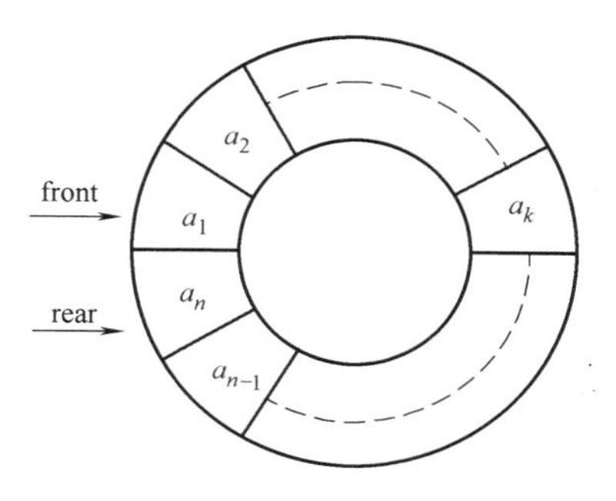

图 2.7　循环队列

若采用图 2.7 所示头尾相连的循环队列，也可消除假溢出现象：入队操作时，若队尾指针 rear=n，到达队列上限时，仅需将进队元素存放于队列第一单元（rear=1）即可；同样在出队时，若 front=n，出队后需将 front=n+1 转变为 front=1。为此，循环队列的入队和出队指针处理可按数学上的“模运算（mod）”方法进行，即

rear=(rear+1) mod n

front=(front+1) mod n

然而，循环队列还可能遇到另一个问题，即：当 front=rear 时，队列是处于“满”状态还是“空”状态。为此，借助变量 flag 来标识队列状态，其初值为 0，可按如下条件判别队列状态，即

入队操作：If rear++==front　then　flag==1；（队满）

出队操作：If front++== rear　then　flag==2；（队空）

2.1.4　树结构

1. 树结构的基本概念

树是一种非线性数据结构，除根结点之外，树的每一个结点有且仅有一个直接前驱，可以有一个以上的直接后继，如图 2.8 所示。树结构是按各结点之间的相互关系进行组织，它清晰地反映了数据元素间的层次关系，因而树结构也称为层次结构。

（1）结点　结点是树结构的基本单元。它包含结点自身的数据元素及若干指向其子树的指针。

（2）结点的度及树的度　结点的度是指该结点所拥有的子树个数，如图 2.8 所示结点 A 的度为 3，B 的度为 4，C 的度为 0，D 的度为 2。树的度则是指该树结构中最大结点的度，如图 2.8 所示树的度为 4。

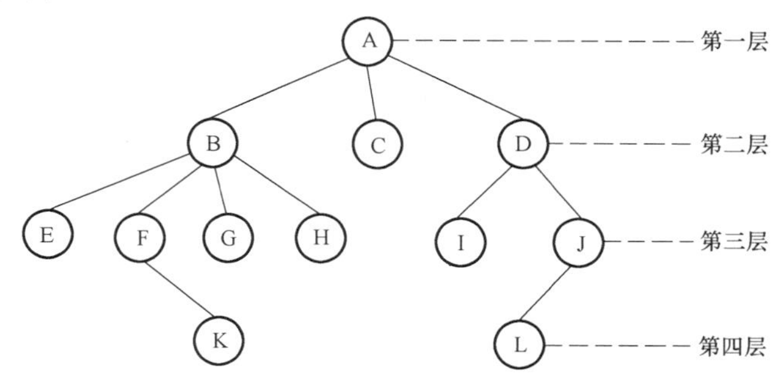

图 2.8　树的逻辑结构

（3）叶结点与枝结点　度为 0 的结点称为叶结点或终端结点，如图 2.8 所示的结点 C、E、K、G、H、I、L 为叶结点；度不为 0 的结点称为枝结点或非终端结点，如图 2.8 所示的结点 A、B、F、D、J 为枝结点。在树结构中，除叶结点之外的所有结点都为枝结点，而除根结点之外的枝结点也称为内部结点。

（4）子结点与父结点　在树结构中，某结点的任一子树称为该结点的子结点，而该结点则称为它所有子结点的父结点，如图 2.8 所示结点 B 的子结点为 E、F、G、H，而 B 又是这些子结点的父结点。

（5）结点的层数和树的深度　从树结构的根结点算起，根结点为第一层，根结点的子结点为第二层，其余结点的层数等于其父结点的层数加 1。树结构中最大结点层数称为树的深度，如图 2.8 所示树的深度为 4。

（6）森林　森林是 n（$n \geqslant 0$）棵互不相交树的集合。

2. 树的存储结构

树为非线性结构，最自然的是采用链式存储结构。如图 2.9a 所示，由于每个结点所包含的子树各不相同，因而在结点结构中除了数据域和指针域外，还需设置一个字节存放结点的度，用以说明指向结点子树指针的个数。由图 2.9b 可知，由于树各结点的度数不同，一般树的存储结构是一种不定长的结构，这给树的操作带来了不便。

为了统一各结点存储格式，可采用定长的树存储结构，即以该树的度作为每个结点的指针数，如图 2.9c 所示。这种定长的存储结构，操作运算方便，但它是以一定存储空间为代价的。

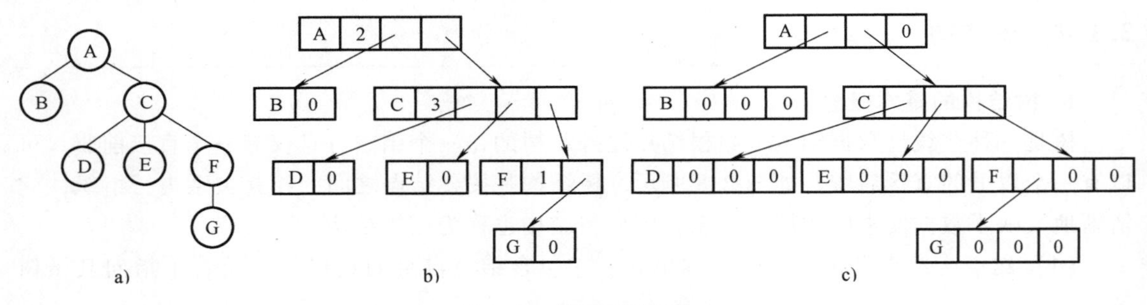

图 2.9　树的存储结构
a）树结构　b）不定长的树存储结构　c）定长的树存储结构

2.1.5　二叉树

1. 二叉树概念

二叉树是一种非常重要的树结构，许多实际问题抽象出来的数据结构往往是二叉树结构形式，许多算法用二叉树实现非常简单方便。任何树都可以转换成与之对应的二叉树，这为树的存储和运算提供了方便。

二叉树是一种特殊的树，其每个结点的度最多为 2，即二叉树至多有两棵子树，分别为左子树和右子树，如图 2.10a 所示。二叉树的子树是有序的，左、右子树不能颠倒，即使只有一棵子树，也要区分是左子树还是右子树。

在一棵深度为 k 的二叉树中，其结点总数最多为 2^k-1 个。一棵拥有 2^k-1 个结点的二叉树称为满二叉树（图 2. 10b）。在满二叉树中，所有分枝结点都拥有左子树和右子树，并且所有叶结点都在同一层次上。

若对满二叉树各结点进行编号，约定从其根结点开始，自上而下、从左到右进行连续编号。如果有一个深度为 k、结点数为 n 的二叉树，当且仅当其每一个结点都与深度为 k 的满二叉树中的编号从 1 至 n 的结点一一对应时，则此二叉树称为完全二叉树，如图 2-10c 所示。

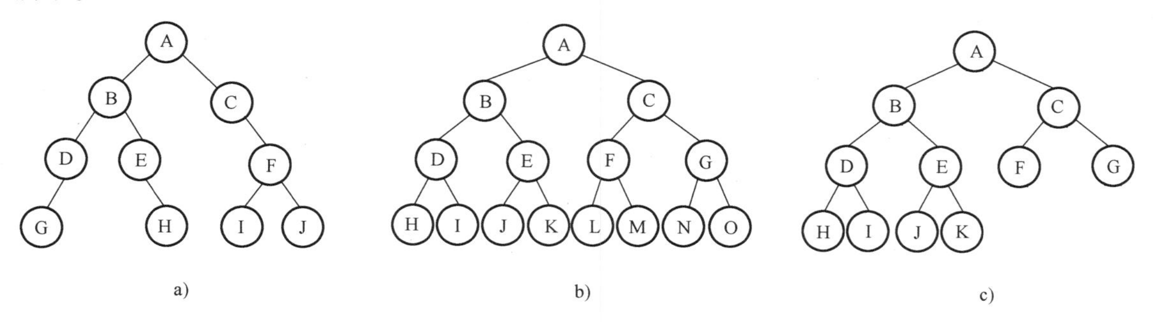

图 2. 10　**二叉树结构**

a）一般二叉树　b）满二叉树　c）完全二叉树

2. 二叉树的存储结构

二叉树可以采用顺序存储结构，也可以采用链式存储结构。对于一个完全二叉树，可用一组连续的存储单元存储二叉树的数据元素。图 2. 10c 所示的完全二叉树可用 C 语言定义一个一维数组 bt ［12］ 作为它的存储结构，将二叉树中编号为 i 的结点数据存放在数组元素 bt ［i-1］ 单元中，如图 2. 11a 所示。根据完全二叉树的定义，结点在数组中的相对位置蕴含着结点之间的关系，如存储单元 bt ［4］ 中 E 的父结点为 bt ［1］，即 B，而其左、右子结点 J 和 K 则分别在存储单元 bt ［9］ 和 bt ［10］ 内。显然，这种顺序存储结构仅适合于完全二叉树。若一般二叉树也按完全二叉树的形式来存储，将有许多存储单元空置，造成一定存储单元的浪费。图 2. 10a 所示一般二叉树相应的顺序存储结构，如图 2. 11b 所示。

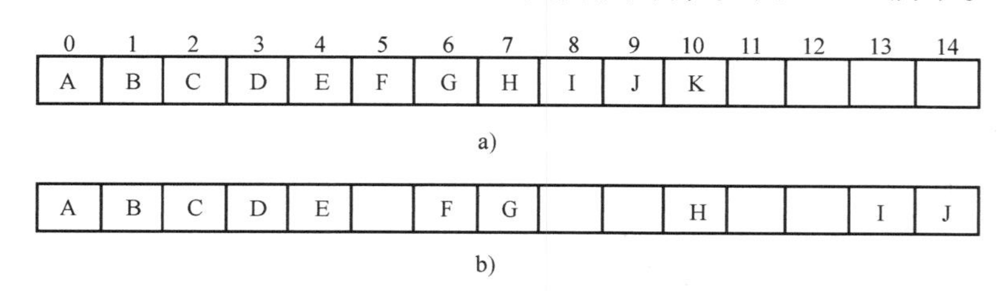

图 2. 11　**二叉树顺序存储结构**

a）完全二叉树顺序存储　b）一般二叉树顺序存储

通常，一般二叉树采用链式存储结构，即每个结点除了数据域之外，还包含两个指针域，分别指向其左子树和右子树，其结构可用 C 语言定义如下：

```
struct btree
  {  int data;
   struct btree * lchild, * rchild;
   }
```

图 2.12 所示为由上述结点定义所构造的二叉树链式存储结构，这种结构又称为二叉链表。有时为了便于找到父结点，还可以在每个结点中增加一个指向父结点的指针，这时每个结点将有三个指针。

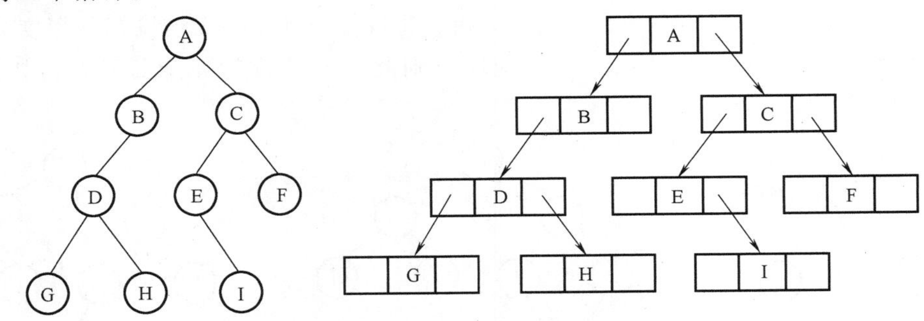

图 2.12　二叉链表

3. 二叉树的遍历算法

二叉树的遍历是一种常用的二叉树操作运算方式。它是按一定的规律查询二叉树的每一个结点，以保证每个结点被访问且只被访问一次。

任何一棵二叉树（或子树）都由三部分组成，即根结点（D）、左子树（L）和右子树（R）。根据对这三部分信息遍历次序的不同，可得到六种不同遍历方案，即 DLR、LDR、LRD、DRL、RDL、RLD。若限定左、右子树的访问次序为先左后右，则得到三种常用的二叉树遍历算法，即先序遍历 DLR、中序遍历 LDR 和后序遍历 LRD。

(1) 先序遍历 DLR　先序遍历是首先访问根结点，然后先序遍历左子树，再先序遍历右子树。图 2.12 所示的二叉树采用先序遍历算法的结点访问先后顺序为 A→B→D→G→H→C→E→I→F。其 C 语言实现的程序如下：

```
preorder(struct btree *node){
    if(! node)  return;
    printf("%d",node->data);
    preorder(node->lchild);
    preorder(node->rchild);
}
```

由于二叉树的左、右子树也是二叉树，所以程序中二叉树遍历使用了递归算法，这使遍历操作算法更为简单、清晰。

(2) 中序遍历 LDR　中序遍历是首先中序遍历左子树，然后访问根结点，再中序遍历右子树。图 2.12 所示二叉树采用中序遍历算法的结点访问顺序为 G→D→H→B→A→E→I→C→F。其 C 语言实现的程序为：

```
inorder(struct btree *node){
    if(! node)  return;
    inorder(node->lchild);
    printf("%d",node->data);
    inorder(node->rchild);
}
```

(3) 后序遍历 LRD 后序遍历是首先后序遍历左子树，再后序遍历右子树，最后访问根结点。图 2.12 所示二叉树采用后序遍历算法的结点访问顺序为 G→H→D→B→I→E→F→C→A。其 C 语言实现的程序为：

```
postorder( struct btree * node) {
    if( ! node)   return;
    postorder( node->lchild) ;
    postorder( node->rchild) ;
    printf( " %d" ,node->data) ;
}
```

4. 一般树的二叉树表示

由于二叉树结构简单、存储方便，且有一系列成熟的操作算法，因而在对一般树结构处理时，常常先将其转换成二叉树形式，然后按二叉树结构进行分析处理。

图 2.13a 所示为一般树，将其转换为二叉树的步骤为：①先将各层兄弟结点用水平线连接起来；②除最左边的子结点之外，去掉其父结点与其余子结点的连线（图 2.13b）；③以根为中心，将整棵树顺时针旋转 45°，最终便得到所需的二叉树形式（图 2.13c）。

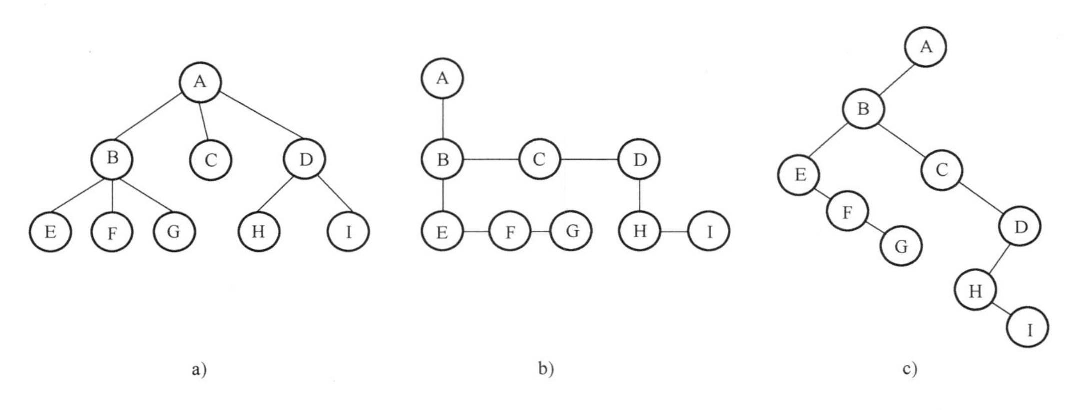

图 2.13 一般树向二叉树的转换

通过上述方法，可将任意一棵树结构转换为二叉树结构形式，原树结构中的各结点与转换后的二叉树结点有完全的一一对应关系。这种转换是互逆的，即可将已生成的二叉树结构反向转换为原有的树结构。

2.2 ■ 工程数表的处理技术

计算机具有大量存储和快速检索功能，若将工程手册中的设计数据和工程图表预先存储在计算机内，便可大大方便 CAD/CAM 系统的作业，提高设计效率。

工程手册中数表可以归纳为两大类：一是常数数表，如各种材料的力学性能、标准零件的尺寸参数等，这类数表中的数据彼此间没有明显的函数关系；二是列表函数，是用以表达某些工程问题参数之间的函数关系，如三角函数表、离散的实验数表等。根据数表类型的不同，可采用不同的数据处理技术：对于常数数表，可用数表的程序化、数表的文件化或用数据库进行存储处理；对于列表函数，除了可按照一般常数数表进行处理之外，还可对这类数表进行公式化处理。

2.2.1　数表的程序化处理

数表的程序化处理，即借助于计算机算法语言中的数组定义、数组赋值的方法对一维数表、二维数表或多维数表进行程序化处理。这种数表处理方法对设计过程中一些计算小程序特别方便、有效，下面通过几个具体实例介绍该方法。

例 2.1　将表 2.1 中包角修正系数进行程序化处理。

表 2.1　包角修正系数

α/(°)	90	100	110	120	130	140	150	160
k_α	0.68	0.74	0.79	0.83	0.86	0.89	0.92	0.95

由表 2.1 可知，该数表包含两组参数，通过已知包角 α 数值可查取包角修正系数 k_α。用 C 语言对该数表进行程序化处理，可直接定义两个一维数组，然后将表中的数值分别赋值于各自的数组，即

```
float alfa[8] = {90.0,100.0,110.0,120.0,130.0,140.0,150.0,160.0};
float kalfa[8] = {0.68,0.74,0.79,0.83,0.86,0.89,0.92,0.95};
```

其中，kalfa [0] = 0.68 表示 $\alpha=90°$时的修正系数 k_α，kalfa [1] = 0.74 表示 $\alpha=100°$时的修正系数 k_α，以此类推。若已知包角 α 介于表中两数值之间，则可用函数插值的方法求解所需的修正系数。关于函数插值的算法，详见下文。

例 2.2　表 2.2 列出了普通 V 带型号及断面尺寸，将其进行程序化处理。

表 2.2　普通 V 带型号及断面尺寸（GB/T 11544—2012）

型号	节宽 b_p/mm	顶宽 b/mm	高度 h/mm	楔角 α/(°)
Y	5.3	6	4	40
Z	8.5	10	6	40
A	11.0	13	8	40
B	14.0	17	11	40
C	19.0	22	14	40
D	27.0	32	19	40
E	32.0	38	23	40

设整型变量 i 为 V 带型号：$i=0$ 表示 Y 型，$i=1$ 为 Z 型，$i=2$ 为 A 型，以此类推。用四个一维数组 bp [7]、b [7]、h [7]、α [7] 分别定义 V 带的节宽、顶宽、高度及楔角参数，并将表中的数值分别赋值于各自的数组，即

```
float bp[7] = {5.3, 8.5, 11.0, 14.0, 19.0, 27.0, 32.0};
float b[7] = {6.0, 10.0, 13.0, 17.0, 22.0, 32.0, 38.0};
```

float h[7] = {4.0, 6.0, 8.0, 11.0, 14.0, 19.0, 23.0};

float α[7] = {40.0, 40.0, 40.0, 40.0, 40.0, 40.0, 40.0};

若给出 V 带型号，便可直接查阅 V 带的各个参数。如 D 型 V 带 $i=5$，则有 bp[5]=27.0、b[5]=32.0、h[5]=19.0、α[5]=40.0。

当然，也可用一个二维数组对表 2.2 进行处理。设二维数组 vt[6] [3]，将表 2.2 中各型号 V 带参数逐一对二维数组 vt[6] [3] 进行赋值，有

```
float vt[6][3]={{5.3,6.0,4.0,40.0},
                {8.5,10.0,6.0.40.0},
                {11.0,13.0,8.0,40.0},
                {14.0,17.0,11.0,40.0},
                {19.0,22.0,14.0,40.0},
                {27.0,32.0,19.0,40.0},
                {32.0,38.0,23.0,40.0}};
```

如 C 型 V 带 $i=4$，其节宽、顶宽、高度及楔角参数分别为 vt [4] [0]=19.0、vt [4] [1]=22.0、vt [4] [2]=14.0、vt [4] [3]=40.0。

例 2.3　检索表 2.3 中的齿轮传动工况系数 K_A。

表 2.3　齿轮传动工况系数 K_A

原动机载荷特性 \ 工况系数 $K_A[i][j]$ \ 工作机载荷特性		工作平稳	中等冲击	较大冲击
		$j=0$	$j=1$	$j=2$
工作平稳	$i=0$	1.00	1.25	1.75
轻度冲击	$i=1$	1.25	1.50	2.00
中等冲击	$i=2$	1.50	1.75	2.25

决定齿轮工况系数 K_A 值有两个自变量，即原动机载荷特性与工作机载荷特性，现用 $i=0\sim2$ 及 $j=0\sim2$ 分别代表原动机和工作机的不同载荷特性，用一个二维数组 K_A [3] [3] 记载齿轮传动工况系数。将该数表程序化以及检索齿轮传动工况系数的 C 语言程序如下：

```
#include <stdio.h>
main()
{
    int i,j;
    float KA[3][3]={{1.0,1.25,1.75},{1.25,1.5,2.0},{1.5,1.75,2.25}};
    while(1)
    {   printf("请输入原动机的载荷特性(0,1,2):");
```

```
        scanf("%d",&i);
        if(i>=0&&i<=2)break;
    }
    while(1)
    {   printf("请输入工作机的载荷特性(0,1,2):");
        scanf("%d",&j);
        if(j>=0&&j<=2)break;
    }
    printf("您所检索的齿轮工况系数为%f",KA[i][j]);
}
```

2.2.2　数表的文件化处理

如果处理的数表所包容的数据较少，用数组赋值处理方法是完全可行的。如果数表较复杂或涉及的数据量较大，若仍然采用数组赋值方法来处理，其程序将显得非常庞大，有时甚至不能实现，这就需要将数表进行文件化处理或用数据库进行存储处理。

数表文件化处理，不仅可以简化程序，还可以使数表与应用程序分离，实现一个数表文件供多个应用程序使用，并能增强数据管理的安全性，提高数据的可维护性。早期的 CAD/CAM 系统很多是采用数据文件来存储数据的。

例 2.4　表 2.4 中为平键和键槽尺寸。要求建立数据文件，并根据给定的轴径检索所建数据文件中的尺寸参数。

表 2.4　平键和键槽尺寸

轴径	平键		键槽	
	b	h	轴 t_1	毂 t_2
>8~10	3	3	1.8	1.4
>10~12	4	4	2.5	1.8
>12~17	5	5	3	2.3
…	…	…	…	…
>75~85	22	14	9	5.4

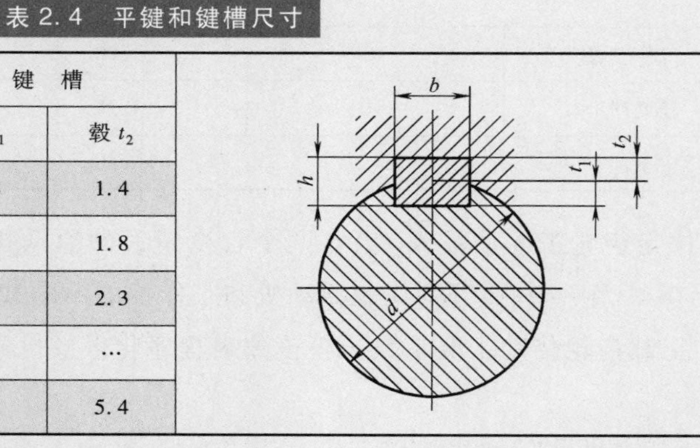

由表 2.4 可见，轴径给出的是下限和上限尺寸范围。可将该下、上限轴径数据连同平键和键槽尺寸一同存储在数据文件中，一行一个记录，每个记录包含轴径的下限 d_1、上限 d_2、键宽 b、键高 h、轴键槽深度 t_1、毂键槽深度 t_2 共六个数据项，并按记录将该表参数建立数据文件。建立平键和键槽尺寸参数数据文件的 C 语言程序如下：

```
#include <stdio.h>
#define num=###    ;###按实际记录数赋值
```

```
struct key_GB{
      float d1,d2,b,h,t1,t2;
      }key;
void main()
{
   int i;
   FILE *fp;
      If((fp=fopen("key.dat","w"))==NULL)
            {   printf("Cannot open the data file");
                exit();
            )
      for(i=0;i<num;i++)
            {       printf("record=%d: d1,d2,b,h,t1,t2=",i);
                    scanf("%f,%f,%f,%f,%f,%f", &key.d1,&key.d2,&key.b,&key.h,
                    &key.t1, &key.t2);
                    fwrite(&key,sizeof(struct key_GB),1,fp)
            }
      fclose(fp);
}
```

将上述程序进行编译、连接，生成可执行文件后运行，根据屏幕对话逐行输入各记录数据，输入完成后便在磁盘上建立一个名为“key.dat”的数据文件。

利用已建立的数据文件“key.dat”，通过交互输入的轴径大小，检索所需的平键和键槽参数，其 C 语言程序如下：

```
#include <stdio.h>
#define num=###    ;;;###按实际记录数赋值
struct key_GB{
      float d1,d2,b,h,t1,t2;
}key;
void main()
{
   int i;
   FILE *fp;
      while(1)
         {
            printf("Input the shaft diameter d=");
            scanf("%f",&d);
            if(d>8&&d<=85)    break;
            else   printf("The diameter d is not in reange, input again!");
```

```
    }
    If((fp=fopen("key.dat","r"))==NULL)
      { printf("Cannot open the data file");
        exit();
      )
    for(i=0;i<num;i++)
      {    fseek(fp,i*sizeof(struct key_GB),0);
           fread(&key,sizeof(struct key_GB),1,fp);
           if(d>key.d1&&d<=key.d2)
             { printf("The key:   b=%f,   h=%f,   t1=%f,   t2=%f", key.b,
               key.h, key.t1, key.t2);
             break;
             }
        }
    fclose(fp);
}
```

2.2.3 数表的公式化处理

对于数据间有某些联系或有函数关系的列表函数数表，应尽可能将其拟合为某个函数公式，以供系统或程序直接调用，可省去数据的存储。数表的公式化有多种处理方法，这里仅介绍函数插值和函数拟合两种方法。

1. 函数插值

设表 2.5 中的列表函数，在其自变量与因变量之间存在连续的规律性，并蕴含某种函数关系。但该数表仅给出自变量 x_1，x_2，…，x_n 结点上的函数值 y_1，y_2，…，y_n，若自变量 x 为两结点（x_i，x_{i+1}）之间某数值时，却不能查找所对应的函数值，这时便可采用函数插值的方法来检索所需的函数值 y。

表 2.5 列表函数

x	x_1 x_2 … x_i x_{i+1}…x_n
y	y_1 y_2 … y_i y_{i+1}…y_n

函数插值的基本思想：在插值点附近选取若干连续的结点，过这些结点构造一个简单的函数 $g(x)$ 来近似原有未知函数 $f(x)$。根据所选取的结点个数不同，函数插值有线性插值、抛物线插值以及拉格朗日插值等。

（1）线性插值　线性插值又称为二点插值，如图 2.14 所示，在插值点 x 附近选取两个相邻自变量 x_i 与 x_{i+1} 结点，并通过这两个结点构造一个线性函数 $g(x)$，以线性函数 $g(x)$ 代替原有函数 $f(x)$ 近似地求取插值点 x 处的函数值。

为简便起见，将插值点 x 附近的两个自变量设定为 x_1 和 x_2，并满足 $x_1 \leqslant x \leqslant x_2$。过

(x_1, y_1)、(x_2, y_2) 两结点的线性插值函数 $g(x)$ 为

$$g(x)=f(x_1)+\frac{f(x_2)-f(x_1)}{x_2-x_1}(x-x_1) \tag{2.1}$$

即
$$g(x)=y_1+\frac{y_2-y_1}{x_2-x_1}(x-x_1)$$

可将上式改写为

$$g(x)=\frac{x-x_2}{x_1-x_2}y_1+\frac{x-x_1}{x_2-x_1}y_2 \tag{2.2}$$

设
$$A_1=\frac{x-x_2}{x_1-x_2},\ A_2=\frac{x-x_1}{x_2-x_1}$$

则式（2.2）为

$$g(x)=A_1y_1+A_2y_2 \tag{2.3}$$

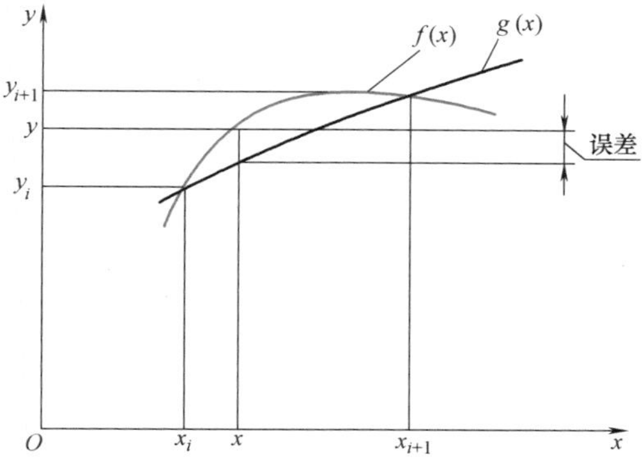

图 2.14　**线性插值示意图**

由式（2.3）可见，线性插值函数 $g(x)$ 为两个基本插值多项式 $A_1(x)$ 和 $A_2(x)$ 的线性组合。

(2) 抛物线插值　虽然线性插值计算简便，但插值精度较低。为了提高插值精度，可采用抛物线插值。抛物线插值又称为三点插值，如图 2.15 所示。在插值点 x 附近选取三个相邻的自变量 x_{i-1}、x_i、x_{i+1} 结点，通过这三个结点构造一条抛物线函数 $g(x)$，以替代原函数 $f(x)$，求取插值点 x 处的函数值。

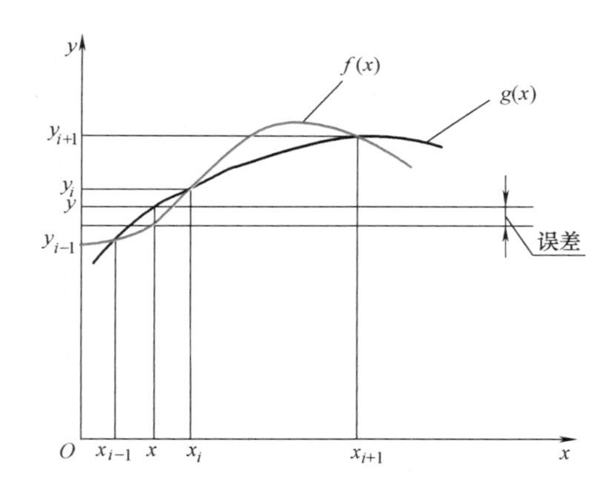

图 2.15　**抛物线插值示意图**

同样，为简便起见，将插值点 x 附近的三个自变量设定为 x_1、x_2、x_3，使其满足$x_1 \leqslant x \leqslant x_3$。与线性插值类似，可直接写出过 (x_1, y_1)、(x_2, y_2)、(x_3, y_3) 三个结点的抛物线插值函数 $g(x)$ 为

$$g(x)=\frac{(x-x_2)(x-x_3)}{(x_1-x_2)(x_1-x_3)}y_1+\frac{(x-x_1)(x-x_3)}{(x_2-x_1)(x_2-x_3)}y_2+\frac{(x-x_1)(x-x_2)}{(x_3-x_1)(x_3-x_2)}y_3 \tag{2.4}$$

(3) 拉格朗日插值　拉格朗日插值为多点插值，若插值曲线通过 (x_1, y_1)、(x_2, y_2)、…、(x_n, y_n)，共 n 个结点，则插值多项式可写成如下累加和的形式，即

$$\begin{aligned} g(x) &= \sum_{k=1}^{n}\frac{(x-x_1)(x-x_2)\cdots(x-x_{k-1})(x-x_{k+1})\cdots(x-x_n)}{(x_k-x_1)(x_k-x_2)\cdots(x_k-x_{k-1})(x_k-x_{k+1})\cdots(x_k-x_n)}y_k \\ &= \sum_{k=1}^{n}\left(\prod_{\substack{j=1 \\ j\neq k}}\frac{x-x_j}{x_k-x_j}\right)y_k \end{aligned} \tag{2.5}$$

2. 函数拟合

用插值法对列表函数进行公式化处理是一种比较简便的处理方法，但存在两点不足：一

是插值函数严格通过列表函数中的每个结点，而这些结点数据可能是试验所得，不可避免地会带有试验误差，这样得到的插值函数复制了原有的结点误差，如图 2.16 所示的曲线 1；二是仍需将各结点数据进行存储，占用了额外的计算机资源。

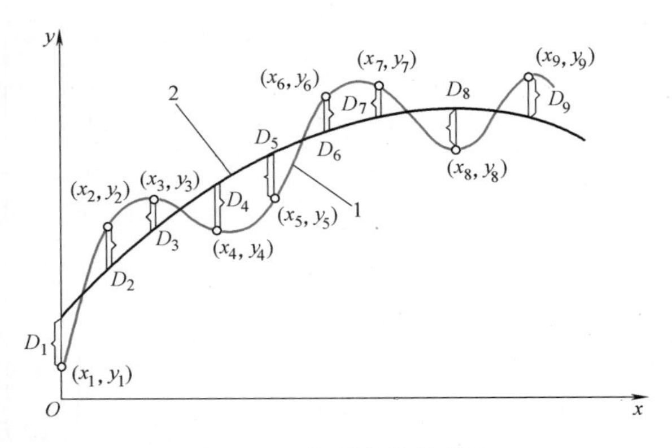

图 2.16　数据的曲线拟合

为此，函数拟合（又称为曲线拟合）也是列表函数数表公式化的一种常用处理方法。通过函数拟合所得到的数学公式（曲线）不要求严格通过所给结点，而仅反映出已知结点数据的一种变化趋势，如图 2.16 所示的曲线 2。

函数拟合有多种算法，最常用的是最小二乘法。最小二乘法的基本思想是根据已知结点的坐标分布，拟合一个趋势函数或趋势曲线，如线性函数、多项式函数、对数函数或指数函数等，使各结点到所拟合函数的偏差二次方和最小，以此求取所拟定函数的待定系数。

下面以线性函数为例说明最小二乘法函数拟合的处理方法。

在表 2.5 中，若各结点之间呈现一种单调的线性关系，则可用如下的线性函数进行拟合，即

$$y=a+bx \tag{2.6}$$

式中，a、b 为待定系数。最小二乘法的任务就是求解该拟合函数中的待定系数。

如图 2.16 所示，设第 i 结点坐标值为（x_i，y_i），则各结点到所拟合函数的偏差二次方和 ϕ 为

$$\phi=\sum_{i=1}^{n}(y-y_i)^2=\sum_{i=1}^{n}(a+bx_i-y_i)^2 \tag{2.7}$$

由式（2.7）可见，各结点的偏差二次方和 ϕ 是待定系数（a，b）的函数。若使该偏差二次方和 ϕ 最小，以求取待定系数 a 和 b，令

$$\begin{cases}\partial\phi/\partial a=0\\ \partial\phi/\partial b=0\end{cases}$$

将式（2.7）代入上式，得

$$\begin{cases}\sum 2(a+bx_i-y_i)=0\\ \sum 2x_i(a+bx_i-y_i)=0\end{cases} \tag{2.8}$$

式（2.8）仅有 a、b 两个未知数，从而可方便求得

$$\begin{cases}a=\bar{y}-b\bar{x}\\ b=\dfrac{\sum x_i(y_i-\bar{y})}{\sum x_i(x_i-\bar{x})}\end{cases}$$

式中，$\bar{x}$、$\bar{y}$ 分别为各结点（x_i，y_i）坐标的平均值。

将所求得的待定系数 a、b 代入式（2.6），便可最终求得所拟合的线性函数。

根据上述线性函数的拟合方法，还可拟合多项式函数、指数函数等。例如：待拟合的指

数函数为

$$y=ab^{x} \tag{2.9}$$

式中，a、b 为待定系数。

对式（2.9）两边取对数得

$$\lg y=\lg a+x\lg b$$

令 $y'=\lg y$、$u=\lg a$、$v=\lg b$，则

$$y'=u+vx \tag{2.10}$$

用最小二乘法求解式（2.10）中的待定系数 u 和 v，然后再由 $u=\lg a$ 和 $v=\lg b$ 分别求出式（2.9）指数函数中的待定系数 a 和 b，便最终得到所拟合的指数函数。

2.2.4　数表的数据库存储

通常，产品设计和制造过程涉及大量不同类型的设计数据，唯有采用数据库处理技术才能保证 CAD/CAM 作业得以有序、高效地运行。利用数据库管理系统 DBMS 强大的存储和管理功能，可将设计手册中大量数据进行整理，在计算机内建立各类设计数据库，供 CAD/CAM 作业时直接查询和调用，这样便可完全甩掉设计手册进行设计。下面以数据库管理系统 VFP 的具体应用实例，简要介绍工程数表的数据库存储处理。

例 2.5　应用 VFP 系统对表 2.6 中的深沟球轴承参数数表进行存储、修改和查询作业。

表 2.6　深沟球轴承轻（02）系列

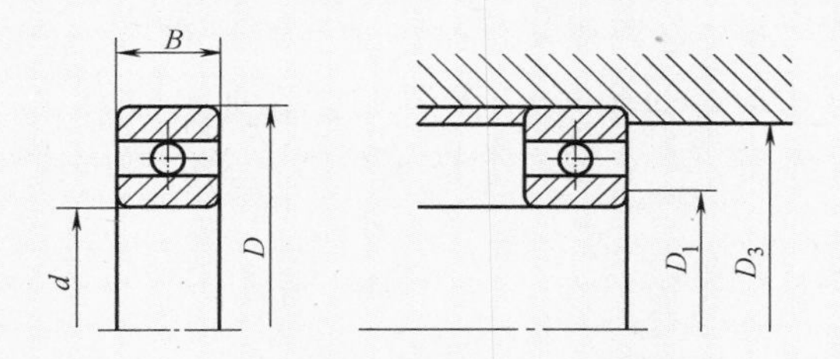

轴承型号	尺寸/mm			安装尺寸/mm		动负荷/kN	静负荷/kN	极限速度/r·min⁻¹
	d	D	B	D_1	D_3			
6200	10	30	9	15	25	4.70	2.70	26000
6201	12	32	10	17	27	4.80	2.70	24000
6202	15	35	11	20	30	6.00	3.55	22000
6203	17	40	12	22	35	7.50	4.50	20000
6204	20	47	14	26	41	10.00	6.30	18000
6205	25	52	15	31	46	11.00	7.10	16000
6206	30	62	16	36	56	15.20	10.20	13000
6207	35	72	17	42	65	20.10	13.90	11000
6208	40	80	18	47	73	25.60	18.10	10000
6209	45	85	19	52	78	25.60	18.10	9000
6210	50	90	20	57	83	27.50	20.20	8500

具体步骤如下：

1）启动 VFP 系统，进入 VFP 集成环境。

2）建立数据库数表文件结构。在数据库管理系统 VFP 中，数表（Table）是独立存储的文件单元，是以 *.dbf 为扩展名的文件。而数据库（Database）则是以 *.dbc 为扩展名定义在数表（Table）之上，是一个由若干单个数表所组成的包容器。本例仅简要介绍数据库中单个数表（Table）的建立方法。

单击系统菜单 File→New→Table（或单击工具栏，或在命令窗口简单地输入“Create”命令），在弹出的对话框中输入“Bear.dbf”后系统弹出表设计器（Table Designer）对话框。按照表设计器对话框给定的格式，逐个定义轴承数表的各个数据项，建立数表文件 Bear.dbf 的文件结构，如图 2.17 所示。

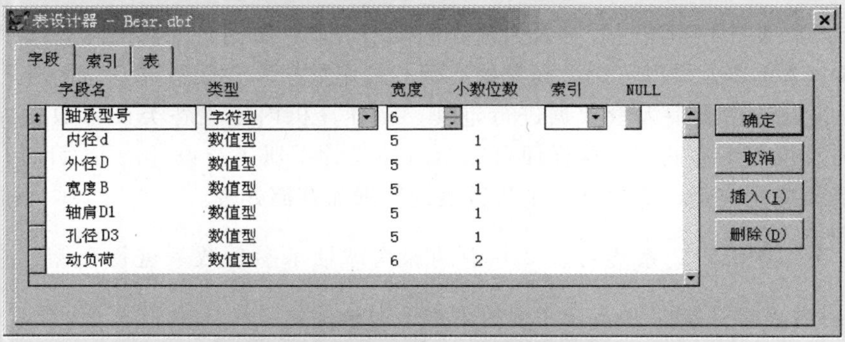

表设计器 - Bear.dbf

字段 | 索引 | 表

字段名	类型	宽度	小数位数	索引	NULL
轴承型号	字符型	6			
内径 d	数值型	5	1		
外径 D	数值型	5	1		
宽度 B	数值型	5	1		
轴肩 D1	数值型	5	1		
孔径 D3	数值型	5	1		
动负荷	数值型	6	2		

确定　取消　插入(I)　删除(D)

图 2.17　**建立数表文件 Bear.dbf 的文件结构**

3）输入数表记录。定义好数表文件结构之后系统弹出一个对话框，询问“现在输入数据记录吗？[Input data records now（Y/N）?]”，如果输入“Y”，系统则进入数表文件“Bear.dbf”的录入界面，要求按如下格式对已定义的数表文件依次输入轴承的各个数据记录：

轴承型号：

内径 d：

外径 D：

宽度 B：

轴肩 D1：

孔径 D3：

动负荷：

静负荷：

极限速度：

当数表文件“Bear.dbf”各记录录入完成后，按<Ctrl+W>或<Ctrl+End>键退出数表录入界面，系统便在计算机当前目录下自动建立名为“Bear.dbf”的数表文件。

4）数表文件的添加、修改和浏览。数表文件建立之后，若需继续输入新的记录，可选择菜单 Add Table，或在命令窗口输入“APPEND”命令，系统将回到全屏幕编辑状态，供继续输入或编辑已有的文件记录。若需要浏览或编辑数表文件，也可在命令窗口输入“BROWSE”或“LIST”或“DISPLAY”命令，系统将在屏幕上列出如图 2.18 所示的数表文件各个记录。

Bear

轴承型号	内径d	外径D	宽度B	轴肩D1	孔径D3	动负荷	静负荷	极限速度
6200	10.0	30.0	9.0	15.0	25.0	4.70	2.70	26000
6201	12.0	32.0	10.0	17.0	27.0	4.80	2.70	24000
6202	15.0	35.0	11.0	20.0	30.0	6.00	3.55	22000
6203	17.0	40.0	12.0	外径 D_1	35.0	7.50	4.50	20000
6204	20.0	47.0	14.0	26.0	41.0	10.00	6.30	18000
6205	25.0	52.0	15.0	31.0	46.0	11.00	7.10	16000
6206	30.0	62.0	16.0	36.0	56.0	15.20	10.20	13000
6207	35.0	72.0	17.0	42.0	65.0	20.10	13.90	11000
6208	40.0	80.0	18.0	47.0	73.0	25.60	18.10	10000
6209	45.0	85.0	19.0	52.0	78.0	25.60	18.10	9000
6210	50.0	90.0	20.0	57.0	83.0	27.50	20.20	8500

图 2.18　**数表文件 Bear.dbf 各个记录**

5）数表的查询。若要对已建立的数表进行查询，首先打开该数表文件，在命令窗口使用“LOCATE”命令进行查询。例如：若要查询轴承型号为 6202 的轴承参数，即

LOCATE FOR 轴承型号 = 6202

系统自动将数表指针指向 Bear.dbf 中的第三个记录，并显示该轴承的各个参数。

6）退出 VFP 系统。若用户已完成对数据库的操作，则可在命令窗口中输入“QUIT”命令，退出 VFP 系统。

数据库管理系统是一个理想的设计数据管理工具，能够保证设计数据的安全性和共享性。借助于数据库管理系统，可在计算机内建立各种不同类型的设计数据库。倘若要在其他应用系统中查询并调用已有的设计数据库，需要在这些应用系统中开发相应的应用接口模块，通过标准的数据库查询语言 SQL 查询并调用不同数据库中的数据，以实现数据共享。

2.3 ■ 工程线图的处理技术

在工程设计手册中，除了大量数表之外，还有许多由直线、曲线、折线等构成的各种工程线图。这些工程线图直观地表达了设计参数相互间的关系和变化趋势，可方便地供设计人员查用。工程线图的计算机化处理也有不同的方法：对于附有数学公式的工程线图，则无须处理，可直接应用该数学公式求取相关的设计数据；对于没有数学公式的一般线图，先将该线图离散为数表，然后再按数表处理方法进行线图的计算机化处理；对于复杂线图，需要对其中的每条线图分别编程处理。

2.3.1　一般线图的处理

图 2.19 所示为变位系数 $x=0$ 时渐开线齿轮当量齿数与齿形系数的关系曲线，这是设计手册中最常见的一类线图。对于该类线图进行计算机化处理时，首先需将线图进行离散化，

将各个离散坐标点数据构建成一个数表，然后再对该数表进行计算机化处理。进行线图离散化时，其离散点的疏密应根据线图的形状确定，线图陡峭部分的离散点应取得密集一些，平坦部分的离散点应取得稀疏一些，其原则是使各离散点间的函数值不致相差很大。

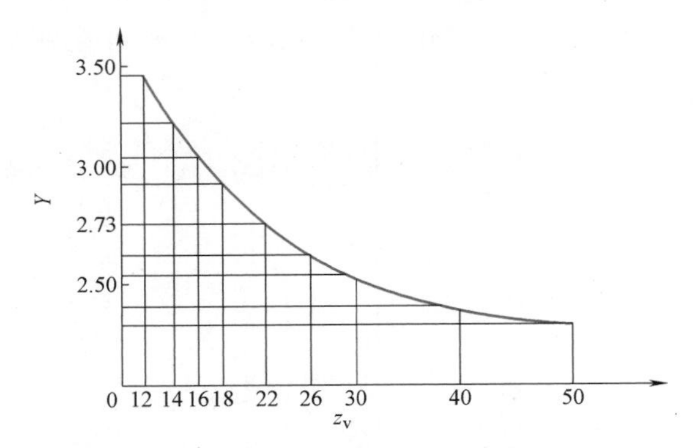

图 2.19 变位系数 $x=0$ 时渐开线齿轮当量齿数与齿形系数的关系曲线

表 2.7 列出了图 2.19 所示线图经离散化而构建的一个一维数表。

表 2.7 变位系数 $x=0$ 时渐开线齿轮当量齿数与齿形系数的数值关系

当量齿数 z_v	12	14	16	18	22	26	30	40	50
齿形系数 Y	3.48	3.22	3.03	2.91	2.73	2.60	2.52	2.40	2.32

图 2.20 所示为不同变位系数的渐开线齿轮齿形系数曲线图。它由多条线图构成，一个齿轮变位系数 x 就有一条对应的当量齿数 z_v 与齿形系数 Y 的关系曲线。对于这样多线图的计算机化处理，可将其离散化为一个二维数表，见表 2.8。

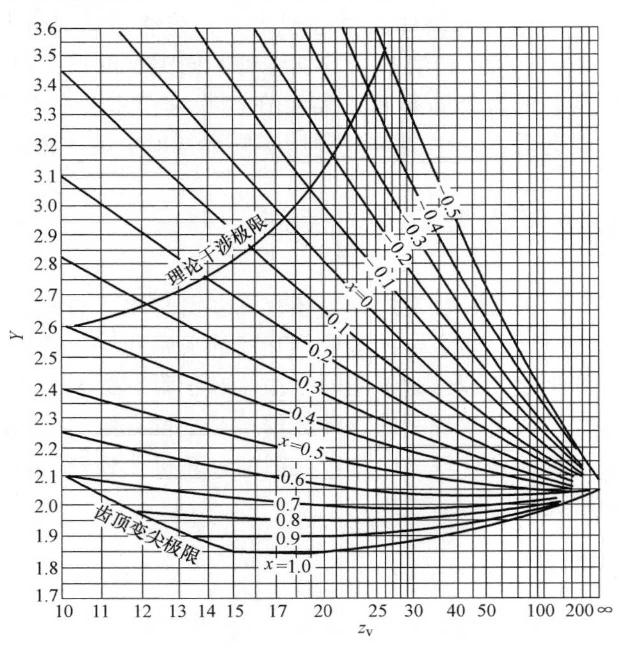

图 2.20 不同变位系数的渐开线齿轮齿形系数曲线图

表 2.8　渐开线变位齿轮的当量齿数与齿形系数的关系

序　号 N		1	2	3	4	5	6	7	8	9
变位系数 x	齿形系数 $Y(M,N)$	当量齿数 $z_v(N)$								
		12	14	16	18	22	26	30	40	50
$x=1$	$Y(1,N)$			1.86	1.87	1.88	1.90	1.91	1.93	1.95
$x=0.9$	$Y(2,N)$		1.9	1.905	1.91	1.92	1.93	1.935	1.95	1.97
$x=0.8$	$Y(3,N)$	1.98	1.97	1.96	1.97	1.965	1.97	1.97	1.98	1.99
$x=0.7$	$Y(4,N)$	2.07	2.05	2.03	2.025	2.02	2.015	2.015	2.02	2.02
$x=0.6$	$Y(5,N)$	2.19	2.15	2.12	2.1	2.08	2.07	2.06	2.05	2.05
$x=0.5$	$Y(6,N)$	2.32	2.26	2.22	2.2	2.16	2.14	2.12	2.10	2.09
$x=0.4$	$Y(7,N)$	2.49	2.42	2.36	2.32	2.25	2.22	2.19	2.15	2.13
$x=0.3$	$Y(8,N)$	2.67	2.56	2.48	2.43	2.35	2.30	2.25	2.20	2.17
$x=0.2$	$Y(9,N)$	2.89	2.74	2.63	2.56	2.46	2.39	2.34	2.26	2.21
$x=0.1$	$Y(10,N)$	3.17	2.97	2.83	2.72	2.58	2.49	2.43	2.33	2.26
$x=0$	$Y(11,N)$	3.48	3.22	3.05	2.91	2.73	2.60	2.52	2.40	2.32
$x=-0.1$	$Y(12,N)$		3.52	3.20	3.12	2.90	2.79	2.65	2.49	2.40
$x=-0.2$	$Y(13,N)$			3.58	3.36	3.09	2.90	2.73	2.58	2.47
$x=-0.3$	$Y(14,N)$					3.31	3.07	2.92	2.63	2.55
$x=-0.4$	$Y(15,N)$					3.55	3.26	3.09	2.80	2.63
$x=-0.5$	$Y(16,N)$						3.50	3.27	2.92	2.73

2.3.2　复杂线图的处理

在工程设计手册中，还常有一些类似于图 2.21 所示的复杂折线图。该图是根据所给定的小带轮转速以及设计功率来选择多楔带的型号。对于这类折线图仅能通过编程方法逐条地对线图进行处理。

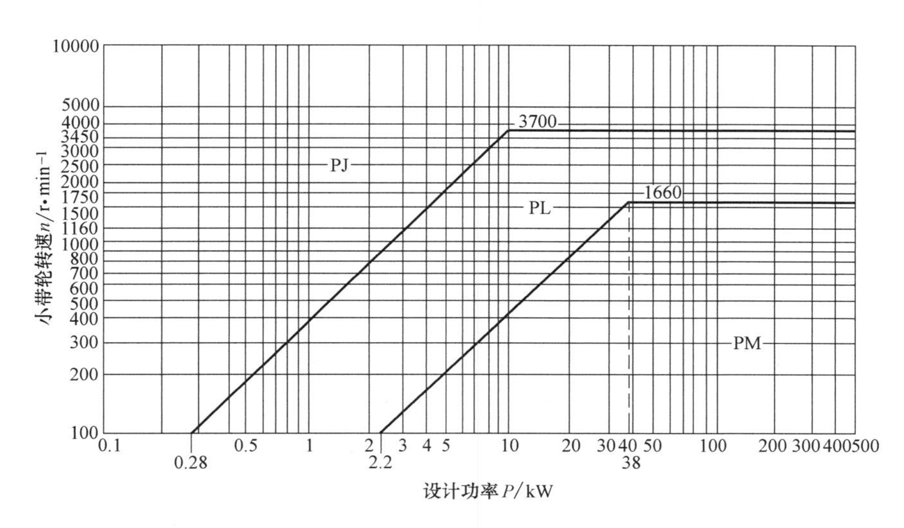

图 2.21　多楔带选型折线图

例如，要求根据给定的小带轮转速 n 和设计功率 P，按图 2.21 所示选择多楔带型号。由图可见，各个型号的多楔带是由不同的直（曲）线进行界定的，为此首先需要拟合这些边界的直（曲）线方程，然后根据所给定的转速和功率确定待设计的多楔带型号区域。由于该线图采用的是对数坐标系，各个型号的多楔带区域边界在此对数坐标系中均为直线，因而可通过如下直线方程来拟合各型号多楔带区域的边界，即

$$\frac{\lg P_1-\lg P_2}{\lg n_1-\lg n_2}=\frac{\lg P_x-\lg P_2}{\lg n_y-\lg n_2}$$

式中，(P_1, n_1)、(P_2, n_2) 为直线边界上两个已知端点（功率，转速）的坐标；(P_x, n_y) 为多楔带的传递功率和转速变量，则

$$\lg n_y=\lg n_2'+\frac{(\lg P_x-\lg P_2)(\lg n_1-\lg n_2)}{\lg P_1-\lg P_2}$$

在上式中，若给定 P_x 值，就可求得 $\lg n_y'$。将 $\lg n_y'$ 记为常量 C，有 $\lg n_y'=C$，则可求得

$$n_y'=10^C$$

设 k 为多楔带型号输出变量，$k=0$ 为 PJ 型，$k=1$ 为 PL 型，$k=2$ 为 PM 型；功率 P 和转速 n 为输入变量。那么，多楔带选型折线图处理的 C 语言程序如下：

```
void belt(int n,float P,int *k)
{float c;
    c=log10(100)+(log10(P)-log10(0.28))*(log10(3700)-log10(100))
            /(log10(10.0)-log10(0.28))
    if(n>=3700||n>=10**c)   /*PJ 型带区域*/
        *k=0      ;PJ 型带
    else
    {   c=log10(100)+(log10(P)-log10(2.2))*(log10(1660)-log10(100))
            /(log10(38)-log10(2.2))
    if(n>=1660||n>=10**c)   /*PL 型带区域*/
        *k=1   ;PL 型带
    else
        *k=2   ;PM 型带
    }
}
```

2.4 ■ 数据可视化处理技术

2.4.1 数据可视化概念

数据可视化，顾名思义，就是将“数据”变得“可视”。具体地说，数据可视化是综合运用计算机图形学、图像处理、用户界面等技术，将采集或模拟的数据映射为可识别的图表、图像或动画形式，以便于人们对数据的分析和解读的一种技术。数据是抽象的，图形是具体的，“一图胜千言”，借助于可视化图形和图像等手段，可清晰有效地表达数据自身所

蕴含的特征与规律。

数据可视化的目的，主要是利用图形化手段清晰有效地展示数据，揭示数据所隐含的特征信息，以利于人们对数据的认知，便于对数据的分析与决策。

下面通过对图 2.22 所示四组数据的可视化处理，来观察数据可视化的作用。在这四组数据中，每组数据都有 11 个 X 变量和 11 个 Y 变量；每组数据中 X 变量的平均值都为 9，Y 变量的平均值都为 7.5；X 变量的方差都是 10，Y 变量的方差都是 3.75；X 变量和 Y 变量的相关性都是 0.816。从统计学角度观察，这四组数据非常相似，很难发现它们之间存在什么差异。

应用散点图将这四组数据进行可视化处理，其结果如图 2.23 所示。由图示可见，各组数据所呈现的差异很大：第一组数据呈现散列式线性分布；第二组为二次函数分布；第三组和第四组都有较好的线性，但直线斜率相差较大，两者都有明显的离群点。

	1		2		3		4	
	X	Y	X	Y	X	Y	X	Y
	10.0	8.04	10.0	9.14	10.0	7.46	8.0	6.58
	8.0	6.95	8.0	8.14	8.0	6.77	8.0	5.76
	13.0	7.58	13.0	8.74	13.0	12.74	8.0	7.71
	9.0	8.81	9.0	8.77	9.0	7.11	8.0	8.84
	11.0	8.33	11.0	9.26	11.0	7.81	8.0	8.47
	14.0	9.96	14.0	8.10	14.0	8.84	8.0	7.04
	6.0	7.24	6.0	6.13	6.0	6.08	8.0	5.25
	4.0	4.26	4.0	3.10	4.0	5.39	19.0	12.50
	12.0	10.84	12.0	9.13	12.0	8.15	8.0	5.56
	7.0	4.82	7.0	7.26	7.0	6.42	8.0	7.91
	5.0	5.68	5.0	4.74	5.0	5.73	8.0	6.89
平均值	9.0	7.5	9.0	7.5	9.0	7.5	9.0	7.5
方差	10.0	3.75	10.0	3.75	10.0	3.75	10.0	3.75
相关性	0.816		0.816		0.816		0.816	

图 2.22　存在陷阱的数据集

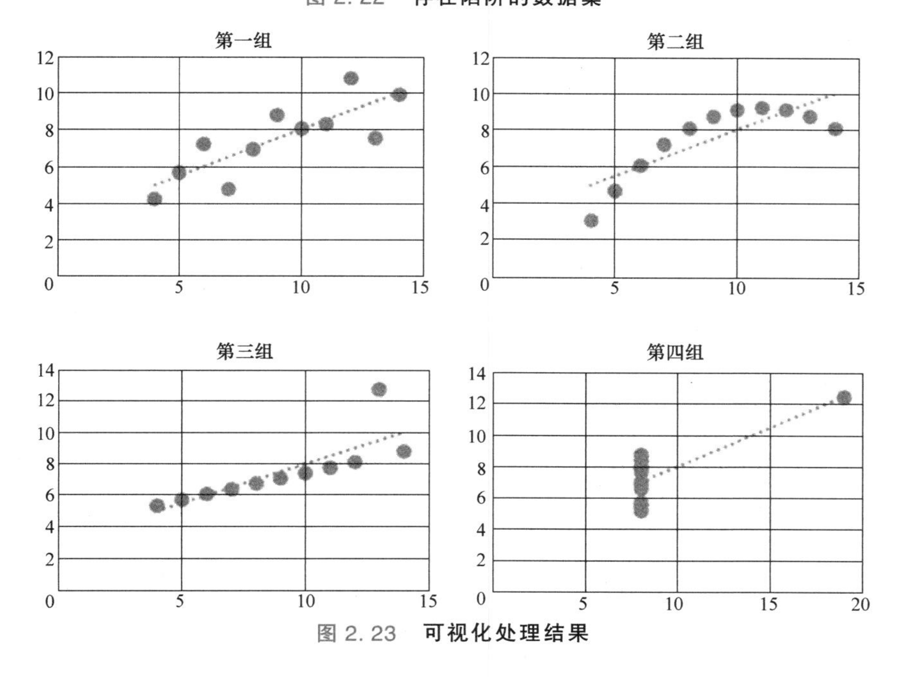

图 2.23　可视化处理结果

由上例可见，可视化不仅仅是一种数据的展示，还清晰呈现数据自身所蕴含的特征与规律，可“一眼”解读数据的含义，衡量数据的主次，预测数据的趋势。为此，数据可视化可使人们更易于观察及发觉数据的组织模式、相互间关系以及所存在的错误或异常。

可视化技术起源于 20 世纪 50 年代兴起的计算机图形学。最初，人们利用计算机创建了图形与图表，并将其应用于科学计算；后来，人们逐步通过研制不同的计算机工具、技术和系统，将试验或数值计算中所获取的大量抽象数据转换为人们视觉可以直接感受的计算机图形与图像，以作为辅助手段，协助人们进行数据的探索与分析。

CAD/CAM 系统的作业过程，既是对所设计产品进行数字化结构建模的过程，又是不断将设计的中间结果及最终结果进行可视化的过程。在产品建模阶段，CAD/CAM 系统始终将设计产品的阶段模型或最终模型以三维图形的形式向设计人员展示，以便对产品模型的直观评价和修改完善；在对产品结构进行工程分析优化时，系统将产品在负载工况下的性能特征以应力、应变、温升等三维分布云图形式进行展现，以便于设计人员对分析计算结果进行评判；在对产品模型进行运动或加工仿真时，系统以动画形式演示产品的运动状态及其特性。由此可见，数据可视化也是 CAD/CAM 的一项重要的工程应用技术。

2.4.2　数据可视化方法与工具

图表是一种最常用的直观、形象表达数据的可视化方法。通过图表可直观地展示数据之间的关系，容易对数据的正确性和合理性做出判断和预测。

图表的种类繁多，有柱形图、折线图、条形图、散点图、走势图、等值线图等。根据可视化的实际需要，合理地选用合适的图表，能够让用户“一眼”就能明了数据所表达的含义。

颜色及色彩浓淡度在数据可视化中也起着重要作用。通过颜色及色彩浓淡变化不仅能引起用户的关注，清楚地分辨出数据间的关系，还可以展示数据的大小、区域分布以及数值变化梯度等。图 2.24 所示为用不同的颜色和色彩浓淡度反映物理量变化的图例。

为便于可视化图表的制作，已有较多可视化商品软件供用户选用。表 2.9 列出了部分常

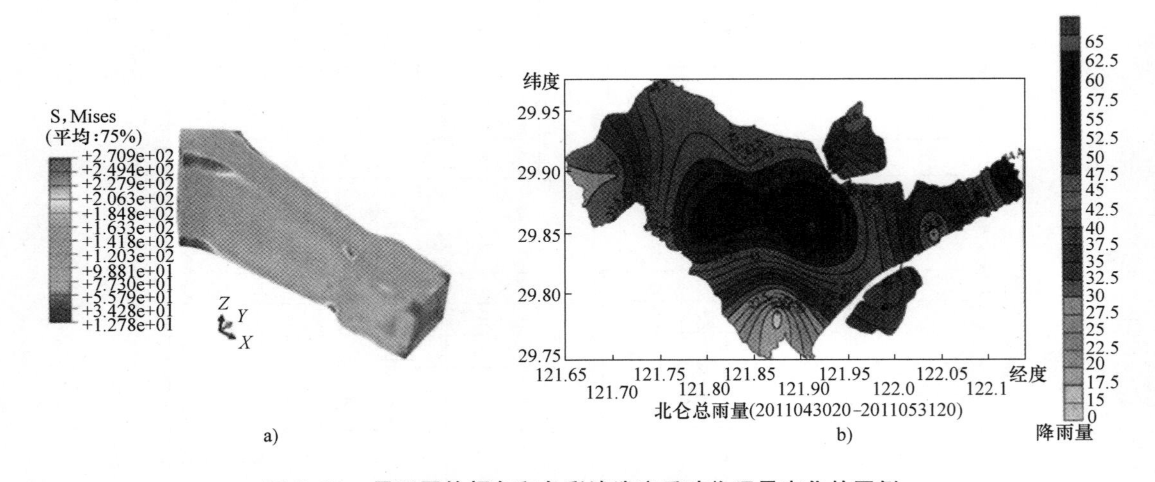

图 2.24　用不同的颜色和色彩浓淡度反映物理量变化的图例

a）淬火等效应力云图　b）某地区月降雨量分布

用可视化软件工具，它们在各自目标领域的用途、技能以及可视化效果各具特色，可根据可视化的实际需要进行选用。

表 2.9　部分常用可视化软件工具

类别	软件工具	适用领域
编程代码类	Matplotlib	为 python 绘图软件包，有直接绘制直方图、功率谱、条形图、散点图等功能语句
	Seabom	基于 Matplotlib 的 API 封装，能够制作更具特色的可视化图表
	Pyechars	用于生成 Echarts 图表的类库，可在 Python 中直接使数据生成图表
	Bokeh	交互性 Python 可视化工具库
	Plot3D	用于绘制 3D 可视化图表
专业图表类	Excel	使用最为广泛，涉及方面较广，容易上手
	Raydata	大数据可视化交互系统，可实现云数据实时可视化、场景化
	DataV	基于 Vue 数据可视化组件库，提供 3D 自然环境的动画制作和渲染
	Datamap	集数据仓库、数据分析、地理分析于一体的可视化数据平台

2.4.3　数据可视化基本流程

数据可视化通常有数据收集、数据处理与转换、可视化映射、可视化交互与分析等主要步骤。

（1）数据收集　数据是可视化的对象，也是可视化过程的核心，有效的数据才能表达真实有用的信息。为此，数据收集应遵循数据的时效性、真实性和精确性原则。在数据收集时，应考虑数据的格式、维度、分辨率以及精确度等特性，这些数据特性在很大程度上决定了可视化的作用和效果。在从事可视化具体方案设计时，要事先了解数据的来源、获取方法及其属性，这样才能准确反映数据可视化需要解决的问题。

（2）数据处理与转换　已收集的原始数据往往含有大量冗余信息和错误数据，数据格式也会参差不齐。为此，在数据可视化前必须对原始数据进行统一而高效的处理与转换，去除冗余数据，清理错误信息，将不同的数据格式转换为统一要求的格式形式，可大大提高和改善可视化效率与效果。

（3）可视化映射　可视化映射是借助于可视化元素对数据信息进行展示的过程。可视化元素可认为是由可视化空间、可视化标记和视觉通道组成，即可视化空间有一维、二维或三维的显示空间；可视化标记包含点、线、面、体在内的一个个几何元素；视觉通道一般是指人类视觉感知系统，它是将可视化标记传递到人类大脑的通道，用以处理并还原可视化标记所包含的数据信息。可视化映射可认为是将数据信息转换为几何信息，再借助于计算机图形技术将此几何信息以图形形式进行展现的过程。为此，首先需要根据可视化要求选择可视化空间，以确定采用点、线、面、体等何种几何元素作为可视化标记，以对数据进行可视化映射，然后通过这些几何元素来构建二维或三维几何图形以实现整个可视化过程。

（4）可视化交互与分析　数据可视化过程通常是由可视化系统与人相互交互和协同映射的过程。通过人为参与，将可视化系统并不擅长的认知能力融入可视化过程，可交互地对可视化映射图形进行修改，对图表的尺寸、色调、形状等参数进行调整，以便更好地实现基于人机交互、符合人们认知规律的分析与判断。

2.4.4　数据可视化应用实例

数据可视化技术可直观地展现数据内涵，可从复杂巨量数据中揭示所隐藏的规律与模式。下面以数控编程刀轨数据和有限元网格模型及其分析结果可视化为例，说明可视化技术在 CAD/CAM 作业过程中的应用。

（1）数控编程刀轨数据可视化　CAD/CAM 系统的数控编程模块，是根据产品加工型面特征以及用户定义的工艺参数自动生成刀具运动轨迹文件 CLDF。CLDF 刀轨文件是由若干控制语句和相关数字组成，少则几十行，多则数万甚至几十万行，数据量巨大，用户根本无法理解。图 2.25 所示为某叶片铣削加工的 CLDF 刀轨文件。为此，CAD/CAM 系统通过可视化处理，将其转换为三维线图形式，向用户清晰展示了刀具运动轨迹的分布与走向，借此可快速判断走刀路线的合理性和相关数据的正确性，如图 2.26 所示。

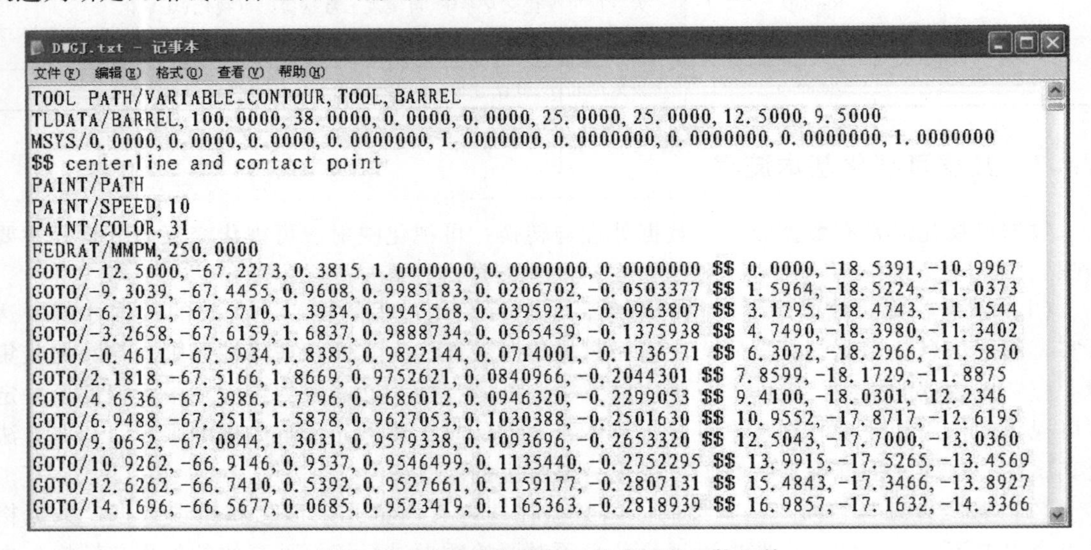
DWGJ.txt - 记事本
文件(F)　编辑(E)　格式(O)　查看(V)　帮助(H)

```
TOOL PATH/VARIABLE_CONTOUR, TOOL, BARREL
TLDATA/BARREL, 100.0000, 38.0000, 0.0000, 0.0000, 25.0000, 25.0000, 12.5000, 9.5000
MSYS/0.0000, 0.0000, 0.0000, 0.0000000, 1.0000000, 0.0000000, 0.0000000, 0.0000000, 1.0000000
$$ centerline and contact point
PAINT/PATH
PAINT/SPEED, 10
PAINT/COLOR, 31
FEDRAT/MMPM, 250.0000
GOTO/-12.5000, -67.2273, 0.3815, 1.0000000, 0.0000000, 0.0000000 $$ 0.0000, -18.5391, -10.9967
GOTO/-9.3039, -67.4455, 0.9608, 0.9985183, 0.0206702, -0.0503377 $$ 1.5964, -18.5224, -11.0373
GOTO/-6.2191, -67.5710, 1.3934, 0.9945568, 0.0395921, -0.0963807 $$ 3.1795, -18.4743, -11.1544
GOTO/-3.2658, -67.6159, 1.6837, 0.9888734, 0.0565459, -0.1375938 $$ 4.7490, -18.3980, -11.3402
GOTO/-0.4611, -67.5934, 1.8385, 0.9822144, 0.0714001, -0.1736571 $$ 6.3072, -18.2966, -11.5870
GOTO/2.1818, -67.5166, 1.8669, 0.9752621, 0.0840966, -0.2044301 $$ 7.8599, -18.1729, -11.8875
GOTO/4.6536, -67.3986, 1.7796, 0.9686012, 0.0946320, -0.2299053 $$ 9.4100, -18.0301, -12.2346
GOTO/6.9488, -67.2511, 1.5878, 0.9627053, 0.1030388, -0.2501630 $$ 10.9552, -17.8717, -12.6195
GOTO/9.0652, -67.0844, 1.3031, 0.9579338, 0.1093696, -0.2653320 $$ 12.5043, -17.7000, -13.0360
GOTO/10.9262, -66.9146, 0.9537, 0.9546499, 0.1135440, -0.2752295 $$ 13.9915, -17.5265, -13.4569
GOTO/12.6262, -66.7410, 0.5392, 0.9527661, 0.1159177, -0.2807131 $$ 15.4843, -17.3466, -13.8927
GOTO/14.1696, -66.5677, 0.0685, 0.9523419, 0.1165363, -0.2818939 $$ 16.9857, -17.1632, -14.3366
```

图 2.25　某叶片铣削加工的 CLDF 刀轨文件

（2）有限元网格模型及其分析结果可视化　有限元分析是最常用的机械产品工程分析技术，它将一个形状复杂的连续结构体离散为若干有限个小单元体，以对整个结构体进行受力状态或热变形等分析与计算。

通常，在有限元分析之前，需要对结构体进行前置处理，即由有限元分析系统对结构体进行单元定义，确定单元类型与大小，然后由系统自动对结构体进行单元网格的划分，建立有限元分析的网格模型。通常，有限元分析网格模型是由成千上万有限个小单元体组成，每一小单元体又包含若干个节点坐标数据，其模型数据量相当庞大，用户根本无法阅读，难以

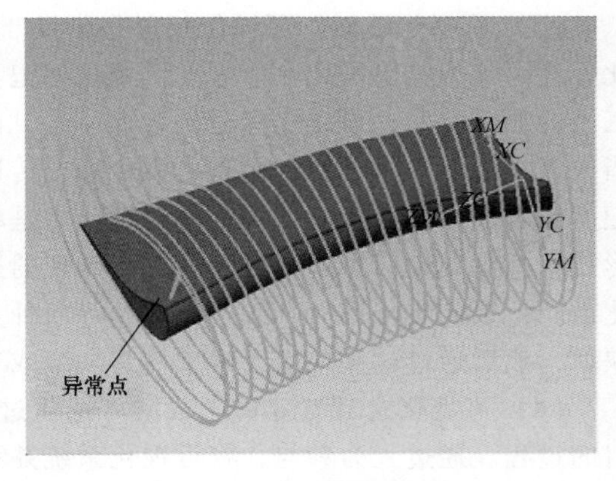

图 2.26　刀具运动轨迹

评判其网格模型的优劣。为此，有限元分析系统的前置处理模块将其进行可视化处理，以三维线图形式将模型进行展示。图 2.27a 所示为压力机机身可视化网格模型。该模型由 328438 个单元、109260 个节点组成。通过该可视化模型，用户可清晰观察到机身各部位网格划分的稠密程度，判断单元划分的合理性。

同样，有限元后置处理模块也对有限元分析结果进行可视化处理，可直观地看到结构体各单元节点处的应力/应变等物理参数。图 2.27b 所示为压力机机身受力应变云图，由此可见整个机身的受力应变状态及最大应变值大小与位置点。

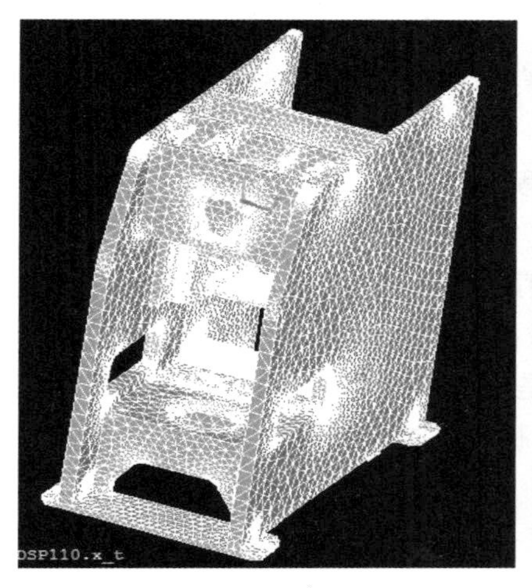

a)

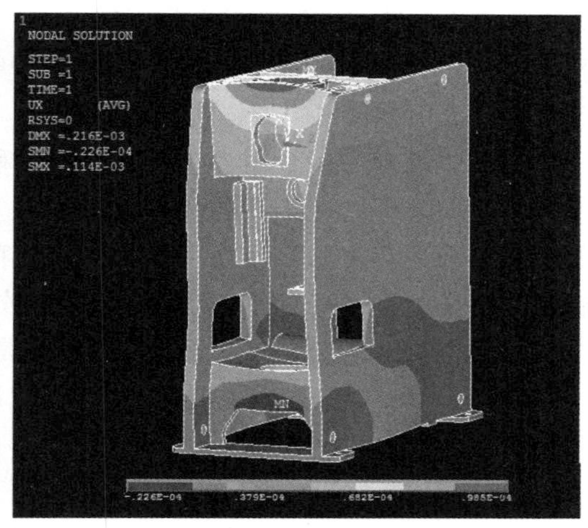

b)

图 2.27 **有限元分析前置/后置处理可视化**

a）压力机机身可视化网格模型 b）压力机机身受力应变云图

2.5 ■ 产品数据管理技术

2.5.1 数据管理技术的演变

数据管理是指数据的收集、分类、组织、存储、检索和维护等一系列数据的操作。数据管理的目的是为了降低数据的冗余，提高数据的独立性、完整性和安全性，实现数据的共享。随着计算机软硬件技术的发展以及数据管理自身发展的需要，数据管理技术已由早先的文件管理演变为数据库管理。

1. 数据的文件管理

早期的数据管理是由计算机操作系统直接提供的文件管理系统实现的，即将数据组织成数据文件形式，按照统一规则和方法对数据进行组织和存取管理，具有简单方便、使用灵活等特点。数据文件是若干结构相同的数据记录的集合，不同的数据文件其存储结构不一定相同，需要编写不同的应用程序进行访问。为此，数据的文件管理存在如下缺陷：

（1）数据共享性差、冗余度大　在数据文件管理系统中，一个数据文件对应于一个应用程序，若其他应用程序需要使用相同数据时，就必须重新建立自身的数据文件，这势必造成数据的冗余，浪费存储资源。

(2) **缺乏数据的独立性**　数据文件是为特定的应用程序服务的，如果数据文件的逻辑结构有变化，就必须修改相关的应用程序，这对系统的维护和扩展带来很大不便。

(3) **数据的一致性难以保证**　由于数据文件相互间存在同一数据的重复存储，各自管理，如若某一数据更改时忽略了某个数据点，则将导致数据不一致的现象。

2. 数据库管理

数据库是 20 世纪 60 年代后期在文件管理系统基础上发展起来的数据管理技术。数据库是按照一定方式进行组织，能被多用户共享，可与应用程序相互独立的相关数据的集合。与数据文件管理相比，数据库管理具有如下特点：

(1) **数据的结构化**　数据库除了定义数据自身的结构之外，还定义数据间的联系，实现整个数据的结构化，以便于数据的操作运算。

(2) **实现数据共享**　多个用户、不同的应用程序可以访问同一数据，每个数据在理论上仅需存储一次，因而有效地减少了数据的冗余，实现了数据的共享。

(3) **数据与应用程序相互独立**　数据的物理存储独立于应用程序，数据的修改和扩充不会影响应用程序，应用程序的改变也不会影响数据的存储结构。

(4) **统一的数据管理控制功能**　数据库系统是通过数据库管理系统（Data Base Management System，DBMS）实现对数据的统一管理和控制，可防止不合理的操作和使用，保证了数据的安全性、完整性和一致性。

2.5.2 数据库系统

数据库系统主要是由数据库、数据库管理系统以及数据库管理员构成。数据库管理系统是其中的核心，数据库通常是由数据库管理系统统一管理与控制，数据库管理员担负着数据库系统的创建、监控和维护的职责。

1. 数据库管理系统（DBMS）

DBMS 是负责对数据库及系统资源进行统一管理和控制的一种软件系统，起着连接用户与数据库的接口作用，用户通过 DBMS 可对存储在数据库中的数据进行各种操作和处理，而无须了解数据的具体存储结构。DBMS 的主要功能如下：

(1) **数据库的定义**　DBMS 提供有数据定义语言，可方便地定义数据库中的数据对象。

(2) **数据的组织、存储与管理**　DBMS 分类组织、存储和管理各类数据，包括数据字典、用户数据、数据的存取路径等，并确定以何种结构和存取方式组织数据，如何实现数据间的联系。

(3) **数据的存取**　DBMS 提供数据操作语言实现对数据库数据的存取，包括检索、插入、删除和更新等。

(4) **数据库的运行管理**　这是 DBMS 的核心功能，包括数据完整性检查、安全性检查、多用户并发控制、存取权限控制、运行日志的组织管理、事务管理和数据库自动恢复等。

(5) **数据库维护**　DBMS 提供一系列实用程序来实现数据库的转储、恢复、备份、重组以及系统性能监测与分析等。

(6) **传输通信**　DBMS 具有与操作系统及网络系统的联机处理和传输通信功能，实现数据库之间的数据相互传输操作。

2. 数据库模型

数据库模型是数据库系统设计和使用的基础，反映了数据库中数据结点相互间的关系。最常见的数据库模型有层次模型、网状模型和关系模型。

（1）层次模型　层次模型是数据库系统最早使用的模型，各结点数据分层布置，呈现“一对多”的结构关系，可用有序结构树表示，如图 2. 28a 所示。层次模型数据库结构简单、构建容易，但不能表示更为复杂的数据间关系。

（2）网状模型　网状模型体现事物之间“多对多”的关系，结点间的联系不受数据的层次限制，适合描述更为复杂的事物与联系。网状模型的数据库是一个不加限制条件的无向图，每个结点既可有多个子结点，又可有多个父结点，如图 2. 28b 所示。

（3）关系模型　层次模型和网状模型都属于格式化模型。格式化模型在进行数据库应用系统设计时，需要了解数据库结构的具体细节，这给应用系统的设计带来一定难度。关系模型为非格式化模型，是用单一的二维数表结构表示实体及实体之间的联系。在关系模型中，每个二维数表就是一种关系，数表的每一行为一个记录，每一列为性质相同的属性，关系与关系之间的联系可通过二维数表的关键码实现，如图 2. 28c 所示。关系模型数据库结构简单，数据独立性强，有严格的数学基础支持，符合工程习惯，是目前最常见的数据库结构模型，如 Sybase、Oracle、Foxpro、Imformix 等数据库管理系统都为关系数据库模型。

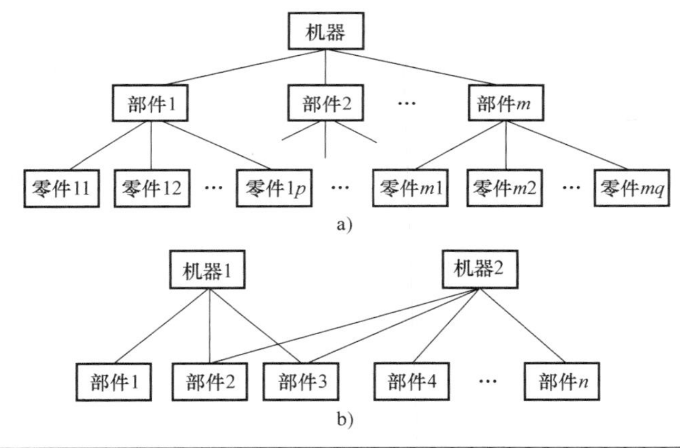

名称	图号(关键码)	数量	材料
固定钳身	02101	1	HT150
螺杆	02302	1	45
活动钳体	02103	1	HT150
钳口板	02306	1	45
螺钉	02034	1	HT150

c)

图 2. 28　**常见的数据库模型**

a）层次模型　b）网状模型　c）关系模型

随着数据库应用领域的拓展与深入，上述传统数据库模型已难以满足实际工作的需要，特别是对象数据、空间数据、图像与图形数据、声音数据、关联文本数据等的处理。为此，数据库模型在向多样化发展，例如：对传统关系数据库进行扩充，使其能表达更加复杂的数据关系，以拓展其实用性；开发面向对象的数据库系统 OODBS，支持面向对象建模，采用面向对象的思维方式来描述客观实体，这是目前较为流行的新型数据库模型；XML 数据库是支持 XML 格式文档的一种数据库管理系统，可对数据库中 XML 文档进行存储、查询、导出以及指定格式的序列化等。

2.5.3　产品数据管理 PDM

1. PDM 的概念

产品数据管理（Production Data Management，PDM）技术产生于 20 世纪 80 年代，是为了解决大量 CAD/CAM 技术文档的管理困境而产生的一项数据管理技术。

PDM 是管理所有与产品相关的信息与过程的技术，包括 CAD/CAM 图形文件、物料清单（BOM）、产品结构配置、产品规范、产品订单、供应商清单等产品相关信息，以及包括加工工序、加工指南、工作流程、信息审批和发放、产品变更等产品相关过程。

PDM 既是一项产品数据管理技术，又是一种数据管理的软件系统，同时也是 CAD/CAM 系统的集成平台。作为产品数据管理系统，PDM 具有产品数据文档管理、产品版本管理、产品结构配置管理以及工作流程等管理功能；作为 CAD/CAM 系统集成平台，PDM 可封装 CAD、CAE、CAPP、CAM 等多种软件工具，能够为企业构建一个并行化产品设计与制造的协调环境，可使所有参与产品设计的人员自由地共享和传递与产品相关的所有数据。

2. PDM 系统的基本功能

PDM 系统能够管理产品生命周期内的所有信息。如图 2.29 所示，一个完善的 PDM 系统应有如下基本功能。

（1）电子仓库与文档管理　电子仓库与文档管理是 PDM 基本功能。电子仓库保存所有与产品相关的物理数据以及指向这些物理数据的文件指针，其功能有：数据对象的录入和检出；改变数据对象的属主或受者的关系；数据对象的静、动态浏览和导航；数据对象的安全控制与管理；电子仓库的创建、删除和修改等。PDM 文档管理是将企业各种信息以文档形式作为管理的对象，其功能包括：文档的创建、查询、编辑和捕捉等；外来文档的注册和注销；文档复制、删除、移交、签入、签出；文档版本的冻结、修订、增加、扩展等控制管理等。

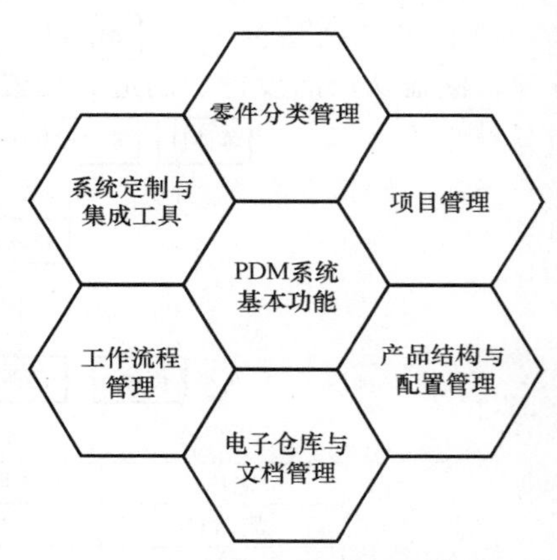

图 2.29　PDM 系统的基本功能

（2）产品结构与配置管理　PDM 产品结构管理主要包括产品结构层次关系、产品与文档关系以及产品版本等管理功能，其中产品结构层次关系管理即通过产品结构树，将与产品有关的各种数据（如图档、工艺、工装、材料、毛坯等）有机地关联在一起，从而使产品数据的组织和管理变得十分方便快捷，使数据关系更加清晰，为各种产品数据的组织、检索和统计提供强有力的工具。PDM 产品配置管理是根据不同产品零部件配置规则以及用户要求，在不同的零部件、可选件、替换件中选择完全或部分满足用户需要的零部件，配置出用户满意的产品结构。

（3）工作流程管理　工作流程管理可使企业员工能够在正确的时间、以正确的方式得到正确的任务，从而保证企业内部工作有计划、有条理地进行。它的基本功能包括：工作流程的定义与建立；相关任务发放到相关员工个人任务表中，并在流程规定下完成指定的任务；可检查流程执行状态和工作进展；及时通知后续工序人员做好接手准备，以保证工作顺利进行。

(4) 零件分类管理　零件分类管理是按照相似性原理将零件划分成若干类，形成零件族，以便于按零件族组织生产和进行加工工艺的安排。它的功能包括：对零件进行编码；按零件编码分类，构建零件族；建立分类结构树和分类目录，便于用户查找；提供分类查询、特征查询、标识查询等多种不同零件的查询途径。

(5) 项目管理　项目管理是指在项目实施过程中的计划、组织、人员及相关数据的管理与配置，对项目进度进行监控与反馈，控制项目开发时间和费用，协调项目开发活动，为保证项目正常运行提供一个可视化的管理工具。它的内容包括：项目任务描述；项目成员组成与角色分配；项目工作流程管理；时间与费用管理；项目资源管理等。

(6) 系统定制与集成工具　PDM 系统可以按照用户需求配置所需的功能模块，并提供面向对象的定制工具，通过专门的数据模块定义语言，实现对企业所需模型进行再定义。为了实现不同应用系统的数据共享和统一管理，PDM 可将不同应用系统通过“封装”或其他方法集成到 PDM 系统中，实现应用系统与 PDM 之间的信息集成，将分布在不同地点、不同系统的产品数据得以协调和共享，使企业生产过程得以优化和重组。

目前，产品数据管理的概念及系统，除 PDM 之外，还有产品生命周期管理（Product Lifecycle Management，PLM）。PDM 与 PLM 两者都是以产品数据管理为核心的信息管理系统，其中 PLM 概念范畴和作用域均比 PDM 更宽一些。PLM 是用于产品整个生命周期的数据管理，涵盖从产品设计、制造、配置、维护、服务到最终报废的产品生命周期的所有方面。PLM 概念在国外较为流行，而国内则习惯 PDM。

当前，制造业较常用的 PDM 或 PLM 系统有 Siemens 公司的 TeamCenter、SAP 公司的 PLM、PTC 公司的 WindChill 等。

本章小结

数据结构是数据间相互关系的一种描述，有数据的逻辑结构和存储结构之分。数据的逻辑结构有线性表、树结构和网络结构等多种形式；数据的存储结构是其逻辑结构在存储空间的一种映射，也有顺序存储结构和链式存储结构之分。

工程数表的计算机化处理有程序化、文件化、公式化以及数据库存储等不同处理方法。一般工程线图的处理通常先将其离散化为数表形式，然后再按照数表处理方法对之进行计算机化；对于复杂线图，则需要编程处理每一条线图。

数据可视化是采用图表、图像或动画形式使数据变得“可视”，以便于人们对数据的分析和解读。数据可视化流程通常有数据收集、数据处理与转换、可视化映射、可视化交互与分析等步骤。

数据管理是指数据的收集、分类、组织、存储、检索和维护等一系列数据的操作。随着数据管理技术的进步与发展，数据管理技术已由早先的文件管理演变为数据库管理。

数据库管理系统 DBMS 是负责对数据库及系统资源进行统一管理和控制的软件系统，具有数据库的定义、检索、编辑、修改等管理功能。数据库常用的结构模型有层次模型、网状模型以及关系模型等。关系模型是当前最为流行的数据库模型。

PDM 是管理所有与产品相关信息与过程的技术。PDM 既是产品数据管理技术与软件系统，同时也是 CAD/CAM 系统的集成平台，具有电子仓库与文档管理、产品结构与配置管理、工作流程管理、零件分类管理、项目管理和系统定制与集成工具等基本功能。

思考题

1. 阐述数据结构的概念。什么是数据的逻辑结构及存储结构?

2. 阐述线性表、堆栈与队列数据结构的概念及其特点。

3. 阐述树及二叉树的概念、特点及其区别。什么是满二叉树与完全二叉树? 如何将一般树结构转换为二叉树结构?

4. 用 C 语言编程，将图 2.12 所示的二叉树建立链式存储结构，并用中序遍历法遍历该二叉树。

5. 如何对工程数表和工程线图进行计算机化处理?

6. 自行选择某一数表，用 C 语言编程建立该数表的数据文件，并根据给定参数对已建立的数表文件进行查询。

7. 分析函数插值与函数拟合的不同点和共同点。

8. 用最小二乘法将表 2.7 中变位系数 $x=0$ 时渐开线齿轮当量齿数与齿形系数的数值关系进行公式化处理，假设该数表符合指数函数关系：$y=ab^x$。

9. 应用 Visual FoxPro 或其他数据库管理系统，将设计手册中某个数表建立数据库数表文件。

10. 什么是数据可视化? 为什么 CAD/CAM 作业需要可视化技术? 有哪些可视化方法与工具? 试举例说明数据可视化的功能与作用。

11. 简述数据的文件管理与数据库管理的特点和区别。

12. 分析数据库管理系统 DBMS 与数据库系统两者之间的关系，阐述 DBMS 的功能与作用。

13. 什么是数据库的层次模型、网状模型以及关系模型? 试比较这三类模型的特点。

14. 调查了解附近企业关于 PDM 系统的应用现况，并分析 PDM 系统的功能与作用。

第3章 计算机图形处理技术

计算机图形处理技术是利用计算机的高速运算能力和实时显示功能来处理各类图形信息的技术，包括图形的输入、图形的生成与显示、图形的变换与裁剪、图形识别以及图形的绘制与输出等。由于所涉及的内容较多，本章着重介绍计算机图形处理的数学基础以及有关图形裁剪、图形变换、图形绘制以及曲线曲面的构建等图形处理的基本技术原理。

重点提示：

图形处理是计算机图形学的重要内容，也是 CAD/CAM 作业的基本组成部分。本章简要介绍计算机图形处理的相关数学基础，较为详细地阐述图形裁剪、图形变换、工程图绘制以及曲线曲面的构建等技术内容。

3.1 ■ 计算机图形处理的数学基础

CAD/CAM 系统作业含有大量的图形变换处理技术，而图形变换处理将涉及矢量运算、矩阵运算以及齐次坐标等数学基础知识。

3.1.1　矢量运算

在计算机图形学中，空间某点的位置一般用三维矢量（x，y，z）表示，在图形处理时需要进行矢量的求和、数乘、点积、叉积以及求模等矢量运算。

设有矢量 $\boldsymbol{A}$ 和 $\boldsymbol{B}$，则

$$\boldsymbol{A}=\begin{pmatrix}x_1\\y_1\\z_1\end{pmatrix},\quad \boldsymbol{B}=\begin{pmatrix}x_2\\y_2\\z_2\end{pmatrix}$$

（1）矢量求和运算　两矢量求和运算是分别将两矢量相应分量进行求和，其结果仍为一矢量，即

$$\boldsymbol{A}+\boldsymbol{B}=\begin{pmatrix}x_1\\y_1\\z_1\end{pmatrix}+\begin{pmatrix}x_2\\y_2\\z_2\end{pmatrix}=\begin{pmatrix}x_1+x_2\\y_1+y_2\\z_1+z_2\end{pmatrix}$$

（2）矢量数乘运算　一常数与某矢量相乘是将该常数分别与矢量的各分量相乘，其结果仍为一矢量，即

$$k\boldsymbol{A}=k\begin{pmatrix}x_1\\y_1\\z_1\end{pmatrix}=\begin{pmatrix}kx_1\\ky_1\\kz_1\end{pmatrix}$$

（3）矢量点积运算　两矢量的点积运算是将两矢量的对应分量相乘，然后将所有乘积相加，其结果为一标量，即

$$\boldsymbol{A}\cdot\boldsymbol{B}=\begin{pmatrix}x_1 & y_1 & z_1\end{pmatrix}\cdot\begin{pmatrix}x_2\\y_2\\z_2\end{pmatrix}=x_1x_2+y_1y_2+z_1z_2$$

（4）矢量叉积运算　两矢量叉积运算结果是一个与两已知矢量相互垂直的矢量，即

$$\boldsymbol{A}\times\boldsymbol{B}=\begin{vmatrix}i & j & k\\x_1 & y_1 & z_1\\x_2 & y_2 & z_2\end{vmatrix}=\begin{pmatrix}y_1z_2-y_2z_1\\x_2z_1-x_1z_2\\x_1y_2-x_2y_1\end{pmatrix}$$

（5）矢量求模运算　矢量求模运算是求矢量的长度，即

$$|\boldsymbol{A}|=\sqrt{x_1^2+y_1^2+z_1^2}$$

3.1.2　矩阵运算

矩阵是一个将 $m\times n$ 个数据有序排列成 m 行 n 列的阵列。在 CAD/CAM 系统中，矩阵常

用来表示图形的几何特征。通过图形矩阵的运算，可将图形变换的几何问题转化为代数问题，方便了图形变换的计算机程序的实现。

设 $\boldsymbol{A}$ 为 $m\times n$ 矩阵，则

$$\boldsymbol{A}_{m\times n}=\begin{pmatrix} a_{11} & a_{12} & \cdots & a_{1n} \\ a_{21} & a_{22} & \cdots & a_{2n} \\ \vdots & \vdots & & \vdots \\ a_{m1} & a_{m2} & \cdots & a_{mn} \end{pmatrix}$$

式中，a_{ij} 为矩阵 $\boldsymbol{A}$ 的第 i 行第 j 列元素。

当 $m=1$ 时，$\boldsymbol{A}=(a_1 \quad a_2 \quad \cdots \quad a_n)$ 称为行矩阵或行矢量。

当 $n=1$ 时，$\boldsymbol{A}=\begin{pmatrix} a_1 \\ a_2 \\ \vdots \\ a_m \end{pmatrix}$ 称为列矩阵或列矢量。

当 $m=n$ 时，则 $\boldsymbol{A}$ 为 n 阶方阵。若在 n 阶方阵 $\boldsymbol{A}$ 中所有对角线元素 a_{ii}（$i=1，2，\cdots，n$）均为 1，其他矩阵元素均为 0，称该矩阵为单元矩阵 $\boldsymbol{I}$，即

$$\boldsymbol{I}=\begin{pmatrix} 1 & 0 & \cdots & 0 \\ 0 & 1 & \cdots & 0 \\ \vdots & \vdots & & \vdots \\ 0 & 0 & \cdots & 1 \end{pmatrix}$$

（1）矩阵加法运算　矩阵的加法运算要求两相加的矩阵具有相同的阶数，即两矩阵的行数和列数均相同。例如：有矩阵 $\boldsymbol{A}$ 和 $\boldsymbol{B}$，其和 $\boldsymbol{C}$ 为

$$\boldsymbol{A}=\begin{pmatrix} a_{11} & a_{12} & \cdots & a_{1n} \\ a_{21} & a_{22} & \cdots & a_{2n} \\ \vdots & \vdots & & \vdots \\ a_{m1} & a_{m2} & \cdots & a_{mn} \end{pmatrix}, \quad \boldsymbol{B}=\begin{pmatrix} b_{11} & b_{12} & \cdots & b_{1n} \\ b_{21} & b_{22} & \cdots & b_{2n} \\ \vdots & \vdots & & \vdots \\ b_{m1} & b_{m2} & \cdots & b_{mn} \end{pmatrix}$$

$$\boldsymbol{C}=\boldsymbol{A}+\boldsymbol{B}=\begin{pmatrix} a_{11}+b_{11} & a_{12}+b_{12} & \cdots & a_{1n}+b_{1n} \\ a_{21}+b_{21} & a_{22}+b_{22} & \cdots & a_{2n}+b_{2n} \\ \vdots & \vdots & \vdots & \vdots \\ a_{m1}+b_{m1} & a_{m2}+b_{m2} & \cdots & a_{mn}+b_{mn} \end{pmatrix}$$

矩阵加法运算满足交换律和结合律，即

$$\boldsymbol{A}+\boldsymbol{B}=\boldsymbol{B}+\boldsymbol{A}$$

$$\boldsymbol{A}+(\boldsymbol{B}+\boldsymbol{C})=(\boldsymbol{A}+\boldsymbol{B})+\boldsymbol{C}$$

（2）矩阵数乘运算　一个数 k 与矩阵 $\boldsymbol{A}$ 相乘，其结果为该数与矩阵的每个元素相乘，即

$$k\boldsymbol{A}=\begin{pmatrix} ka_{11} & ka_{12} & \cdots & ka_{1n} \\ ka_{21} & ka_{22} & \cdots & ka_{2n} \\ \vdots & \vdots & & \vdots \\ ka_{m1} & ka_{m2} & \cdots & ka_{mn} \end{pmatrix}$$

矩阵数乘运算满足结合律和分配率，即

$$k(\boldsymbol{A}+\boldsymbol{B})=k\boldsymbol{A}+k\boldsymbol{B}$$

$$k(\boldsymbol{AB})=(k\boldsymbol{A})\boldsymbol{B}=\boldsymbol{A}(k\boldsymbol{B})$$

$$(k_1+k_2)\boldsymbol{A}=k_1\boldsymbol{A}+k_2\boldsymbol{A}$$

$$k_1(k_2\boldsymbol{A})=(k_1k_2)\boldsymbol{A}$$

(3) **矩阵乘法运算**　两矩阵相乘，要求后一矩阵的行数等于前一矩阵的列数。若矩阵 $\boldsymbol{A}_{m\times n}$ 为 $m\times n$ 阶矩阵，矩阵 $\boldsymbol{B}_{n\times l}$ 为 $n\times l$ 阶矩阵，两矩阵的乘积为 $m\times l$ 阶矩阵 $\boldsymbol{C}_{m\times l}$。矩阵 $\boldsymbol{C}_{m\times l}$ 中某矩阵元素 c_{ij} 为矩阵 $\boldsymbol{A}$ 中第 i 行与矩阵 $\boldsymbol{B}$ 中第 j 列中各元素乘积求和的结果，如

$$\boldsymbol{A}_{2\times 3}=\begin{pmatrix} a_{11} & a_{12} & a_{13} \\ a_{21} & a_{22} & a_{23} \end{pmatrix},\quad \boldsymbol{B}_{3\times 2}=\begin{pmatrix} b_{11} & b_{12} \\ b_{21} & b_{22} \\ b_{31} & b_{32} \end{pmatrix}$$

$$\boldsymbol{C}_{2\times 2}=\boldsymbol{A}_{2\times 3}\times\boldsymbol{B}_{3\times 2}=\begin{pmatrix} a_{11}b_{11}+a_{12}b_{21}+a_{13}b_{31} & a_{11}b_{12}+a_{12}b_{22}+a_{13}b_{32} \\ a_{21}b_{11}+a_{22}b_{21}+a_{23}b_{31} & a_{21}b_{12}+a_{22}b_{22}+a_{23}b_{32} \end{pmatrix}$$

矩阵乘法运算不满足交换律，但满足结合律和分配率，即

$$\boldsymbol{AB}\neq\boldsymbol{BA}$$

$$\boldsymbol{ABC}=(\boldsymbol{AB})\boldsymbol{C}=\boldsymbol{A}(\boldsymbol{BC})$$

$$\boldsymbol{A}(\boldsymbol{B}+\boldsymbol{C})=\boldsymbol{AB}+\boldsymbol{AC}$$

(4) **矩阵逆运算**　n 阶矩阵 $\boldsymbol{A}$，若存在 n 阶矩阵 $\boldsymbol{B}$，满足

$$\boldsymbol{AB}=\boldsymbol{BA}=\boldsymbol{I}$$

则称矩阵 $\boldsymbol{B}$ 为矩阵 $\boldsymbol{A}$ 的逆矩阵，记为 $\boldsymbol{B}=\boldsymbol{A}^{-1}$，即

$$\boldsymbol{AB}=\boldsymbol{AA}^{-1}=\boldsymbol{I}$$

(5) **矩阵转置运算**　若将 $m\times n$ 矩阵 $\boldsymbol{A}$ 的行与列互换后得到一个 $n\times m$ 矩阵，则称其结果矩阵为矩阵 $\boldsymbol{A}$ 的转置矩阵，记为 $\boldsymbol{A}^{\mathrm{T}}$，即

$$\boldsymbol{A}^{\mathrm{T}}=\begin{pmatrix} a_{11} & a_{12} & \cdots & a_{1n} \\ a_{21} & a_{22} & \cdots & a_{2n} \\ \vdots & \vdots & & \vdots \\ a_{m1} & a_{m2} & \cdots & a_{mn} \end{pmatrix}^{\mathrm{T}}=\begin{pmatrix} a_{11} & a_{21} & \cdots & a_{m1} \\ a_{12} & a_{22} & \cdots & a_{m2} \\ \vdots & \vdots & & \vdots \\ a_{1n} & a_{2n} & \cdots & a_{mn} \end{pmatrix}$$

转置矩阵具有下列性质：

$$(\boldsymbol{A}^{\mathrm{T}})^{\mathrm{T}}=\boldsymbol{A}$$

$$(\boldsymbol{A}+\boldsymbol{B})^{\mathrm{T}}=\boldsymbol{A}^{\mathrm{T}}+\boldsymbol{B}^{\mathrm{T}}$$

$$(k\boldsymbol{A})^{\mathrm{T}}=k\boldsymbol{A}^{\mathrm{T}},k\text{ 为常数}$$

$$(\boldsymbol{AB})^{\mathrm{T}}=\boldsymbol{B}^{\mathrm{T}}\boldsymbol{A}^{\mathrm{T}}$$

$$(\boldsymbol{A}^{-1})^{\mathrm{T}}=(\boldsymbol{A}^{\mathrm{T}})^{-1}$$

3.1.3　齐次坐标

齐次坐标是用 $n+1$ 维矢量表示一个 n 维矢量的表示方法。例如：在笛卡儿坐标系中，点矢量（x，y）可用齐次坐标表示为（Hx，Hy，H），其中最后一维坐标 H 是一个标量，又称为齐次坐标的比例因子。因此，只要给出某平面点的齐次坐标矢量（X，Y，H），就可以

求得该点的二维笛卡儿坐标，即

$$(x,y,1)=\left(\frac{X}{H},\frac{Y}{H},\frac{H}{H}\right)$$

在齐次坐标中，由于比例因子 H 的取值是任意的，因此，点的齐次坐标表示不是唯一的。例如：齐次坐标（8，4，2）、（−12，−6，−3）、（4，2，1）都可表示笛卡儿坐标点（4，2）。为方便起见，在实际使用中通常使 $H=1$，此时二维坐标点（x，y）的齐次坐标表示为（x，y，1），其中的 x、y 坐标没有变化，只是增加了 $H=1$ 的一个附加坐标。从几何意义上来说，就相当于把发生在三维空间的变换限制在 $H=1$ 的平面内。

利用坐标点的齐次坐标表示，可将图形的平移、旋转、比例、投影等各种不同的几何变换统一到矩阵运算上来，这为图形的计算机处理提供了极大方便。

3.2 ■图形裁剪技术

在图形处理时，常常关注某图形中的局部区域，只希望将该区域的图形在需要的地方显示出来，这便涉及基本的图形裁剪技术，包括窗口与视区的图形变换以及如直线、圆弧、多边形、文字等图形元素的裁剪。本节仅简要讲述窗口与视区基本概念以及直线段与多边形的裁剪技术。

3.2.1　窗口与视区

1. 窗口

窗口即为一个观察框。窗口有矩形窗口、圆形窗口、多边形窗口等多种形式。矩形窗口定义方便，处理简单，是人们最常用的窗口形式。窗口可以嵌套，即在第一层窗口内定义第二层窗口，在第 i 层窗口中定义第 $i+1$ 层窗口等。

图 3.1 所示为矩形窗口，其位置和大小一般用矩形的左下角（X_{W1}，Y_{W1}）和右上角（X_{W2}，Y_{W2}）坐标表示。在图形处理时，一般将窗口内的图形认为是可见的，而窗口外的图形认为是不可见的。通过改变窗口的大小和位置可以控制所显示图形的大小以及不同部位，用户可方便地观察到感兴趣的局部图形。

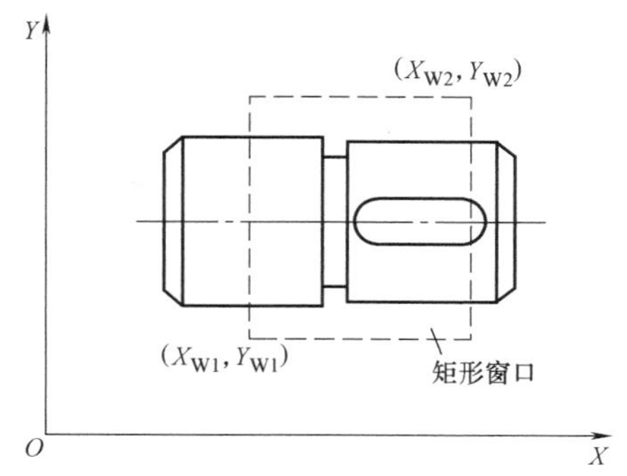

图 3.1　矩形窗口

2. 视区

视区是在图形设备（如图形显示器等）上显示图形和文字的区域。同样，视区通常也为矩形区域。视区的位置和大小同样是用矩形区域的左下角（X_{V1}，Y_{V1}）和右上角（X_{V2}，Y_{V2}）的坐标表示。若将某窗口中的图形在显示屏幕上某一视区内显示，则该视区位置和大小决定了窗口内的图形在显示屏幕上显示的位置和大小。

视区是一个有限的区域，其应小于或等于显示屏幕的大小。如果在同一屏幕上定义多个视区，则可同时显示不同的图形信息。如在绘图时常将屏幕分为四个视区，其中三个视区用于显示零件的三视图，另一个视区则用于显示零件的轴测图。

3. 窗口与视区的图形变换

一般而言，窗口与视区的大小和尺寸单位都不相同，为了把所选窗口内的图形在相应的视区上显示出来，必须进行相应的图形变换。

图形是由一系列坐标点构成的，通常图形变换均归纳为图形坐标点的变换。如图 3.2 所示，在窗口 W 内有一坐标点 A（X_W，Y_W），如何求解映射在视区 V 内的坐标点 B（X_V，Y_V）。

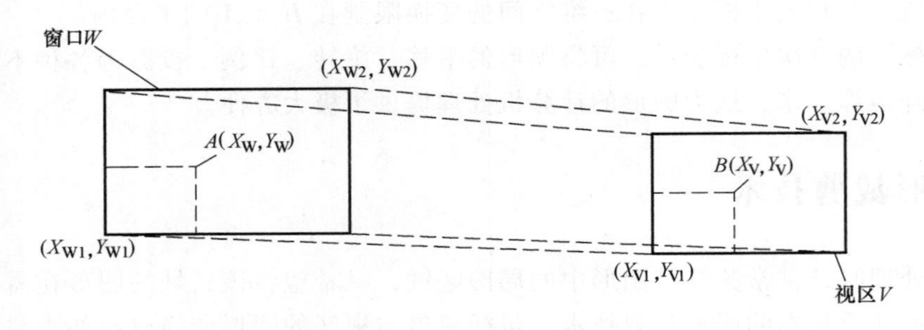

图 3.2 窗口与视区的图形变换

根据已知窗口 W 内点坐标 A（X_W，Y_W）、视区 V 的坐标以及视区与窗口的长宽方向的比例关系，很容易求得在视区 V 内的点坐标 B（X_V，Y_V），即

$$X_V=X_{V1}+\frac{X_{V1}-X_{V2}}{X_{W1}-X_{W2}}(X_W-X_{W1})$$

$$Y_V=Y_{V1}+\frac{Y_{V1}-Y_{V2}}{Y_{W1}-Y_{W2}}(Y_W-Y_{W1})$$

从上述窗口与视区的坐标变换关系可见：

1）当视区大小不变时，窗口缩小则显示的图形将放大，窗口放大则显示的图形将缩小。

2）当窗口大小不变时，视区缩小则显示的图形随之缩小，视区放大则显示的图形随之放大。

3）当窗口与视区大小相同时，所显示的图形大小比例不变。

4）当视区纵横比不等于窗口的纵横比时，则显示的图形会产生伸缩变化。

3.2.2 直线段的裁剪技术

当窗口确定后，仅需显示窗口内的图形，而窗口外的图形不予显示，这便涉及图形的裁剪技术（Clipping）。一般图形是由若干直线段组成的，因而先讨论直线段的裁剪。

直线段的裁剪需要分析某直线段与窗口之间的相互位置关系。如图 3.3 所示，直线段与窗口通常存在如下的位置关系：

1）整条直线段在窗口内，不需要裁剪，直接显示整条直线段，如图 3.3 所示的直线段①。

2）整条直线段在窗口外，不需要裁剪，也无须显示该直线段，如图 3.3 所示的直线段②。

3）直线段的一部分在窗口内，另一部分在窗口外。此时需要求出该直线段与窗框的交点，裁剪掉窗口外的直线段部分，而显示窗口内的直线段部分，如图 3.3 所示的直线段③、④、⑤。

直线段的裁剪有多种算法，较为经典的算法为 Sutherland 算法。如图 3.4 所示，该算法用二进制 4 位数码分别表示窗口及其四周的 9 个区域，从该数码右边第 1 位到第 4 位分别代表窗口外的左、右、下、上空间的编码值。例如：左上区域编码为 1001，右上区域编码为 1010，窗口内编码为 0000。

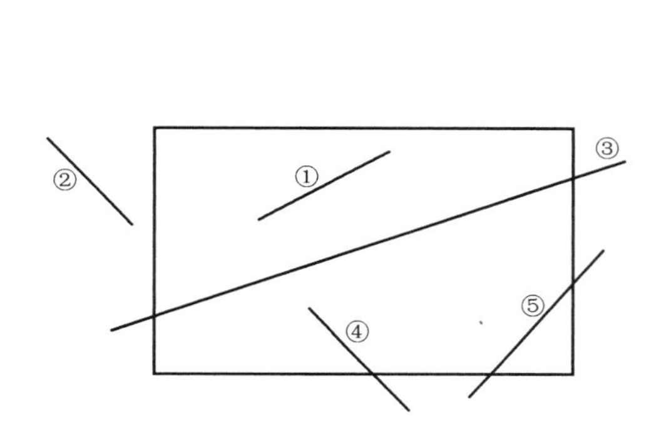

图 3.3　直线段与窗口的位置关系

1001	1000	1010
0001	0000 窗口	0010
0101	0100	0110

图 3.4　Sutherland 算法区域编码

为此，可将图 3.4 所示窗口平面分为 5 个区域：内域（0000）；上域（1001，1000，1010）；下域（0101，0100，0110）；左域（1001，0001，0101）；右域（1010，0010，0110）。这种区域编码方法有如下两个优点：

其一，易于将无须裁剪的直线段挑出。若某直线段两端在同一区域，则该线段无须裁剪。例如：图 3.3 所示直线段①两端均在内域，直线段②两端均在左域，这两条线段均不需要裁剪。

其二，可有效地减少对需要裁剪的直线段与窗口边界求交次数。若某直线段一端在上（下、左、右）域，则将该直线段与上（下、左、右）边界求交，然后删去上（下、左、右）边界以外部分；同样，对直线段的另一端再进行求交判别。

可见，Sutherland 区域编码裁剪算法具有简明、高效的特点。对任意直线段 P_1P_2，其裁剪计算步骤如下：

1）对直线段 P_1P_2 两端点按各自所在的区域分别编码为

$$C_{P1}=\{a_1,b_1,c_1,d_1\},\ C_{P2}=\{a_2,b_2,c_2,d_2\}$$

式中，a_i、b_i、c_i、d_i 的取值范围均为 $\{1, 0\}$，$i\in\{1, 2\}$。

2）若该直线段在同一域内，在内域显示直线段，不在内域不予显示，裁剪结束，否则进入步骤 3）。

3）若 $|a_1-a_2|=1$，则线段与上边界相交，求交点；若 $|b_1-b_2|=1$，则直线段与下边界相交，求交点；若 $|c_1-c_2|=1$，则直线段与右边界相交，求交点；若 $|d_1-d_2|=1$，则直线段与左边界相交，求交点。

4）以求得的交点作为直线段新端点返回 1），重新进行端点编码，继续进行裁剪作业。

下面的 C 语言程序是根据上述裁剪算法编写的直线段裁剪函数 clip_a_line（ ）。该函数带有 8 个输入参数，其中 x_1，y_1，x_2，y_2 为待裁剪线段的两个端点坐标，X_L，X_R，Y_B，Y_T 为矩形窗口的左、右、下、上边界的 X、Y 坐标；encode（ ） 为端点编码子函数。

```
/ * 直线段裁剪函数:clip_a_line ( ) * /
#include <stdio. h>
#include <math. h>
#include <graphics. h>
#define LEFT 1
#define RIGHT 2
#define BOTTOM 4
#define TOP 8

/ * 端点编码子函数 * /
encode(x,y,code,XL,XR,YB,YT );
float x,y,XL,XR,YB,YT;
int  * code;
{
    int c=0;
    if(x<XL) c=c|LEFT;              / * 按位或运算取左域码 * /
    else if(x>XR) c=c|RIGHT;        / * 按位或运算取右域码 * /
    if(y<YB) c=c|BOTTOM;            / * 按位或运算取下域码 * /
    else if(y>YT) c=c|TOP;          / * 按位或运算取上域码 * /
    * code=c;
    Return 0;
}

clip_a_line(x1,y1,x2,y2,XL,XR,YB,YT)
int x1,x2,y1,y2,XL,XR,YB,YT;
{
    int code1,code2,code;
    float x,y;

    / * 求两端点编码 * /
    encode(x1,y1,&code1,XL,XR,YB,YT );
    encode(x2,y2,&code2,XL,XR,YB,YT );

    while(code1! = 0 || code2! = 0) / * 两端编码同为 0,说明线段在窗口内,推出循
                                       环 * /
```

```
    {
      if(code1&code2 ! = 0) return;  /*线段两端同在窗口左(右、上、下)域,返回
                                       不予裁剪*/
      code=code1;
      if(code1==0) code=code2;
      if(LEFT&code ! = 0)            /*按位与运算,求线段与左边界交点*/
        {   x=XL;
            y=y1+(y2-y1)*(XL-x1)/(x2-x1);
        }
      else if(RIGHT&code ! = 0)      /*按位与运算,求线段与右边界交点*/
        {   x=XR;
            y=y1+(y2-y1)*(XR-x1)/(x2-x1);
        }
      else if(BOTTOM&code ! = 0)     /*按位与运算,求线段与下边界交点*/
        {   y=YB;
            x=x1+(x2-x1)*(YB-y1)/(y2-y1);
        }
      else if(TOP&code ! = 0)        /*按位与运算,求线段与上边界交点*/
        {   y=YT;
            x=x1+(x2-x1)*(YT-y1)/(y2-y1);
        }

        if(code==code1)              /*给新端点编码*/
          {   x1=x;   y1=y;   encode(x,y,code1);}
        else
          {   x2=x;   y2=y;   encode(x,y,code2);}
      }

  Display(x1,y1,x2,y2);
  Return;
}
```

3.2.3　多边形的裁剪技术

多边形裁剪要比直线段裁剪复杂一些。如图 3.5 所示，若按直线段裁剪算法对多边形的各条边依次进行裁剪，则裁剪后的多边形将不再是一个封闭的区域，而成为一组彼此不连贯的折线（图 3.5b），这将给后续的图形处理（如填充）带来困难。因此，多边形裁剪不仅要保留窗口内的多边形部分，而且还要将窗口边界的有关部分按一定次序插入被裁剪后的多边形，从而使之仍然保持为封闭区域（图 3.5c）。

下面介绍一种由 Sutherland 和 Hodgman 提出的多边形裁剪算法。

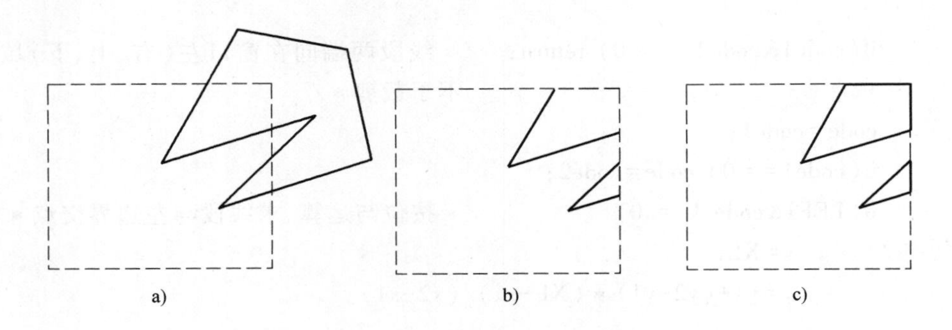

图 3.5 多边形裁剪
a）裁剪的多边形 b）按线段裁剪多边形 c）裁剪后的封闭多边形

如图 3.6a 所示，首先将需要裁剪的多边形各顶点按顺时针方向进行排序，得到一个多边形的顶点序列（P_1、P_2、…、P_n）；将多边形各条边分别与窗口上边界进行求交运算，删去位于窗口上边界以外的多边形部分，并插入边界及其延长线与多边形交点之间的连线，以形成一个新多边形，如图 3.6b 所示；然后，将新多边形按相同方法与窗口右边界相裁剪，得到图 3.6c 所示的图形；如此重复，直至多边形与窗口各边界都裁剪完毕，最终裁剪后的图形如图 3.6e 所示。

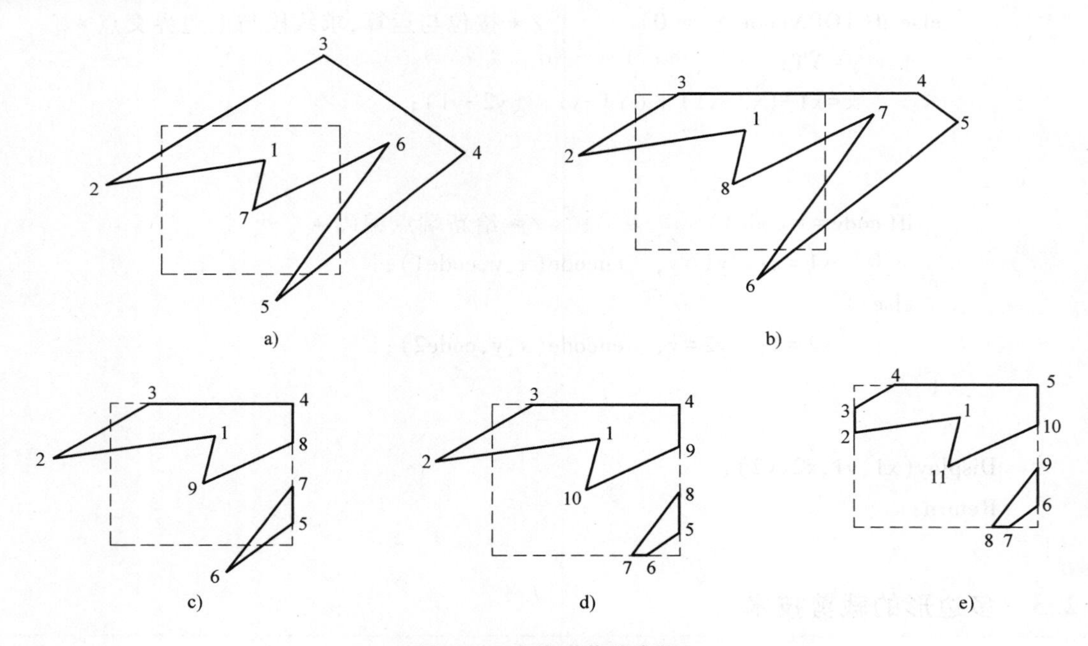

图 3.6 多边形裁剪步骤
a）裁剪的多边形 b）与窗口上边界裁剪 c）与窗口右边界裁剪
d）与窗口下边界裁剪 e）与窗口左边界裁剪

多边形与窗口每条边界裁剪生成新多边形的过程，实际上是一个对多边形各顶点依次处理的过程。设当前正在处理的顶点为 P_i，P_{i-1} 为前一个已处理的顶点，则多边形顶点序列处理规则为：

1）如果顶点 P_{i-1}、P_i 均在窗口内，则将顶点 P_i 保存，如图 3.7a 所示。

2）如果顶点 P_{i-1} 在窗口内，而顶点 P_i 在窗口外，则求出 $P_{i-1}P_i$ 边与窗框的交点 I，保存点 I，舍去顶点 P_i，如图 3.7b 所示。

3）如果顶点 P_{i-1}、P_i 均在窗口外，则舍去顶点 P_i，如图 3.7c 所示。

4）如果顶点 P_{i-1} 在窗口外，顶点 P_i 在窗口内，则求出 $P_{i-1}P_i$ 边与窗框的交点 I，依次保存点 I 和点 P_i，如图 3.7d 所示。

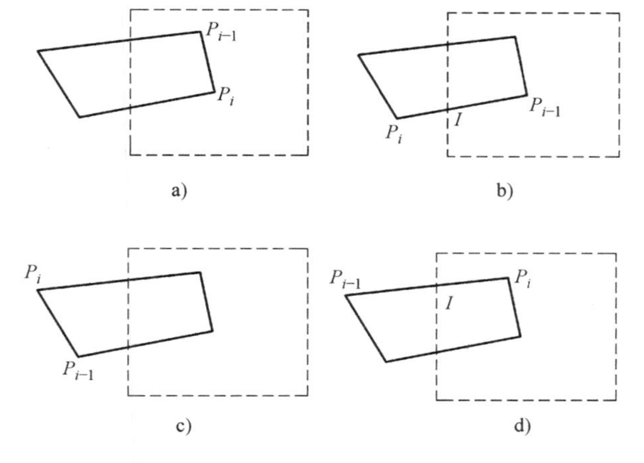

图 3.7　**多边形新顶点序列生成规则**

a）P_{i-1}、P_i 均在窗口内　b）P_{i-1} 在窗口内，P_i 在窗口外
c）P_{i-1}、P_i 均在窗口外　d）P_{i-1} 在窗口外，P_i 在窗口内

下面所附的 C 语言程序为多边形裁剪函数 clip_polygon（）。该函数包含的参数有：n 为多边形顶点数；x、y 为两个存放多边形顶点坐标的数组；X_L、X_R、Y_B、Y_T 为窗口的 4 条边界参数。裁剪后的多边形顶点坐标仍旧放在 x、y 数组中。

另外，函数 clip_polygon( ) 调用如下两个子函数：

clip_single_edge( ) 为多边形与窗口某条边界进行裁剪的函数，包含的参数有：edge 为 X_L、X_R、Y_B、Y_T 4 条窗口边界之一；type 为边界类型，其取值可为 1、2、3、4，分别表示窗口的右、下、左、上边界；nin、xin、yin 分别为原多边形的顶点个数及顶点坐标数组；nout、xout、yout 为裁剪后的新多边形顶点个数及顶点坐标数组。

intsect（ ）为求解多边形某条边与窗口边界交点的函数，包含的参数有：x_1、y_1、x_2、y_2 为某边两端点坐标；xout、yout 为求得的交点坐标；yes 为逻辑变量，若该边端点 2（x_2，y_2）与端点 1（x_1，y_1）分别列于 edge 两侧，其取值为 True，否则为 False；is_in 为逻辑变量，若端点 2（x_2，y_2）位于裁剪窗口内，其取值为 True，否则为 False。

```
/* 多边形裁剪函数 */
clip_polygon(n,x,y, XL,XR,YB,YT)
int n, * x, * y, XL,XR,YB,YT;
{
     int * x1, * y1, * n1, * n2;
     clip_single_edge(XR,1,n,x,y,&n1,&x1,&y1);    /* 多边形与右边裁剪 */
    clip_single_edge(YB,2,n1,x1,y1,&n2,&x,&y);   /* 多边形与下边裁剪 */
    clip_single_edge(XL,3,n2,x,y,&n1,&x1,&y1);   /* 多边形与左边裁剪 */
    clip_single_edge(YT,4,n1,x1,y1,&n,&x,&y);   /* 多边形与上边裁剪 */
}

clip_single_edge(edge,type,nin,xin,yin,nout,xout,yout)   /* 单边界线裁剪子函数 */
int edge,type,nin, * xin, * yin * , * nout, * xout, * yout;
```

```
{
    int i,k,yes,is_in;
    int x,y,x_intsect, y_intsect;
    x=xin[nin-1];
    y=yin[nin-1];
    k=0;
    for(i=0;i<nin;i++)
    {
        intsect(edge,type,x,y,xin[i],yin[i],&x_intsect,&y_intsect,&yes,&is_in);
        if(yes) {
            xout[k] = x_intsect;
            yout[k] = y_intsect;
            k++;
        }
        if( * is_in) {
            xout[k] = xint[i];
            yout[k] = yin[i];
            k++;
        }
        x=xin[i];   y=yin[i];
    }
    * nout=k;
}

intsect(edge,type,x1,y1,x2,y2,xout,yout,yes,is_in) /* 求交点子函数 */
int edge,type,x1,y1,x2,y2, * xout, * yout, * yes, * is_in;
{
    float m;
    * is_in=0; * yes=0;
    switch(type)
    {
        case right:
            if(x2<=edge&& x1>edge|| x1<=edge&& x2>edge) * yes=1;
            if(x2<=edge) * is_in=1;
            break;
        case bottom:
            if(y2>=edge&& y1<edge|| y1>=edge&& y2<edge) * yes=1;
            if(y2>=edge) * is_in=1;
            break;
```

```
        case left:
            if(x2>=edge&& x1<edge|| x1>=edge&& x2<edge) *yes=1;
            if(x2>=edge) *is_in=1;
            break;
        case top:
            case top:
            if(y2<=edge&& y1>edge|| y1<=edge&& y2>edge) *yes=1;
            if(y2<=edge) *is_in=1;
            break;
        default: break;
    }

    m=(y2-y1)/(x2-x1);
    if(yes){
      if(type==right || type==left){
          *xout=edge; *yout=y1+m*(*xout-x1);}
      else{
         *yout=edge; *xout=x1+(*yout-y1)/m; }
         }
}
```

3.3 ■图形变换技术

图形变换是计算机图形处理的基本内容之一。通过图形变换可由简单图形生成复杂图形，可用二维图形表示三维形体，可将静态图形经快速变换而获得动态的图形显示效果。本节主要介绍二维和三维图形的基本几何变换以及三维图形的投影变换。

3.3.1 几何图形的表示

任何图形都可视为点的集合，图形变换的实质就是对图形各组成顶点进行坐标变换。为了便于图形变换处理，通常将图形各顶点的笛卡儿坐标转换为齐次坐标，再由各顶点齐次坐标组合成为齐次坐标矩阵进行表示。

图 3.8 所示的平面三角形 A，由各顶点齐次坐标组成的二维图形矩阵表示为

$$\boldsymbol{A}=\begin{pmatrix} x_1 & y_1 & 1 \\ x_2 & y_2 & 1 \\ x_3 & y_3 & 1 \end{pmatrix}$$

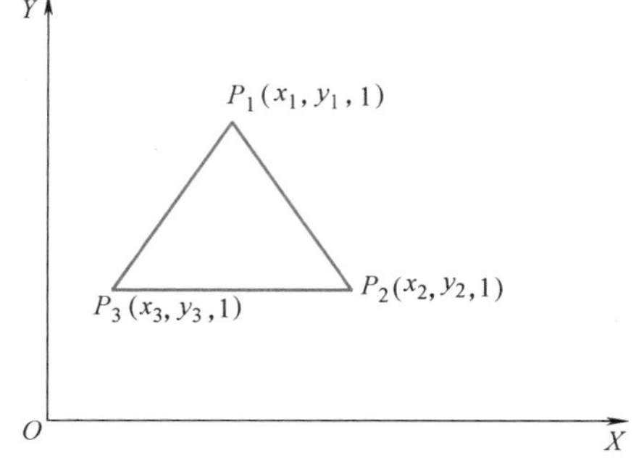

图 3.8　二维图形的齐次坐标表示

在三维空间内，三角形 A 由各顶点组成的齐次坐

标矩阵表示为

$$A=\begin{pmatrix} x_1 & y_1 & z_1 & 1 \\ x_2 & y_2 & z_2 & 1 \\ x_3 & y_3 & z_3 & 1 \end{pmatrix}$$

设某一几何图形 A，若对 A 施行某种变换后得到新图形为 B，则有

$$\boldsymbol{B}=\boldsymbol{AT}$$

式中，$\boldsymbol{T}$ 为变换矩阵。

根据矩阵运算法则可知，二维图形的变换矩阵 $\boldsymbol{T}$ 为 3×3 阶矩阵，而三维图形的变换矩阵 $\boldsymbol{T}$ 则为 4×4 阶矩阵。原图形变换后，其拓扑关系不会改变，新图形矩阵 $\boldsymbol{B}$ 的结构也不会改变，仍为齐次坐标矩阵。

3.3.2　二维图形的几何变换

1. 基本变换

二维图形的基本几何变换包括比例变换、对称变换、旋转变换、平移变换和错切变换。

(1) 比例变换　设某二维图形在 X、Y 坐标方向上放大或缩小的比例分别为 a 和 d，则比例变换矩阵为

$$\boldsymbol{T}=\begin{pmatrix} a & 0 & 0 \\ 0 & d & 0 \\ 0 & 0 & 1 \end{pmatrix}$$

二维图形中某坐标点 $A(x,\ y)$ 经比例变换后，所得到的新坐标点 $A'(x',\ y')$ 的计算公式为

$$(x' \quad y' \quad 1)=(x \quad y \quad 1)\boldsymbol{T}=(ax \quad dy \quad 1)$$

若 $a=d=1$，为恒等变换，即变换后的图形坐标不变。

若 $a=d\neq1$，为等比例变换（图 3.9），$a=d>1$ 为等比例放大，$a=d<1$ 为等比例缩小。

若 $a\neq d$，则图形在 X、Y 两个坐标方向以不同的比例进行变换。

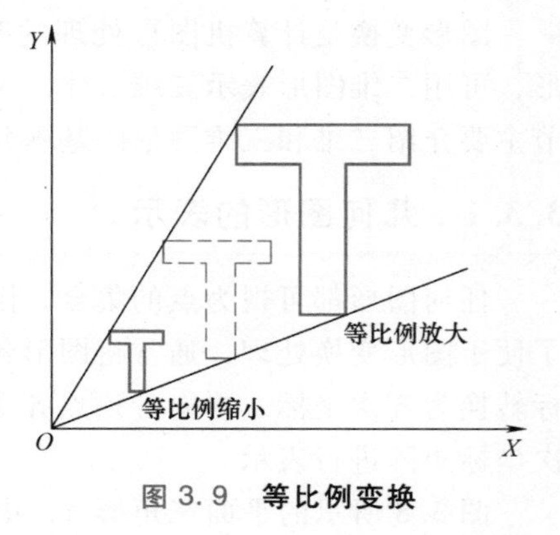

图 3.9　等比例变换

(2) 对称变换　对称变换是将图形围绕某对称轴进行镜像的一种变换形式，其变换矩阵为

$$\boldsymbol{T}=\begin{pmatrix} a & b & 0 \\ c & d & 0 \\ 0 & 0 & 1 \end{pmatrix}$$

二维图形对称变换坐标点的计算公式为

$$(x' \quad y' \quad 1)=(x \quad y \quad 1)\boldsymbol{T}=(ax+cy \quad bx+dy \quad 1)$$

1）当 $b=c=0$、$a=-1$、$d=1$ 时，$x'=-x$，$y'=y$，产生与 Y 轴对称的图形，如图 3.10a 所示。

2）当 $b=c=0$、$a=1$、$d=-1$ 时，$x'=x$，$y'=-y$，产生与 X 轴对称的图形，如图 3.10b

所示。

3）当 $b=c=0$、$a=d=-1$ 时，$x'=-x$，$y'=-y$，产生与原点对称的图形，如图 3.10c 所示。

4）当 $b=c=1$、$a=d=0$ 时，$x'=y$，$y'=x$，产生与 45°线对称的图形，如图 3.10d 所示。

5）当 $b=c=-1$、$a=d=0$ 时，$x'=-y$，$y'=-x$，产生与 135°线或-45°线对称的图形，如图 3.10e 所示。

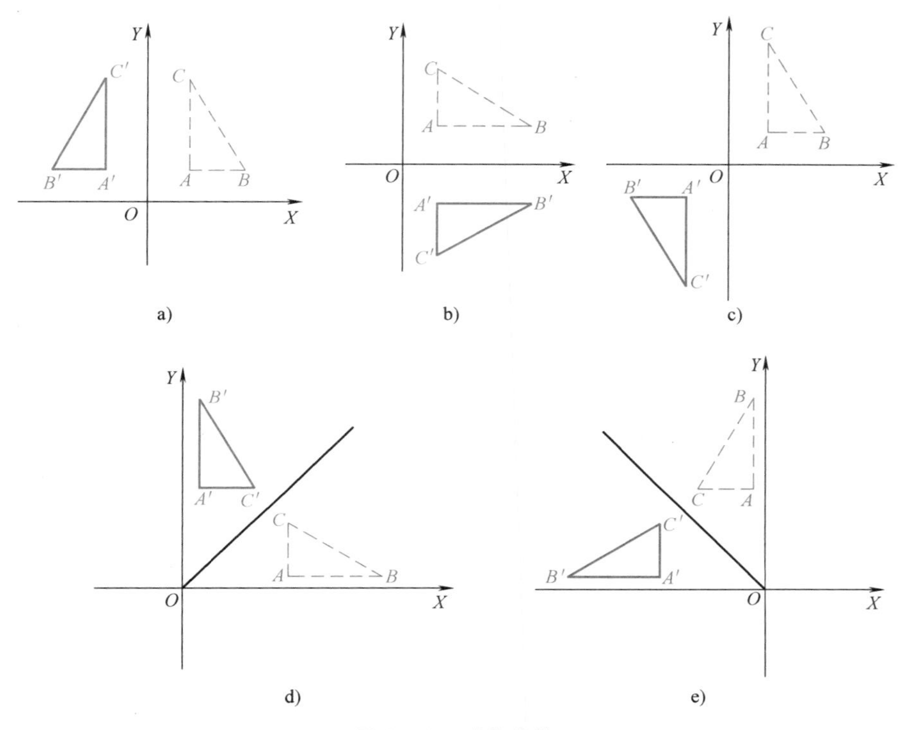

图 3.10　**对称变换**

a）Y 轴对称　b）X 轴对称　c）原点对称　d）45°线对称　e）135°线对称

（3）旋转变换　如图 3.11 所示，使图形绕坐标原点旋转，其旋转角度为 θ，逆时针为正，顺时针为负，则旋转变换矩阵为

$$\boldsymbol{T}=\begin{pmatrix}\cos\theta & \sin\theta & 0\\ -\sin\theta & \cos\theta & 0\\ 0 & 0 & 1\end{pmatrix}$$

二维图形旋转变换坐标点的计算公式为

$$(x' \quad y' \quad 1)=(x \quad y \quad 1)\boldsymbol{T}=(x\cos\theta-y\sin\theta \quad x\sin\theta+y\cos\theta \quad 1)$$

（4）平移变换　如图 3.12 所示，二维图形平移变换，X 轴方向的平移量为 l，Y 轴方向的平移量为 m，则平移变换矩阵为

$$\boldsymbol{T}=\begin{pmatrix}1 & 0 & 0\\ 0 & 1 & 0\\ l & m & 1\end{pmatrix}$$

二维图形平移变换坐标点的计算公式为

$$(x' \quad y' \quad 1)=(x \quad y \quad 1)\boldsymbol{T}=(x+l \quad y+m \quad 1)$$

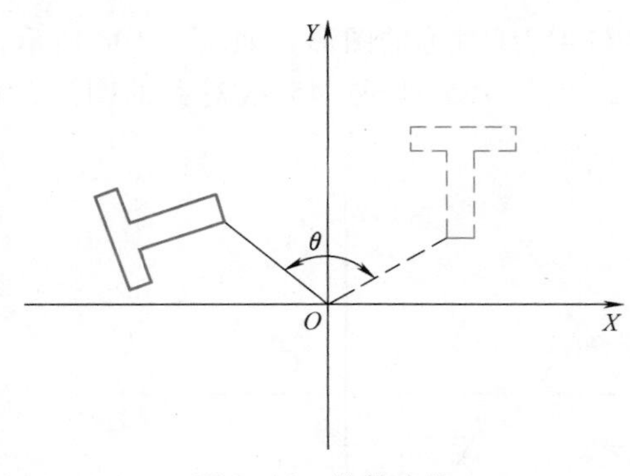

图 3.11　**旋转变换**

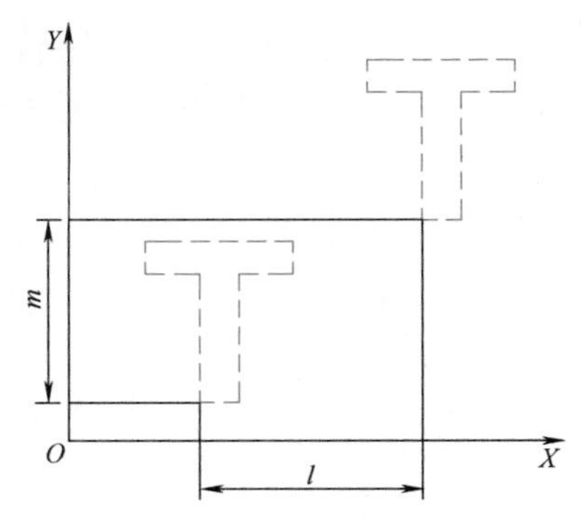

图 3.12　**平移变换**

（5）错切变换　如图 3.13 所示，错切变换是使图形沿某一坐标轴方向发生变化，而另一坐标轴方向的坐标值保持不变的一种图形变换。错切变换矩阵为

$$\boldsymbol{T}=\begin{pmatrix}1 & b & 0\\ c & 1 & 0\\ 0 & 0 & 1\end{pmatrix}$$

式中，c、b 分别为沿 X 轴和沿 Y 轴方向的错切变换系数。

二维图形坐标点错切变换的计算公式为

$$(x' \quad y' \quad 1)=(x \quad y \quad 1)\boldsymbol{T}=(x+cy \quad bx+y \quad 1)$$

1）若 $b=0$ 时，$x'=x+cy$，$y'=y$，表明 Y 轴坐标不变，图形沿 X 轴方向错切变换。若系数 $c>0$，则图形沿$+X$ 轴方向错切（图 3.13a）；$c<0$，则图形沿$-X$ 轴方向错切。

2）若 $c=0$ 时，$x'=x$，$y'=bx+y$，表明 X 轴坐标不变，图形沿 Y 轴方向错切变换。若系数 $b>0$，则图形沿$+Y$ 轴方向错切（图 3.13b）；$b<0$，则图形沿$-Y$ 轴方向错切。

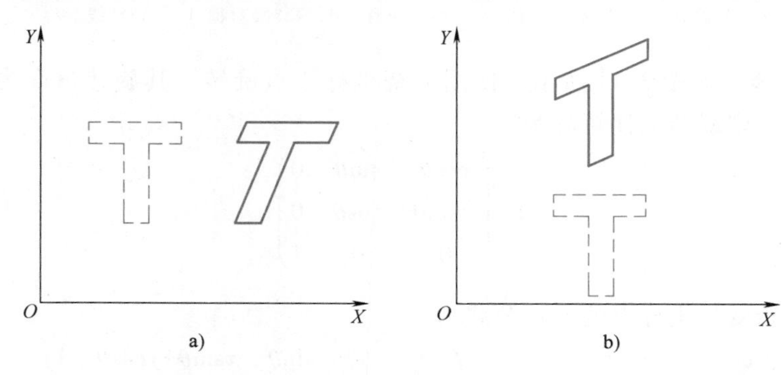

图 3.13　**错切变换**

a）沿+X 轴方向错切　b）沿+Y 轴方向错切

可见，二维图形的基本变换取决于变换矩阵的取值，变换矩阵各元素的取值不同，其变换形式不尽相同。依据变换矩阵各元素的功能，可将二维变换矩阵的一般表达式按如下虚线分为四个子矩阵，即

$$T=\begin{pmatrix} a & b & p \\ c & d & q \\ l & m & s \end{pmatrix}$$

式中，子矩阵$\begin{pmatrix} a & b \\ c & d \end{pmatrix}$可以实现图形的比例、对称、错切和旋转变换；子矩阵$(l \quad m)$可以实现图形的平移变换；子矩阵$\begin{pmatrix} p \\ q \end{pmatrix}$可以实现图形的透视投影变换，二维图形无透视投影变换，其值为$\begin{pmatrix} 0 \\ 0 \end{pmatrix}$；子矩阵（$s$）可以实现图形的全比例变换，$s>1$ 时等比例缩小，$0<s<1$ 时等比例放大。

2. 复合变换

实际应用时的图形变换往往是复杂的，仅仅依靠某种基本变换是不能实现的，必须由两种或两种以上基本变换的组合才能获得所需要的最终图形。

由两种或两种以上的基本变换组合形成的图形变换，称为图形的复合变换，相应的变换矩阵称为复合变换矩阵。复合变换矩阵是由多个基本变换矩阵的乘积求得的。图 3.14 所示的$\triangle abc$，如何求其绕任意坐标点 A 旋转 α 角的变换图形，这便需要进行图形的复合变换。

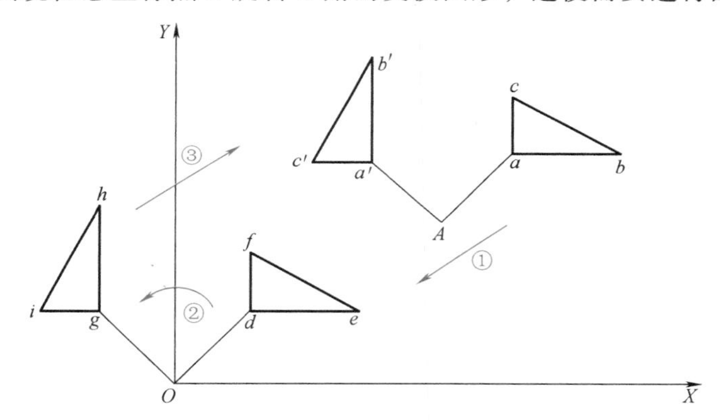

图 3.14　三角形绕任意旋转中心点 A 的旋转变换

某一图形绕任意旋转中心点 A 的旋转变换，可通过如下几个基本变换来实现：

1）将旋转中心点 A 平移到坐标原点，其基本变换矩阵为 $T_{平}$。

2）将图形绕坐标原点旋转 α 角，其基本变换矩阵为 $T_{转}$。

3）再将旋转中心由坐标原点平移返回到原来的旋转中心点 A，其基本变换矩阵为 $T_{-平}$。

由此可知，图形绕任意旋转中心点 A 的旋转变换矩阵为

$$T=T_{平}\,T_{转}\,T_{-平}=\begin{pmatrix} 1 & 0 & 0 \\ 0 & 1 & 0 \\ -x_A & -y_A & 1 \end{pmatrix}\begin{pmatrix} \cos\alpha & \sin\alpha & 0 \\ -\sin\alpha & \cos\alpha & 0 \\ 0 & 0 & 1 \end{pmatrix}\begin{pmatrix} 1 & 0 & 0 \\ 0 & 1 & 0 \\ x_A & y_A & 1 \end{pmatrix}$$

$$=\begin{pmatrix} \cos\alpha & \sin\alpha & 0 \\ -\sin\alpha & \cos\alpha & 0 \\ x_A(1-\cos\alpha)+y_A\sin\alpha & -x_A\sin\alpha+y_A(1-\cos\alpha) & 1 \end{pmatrix}$$

复合变换矩阵通常是由若干基本变换矩阵的乘积构成的。由于矩阵乘法不符合交换律，因此复合变换矩阵的求解顺序不得随意变动。

例 3.1　将图 3.14 所示的△abc 绕旋转中心点 A（150，100）旋转 90°，用 C 语言编程，求解经旋转变换后的新△$a'b'c'$，原△abc 各顶点的坐标分别为（200，140）、（250，140）、（200，170）。

由绕任意点旋转的变换矩阵 $\boldsymbol{T}$，可求取经变换后的图形各顶点坐标为

$$(x' \quad y' \quad 1) = (x \quad y \quad 1)\boldsymbol{T}$$

即

$$\begin{cases} x' = x\cos\alpha - y\sin\alpha - x_A\cos\alpha + y_A\sin\alpha + x_A \\ y' = x\sin\alpha + y\cos\alpha - x_A\sin\alpha - y_A\cos\alpha + y_A \end{cases}$$

为此，用 C 语言编程，求取变换后的△$a'b'c'$：

```
#include <stdio. h>
#include <math. h>
#include <graphics. h>
#define PI 3. 1415926
main( )
{
    float degree=90,x[3]={200,250,200},y[3]={140,140,170};
    float x1[3],y1[3];
    int i,j,m,n,xA=150,yA=100;
    m=DETECT;
    initgraph(&m,&n,"c:\\");
    degree=degree * PI/180;
    for(j=0;j<4;j++)
    {
      for(i=0;i<3;i++)
      {
      x1[i]=x[i] * cos(degree * j)-y[i] * sin(degree * j)-xA * cos(degree * j)+yA *
            sin(degree * j)+xA;
      y1[i]=x[i] * sin(degree * j)+y[i] * cos(degree * j)-xA * sin(degree * j)-yA *
            cos(degree * j)+yA;
      }
      line(x1[0],y1[0],x1[1],y1[1]);
      line(x1[0],y1[0],x1[2],y1[2]);
      line(x1[1],y1[1],x1[2],y1[2]);
      getch( );
    }
   closegraph( );
}
```

3.3.3　三维图形的几何变换

三维图形的几何变换可看作是二维图形几何变换的扩展，应用齐次坐标表示方式，可将三维空间内某变换点求解公式表示为

$$(x' \quad y' \quad z' \quad 1)=(x \quad y \quad z \quad 1)\boldsymbol{T}$$

式中，(x, y, z) 为原坐标点；(x', y', z') 为变换后的坐标点；$\boldsymbol{T}$ 为 4×4 阶三维变换矩阵，即

$$\boldsymbol{T}=\left(\begin{array}{ccc|c} a & b & c & p \\ d & e & f & q \\ h & i & j & r \\ \hline l & m & n & s \end{array}\right)$$

与二维图形变换矩阵类似，也可将三维图形变换矩阵 $\boldsymbol{T}$ 按虚线分为四个子矩阵，其中左上角子矩阵可实现三维图形的比例、对称、错切和旋转变换；左下角子矩阵能实现图形的平移变换；右上角子矩阵可实现透视投影变换；右下角子矩阵可实现图形全比例变换。

（1）比例变换　三维图形的比例变换矩阵为

$$\boldsymbol{T}=\begin{pmatrix} a & 0 & 0 & 0 \\ 0 & e & 0 & 0 \\ 0 & 0 & j & 0 \\ 0 & 0 & 0 & 1 \end{pmatrix}$$

式中，a、e、j 分别为 X、Y、Z 轴坐标方向的比例因子。三维坐标点比例变换计算公式为

$$(x' \quad y' \quad z' \quad 1)=(x \quad y \quad z \quad 1)\boldsymbol{T}=(ax \quad ey \quad jz \quad 1)$$

当 $a=e=j>1$ 时，图形等比例放大；当 $a=e=j<1$ 时，图形等比例缩小。

（2）对称变换　以 XOY 平面、YOZ 平面和 XOZ 平面为对称平面的三维图形对称变换矩阵分别为

$$\boldsymbol{T}_{XOY}=\begin{pmatrix} 1 & 0 & 0 & 0 \\ 0 & 1 & 0 & 0 \\ 0 & 0 & -1 & 0 \\ 0 & 0 & 0 & 1 \end{pmatrix} \quad \boldsymbol{T}_{YOZ}=\begin{pmatrix} -1 & 0 & 0 & 0 \\ 0 & 1 & 0 & 0 \\ 0 & 0 & 1 & 0 \\ 0 & 0 & 0 & 1 \end{pmatrix} \quad \boldsymbol{T}_{XOZ}=\begin{pmatrix} 1 & 0 & 0 & 0 \\ 0 & -1 & 0 & 0 \\ 0 & 0 & 1 & 0 \\ 0 & 0 & 0 & 1 \end{pmatrix}$$

（3）错切变换　三维图形的错切变换矩阵为

$$\boldsymbol{T}=\begin{pmatrix} 1 & b & c & 0 \\ d & 1 & f & 0 \\ h & i & 1 & 0 \\ 0 & 0 & 0 & 1 \end{pmatrix}$$

式中，d、h 为沿 X 轴方向的错切变换系数；b、i 为沿 Y 轴方向的错切变换系数；c、f 为沿 Z 轴方向的错切变换系数。

（4）平移变换　三维图形平移变换矩阵为

$$\boldsymbol{T}=\begin{pmatrix} 1 & 0 & 0 & 0 \\ 0 & 1 & 0 & 0 \\ 0 & 0 & 1 & 0 \\ l & m & n & 1 \end{pmatrix}$$

式中，l、m、n 分别为 X、Y、Z 三个坐标方向的平移量。

(5) 旋转变换　绕 Z 轴旋转 α 角的三维旋转变换矩阵为

$$\boldsymbol{T}_Z=\begin{pmatrix}\cos\alpha & \sin\alpha & 0 & 0\\ -\sin\alpha & \cos\alpha & 0 & 0\\ 0 & 0 & 1 & 0\\ 0 & 0 & 0 & 1\end{pmatrix}$$

绕 X 轴旋转 β 角的三维旋转变换矩阵为

$$\boldsymbol{T}_X=\begin{pmatrix}1 & 0 & 0 & 0\\ 0 & \cos\beta & \sin\beta & 0\\ 0 & -\sin\beta & \cos\beta & 0\\ 0 & 0 & 0 & 1\end{pmatrix}$$

绕 Y 轴旋转 γ 角的三维旋转变换矩阵为

$$\boldsymbol{T}_Y=\begin{pmatrix}\cos\gamma & 0 & -\sin\gamma & 0\\ 0 & 1 & 0 & 0\\ \sin\gamma & 0 & \cos\gamma & 0\\ 0 & 0 & 0 & 1\end{pmatrix}$$

3.3.4　三维图形的投影变换

三维图形的几何变换是使三维图形在空间的位置和形状产生改变，而三维图形的投影变换则是将三维图形投射到某投影面上，使其生成二维平面图形的过程。

根据投射中心、投射线以及与投影面相互间关系的不同，可将投影变换分为平行投影变换和透视投影变换，如图 3.15 所示。平行投影变换根据其投射方向是否垂直于投影面，又有正平行投影变换和斜平行投影变换之分；透视投影变换根据其投射中心数多少又可分为一点透视投影变换、二点透视投影变换和三点透视投影变换。

1. 正投影变换

在平行投影中，被投影物体的坐标面与投影面平行，其投射方向与投影面垂直的投影称为正投影。正投影可用于三视图的生成，如图 3.16 所示。

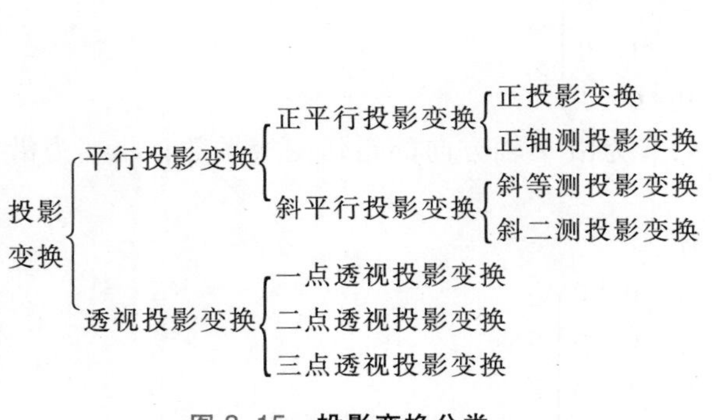

图 3.15　投影变换分类

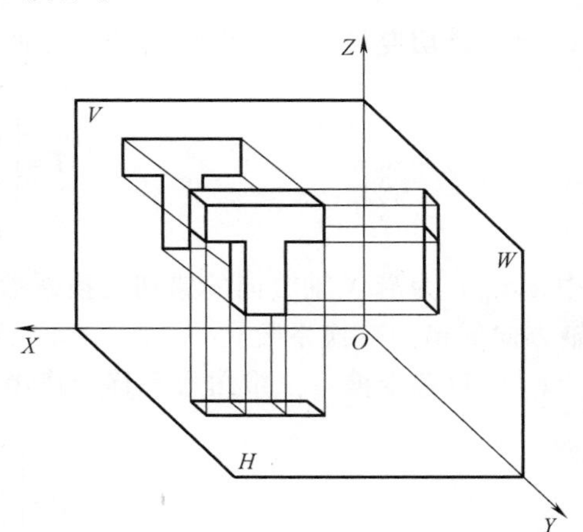

图 3.16　三视图的定义

(1) 主视图　将物体向正面（V 面）投射，只需将物体各顶点坐标中的 y 值变为 0，而 x、z 坐标值不变，其结果即为主视图，变换矩阵为

$$\boldsymbol{T}_V=\begin{pmatrix}1&0&0&0\\0&0&0&0\\0&0&1&0\\0&0&0&1\end{pmatrix}$$

(2) 俯视图　将物体向水平面（H 面）投射，即令 z 坐标为 0，然后将所得到的 H 面投影绕 X 轴顺时针旋转 90°，使其与 V 面共面，再沿 $-Z$ 轴方向平移一段距离 n，以使 H 面投影和 V 面投影之间保持一段距离，其结果即为俯视图，变换矩阵为

$$\boldsymbol{T}_H=\begin{pmatrix}1&0&0&0\\0&1&0&0\\0&0&0&0\\0&0&0&1\end{pmatrix}\begin{pmatrix}1&0&0&0\\0&\cos\left(-\dfrac{\pi}{2}\right)&\sin\left(-\dfrac{\pi}{2}\right)&0\\0&-\sin\left(-\dfrac{\pi}{2}\right)&\cos\left(-\dfrac{\pi}{2}\right)&0\\0&0&0&1\end{pmatrix}\begin{pmatrix}1&0&0&0\\0&1&0&0\\0&0&1&0\\0&0&-n&1\end{pmatrix}=\begin{pmatrix}1&0&0&0\\0&0&-1&0\\0&0&0&0\\0&0&-n&1\end{pmatrix}$$

(3) 左视图　将物体向侧面（W 面）投射，即令 $x=0$，然后绕 Z 轴逆时针旋转 90°，使其与 V 面共面，再沿 $-X$ 轴方向平移一段距离 l，其结果即为左视图，变换矩阵为

$$\boldsymbol{T}_W=\begin{pmatrix}0&0&0&0\\0&1&0&0\\0&0&1&0\\0&0&0&1\end{pmatrix}\begin{pmatrix}\cos\left(\dfrac{\pi}{2}\right)&\sin\left(\dfrac{\pi}{2}\right)&0&0\\-\sin\left(\dfrac{\pi}{2}\right)&\cos\left(\dfrac{\pi}{2}\right)&0&0\\0&0&1&0\\0&0&0&1\end{pmatrix}\begin{pmatrix}1&0&0&0\\0&1&0&0\\0&0&1&0\\-l&0&0&1\end{pmatrix}=\begin{pmatrix}0&0&0&0\\-1&0&0&0\\0&0&1&0\\-l&0&0&1\end{pmatrix}$$

2. 正轴测投影变换

正轴测投影是将物体的三个坐标面置于与投射线都不平行的位置，使之在投影面上能够同时看到物体的三个坐标面。正轴测投影生成的投影视图称为正等轴测图。在正等轴测图中，三个轴向伸缩系数都相同时称为正等测投影，两个轴向伸缩系数相同时称为正二测投影，三个轴向伸缩系数均不相同时称为正三测投影。

图 3.17a 所示为带孔矩形体，将其绕 Z 轴逆时针旋转 α 角（图 3.17b），再绕 X 轴顺时针旋转 β 角（图 3.17c），然后向 V 面投射，便得到正轴测投影变换图（图 3.17d），其变换矩阵为

$$\boldsymbol{T}=\begin{pmatrix}\cos\alpha&\sin\alpha&0&0\\-\sin\alpha&\cos\alpha&0&0\\0&0&1&0\\0&0&0&1\end{pmatrix}\begin{pmatrix}1&0&0&0\\0&\cos(-\beta)&\sin(-\beta)&0\\0&-\sin(-\beta)&\cos(-\beta)&0\\0&0&0&1\end{pmatrix}\begin{pmatrix}1&0&0&0\\0&0&0&0\\0&0&1&0\\0&0&0&1\end{pmatrix}$$

$$=\begin{pmatrix}\cos\alpha&0&-\sin\alpha\sin\beta&0\\-\sin\alpha&0&-\cos\alpha\sin\beta&0\\0&0&\cos\beta&0\\0&0&0&1\end{pmatrix}$$

式中，角 α、β 可根据需要确定。当 $\alpha=45°$、$\beta=35°16'$ 时，便得到工程上常用的正等轴测图；当 $\alpha=20°42'$、$\beta=19°28'$ 时，便得到常用的正二轴测图。

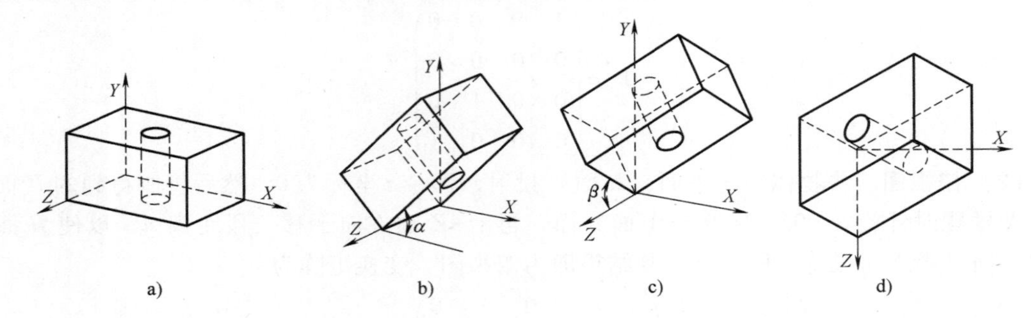

图 3.17　**正轴测图的生成**

3. 斜平行投影变换

斜平行投影变换是将三维物体先沿两个坐标轴方向进行错切变换，然后再向包含这两个坐标轴的投影面进行正投影变换，便得到该物体的斜轴测投影图。例如：先将物体沿 X 轴方向进行错切变换，其错切参数为 d；然后沿 Z 轴方向进行错切变换，其错切参数为 f；再向 XOZ 面进行正投影变换，其斜平行投影变换矩阵为

$$\boldsymbol{T}=\begin{pmatrix}1&0&0&0\\d&1&0&0\\0&0&1&0\\0&0&0&1\end{pmatrix}\begin{pmatrix}1&0&0&0\\0&1&f&0\\0&0&1&0\\0&0&0&1\end{pmatrix}\begin{pmatrix}1&0&0&0\\0&0&0&0\\0&0&1&0\\0&0&0&1\end{pmatrix}=\begin{pmatrix}1&0&0&0\\d&0&f&0\\0&0&1&0\\0&0&0&1\end{pmatrix}$$

4. 透视投影变换

透视投影变换是通过投射中心（或视点）将三维物体投射到投影面的一种变换形式。通过透视投影变换，在投影面上所得到的投影视图即为透视图。下面通过坐标点的透视投影变换来分析透视投影变换的求解过程。

如图 3.18 所示，若投射中心 E 位于 Y 轴上，投影面垂直于 Y 轴并交于 O' 点，投影面和投射中心 E 到坐标原点 O 的距离分别为 y_1 和 y_2。现有空间一点 $A(x, y, z)$，它在投影面上投影为 $A'(x', y', z')$，根据相似三角形对应边成比例的关系，有

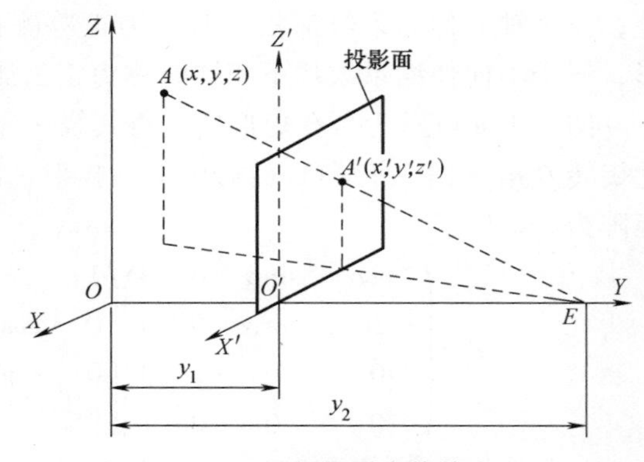

图 3.18　**透视投影变换的定义**

$$\frac{x'}{x}=\frac{z'}{z}=\frac{y_2-y_1}{y_2-y}$$

得

$$x'=\frac{(y_2-y_1)x}{y_2-y},\quad z'=\frac{(y_2-y_1)z}{y_2-y},\quad y'=y_1$$

若投影面为 XOZ 面，即 $y_1=0$，则有

$$x'=\frac{x}{1-y/y_2},\quad z'=\frac{z}{1-y/y_2},\quad y'=0$$

将上式坐标点的透视投影变换用矩阵表示，有

$$(x'\quad y'\quad z'\quad 1)=(x\quad y\quad z\quad 1)\begin{pmatrix}1&0&0&0\\0&1&0&-1/y_2\\0&0&1&0\\0&0&0&1\end{pmatrix}\begin{pmatrix}1&0&0&0\\0&0&0&0\\0&0&1&0\\0&0&0&1\end{pmatrix}$$

$$=(x\quad 0\quad z\quad 1-y/y_2)=\begin{pmatrix}\dfrac{x}{1-y/y_2}&0&\dfrac{z}{1-y/y_2}&1\end{pmatrix}$$

由此表明，空间一点的透视投影变换，可用该点的齐次坐标乘以透视投影变换矩阵 $\boldsymbol{T}_{透}$，再乘以向 XOZ 面进行正投影变换的变换矩阵，便得到该点在投影面的投影视图。这里的透视投影变换矩阵 $\boldsymbol{T}_{透}$ 为

$$\boldsymbol{T}_{透}=\begin{pmatrix}1&0&0&p\\0&1&0&q\\0&0&1&r\\0&0&0&1\end{pmatrix}$$

若 $p=r=0$、$q=-1/y_2$，即为投射中心位于 Y 轴上的透视投影变换矩阵，其中 y_2 为投射中心到坐标原点的距离。

从上述坐标点的透视投影变换分析可知，透视图是由一束不平行的投射线（视线）从投射中心（视点）出发，将物体投射到投影面而得到的，通常称该投射中心（视点）为灭点。透视投影变换的灭点可根据需要进行选取，作用在坐标轴上的灭点称为主灭点。因一般图形仅有 X、Y、Z 三根坐标轴，所以透视图中的主灭点最多为三个。

若以主灭点数对透视投影变换进行分类，则有一点透视、二点透视和三点透视。一点透视有一个主灭点，其投影面与一根坐标轴正交，与另两根坐标轴平行（图 3.19a）；二点透视有两个主灭点，其投影面与两根坐标轴相交，与剩余的一根坐标轴平行（图 3.19b）；三点透视有三个主灭点，即投影面与三个坐标轴都相交（图 3.19c）。

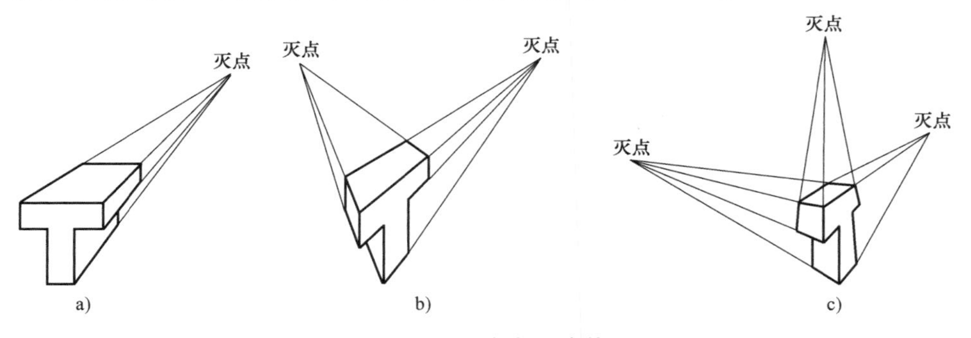

图 3.19　**透视投影变换**

a）一点透视　b）二点透视　c）三点透视

在透视投影变换矩阵 $\boldsymbol{T}_{透}$ 中，若 p、q、r 三个矩阵元素中有两个为零时，可得到一点透视；若三个矩阵元素仅有一个为零，可得到二点透视；当三者均不为零时，则为三点透视。

对三维物体进行透视投影变换时，可将该物体看作是点的集合，分别将物体中各坐标点进行透视投影变换，然后将所得到的投影点逐次连接起来，便得到一个完整的三维形体透视投影图。

为了获得立体感强、图像逼真的透视图，需要先对透视物体进行平移、旋转等基本变换，然后再通过投射中心进行透视投影变换。由此可知，透视图的生成所需的变换矩阵往往是一个复合变换矩阵。

图 3.20a 所示为单位立方体，一个顶点位于坐标原点，三条棱边分别与三根坐标轴重合，先使其绕 Y 轴旋转 γ 角（图 3.20b），再相对 X、Y、Z 三个坐标轴平移 l、m、n（图 3.20c），然后进行两点透视，最后将所得到的透视图向 XOY 平面进行正投影（图 3.20d），其变换矩阵为

$$\boldsymbol{T}=\begin{pmatrix}\cos\gamma & 0 & -\sin\gamma & 0\\ 0 & 1 & 0 & 0\\ \sin\gamma & 0 & \cos\gamma & 0\\ 0 & 0 & 0 & 1\end{pmatrix}\begin{pmatrix}1 & 0 & 0 & 0\\ 0 & 1 & 0 & 0\\ 0 & 0 & 1 & 0\\ l & m & n & 1\end{pmatrix}\begin{pmatrix}1 & 0 & 0 & p\\ 0 & 1 & 0 & 0\\ 0 & 0 & 1 & r\\ 0 & 0 & 0 & 1\end{pmatrix}\begin{pmatrix}1 & 0 & 0 & 0\\ 0 & 1 & 0 & 0\\ 0 & 0 & 0 & 0\\ 0 & 0 & 0 & 1\end{pmatrix}$$

$$=\begin{pmatrix}\cos\gamma & 0 & 0 & p\cos\gamma-r\sin\gamma\\ 0 & 1 & 0 & 0\\ \sin\gamma & 0 & 0 & p\sin\gamma+r\cos\gamma\\ l & m & 0 & lp+nr+1\end{pmatrix}=\begin{pmatrix}\dfrac{\cos\gamma}{lp+nr+1} & 0 & 0 & \dfrac{p\cos\gamma-r\sin\gamma}{lp+nr+1}\\ 0 & \dfrac{1}{lp+nr+1} & 0 & 0\\ \dfrac{\sin\gamma}{lp+nr+1} & 0 & 0 & \dfrac{p\sin\gamma+r\cos\gamma}{lp+nr+1}\\ \dfrac{l}{lp+nr+1} & \dfrac{m}{lp+nr+1} & 0 & 1\end{pmatrix}$$

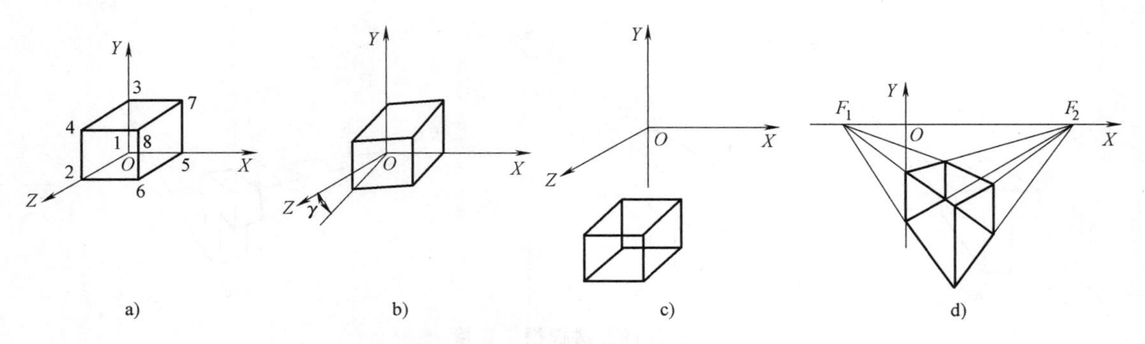

图 3.20　二点透视投影变换示例

3.4 ■ 工程图绘制技术

工程图是工程师的技术语言。在当前我国的企业产品生产经营中，工程图仍是传递产品信息不可或缺的媒介。工程图的绘制通常是一件繁杂且工作量较大的设计工作。由于计算机辅助绘图具有效率高、质量好的特点，现已完全由其替代传统手工来完成工程图的绘制。本节简要介绍目前常用的几种计算机辅助绘图技术。

3.4.1　交互式绘图

交互式绘图是指在交互式绘图系统的支持下，设计人员使用键盘、鼠标等输入设备，通过人机对话的方法进行工程图的绘制。这种绘图方法的最大特点是，设计人员输入绘图命令及有关参数后，可实时地在图形屏幕上生成图形，并能直接对所绘图形进行编辑修改，直至满意为止，整个绘图过程直观、灵活。目前，市场上较流行的交互式绘图软件系统有 AutoCAD、CAXA 电子图板、开目 CAD、天河 CAD 等。下面仅以应用较多的 AutoCAD 为例，介绍交互式绘图的一般过程。

例 3.2　应用 AutoCAD 绘图软件系统，交互绘制图 3.21 所示的固定钳身零件图。

绘图步骤：

1）在绘图作业开始之前，需要根据所绘图形的特点设置绘图环境，如图幅、图层、线形、尺寸标注样式、标题栏等。为了提高绘图效率，避免重复设置，可建立模板文件，供绘图时直接调用。本例选择 GB_A3 绘图模板，建立 CENTER、DIM、HATCH、HIDDEN 四个图层，各个图层的线型和颜色分别设置为：CENTER 层——红色中心线（Center）；DIM 层——绿色细实线（Continuous），用于尺寸线；HATCH 层——蓝色细实线（Continuous），用于剖面线；HIDDEN 层——黄色虚线（Hidden），用于隐藏线。所设置的四个图层线型与颜色，加上系统默认层 Bylayer 的白色粗实线，可满足机械工程图各种线型绘制的需要。

2）选用 END（端点）、INT（交点）、CEN（中心点）等目标捕捉方式以及正交、栅格等辅助绘图工具。

3）将 CENTER 层作为当前层，进行图形布局，绘制各视图的中心线。

4）执行用户坐标系命令 UCS，以俯视图中心线交点作为当前用户坐标系原点。

5）将 Bylayer 层作为当前层，绘制零件俯视图轮廓线。

6）应用各视图辅助线或中心线对齐等方法，绘制主视图及左视图轮廓线。

7）绘制完善各视图的图形细节，如倒角、圆角、剖面线等。

8）将 DIM 层作为当前层，进行标注尺寸。最后填写标题栏。

最终完成的固定钳身零件图，如图 3.21 所示。

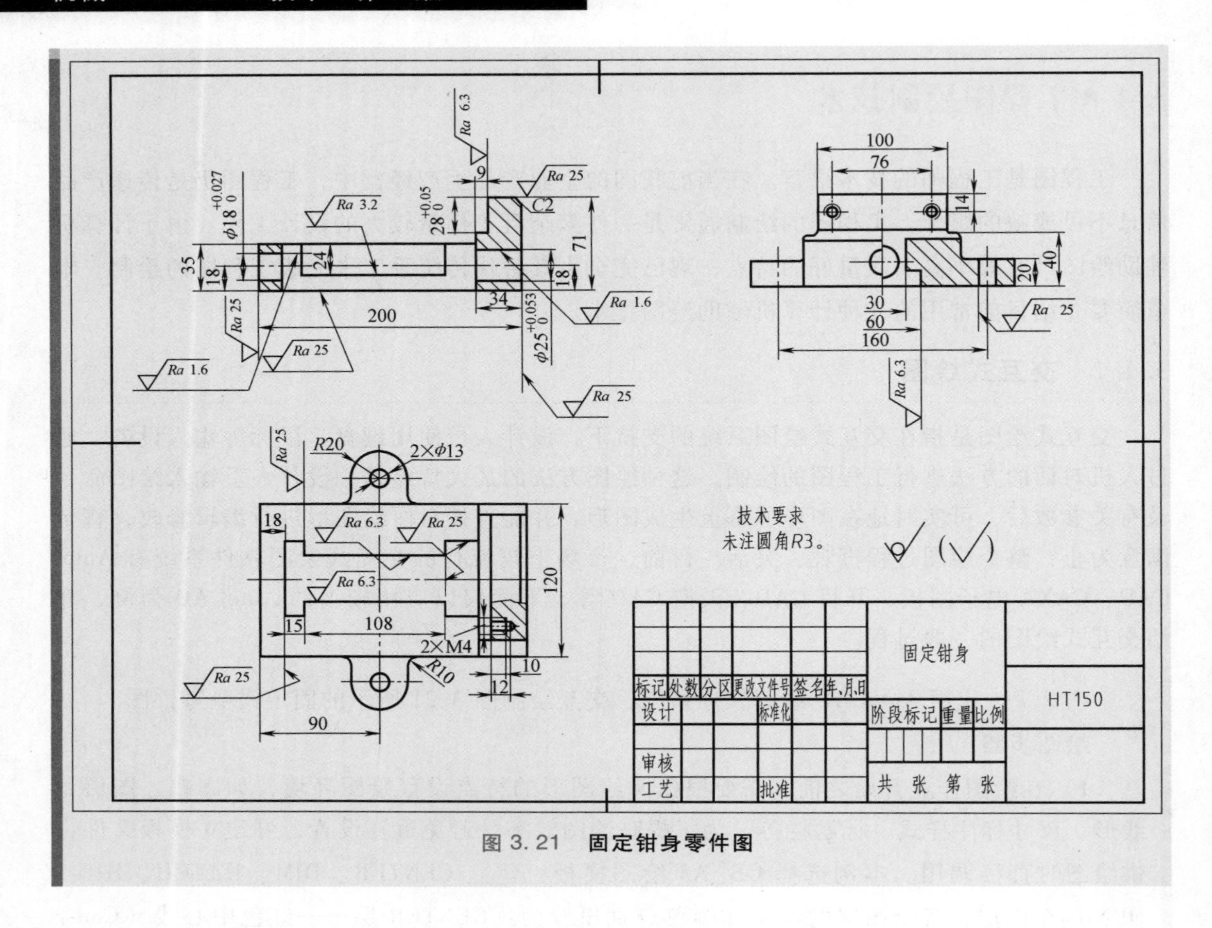

图 3.21　**固定钳身零件图**

3.4.2　程序参数化绘图

交互式绘图是通过人机交互方式逐线条绘制所需要的图形，人工干预多，绘图效率低。程序参数化绘图不需要人工干预，用户仅需输入必要的参数，整个绘图过程完全由程序自动完成，大大提高了绘图效率。

程序参数化绘图的关键在于图形参数的确定，通过这些图形参数用以描述图形的结构形状和坐标位置。为此，程序参数化绘图至少要求提供两类图形参数：一是几何参数，用以确定图形的尺寸和形状；二是定位参数，用以确定图形的坐标位置。通过所确定的图形参数，图形中有关节点坐标便可由程序自动计算，图形中各图元间诸如平行、垂直、相切等拓扑关系和约束均由程序自动保证。

下面通过一个简单实例阐述程序参数化绘图技术的实现。

例 3.3　采用程序参数化绘图方法绘制图 3.22 所示的钣金零件图。

绘图步骤：

1）根据图形结构，确定图形参数。本例以该零件图左下角坐标点（x_0，y_0）作为图形的定位参数，将上下边长及高度尺寸（a，b，c，d）作为图形的几何参数。

2）根据确定的图形参数，计算图形各个节点坐标：（x_1，y_1）、（x_2，y_2）、（x_3，y_3）、（x_4，y_4）、（x_5，y_5）。

3）应用计算机程序语言编写绘图程序。本例零件图绘制的 C 语言程序如下：

```
draw(x0,y0,a,b,c,d)
float x0,y0,a,b,c,d;
{   int i,j,m,n;
    float x[6],y[6];
        m=DETECT;
        initgraph(&m,&n,"c:\\");
        x[0]=x0;y[0]=y0;
        x[1]=x[2]=x[0]+a;
        x[3]=x[4]=x[0]+a-b;
        x[5]=x[0];
        y[1]=y[0];
        y[2]=y[3]=y[0]+d;
        y[4]=y[5]=y[0]+c;
        for(i=0;i<5;i++)line(x[i],y[i],x[i+1],y[i+1]);
        line(x[0],y[0],x[5],y[5]);
        getch();
        closegraph();
        }
```

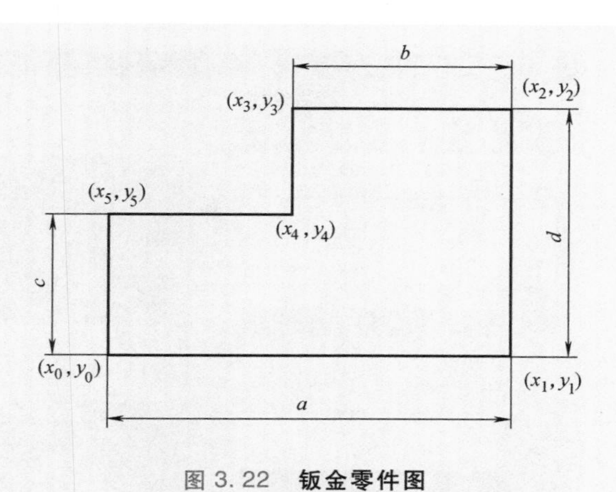

图 3.22　钣金零件图

4）编译运行上例程序，输入实际的图形参数，便可自动绘制类似图 3.22 所示不同尺寸的钣金零件图。

由上例可见，程序参数化绘图可实现图形的自动绘制，大大提高了绘图效率，如果与产品分析计算程序相互配合，可实现产品的自动化设计。然而，程序参数化绘图也有它的局限性，即每个图形的绘制均需要编程，故要求用户具有一定的编程基础。此外，若图形结构稍有改变，其绘图程序也须跟随修改，大大影响了绘图的灵活性。因此，程序参数化绘图技术仅适用于结构定型的零部件，如变压器、轴承、螺钉、螺母等。

机械产品中有大量定型的标准化和系列化零部件，如螺栓、螺母、轴承、液压元器件等。应用程序参数化绘图技术，对这类定型的标准化零部件编写绘图程序，建立标准件参数化图库，将大大便于用户使用，提高设计效率。

目前，常用机械 CAD 商品化系统均配置有机械标准件参数化图库，这些图库系统不仅提供了标准件绘图功能，还提供了图库系统的管理和开发工具，以满足用户对图库的编辑、修改和二次开发个性化的需要。图 3.23 所示为 CAXA 电子图板提供的参数化图库，包含紧固件、齿轮、链轮、带轮、润滑与密封件等数千种标准件的绘图程序。

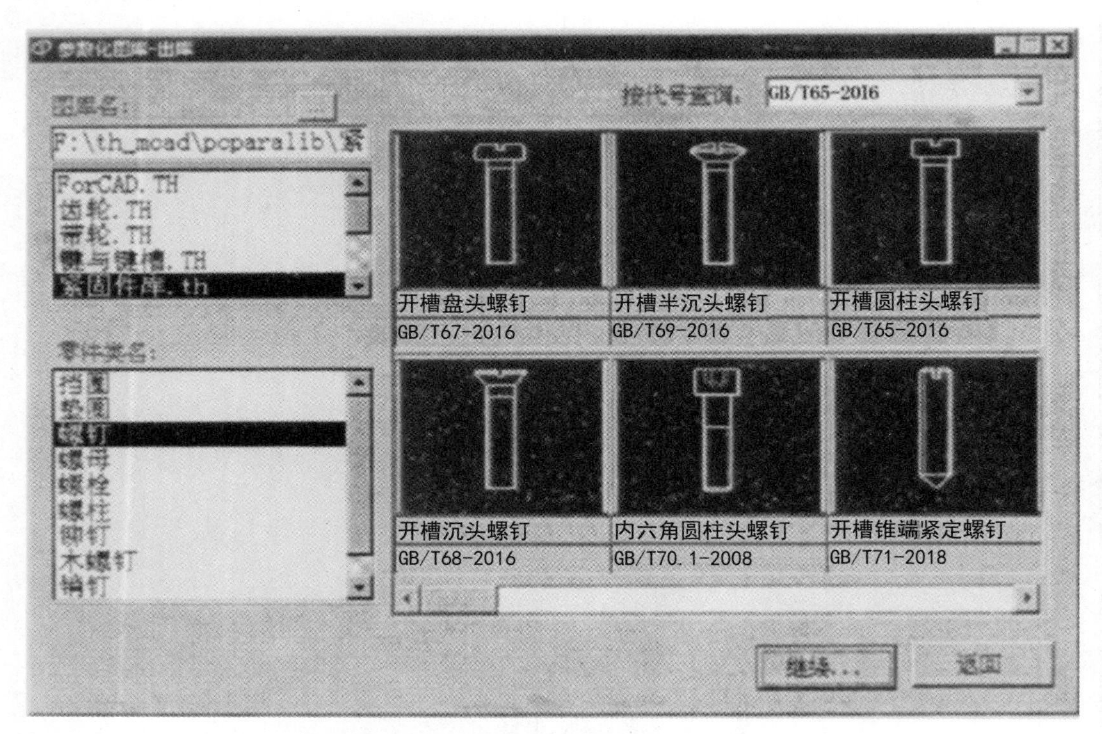

图 3. 23 CAXA 电子图板提供的参数化图库

3. 4. 3 尺寸驱动式参数化绘图

交互式绘图需要交互输入各线条位置坐标以及各线条间的约束关系，绘图效率较低；程序参数化绘图编程工作量较大，对技术人员素质要求较高。这两种绘图方法有各自的特点，但又存在固有的不足。若以手工快速勾绘出草图，对草图进行必要的尺寸标注，然后由系统按照所标注的尺寸，自动求解图形节点参数，再生成精确的图形。若对尺寸进行修改，系统将按照修改后的尺寸重新进行求解计算，更新图形，这就是尺寸驱动式参数化绘图的基本思想，如图 3. 24 所示。

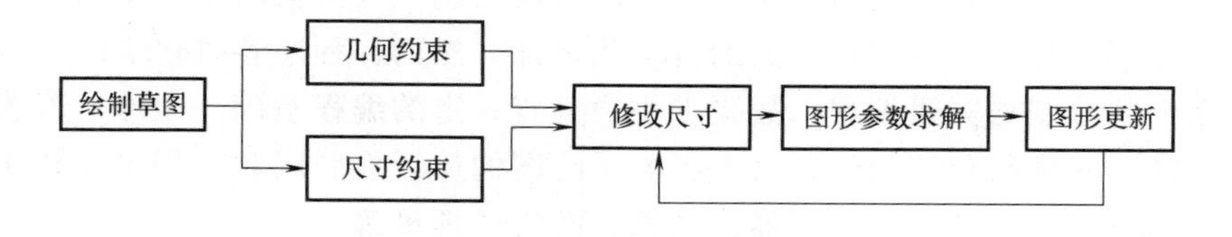

图 3. 24 尺寸驱动式参数化绘图的基本思想

显然，这种绘图方式既保留了交互式绘图的灵活性，又具有程序参数化绘图的快捷高效性。目前，一般的 CAD/CAM 系统都具有尺寸驱动式参数化绘图功能。

尺寸驱动式参数化绘图有多种计算处理方法，如整体求解法、局部求解法、变量几何法、几何推理法、人工智能法等。无论哪种方法均是通过对图形的几何约束和尺寸约束实现的。几何约束即为图形各图元之间的平行、垂直、共点、共线、相切、同心、对称、水平等拓扑关系；而尺寸约束是通过对图形中各组成图元的尺度进行约束的，如长度、角度、半径及两线段间距离等。

对图形施加的几何约束决定了图形的结构和形状，一般是由软件系统根据图形的绘制过程及各图元的绘制顺序自动建立的。图形的几何约束一旦建立，一般是不会变动的。如图 3.25a 所示的结构图，线段 L_1 和 L_5 施加有共线约束（CL）；圆弧 A_1 和圆 C_1 有同心约束（CC）；两两线段之间具有隐含的共点约束（LJ）；线段自身有水平（H）和竖直（V）约束等。结构图中的几何约束往往是以邻接链表的形式存储于图形文件中，如图 3.25b 所示。

结构图中的尺寸约束通常是由系统在尺寸标注过程中建立的。尺寸标注实质上是对相关图元尺度和位置的约束，它是通过尺寸线以及尺寸线的起止点与相关图元及其关键点的关联实现的。尺寸约束是变动的约束，随着尺寸数值的改变，将驱动相关图元尺度的改变。例如：图 3.25 所示尺寸 dim1 表示线段 L_1 的长度，同时该尺寸线的起止点又与 L_1 的两端点 1、2 相关联，而端点 1、2 又与线段 L_8、L_2 关联，因此可认为尺寸 dim1 与直线段 L_1、L_2、L_8 存在尺寸约束关系，通过 dim1 尺寸数值的改变，相关图元的大小和位置也会产生相应的改变。

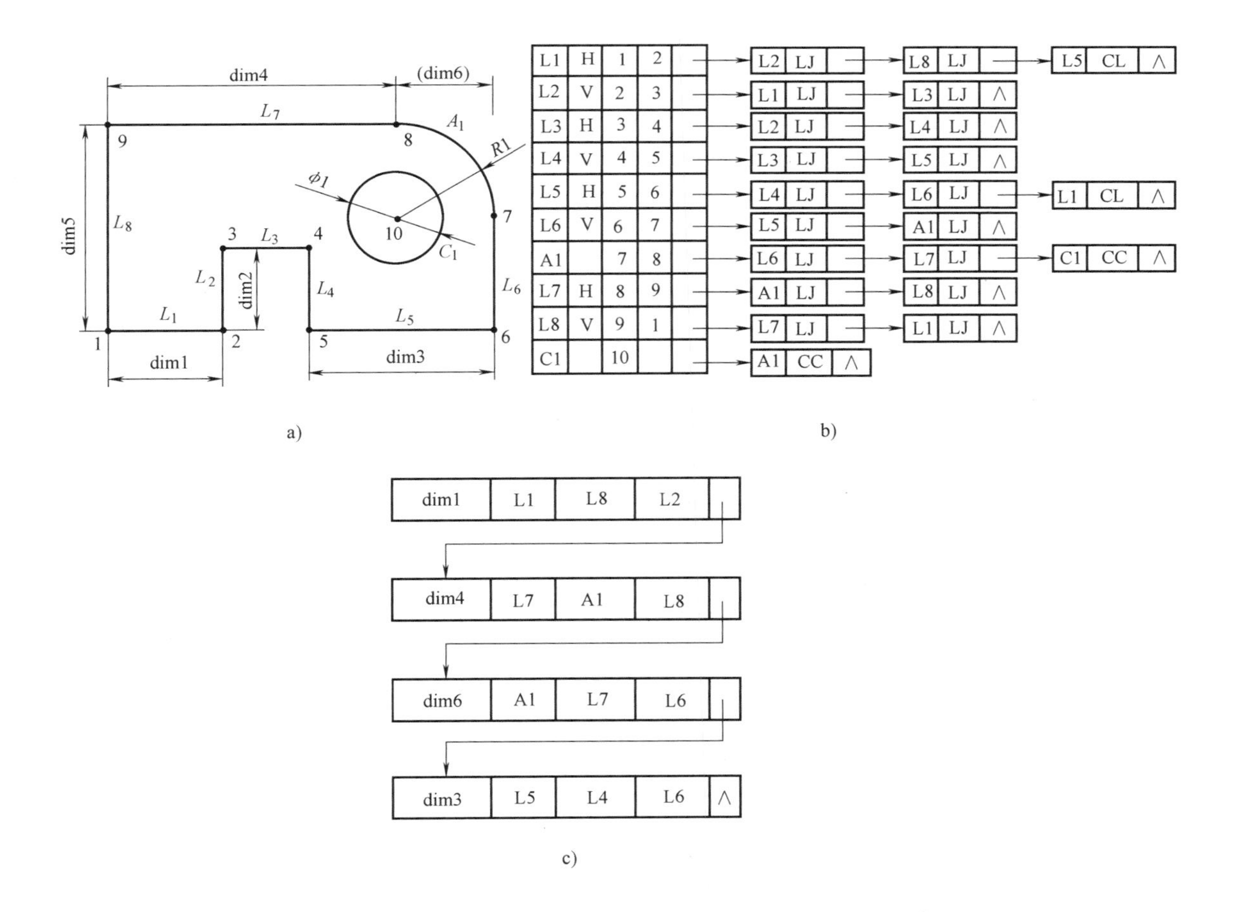

图 3.25　尺寸驱动式参数化绘图的约束链表

a）结构图　b）几何约束邻接链表　c）水平方向的尺寸链表

在尺寸约束建立过程中，系统逐个地将每个尺寸约束建立起尺寸约束有向图。根据需要，系统会从该有向图中逐个提取尺寸链表，图 3.25c 所示为图 3.25a 所示结构图中水平方向的尺寸链表。根据该链表，当某一尺寸参数改变后，就可沿该尺寸链表搜索出所有关联对象，然后求取变动图元关键点的坐标，实现尺寸的驱动。

一旦建立结构图的几何约束拓扑链以及尺寸约束的尺寸链，当改变结构图中某尺寸参数，系统将搜索与该尺寸相关的图元，计算关联图元的关键点坐标，在保证拓扑关系不变的前提下，更新图形，从而实现尺寸驱动参数化绘图过程。

为了能得到较好的尺寸驱动参数化绘图效果，在草图绘制过程中应注意以下几点：

1）为了保证正确的尺寸驱动，应尽量利用系统提供的正交、目标捕捉等辅助绘图工具，这将有利于系统正确识别图形间准确的几何约束关系。

2）有些系统在草图绘制时可以忽略各图元间准确的拓扑关系，如水平线可以近似水平，垂直线可以近似垂直，图元间的平行、垂直、相切等关系均可以近似表示，仅要求这些近似的拓扑关系在系统设定的精度范围内。对于这样的系统，首先要对近似的草图进行规整，然后再进行尺寸驱动，如图 3.26 所示。

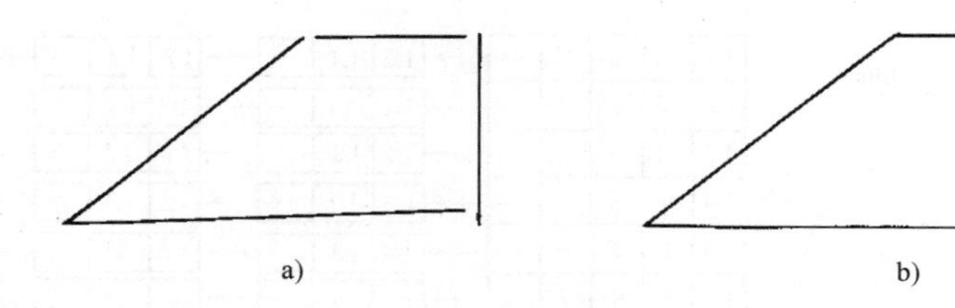

图 3.26　草图的规整

a）近似草图　b）规整后的草图

3）尺寸标注时，尽可能直接选择被标注的图元或应用系统提供的目标捕捉方法来确定尺寸界线，使标注的尺寸与图元之间保持准确的关联。

4）由于尺寸驱动的参数计算是相对于图形基点进行的，因此选择合适的基点非常重要。如图 3.27 所示的零件，其垂直尺寸是相对于中心线标注的，因此图形基点应选择在中心线上，如 P_1 或 P_3 点。若选择 P_2 为基点，则尺寸 a、b、c、f 与 P_2 点毫无关系，这样尺寸驱动功能将无法实现。

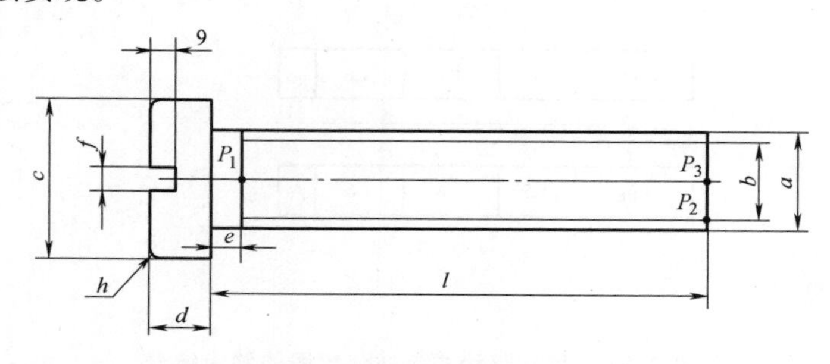

图 3.27　图形参数化过程中基点的选择

5）若仅需对局部图形进行修改，而整个图形又相对复杂时，可采用局部参数化，即只选择需要做修改的图形部分进行尺寸驱动参数化。

3.4.4　工程图的自动生成

前面所介绍的几种计算机绘图方法，相比于手工绘图而言，在绘图效率和绘图质量方面都有较大的提高，并可实现设计信息的数字化管理与传递。但从根本上来说，上述绘图方法仍未摆脱传统的工作模式，手工绘图所遇到的诸如复杂零件投射线和截交线计算、图档更新等难题在采用计算机绘图后并未得到根本的解决。

目前，商用 CAD/CAM 软件系统为用户提供了强大的三维实体建模功能，用户可快速地构建设计对象的三维实体模型。根据所建立的实体模型，通过投影、剖切等功能能够自动生成所需的二维工程图。应用参数相关性技术，对三维实体模型的修改能够自动反映到与其相关的二维工程图上，彻底解决了由于设计修改所引起的图档更新等问题。下面通过具体实例说明由三维实体模型自动生成工程图的方法。

例 3.4　应用 SolidWorks 系统建立轴支架三维实体模型，并由该实体模型自动生成二维工程图。

绘图步骤：

1）在 SolidWorks 工作环境下，应用草图绘制、拉伸/切除、倒圆/倒角等系统建模功能，建立轴支架的三维实体模型，如图 3.28 所示（第 4 章详细介绍）。

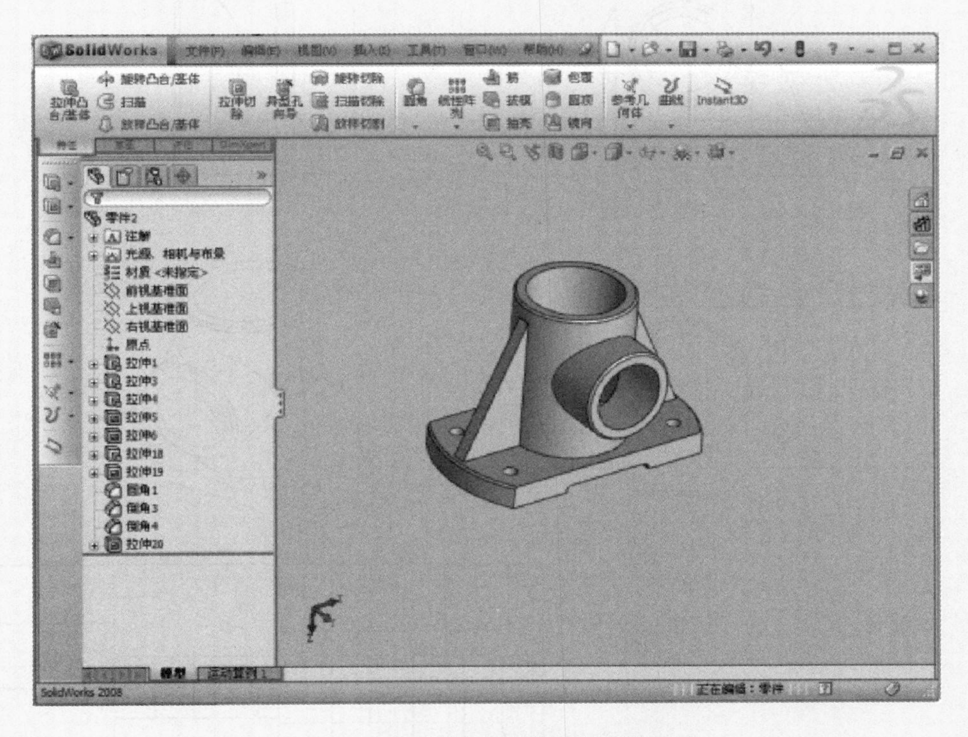

图 3.28　**轴支架三维实体模型**

2）从零件/装配体制作工程图。①单击工具栏中新建按钮右侧倒置小三角形，在弹出的菜单中选择 从零件/装配体制作工程图选项；②在弹出的“图纸格式/大小”对话框中，选择“B-横向”选项，单击“确定”按钮，进入系统工程图编辑界面。

3）工程图布局。在工程图编辑界面的右侧，有一个“查看调色板”窗口（图 3.29），在该窗口下方显示有当前零件模型的不同视图：①用鼠标选中其中的“上视”，将其作为主视图拖动到图形区合适的位置，松开鼠标按键，便确定了零件的主视图；②将鼠标由主视图位置向右侧移动，系统自动生成一个浮动的零件左视图，它跟随鼠标移动，在合适位置单击鼠标，放下浮动图形，便确定了左视图位置；③将鼠标由主视图向下移动，系统生成一个浮动的零件俯视图，它跟随鼠标移动，单击鼠标，放下浮动图形，便确定了俯视图位置；④将鼠标沿主视图-45°方向移动，系统生成零件的轴测图，如图 3.30 所示。

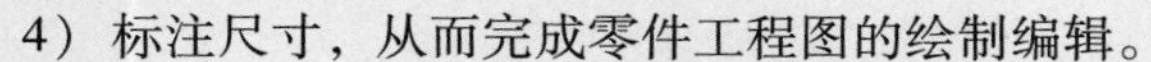

4）标注尺寸，从而完成零件工程图的绘制编辑。

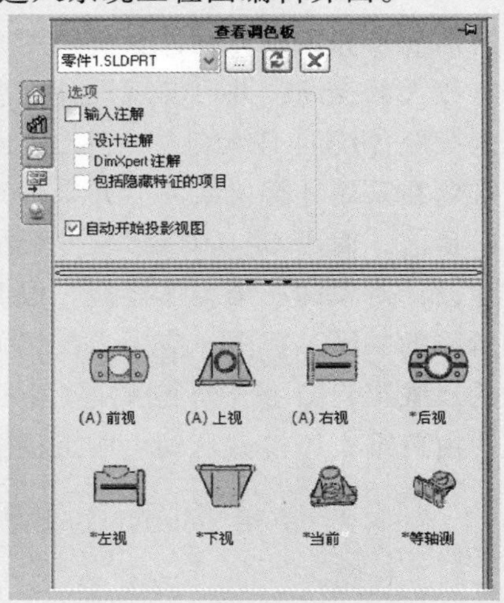

图 3.29　“查看调色板”窗口

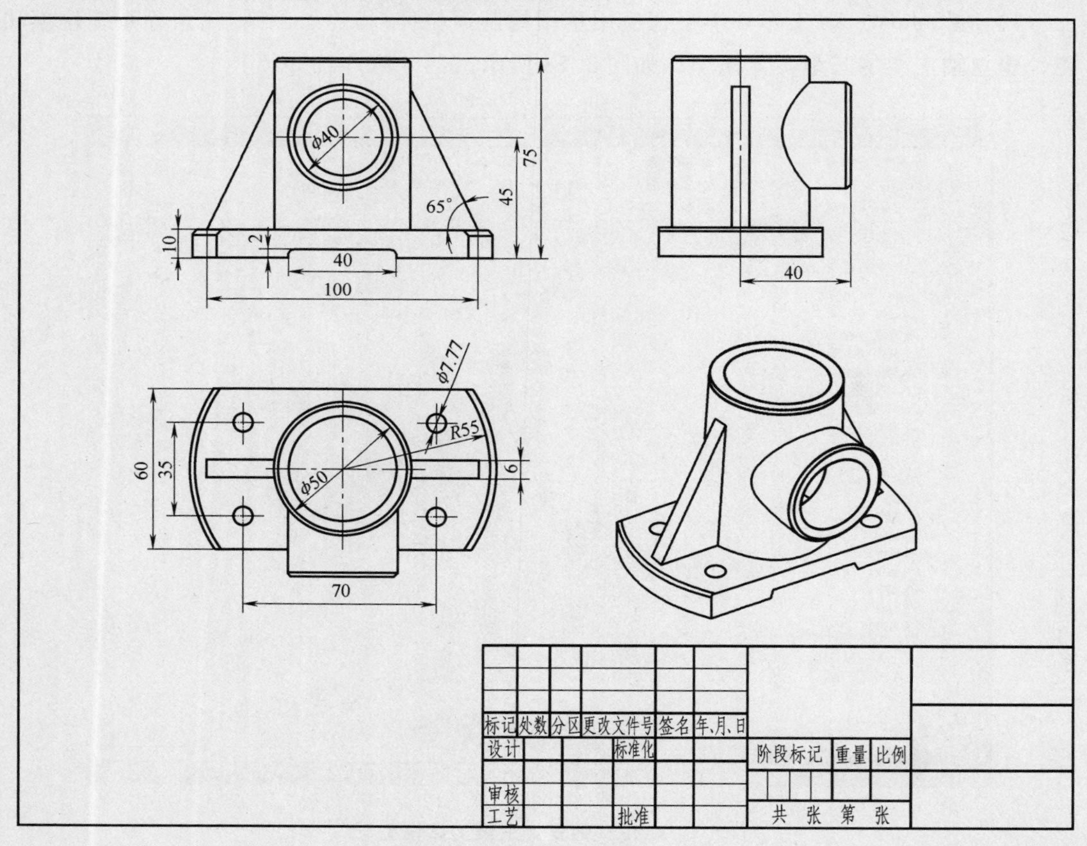

图 3.30　由三维实体模型生成零件工程图

3.5 ■ 曲线和曲面

机械产品常常带有一些形状复杂的曲线和曲面，如车身、机翼、螺旋桨、汽轮机叶片、模具型腔等。曲线和曲面的表示和构建是计算机图形学的重要分支，也是 CAD/CAM 技术中产品结构建模的重要内容。

3.5.1　曲线和曲面的基本概念

1. 曲线和曲面的数学表示

在数学上，曲线和曲面的表示常有如下几种方式：

（1）显式表示　例如：一条平面曲线可用函数显式方程表示为

$$y=f(x)$$

显然，y 是自变量 x 的函数曲线。然而，这种显式函数表示方式不能表示封闭或多值的曲线和曲面，如圆、椭圆等。

（2）隐式表示　例如：二维平面曲线和三维空间曲面可用隐式方程分别表示为

$$F(x,y)=0,\quad F(x,y,z)=0$$

隐式方程可表示多值的曲线和曲面，如圆周曲线方程：$x^2+y^2=R^2$。此外，这种隐式表示方式在曲线和曲面求交计算中也有优势。然而，它仍存在曲线和曲面的求解与坐标轴选取有关，存在斜率无穷大等问题，不便于计算机编程计算处理。

（3）参数式表示　即用参数方程来表示曲线或曲面上点的坐标。例如：三维曲线上的点坐标可表示为参数 u 的函数，即

$$x=x(u),\quad y=y(u),\quad z=z(u)$$

实际上，任意曲线均可影射为某参数 u 空间中的一个参数域，曲线上每个点坐标（x，y，z）都可由一个参数 u 的函数来定义。

相应地，任意曲面也可影射为由两参数 u、v 定义的参数空间中的一个矩形区域，曲面上每个点坐标均可由二维参数 u、v 的表达式来表示，即

$$x=x(u,v)\quad y=y(u,v),\ z=z(u,v)$$

曲线和曲面参数表示法与其他表示法相比较，具有如下优势：

1）可方便地表示曲线和曲面，并有更多的自由度来控制曲线和曲面的形状。

2）由参数表示的曲线和曲面与坐标系的选择无关。因此，在几何变换中不必对曲线和曲面上的每个点进行变换，而是直接对曲线和曲面参数方程实施变换，从而大大节省了计算工作量。

3）在参数表达式中，使用切矢量来代替非参数方程中的斜率，便于处理斜率无穷大的问题，而不致造成计算处理过程的中断。

4）在参数表达式中，其参数一般都有明确的定义域，使该参数所对应的几何量都是有界的，而不再需要进行边界的定义。

5）易于用矢量和矩阵表示几何量，极大地方便了计算机计算与处理。

2. 参数曲线

（1）参数曲线的定义　如图 3.31 所示，一条三维空间曲线可用一个有界的、连续的参

数点集矢量进行定义。该曲线上任一点的位置矢量 $\boldsymbol{P}(u)$ 为

$$\boldsymbol{P}(u)=[x(u)\quad y(u)\quad z(u)]\qquad 0\leqslant u\leqslant 1$$

式中，$x(u)$、$y(u)$、$z(u)$ 分别为该点在三个坐标轴方向的分矢量，曲线两端点分别由 $u=0$、$u=1$ 定义。

（2）参数曲线切矢量　设曲线上有 Q、R 两点，其位置矢量分别为 $\boldsymbol{P}(u)$、$\boldsymbol{P}(u+\Delta u)$，则有矢量 $\Delta\boldsymbol{P}=\boldsymbol{P}(u+\Delta u)-\boldsymbol{P}(u)$。若使 R 点沿曲线无限接近 Q 点，即 $\Delta u\to 0$ 时，那么 $\Delta\boldsymbol{P}$ 则为曲线在 Q 点处的切矢量，记为 $\boldsymbol{P}'(u)=\dfrac{\mathrm{d}P}{\mathrm{d}u}$，其切矢量方向即为曲线在该点处的切线方向。

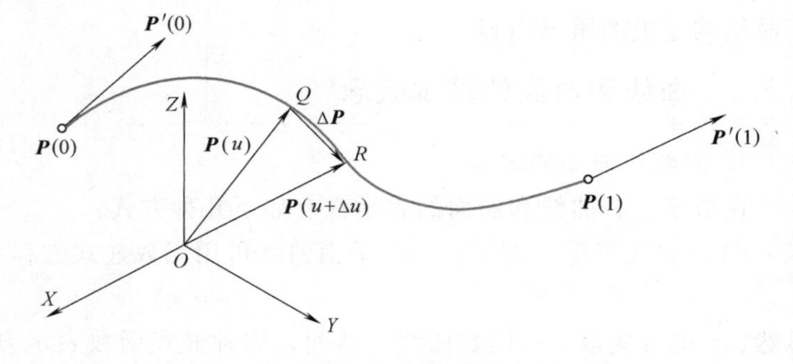

图 3.31　参数曲线上的相关矢量

如果曲线以弧长 s 为参数，则有

$$\boldsymbol{P}'(s)=\frac{\mathrm{d}\boldsymbol{P}}{\mathrm{d}s}=\frac{\mathrm{d}\boldsymbol{P}}{\mathrm{d}u}\bigg/\frac{\mathrm{d}s}{\mathrm{d}u}=\boldsymbol{P}'(u)/|\boldsymbol{P}'(u)|=\boldsymbol{T}(s)$$

因此，以弧长 s 为参数的曲线某点处的切矢量 $\boldsymbol{T}(s)$ 为单位切矢量，即 $|\boldsymbol{T}(s)|=1$。

（3）参数曲线法矢量　对单位切矢量 $\boldsymbol{T}(s)$ 求导得 $\boldsymbol{T}'(s)$，$\boldsymbol{T}'(s)$ 即为参数曲线在 Q 点的法矢量。可以证明，$\boldsymbol{T}'(s)\perp\boldsymbol{T}(s)$。在矢量 $\boldsymbol{T}'(s)$ 上取单位矢量 $\boldsymbol{N}(s)$，即

$$\boldsymbol{N}(s)=\frac{\boldsymbol{T}'(s)}{|\boldsymbol{T}'(s)|}$$

则有

$$\boldsymbol{T}'(s)=|\boldsymbol{T}'(s)|\boldsymbol{N}(s)=k(s)\boldsymbol{N}(s)$$

式中，$k(s)=|\boldsymbol{T}'(s)|$ 为曲线在 Q 点的曲率；$\boldsymbol{N}(s)$ 为曲线在 Q 点的主法线单位矢量，或称为主法矢，$\boldsymbol{N}(s)$ 正向总是指向曲线凹入的方向（图 3.32）。

曲率 $k(s)$ 是用以描述曲线在某点处的弯曲程度，是一个数值量。根据其定义有

$$k(s)=|\boldsymbol{T}'(s)|=\left|\frac{\mathrm{d}\boldsymbol{T}}{\mathrm{d}s}\right|=\left|\frac{\mathrm{d}^2\boldsymbol{P}}{\mathrm{d}s^2}\right|$$

即

$$k(s)=\left[\left(\frac{\mathrm{d}^2x}{\mathrm{d}s^2}\right)^2+\left(\frac{\mathrm{d}^2y}{\mathrm{d}s^2}\right)^2+\left(\frac{\mathrm{d}^2z}{\mathrm{d}s^2}\right)^2\right]^{1/2}$$

曲线上某点的曲率越大，则表示曲线在该点处的弯曲程度越厉害。曲率的倒数称为曲线在该点的曲率半径。

（4）参数曲线基本平面　令矢量 $\boldsymbol{B}(s)$ 同时垂直于单位切矢量 $\boldsymbol{T}(s)$ 和单位主法线矢量 $\boldsymbol{N}(s)$，$\boldsymbol{B}(s)$ 则称为副法线单位矢量。由此可见，矢量 $\boldsymbol{T}(s)$、$\boldsymbol{N}(s)$、$\boldsymbol{B}(s)$ 三者保持如下关系

$$\boldsymbol{B}(s)=\boldsymbol{T}(s)\times\boldsymbol{N}(s)$$

如图 3.32 所示，由切矢和主法矢所决定的平面称为密切面，由主法矢和副法矢组成的平面称为法平面，而由切矢和副法矢组成的平面称为从切面（或称为次切面）。由密切面、法平面和从切面构成了曲线在 Q 点处的基本三平面。

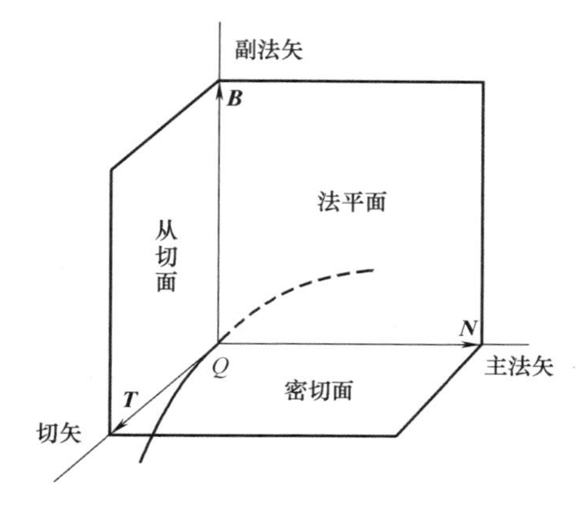

图 3.32　**切矢、主法矢、副法矢之间的关系**

3. 参数曲线的连续性

在实际应用中，参数曲线常常是由多段曲线拼合而成的，这便需要讨论曲线段之间连续性问题。关于参数曲线段在连接点处的连续性有两种不同的判断标准：一是参数连续性；二是几何连续性。

参数连续性是判断连接点处曲线方程相对于参数 u 的各阶导数的连续性，如果参数曲线在连接点处具有 n 阶连续导矢，则称该曲线为 n 阶参数连续，简记为 C^n。几何连续性是判断曲线在连接点处曲线方程相对于弧长参数 s 的各阶导数的连续性。若曲线在连接点处具有关于弧长参数的 n 阶连续导矢，则称该曲线 n 阶几何连续，简记为 G^n。

在曲线模型中，一般仅讨论 C^0、C^1、C^2 或 G^0、G^1、G^2 连续。当曲线具有 C^0 连续时，表示曲线在连接点处位置矢量相同；当曲线具有 C^1 连续时，表示前后两曲线段在连接点处切矢方向相同，且大小相等；当曲线具有 C^2 连续时，表示曲线在连接点的二阶导矢相同。从几何意义上讲，G^0 的含义同 C^0；G^1 表示曲线在连接点处切矢方向相同，其大小可以不等；G^2 表示曲线在连接点处具有相同的曲率。

由此可见，曲线的参数连续性比几何连续性要求更为严格。但以参数连续性作为曲线的光滑性度量具有以下缺陷：

1）参数连续性与所选取的参数有关；

2）参数可微的曲线在几何上不一定光滑，而几何上光滑的曲线有可能不可微。因而，参数连续性不能客观、准确地度量参数曲线的光滑性。为此，人们通常采用几何连续性作为曲线连接处光滑性的评价准则，它仅要求较弱的限制条件，这为曲线形状的控制提供了额外的自由度。

4. 参数曲面

任一空间曲面可视为是由一个平面矩形经拉伸、弯曲、扭转等变形处理而获得的。因而，在数学上可将一般的空间曲面映射为是由两参数 u、v 定义的参数空间中的一个矩形区域。曲面上任意点 S 的位置矢量可表示为

$$\boldsymbol{S}(u,v)=[x(u,v)\quad y(u,v)\quad z(u,v)]\quad(0\leqslant u,v\leqslant 1)$$

上式即为参数曲面的一般定义形式。

在参数曲面上有两个参数轴，一个为参数轴 u，另一个为参数轴 v，分别表示参数曲面内两个参数的变化方向。若使参数曲面上的 v 值保持不变，则随参数 u 值的变化而形成一条 u 向等参数线，即 u 向具有相同 v 值的曲线。同理，使曲面参数 u 值保持不变，则随参数 v 值的变化而形成一条 v 向等参数线。

如图 3.33 所示，过曲面上任意点 P_{ij} 处总存在一条 u 向等参数线和一条 v 向等参数线。u 向等参数线在该点处关于参数 u 的一阶偏导矢 P_{ij}^u 称为 u 向切矢，而 v 向等参数线在该点处关于参数 v 的一阶偏导矢 P_{ij}^v 称为 v 向切矢。与这两个切矢垂直的单位矢量称为曲面在该点处的单位法矢，简记为 n_{ij}，有

$$n_{ij}=\frac{P_{ij}^u \times P_{ij}^v}{\left|P_{ij}^u \times P_{ij}^v\right|}$$

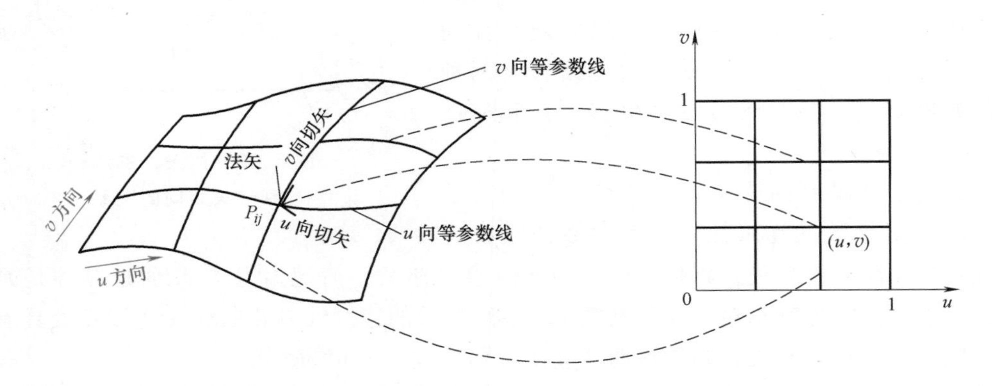

图 3.33 参数曲面上任意点 P_{ij} 的等参数线及其切矢和法矢

3.5.2 Bezier 曲线曲面

Bezier 曲线曲面是法国雷诺汽车公司 Bezier 先生于 1962 年提出的，是一种以逼近为基础的参数曲线和曲面的设计方法。这种方法是先用折线段勾画出特征多边形或特征网格，然后用光滑的曲线或曲面进行逼近，从而生成 Bezier 曲线或曲面，如图 3.34 所示。

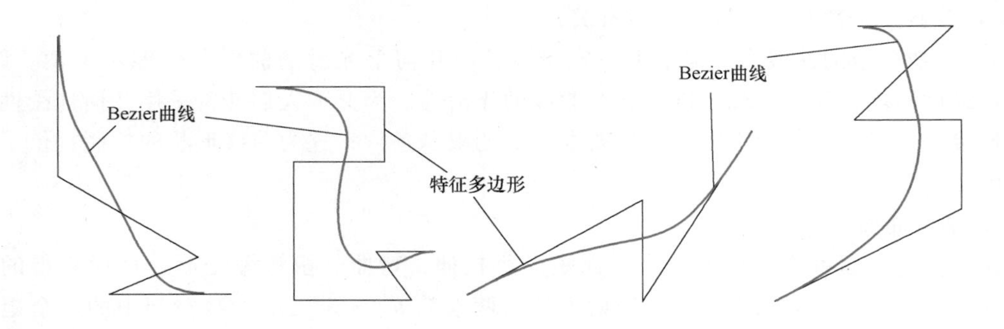

图 3.34 Bezier 曲线

1. Bezier 曲线的定义

若给定 $n+1$ 个控制顶点 $P_i(i=0, 1, \cdots, n)$，可定义一条 n 次 Bezier 曲线

$$P(u)=\sum_{i=0}^{n} P_i B_{i,n}(u) \quad (0 \leqslant u \leqslant 1)$$

式中，$B_{i,n}(u)$ 为伯恩斯坦基函数，即

$$B_{i,n}(u)=\frac{n!}{i!(n-i)!}u^i(1-u)^{n-i}=C_n^i u^i(1-u)^{n-i} \quad (i=0,1,\cdots,n)$$

2. 几种常见的 Bezier 曲线

（1）一次 Bezier 曲线　当 $n=1$ 时，有

$$P(u)=\sum_{i=0}^{1}P_iB_{i,1}(u)=(1-u)P_0+uP_1$$

式中，两个伯恩斯坦基函数分别为

$$B_{0,1}=C_1^0u^0(1-u)^{1-0}=1-u$$

$$B_{1,1}=C_1^1u^1(1-u)^{1-1}=u$$

一次 Bezier 曲线的矩阵表达式为

$$P(u)=(u \quad 1)\begin{pmatrix}-1 & 1\\ 1 & 0\end{pmatrix}\begin{pmatrix}P_0\\ P_1\end{pmatrix} \quad (0\leqslant u\leqslant 1)$$

显然，一次 Bezier 曲线是一条连接起点 P_0 和终点 P_1 的直线段，如图 3.35a 所示。

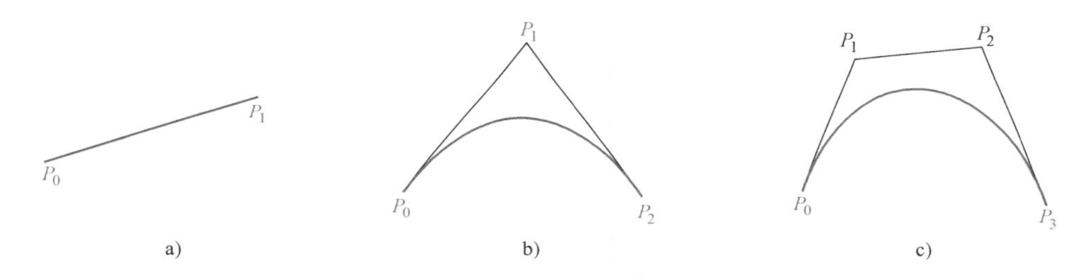

图 3.35　常见的 Bezier 曲线

a）一次 Bezier 曲线　b）二次 Bezier 曲线　c）三次 Bezier 曲线

（2）二次 Bezier 曲线　当 $n=2$ 时，有

$$P(u)=\sum_{i=0}^{2}P_iB_{i,2}(u)=(1-u)^2P_0+2u(1-u)P_1+u^2P_2$$

式中，三个伯恩斯坦基函数分别为

$$B_{0,2}(u)=C_2^0u^0(1-u)^2=(1-u)^2$$

$$B_{1,2}(u)=C_2^1u^1(1-u)^1=2u(1-u)$$

$$B_{2,2}(u)=C_2^2u^2(1-u)^0=u^2$$

二次 Bezier 曲线的矩阵表达式为

$$P(u)=(u^2 \quad u \quad 1)\begin{pmatrix}1 & -2 & 1\\ -2 & 2 & 0\\ 1 & 0 & 0\end{pmatrix}\begin{pmatrix}P_0\\ P_1\\ P_2\end{pmatrix} \quad (0\leqslant u\leqslant 1)$$

显然，二次 Bezier 曲线是一条以 P_0 和 P_2 为端点的抛物线（图 3.35b），其端点特性有

$$P(0)=P_0,\quad P(1)=P_2$$

$$P'(0)=2(P_1-P_0),\quad P'(1)=2(P_2-P_1)$$

（3）三次 Bezier 曲线　当 $n=3$ 时，有

$$P(u)=\sum_{i=0}^{3}P_iB_{i,3}(u)=(1-u)^3P_0+3u(1-u)^2P_1+3u^2(1-u)P_2+u^3P_3$$

式中，四个伯恩斯坦基函数分别为

$$B_{0,3}(u)=C_3^0u^0(1-u)^3=(1-u)^3$$
$$B_{1,3}(u)=C_3^1u^1(1-u)^2=3u(1-u)^2$$
$$B_{2,3}(u)=C_3^2u^2(1-u)=3u^2(1-u)$$
$$B_{3,3}(u)=C_3^3u^3(1-u)^0=u^3$$

三次 Bezier 曲线的矩阵表达式为

$$P(u)=\begin{pmatrix}u^3 & u^2 & u & 1\end{pmatrix}\begin{pmatrix}-1 & 3 & 3 & 1\\ 3 & -6 & 3 & 0\\ -3 & 3 & 0 & 0\\ 1 & 0 & 0 & 0\end{pmatrix}\begin{pmatrix}P_0\\ P_1\\ P_2\\ P_3\end{pmatrix}\quad(0\leqslant u\leqslant 1)$$

3. Bezier 曲线的几何特性

为了叙述方便，在此仅以三次 Bezier 曲线进行讨论。

(1) 端点特性　根据三次 Bezier 曲线的参数表达式，有

$$P(0)=P_0,\quad P(1)=P_3$$
$$P'(0)=3(P_1-P_0),\quad P'(1)=3(P_3-P_2)$$

由此可见，三次 Bezier 曲线过特征多边形的始点 P_0 和终点 P_3（图 3.35c），曲线始点和终点处的切线方向分别与特征多边形的首、末两边重合，其大小为首、末两边长的三倍。

(2) 凸包性　可以证明

$$\sum_{i=0}^{n}B_{i,n}(u)=1\quad(0\leqslant B_{i,n}(u)\leqslant 1)$$

从几何图形上可以看出，Bezier 曲线的凸包性表现为 Bezier 曲线落在由特征多边形控制顶点所构成的最小凸多边形内，如图 3.36 所示。

(3) 几何不变性　Bezier 曲线的位置与形状仅与其特征多边形控制顶点的位置有关，而与坐标系的选择无关。若对曲线进行几何变换，仅需对特征多边形控制顶点进行变换即可，而无须对曲线上的每一点进行变换。

(4) 全局控制性　由 Bezier 曲线的定义不难发现，当修改特征多边形中的任一顶点，均会对整条曲线产生影响，因此 Bezier 曲线缺乏局部修改的能力。

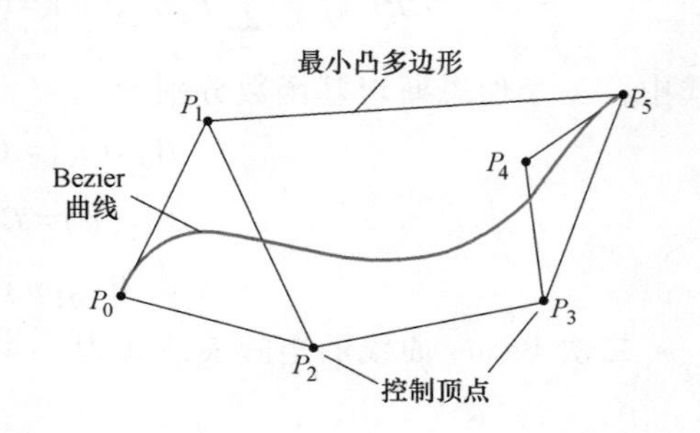

图 3.36　Bezier 曲线的凸包性

4. Bezier 曲线的拼接

如图 3.37 所示，若给定两条三次 Bezier 曲线段 $P(u)$ 和 $Q(u)$，使曲线 $P(u)$ 的终点 P_3 与曲线 $Q(u)$ 的始点 Q_0 重合，以此来讨论两条 Bezier 曲线段拼接的连续性条件。

(1) G^0 连续条件　由于曲线 $P(u)$ 的终点已与曲线 $Q(u)$ 的始点相连，因而这两条曲线在连接点处自然满足了 G^0 连续条件

$$P(1)=Q(0)$$

(2) G^1 连续条件　要求曲线在连接点处具有相同的单位切矢量，即 $P'(1)=\lambda Q'(0)$。根据 Bezier 曲线的端点特征有

$$P'(1)=3(P_3-P_2),Q'(0)=3(Q_1-Q_0)$$

则

$$3(P_3-P_2)=3\lambda(Q_1-Q_0)$$

上式表明，若保证三次 Bezier 曲线在连接点达到 G^1 连续，需要满足 P_2、$P_3(Q_0)$、Q_1 三点共线条件。

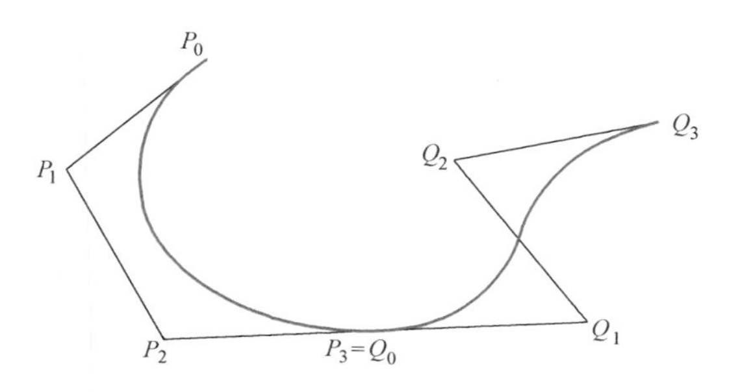

图 3.37　Bezier 曲线的拼接

(3) G^2 连续条件　Bezier 曲线在连接点处 G^2 连续条件更为严格，要求特征多边形 P_1P_2、P_2P_3、Q_0Q_1、Q_1Q_2 四条特征边共面。

5. Bezier 曲面

基于 Bezier 曲线的定义，可以很方便地将其扩展到 Bezier 曲面的定义。设有控制点 $P_{ij}(i=0,1,2,\cdots,m;j=0,1,2,\cdots,n)$ 为 $(m+1)(n+1)$ 个空间点列，则可定义一个 $m\times n$ 次 Bezier 曲面，即

$$S(u,v)=\sum_{i=0}^{m}\sum_{j=0}^{n}P_{ij}B_{i,m}(u)B_{j,n}(v)\qquad(u,v\in[0,1])$$

式中，$B_{i,m}(u)=C_m^i u^i(1-u)^{m-i}$、$B_{j,n}(v)=C_n^j v^j(1-v)^{n-j}$ 为伯恩斯坦基函数。依次用线段连接点列 $P_{ij}(i=0,1,2,\cdots,m;j=0,1,2,\cdots,n)$ 中相邻两点所形成的空间网格，称为 Bezier 曲面的特征多边形网格。

Bezier 曲面的矩阵表达式为

$$S(u,v)=\begin{pmatrix}B_{0,m}(u) & B_{1,m}(u) & \cdots & B_{m,m}(u)\end{pmatrix}\begin{pmatrix}P_{00} & P_{01} & \cdots & P_{0n}\\ P_{10} & P_{11} & \cdots & P_{1n}\\ \vdots & \vdots & & \vdots\\ P_{m0} & P_{m1} & \cdots & P_{mn}\end{pmatrix}\begin{pmatrix}B_{0,n}(v)\\ B_{1,n}(v)\\ \vdots\\ B_{n,n}(v)\end{pmatrix}$$

如图 3.38 所示，给定由 16 个控制顶点组成的特征网格，可定义一个双三次 Bezier 曲面片，其参数表达式为

$$S(u,v)=\begin{pmatrix}(1-u)^3 & 3u(1-u)^2 & 3u^2(1-u) & u^3\end{pmatrix}\begin{pmatrix}P_{00} & P_{01} & P_{02} & P_{03}\\ P_{10} & P_{11} & P_{12} & P_{13}\\ P_{20} & P_{21} & P_{22} & P_{23}\\ P_{30} & P_{31} & P_{32} & P_{33}\end{pmatrix}\begin{pmatrix}(1-v)^3\\ 3v(1-v)^2\\ 3v^2(1-v)\\ v^3\end{pmatrix}$$

从图 3.38 可以看出，双三次 Bezier 曲面的 4 个角点与对应的特征网格 4 个角点 P_{00}、P_{03}、P_{30}、P_{33} 重合；特征网格 4 边的 12 个控制点定义了 4 条 Bezier 曲线，即为曲面的边界线，中央的 4 个控制点 P_{11}、P_{12}、P_{21}、P_{22} 与边界曲线无关，但控制着 Bezier 曲面的形状。

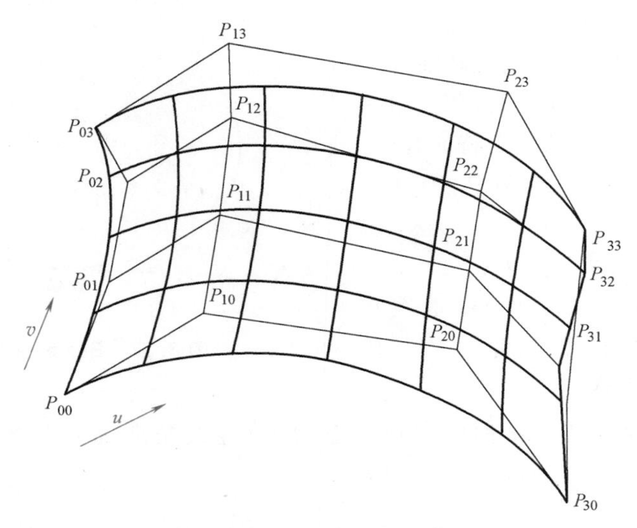

图 3.38　双三次 Bezier 曲面

3.5.3　B 样条曲线曲面

尽管 Bezier 曲线曲面有许多优越性，但也存在不足之处。例如：Bezier 曲线和定义它的特征多边形相距较远；由于局部控制性能较差，导致改变一个控制顶点位置或控制顶点数目时，将会影响整条曲线的形状，需重新对整条曲线进行计算。为此，戈登（Gordon）等人于 1972 年用 B 样条基函数代替了伯恩斯坦基函数，弥补了 Bezier 曲线曲面存在的不足。

1. B 样条曲线的定义

已知 $n+1$ 个控制顶点 $P_i(i=0,\ 1,\ 2,\ \cdots,\ n)$，可定义 k 次 B 样条曲线，其表达式为

$$P(u)=\sum_{i=0}^{n}P_iN_{i,k}(u)$$

式中，$N_{i,k}(u)$ 为 k 次 B 样条基函数，可由以下递推公式得到

$$N_{i,0}(u)=\begin{cases}1 & u_i\leqslant u\leqslant u_{i+1}\\ 0 & 其他\end{cases}$$

$$N_{i,k}(u)=\frac{u-u_i}{u_{i+k}-u_i}N_{i,k-1}(u)+\frac{u_{i+k+1}-u}{u_{i+k+1}-u_{i+1}}N_{i+1,k-1}(u)$$

2. B 样条曲线的节点矢量和定义域

与 Bezier 曲线相比较，B 样条曲线的定义有两点明显的区别：其一，在 B 样条基函数递推公式中引入了节点矢量 $\boldsymbol{U}$；其二，由 $n+1$ 个控制顶点可生成 $n-k+1$ 段 k 次 B 样条曲线段。

在 B 样条曲线定义中，引用的节点矢量 $\boldsymbol{U}=(u_0,\ u_1,\ \cdots,\ u_{n+k+1})$ 是一个具有 $n+k+2$ 个节点的非减序列矢量，其节点矢量所包含的节点数目由控制顶点 n 和 B 样条曲线的次数 k 所决定。

若 $n+k+2$ 个节点沿节点矢量参数轴均匀等距分布，即 $u_{i+1}-u_i=$常数，则由控制顶点所构造的 B 样条曲线称为均匀 B 样条曲线。若各节点沿其参数轴为非等距分布，即 $u_{i+1}-u_i\neq$常数，则所构造的 B 样条曲线为非均匀 B 样条曲线。均匀 B 样条曲线和非均匀 B 样条曲线

一般不通过特征多边形的首末两点，如图 3.39 所示。

为了使所构造的 B 样条曲线具有较好的端点特性，在实际应用中常引入准均匀 B 样条曲线。一段 k 次准均匀 B 样条曲线，在节点矢量 $\boldsymbol{U}$ 的两端具有 $k+1$ 个重复度，即 $u_0=u_1=\cdots=u_k$，$u_{n+1}=u_{n+2}=\cdots=u_{n+k+1}$。由这样的节点矢量所构造的 B 样条曲线将通过特征多边形的首末两点。

例如：控制顶点 $n=6$、次数 $k=2$ 的准均匀 B 样条曲线的节点矢量共有 $n+k+2=10$ 个节点，其分布为 $\boldsymbol{U}=(0,\ 0,\ 0,\ 1,\ 2,\ 3,\ 4,\ 5,\ 5,\ 5)$；控制顶点 $n=6$、$k=3$ 的准均匀 B 样条曲线的节点矢量共有 $n+k+2=11$ 个节点，其分布为 $\boldsymbol{U}=(0,\ 0,\ 0,\ 0,\ 1,\ 2,\ 3,\ 4,\ 4,\ 4,\ 4)$；控制顶点 $n=3$、$k=3$ 的准均匀 B 样条曲线的节点矢量为 $\boldsymbol{U}=(0,\ 0,\ 0,\ 0,\ 1,\ 1,\ 1,\ 1)$，此时三次准均匀 B 样条曲线即转化为三次 Bezier 曲线（图 3.39）。

由 B 样条曲线的定义可知，由 $n+1$ 个控制顶点生成的 k 次 B 样条曲线是由 $n-k+1$ 条 B 样条曲线段构成，每条曲线段的形状仅由控制顶点序列中 $k+1$ 个顺序排列的顶点所控制。对于 $u\in[u_i,\ u_{i+1}]$ 上的曲线段，因由 P_{i-k}，P_{i-k+1}，…，P_i 共 $k+1$ 个控制顶点所控制，从而整个 B 样条曲线的定义域可推导为 $u\in[u_k,\ u_{n+1}]$。例如：当 $n=8$、$k=3$ 时，由 $n+1=9$ 个控制顶点生成的三次 B 样条曲线共由 $n-k+1=6$ 条小 B 样条曲线段组成，整个 B 样条曲线定义区域为 $[u_3,\ u_9]$；$u\in[u_6,\ u_7]$ 区域内的第 4 条 B 样条小曲线段形状受 P_3、P_4、P_5、P_6 四个控制顶点控制。

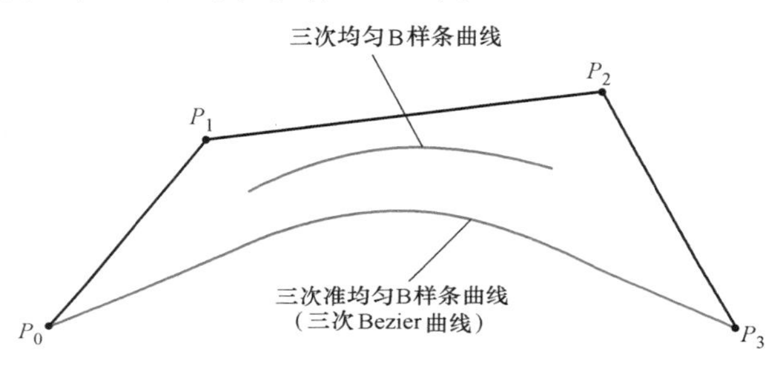

图 3.39　三次均匀 B 样条曲线和三次准均匀 B 样条曲线

3. 均匀 B 样条曲线

1）一次均匀 B 样条曲线，其表达式为

$$P(u)=\sum_{i=0}^{1}P_iN_{i,1}(u)=(1-u)P_0+uP_1=(u\quad 1)\begin{pmatrix}-1 & 1\\ 1 & 0\end{pmatrix}\begin{pmatrix}P_0\\ P_1\end{pmatrix}$$

显然，一次均匀 B 样条曲线是连接两控制顶点的一条直线段（图 3.40a）。

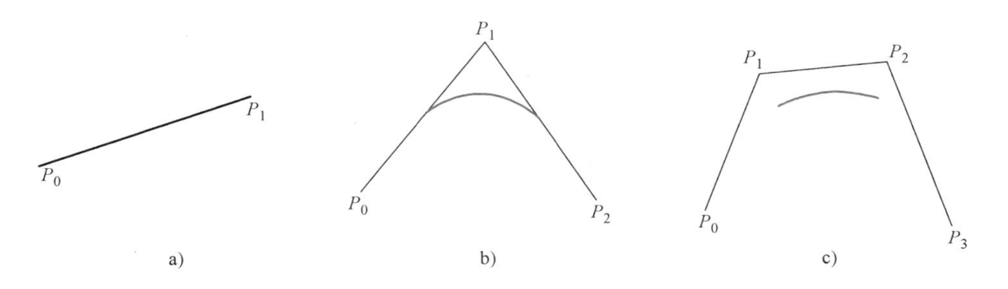

图 3.40　一次、二次、三次均匀 B 样条曲线

2）二次均匀 B 样条曲线，其表达式为

$$P(u)=\sum_{i=0}^{2}P_iN_{i,2}(u)=\frac{1}{2}[(u^2-2u+1)P_0+(-2u^2+2u+1)P_1+u^2P_2]$$

$$=\frac{1}{2}(u^2\quad u\quad 1)\begin{pmatrix}1&-2&1\\-2&2&0\\1&1&0\end{pmatrix}\begin{pmatrix}P_0\\P_1\\P_2\end{pmatrix}$$

由上式可知，二次均匀 B 样条曲线的端点特征为

$$P(0)=\frac{1}{2}(P_0+P_1),\quad P(1)=\frac{1}{2}(P_1+P_2)$$

$$P'(0)=P_1-P_0,\quad P'(1)=P_2-P_1$$

因此，二次均匀 B 样条曲线为一条通过特征多边形中点，并与特征多边形相切的抛物线（图 3.40b）。

3）三次均匀 B 样条曲线，其表达式为

$$P(u)=\sum_{i=0}^{3}P_iN_{i,3}(u)$$

$$=\frac{1}{6}[(P_0+4P_1+P_2)+(-3P_0+3P_2)u+(3P_0-6P_1+3P_2)u^2+(-P_0+3P_1-3P_2+P_3)u^3]$$

$$=\frac{1}{6}(u^3\quad u^2\quad u\quad 1)\begin{pmatrix}-1&3&-3&1\\3&-6&3&0\\-3&0&3&0\\1&4&1&0\end{pmatrix}\begin{pmatrix}P_0\\P_1\\P_2\\P_3\end{pmatrix}$$

如图 3.40c 和图 3.41 所示，三次均匀 B 样条曲线有如下端点特征：

① 端点位置矢量

$$P(0)=\frac{1}{6}(P_0+4P_1+P_2),$$

$$P(1)=\frac{1}{6}(P_1+4P_2+P_3)$$

因此，三次均匀 B 样条曲线始点与终点分别位于 $\triangle P_0P_1P_2$、$\triangle P_3P_1P_2$ 中线 1/3 处。

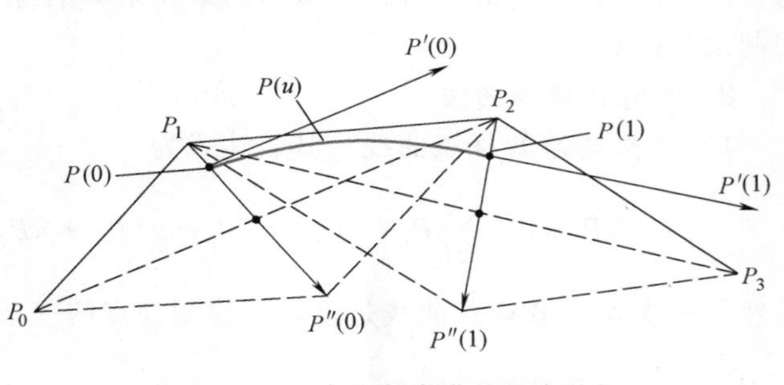

图 3.41　三次 B 样条曲线端点特征

② 端点切矢量

$$P'(0)=\frac{1}{2}(P_2-P_0),\quad P'(1)=\frac{1}{2}(P_3-P_1)$$

因此，曲线始点与终点切矢量分别平行于 P_0P_2、P_1P_3 边，其模长为该边长的一半。

③ 端点二阶导数矢量

$$P''(0)=P_0-2P_1+P_2,\quad P''(1)=P_1-2P_2+P_3$$

可见，曲线始点与终点的二阶导数矢量等于相邻两直线边所构成的平行四边形的对角线。

4. B 样条曲线的几何性质

（1）局部性　k 次 B 样条曲线上的一点仅由相邻的 $k+1$ 个控制顶点所控制，而与其他控制顶点无关。当改变一个控制顶点的坐标位置时，只对 $k+1$ 条曲线段产生影响，而对其

他曲线段没有影响。因而，B 样条曲线的局部性能好于 Bezier 曲线。

（2）连续性　一般来讲，k 次 B 样条曲线具有 G^{k-1} 连续性。

（3）几何不变性　B 样条曲线的形状和位置与坐标系的选择无关。

（4）凸包性　B 样条曲线比 Bezier 曲线具有更强的凸包性，比 Bezier 曲线更贴近于特征多边形（图 3.39）。

（5）建模的灵活性　用 B 样条曲线可构建直线段、尖点、切线等一些特殊的曲线段。例如：若使三次 B 样条曲线某段为一直线段，只要使 P_i、P_{i+1}、P_{i+2} 和 P_{i+3} 四点位于同一直线上；若使曲线在 P_i 顶点处形成一个尖点，只要使 P_i、P_{i+1}、P_{i+2} 三顶点重合；为了使 B 样条曲线和特征多边形某一条边相切，只要求控制顶点 P_i、P_{i+1}、P_{i+2} 位于同一直线。

5. 三次 B 样条曲线的边界条件

由 B 样条曲线的定义可知，三次 B 样条曲线的始点和终点不通过特征多边形的首、末控制顶点。而在实际工程应用中，常希望所设计的 B 样条曲线开始或终止于某给定控制顶点，且带有确定的切向量。为此，可通过添加特定的边界条件，在曲线端点处增加必要的控制顶点来实现。

由 P_0、P_1、P_2、P_3 四个控制顶点可确定一段三次 B 样条曲线，其始点为 T_0。若要求该曲线从给定的 A 点开始，且 A 点处的切向量为 $\overrightarrow{AA'}$，则需按如下步骤添加边界条件即可（图 3.42a）。

1）在 $\overrightarrow{AA'}$ 上取 A_1 点，使 $AA_1=AA'/3$，即

$$\boldsymbol{A}_1=\boldsymbol{A}+\frac{1}{3}AA'$$

2）连接 P_0A_1 并延长至 P_{-1}，使 $A_1P_{-1}=P_0A_1/2$，即

$$\boldsymbol{P}_{-1}=\boldsymbol{P}_0+\frac{3}{2}(\boldsymbol{A}_1-\boldsymbol{P}_0)=\frac{1}{2}(3\boldsymbol{A}_1-\boldsymbol{P}_0)$$

则 P_{-1} 为第一个添加点。

3）连接 $P_{-1}A$ 并延长，与过 P_0 且平行于 AA' 的直线段交于 P^*，并延长 P_0P^* 至 P_{-2}，使 $P_0P^*=P^*P_{-2}$，即

$$\boldsymbol{P}_{-2}=\boldsymbol{P}_0-2\overrightarrow{AA'}$$

则 P_{-2} 为第二个加添点。

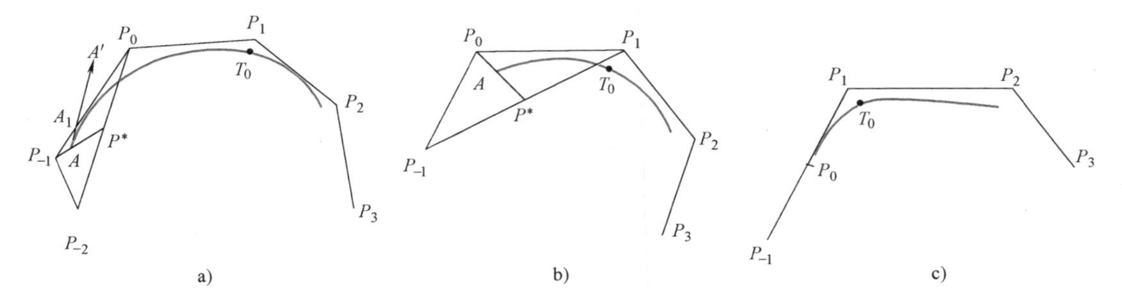

图 3.42　三次 B 样条曲线的边界条件

4）按 P_{-2}、P_{-1}、P_0、P_1、P_2、P_3 控制顶点所构建的 B 样条曲线将起始于给定的 A 点，其切向量为 $\overrightarrow{AA'}$。

再如，仅要求所构建的三次 B 样条曲线从给定的 A 点开始，而没有切向量要求，那么只需按如下步骤添加一个控制顶点即可，如图 3.42b 所示。

1）连接 P_0A 并延长至 P^*，使 $P_0P^*=3P_0A$，即

$$\boldsymbol{P}^*=3\boldsymbol{A}-2\boldsymbol{P}_0$$

2）连接 P_1P^* 并延长至 P_{-1}，使 $P_1P_{-1}=2P_1P^*$，即

$$\boldsymbol{P}_{-1}=\boldsymbol{P}_1+2(\boldsymbol{P}^*-\boldsymbol{P}_1)$$

则点 P_{-1} 即为满足边界要求的添加控制顶点，由 P_{-1}、P_0、P_1、P_2、P_3 控制顶点所构建的 B 样条曲线将起始于给定的 A 点。

又如，要求所构建的三次 B 样条曲线从 P_0 开始且切于 P_0P_1，那么所添加的边界条件就更加简单。如图 3.42c 所示，只需延长 P_1P_0 至 P_{-1}，并使 $P_0P_{-1}=P_1P_0$ 即可，即

$$\boldsymbol{P}_{-1}=\boldsymbol{P}_0+(\boldsymbol{P}_0-\boldsymbol{P}_1)=2\boldsymbol{P}_0-\boldsymbol{P}_1$$

由 P_{-1}、P_0、P_1、P_2、P_3 控制顶点所构建的 B 样条曲线即满足设计要求。

B 样条曲线终点的边界条件处理与上述方法相同，在此不再赘述。

6. B 样条曲线的反算

前述是由控制顶点构建 B 样条曲线的方法，通常称为正运算。在工程应用上，常常需要通过曲线上的一些已知点来构造 B 样条曲线，这些已知的曲线点称为型值点。通过型值点求解 B 样条曲线的方法称为 B 样条曲线的反算。实际上，B 样条曲线的反算更适合设计人员的意图，其先由给定曲线上的型值点来反算样条曲线的控制顶点，再由控制顶点来构建样条曲线。下面以三次均匀 B 样条曲线为例，介绍 B 样条曲线的反算过程。

已知一组型值点 $Q_i(i=1,2,\cdots,n)$，求解经过型值点 Q_i 的均匀三次 B 样条曲线。为此，先由已知型值点 Q_i 求解特征多边形的控制顶点 $P_j(j=0,1,2,\cdots,n+1)$。对于三次 B 样条曲线，其型值点和控制顶点之间存在如下关系，即

$$(P_{j-1}+4P_j+P_{j+1})/6=Q_j \qquad (j=1,2,\cdots,n)$$

使 $P_1=Q_1$、$P_n=Q_n$，这样可构造由 n 个方程组成的方程组

$$\begin{pmatrix} 6 & 0 & & & & \\ 1 & 4 & 1 & & & \\ & 1 & 4 & 1 & & \\ & & & \cdots & & \\ & & & 1 & 4 & 1 \\ & & & & 0 & 6 \end{pmatrix}\begin{pmatrix} P_1 \\ P_2 \\ P_3 \\ \vdots \\ P_{n-1} \\ P_n \end{pmatrix}=6\begin{pmatrix} Q_1 \\ Q_2 \\ Q_3 \\ \vdots \\ Q_{n-1} \\ Q_n \end{pmatrix}$$

采用追赶法便可求出 $P_j(j=1,2,\cdots,n)$ 控制顶点。为保证曲线首末两点通过 Q_1 和 Q_n，尚需增加两个附加控制顶点 P_0、P_{n+1}，且应满足 $P_0=2P_1-P_2$、$P_{n+1}=2P_n-P_{n-1}$。在此情况下，所生成的 B 样条曲线两端点处的曲率为零，即曲线首末两端点分别与 P_1P_2 及 P_nP_{n-1} 相切。

7. B 样条曲面

给定 $(m+1)(n+1)$ 个控制点 $P_{ij}(i=0,1,\cdots,m;j=0,1,\cdots,n)$，则可定义 $k\times l$

次 B 样条曲面

$$P(u,v)=\sum_{i=0}^{m}\sum_{j=0}^{n}P_{ij}N_{i,k}(u)N_{j,l}(v)\quad (u,v\in[0,1])$$

式中，$N_{i,k}(u)$ 和 $N_{j,l}(v)$ 分别为 k 次和 l 次 B 样条基函数，由控制点 P_{ij} 组成的空间网格称为 B 样条曲面的特征网格。

由上式所定义的 B 样条曲面是由 $(m-k+1)(n-l+1)$ 个小 B 样条曲面组成的，每个小曲面可写成如下的矩阵形式

$$P(u,v)=\boldsymbol{U}_k\boldsymbol{M}_k\boldsymbol{P}_{ij}\boldsymbol{M}_l^{\mathrm{T}}\boldsymbol{V}_l^{\mathrm{T}}$$

如图 3.43 所示，对于 $k=l=3$ 双三次 B 样条曲面，上式中

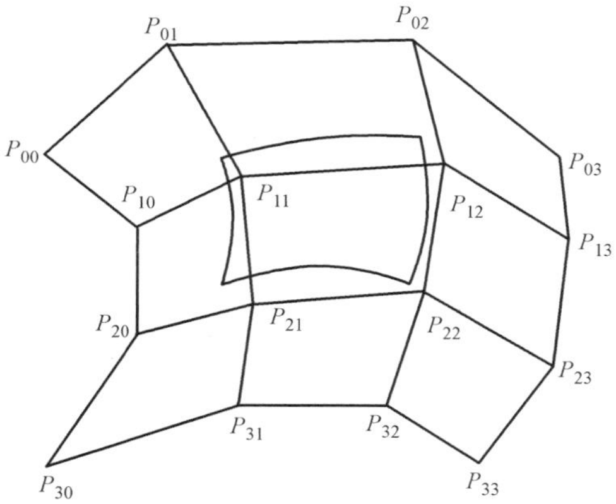

图 3.43　双三次 B 样条曲面

$$\boldsymbol{U}_k=(u^3\quad u^2\quad u\quad 1),\quad \boldsymbol{V}_l^{\mathrm{T}}=(v^3\quad v^2\quad v\quad 1)$$

$$\boldsymbol{P}_{ij}=\begin{pmatrix}P_{00}&P_{01}&P_{02}&P_{03}\\P_{10}&P_{11}&P_{12}&P_{13}\\P_{20}&P_{21}&P_{22}&P_{23}\\P_{30}&P_{31}&P_{32}&P_{33}\end{pmatrix},\quad \boldsymbol{M}_k=\boldsymbol{M}_l=\begin{pmatrix}1&3&-3&1\\3&-6&3&0\\-3&0&3&0\\1&4&1&0\end{pmatrix}$$

3.5.4　NURBS 曲线曲面

许多机械零件的外形截面曲线既包含自由曲线，也包含规则的二次曲线和直线，如叶轮、螺旋桨、模具等。B 样条曲线虽有较强的曲线曲面表达和设计功能，但用以精确表示如圆弧、抛物线等规则的曲线曲面却较为困难。而非均匀有理 B 样条 NURBS（Non Uniform Rational B-Spline）正是为了解决既能表示与描述自由曲线曲面，又能精确表示规则曲线曲面问题而提出的一种 B 样条数学处理方法。

1. NURBS 曲线的定义

一条由 $n+1$ 个控制顶点 $P_i(i=0,1,2,\cdots,n)$ 构成的 k 次 NURBS 曲线可以表示为如下分段的有理多项式函数

$$P(u)=\sum_{i=0}^{n}\omega_iP_iN_{i,k}(u)\Big/\sum_{i=0}^{n}\omega_iN_{i,k}(u)=\sum_{i=0}^{n}P_iR_{i,k}(u)\quad(0\leqslant u\leqslant 1)$$

式中，$\omega_i(i=0,1,2,\cdots,n)$ 为权因子，分别与控制顶点 P_i 相关联；$N_{i,k}(u)$ 为由节点矢量决定的 k 次 B 样条基函数；$R_{i,k}(u)=\dfrac{\omega_iN_{i,k}(u)}{\sum_{i=0}^{n}\omega_iN_{i,k}(u)}$ 称为 NURBS 曲线有理基函数。

NURBS 曲线形状除了可通过控制顶点 P_i 的位置坐标进行调节之外，还可通过各顶点所对应的权因子 ω_i 来改变曲线的形状，使曲线调节的自由度更大。

权因子 ω_i 对曲线的影响如图 3.44 所示，每改变一次权因子数值，便可得到一条 NURBS 曲线。如果使 ω_i 在某个范围内变化，则可得到一个曲线族。对于确定参数值的

NURBS 曲线上一点 $P(u)$，若改变 ω_i，则该参数点将沿一条直线移动，即

当 $\omega_i \to \infty$ 时，$R_{i,k}(u, \omega_i \to \infty) = 1$，表示 $P(u)$ 点在 P_i 处。

当 $\omega_i = 0$ 时，$R_{i,k}(u, \omega_i = 0) = 0$，表示 $P(u)$ 点在 B 处。

当 $\omega_i = 1$ 时，$R_{i,k}(u, \omega_i = 1)$ 为一定值，$P(u)$ 点在 N 处。

当 $\omega_i \neq 0, 1, \infty$ 时，$P(u)$ 点为一动点 d。

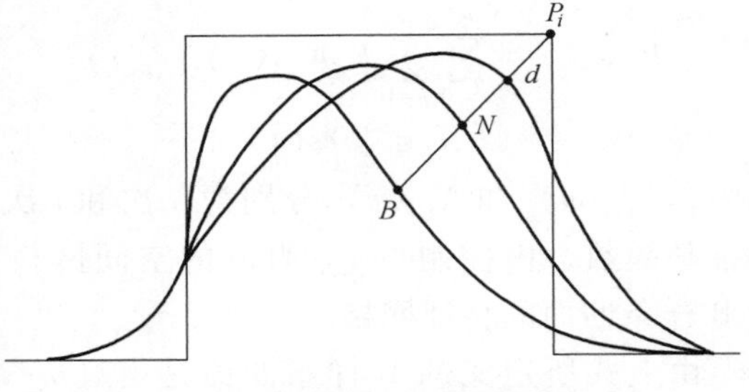

图 3.44 权因子ω_i 对曲线的影响

从上述分析可知：

1）权因子 ω_i 改变，动点 d 沿一条直线移动；$\omega_i \to \infty$ 时，动点 d 与控制顶点 P_i 重合。

2）随着 ω_i 的增大或减小，曲线趋近或远离控制顶点 P_i。

3）随着 ω_i 的增大或减小，在 ω_i 的影响范围内，曲线远离或趋近其余的控制顶点，ω_i 影响区域为 $[u_i, u_{i+k+1}]$。

2. NURBS 曲面的定义

在 NURBS 曲线的基础上，NURBS 曲面可定义为

$$P(u,v) = \frac{\sum_{i=0}^{m}\sum_{j=0}^{n}\omega_{ij}P_{ij}N_{i,k}(u)N_{j,l}(v)}{\sum_{i=0}^{m}\sum_{j=0}^{n}\omega_{ij}N_{i,k}(u)N_{j,l}(v)}$$

式中，$N_{i,k}(u)$、$N_{j,l}(v)$ 分别为 k 次和 l 次 B 样条基函数；ω_{ij} 为与控制顶点相关联的权因子。与 B 样条曲面类似，所定义的这个 NURBS 曲面是由 $(m-k+1)(n-l+1)$ 个小 NURBS 曲面组成的。

3. NURBS 曲线曲面的特点

1）为规则曲线曲面（如二次曲线、二次曲面和平面等）和自由曲线曲面提供了统一的建模工具，便于工程数据库的统一存取和管理。

2）增加了权因子对曲线曲面的调节手段，可更为灵活地更改曲线曲面的形状。

3）便于曲线曲面节点的插入、修改、分割、几何插值等运算处理。

4）具有透视投影变换、投影变换和仿射变换的不变性。

5）可将 Bezier 曲线曲面和非有理 B 样条曲线曲面作为 NURBS 曲线曲面的特例来表示。

6）与其他曲线曲面表示方法相比较，此方法更耗费存储空间和处理时间。

本章小结

齐次坐标是用 $n+1$ 维矢量表示 n 维矢量的坐标表示方法。应用坐标点的齐次坐标表示，可将图形的平移、旋转、比例、投影等几何变换统一到矩阵运算上来，这为图形的计算机处理提供了极大的方便。

图形裁剪常用于将图形窗口中的局部区域图形在视图中进行显示，涉及窗口与视区的图形变换以及如直线、圆弧、多边形、文字等图形元素的裁剪技术。

在图形学中，通常将几何图形用矩阵来表示，通过图形矩阵的运算可将图形变换的几何问题转化为代数问题，方便了计算机程序的实现。常见的图形变换包括比例、对称、旋转、平移和错切等基本几何变换以及三维图形的投影变换。

计算机辅助绘图有交互式绘图、程序参数化绘图、尺寸驱动式参数化绘图、由三维模型自动生成二维工程图等多种绘图方法。其中，交互式绘图最为灵活，程序参数化绘图效率最高，尺寸驱动式参数化绘图兼具两者的特点。三维模型自动生成二维工程图是目前常用的计算机辅助绘图方法，可解决图档更新、复杂截交线计算等问题，能大大提高绘图效率。

Bezier 曲线曲面、B 样条曲线曲面以及 NURBS 曲线曲面是几种最常用的参数曲线曲面。Bezier 曲线曲面构建简单，局部控制性能较差，连接条件限制严格；B 样条曲线曲面局部控制性能好，连接自然，无额外限制条件；与前两者相比较，NURBS 曲线曲面通过权因子可对曲线曲面形状的控制更为灵活。

思考题

1. 什么是齐次坐标？图形变换中为什么采用齐次坐标表示图形的坐标点？
2. 什么是窗口？什么是视区？如何将窗口内的图形显示在视区内？
3. 简述 Sutherland 直线段的裁剪方法与处理步骤。
4. 描述多边形裁剪的基本思想。
5. 有哪些基本图形变换？其各自的变换矩阵如何？
6. 什么是图形的复合变换？其变换矩阵是如何构成的？
7. 有一任意平面直线段，试求将其变换到与 X 轴重合的复合变换矩阵。
8. 试用 C 语言编程，将三角形 $\triangle P_1P_2P_3\{(10, 10)、(30, 10)、(10, 50)\}$ 进行绕原点旋转、平移和放大的组合变换，并绘制变换前与变换后的三角形。其中，旋转角 $\alpha=60°$；平移量 $l=30$，$m=50$；放大系数 $a=d=2$。
9. 分析各种计算机辅助绘图方式的特点以及应用场合。
10. 使用 CAXA 或其他类似的二维绘图软件，绘制一张简单的零件图，并进行尺寸驱动，体会尺寸驱动参数化绘图的特点。
11. 使用 SolidWorks 或类似的三维 CAD 软件，构建一个如图 3.28 所示的轴支架三维实体模型，并生成二维工程图。
12. 与显式表示法和隐式表示法相比较，为什么曲线曲面采用参数法表示有较大优势？
13. 什么是曲线段的参数连续和几何连续？C^0、C^1、C^2 连续以及 G^0、G^1、G^2 连续各有什么含义？
14. 试述三次 Bezier 曲线的几何特征以及 Bezier 曲线拼接的限制条件。
15. B 样条曲线表达式与 Bezier 曲线表达式有何异同？B 样条曲线形状由哪些控制量决定？
16. 什么是均匀 B 样条曲线、非均匀 B 样条曲线以及准均匀 B 样条曲线？
17. 试述三次均匀 B 样条曲线的端点特征。
18. 什么是 NURBS 曲线？NURBS 曲线的权因子具有怎样的几何意义？它是如何影响曲线形状的？

第4章 机械CAD/CAM建模技术

重点提示：

产品设计建模是机械CAD/CAM的核心技术，是对产品结构形体及其属性进行描述、处理和表达的过程。本章将在介绍CAD/CAM建模基本知识的基础上，讲述不同类型的三维几何模型，如线框模型、表面（曲面）模型、实体模型和特征模型，装配模型以及MBD全信息模型的建模原理、建模方法以及模型数据的管理。

机械产品设计建模是对机械产品的几何结构及其属性进行数字化描述，用合适的数据结构进行组织和存储，在计算机内部构建产品数字化模型的过程。产品数字化建模是产品生产制造过程信息化的核心内容，是产品信息的源头。建立产品设计模型不仅能使产品设计过程更为直观、方便，同时也为后续的产品设计和制造过程，如物性计算、工程分析、工艺设计、数控编程、运动仿真、生产过程管理等，提供了有关产品信息的描述与表达方式，对保证产品数据的一致性和完整性提供了有力的技术支持。本章将侧重介绍当前常用的几种产品数字化模型的建模原理、建模方法以及模型数据的管理等技术。

4.1 ■ CAD/CAM 建模基本知识

4.1.1　几何形体的表示

在计算机图形学中，通常将一个几何形体用体、面、环、边、点五个层次的拓扑结构进行表示，如图 4.1 所示。

（1）体　体为三维几何元素，是由封闭表面所围成的有效空间。如图 4.2a 所示的立方体，是由 $F_1 \sim F_6$ 六个平面围成的空间。通常，将具有良好边界的形体定义为有效形体或正则形体。正则形体没有悬边、悬面以及一条棱边没有两个以上的邻面，反之则称为非正则形体，如图 4.2b 所示。

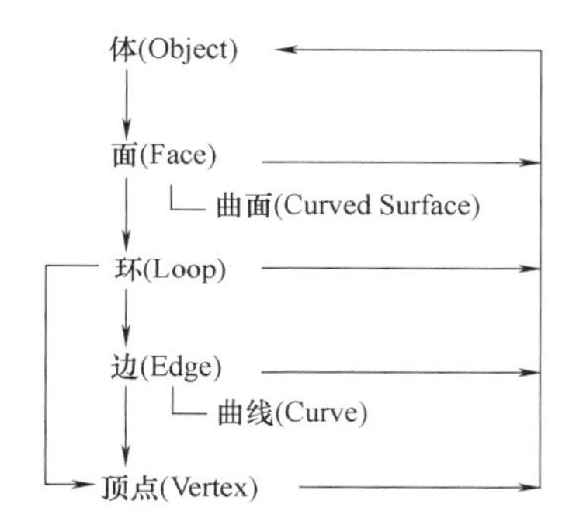

图 4.1　几何形体的表示

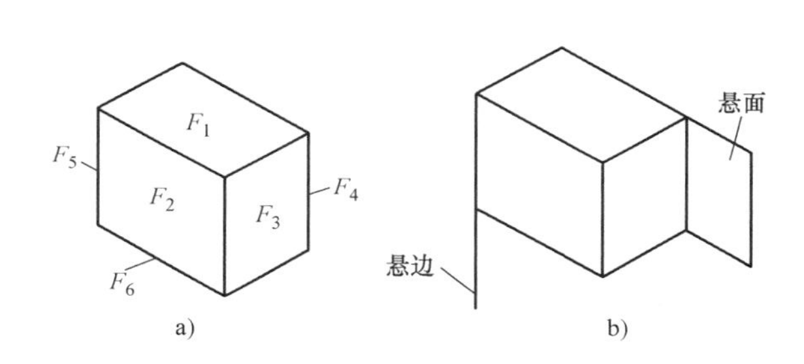

图 4.2　正则形体与非正则形体
a）正则形体　b）非正则形体

（2）面　面为二维几何元素，是形体上有界、连通的表面，通常由一个外环和若干个内环界定。一个面可以无内环，但必须有一个且只有一个外环。面具有方向性，一般用外法矢方向作为该面的正向。如图 4.3 所示，面 F 的外环 L_1 由沿逆时针走向的 E_1、E_2、E_3、E_4 四条边构成，内环 L_2 由沿顺时针走向的 E_5、E_6、E_7、E_8 四条边构成。

（3）环　环是面的封闭边界，是有序、有向边的组合。环不能自交，且有内、外环之分。确定面最大边界的环称为外环，而确定面内的孔洞或凸台周界的环称为内环。外环的边规定按逆时针方向走向，内环的边规定按顺时针方向走向。为此，沿任何环的正向前进时左侧总是在面内，右侧总是在面外。

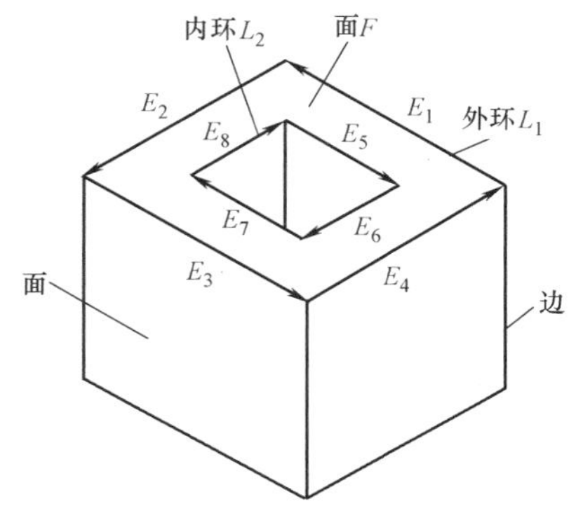

图 4.3　面、环、边的构成

（4）边　边为一维几何元素，是两个邻面的交线。对于正则形体而言，一条棱边有且仅有两个相邻面，不允许有悬边出现。一条边有两个顶点。分别称为该边的起点和终点。边不能自交。

（5）点　点或顶点是边的端点，为两条或两条以上边的交点。顶点不能孤立存在于形体内、形体外以及边或面的内部。

4.1.2　几何形体的有效性

1. 正则集合运算

一个复杂形体往往是由多个简单形体经并（∪）、交（∩）、差（-）布尔集合运算后求得的。然而，经布尔集合运算得到的新形体不一定是有效的形体，常常会出现带有悬边或悬面的非正则形体。如图 4.4 所示，若对形体 A 和形体 B 进行求交集合运算，即 $A\cap B$，其结果产生了一个带有悬面的非正则形体。这种非正则形体在数学上的几何运算是正确的，而在实际的几何结构上是不可能存在的。

为解决带有悬边或悬面等非正则形体问题，需要引入正则集合运算的概念。正则集合运算是使正则形体经集合运算后仍保持正则形体的一种集合运算，其集合算子为 $\cup^*$（并）、$\cap^*$（交）、$-^*$（差）。正则集合运算与普通集合运算保持有如下的转换关系，即

$$\begin{cases} A\cup^* B=ki(A\cup B)\\ A\cap^* B=ki(A\cap B)\\ A-^* B=ki(A-B)\end{cases}$$

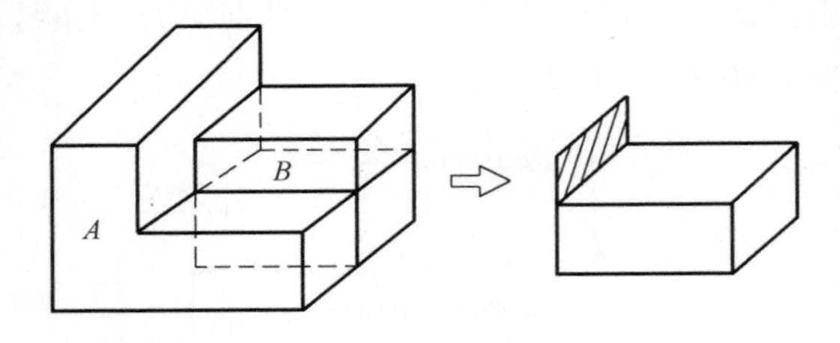

图 4.4　形体 A 和形体 B 求交（$A\cap B$）得到非正则形体

式中，ki 为点集规范化算子，即去除集合运算过程所产生的退化或降维的点集。

由此可知，正则形体具有如下特性：

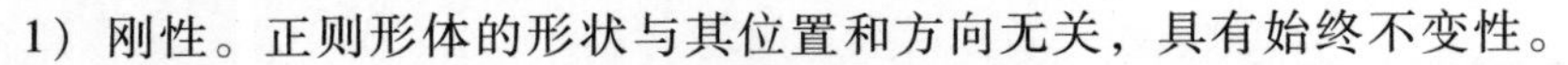

1）刚性。正则形体的形状与其位置和方向无关，具有始终不变性。

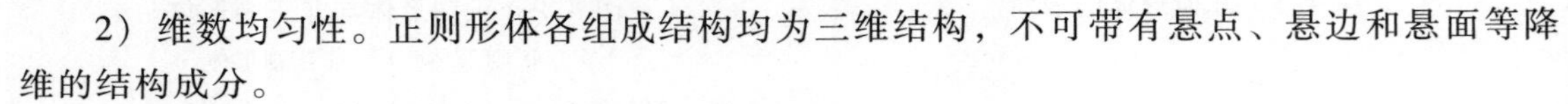

2）维数均匀性。正则形体各组成结构均为三维结构，不可带有悬点、悬边和悬面等降维的结构成分。

3）有界性。正则形体必须占有一定的有效空间。

4）边界确定性。正则形体的边界可区分是在形体的内部还是外部。

5）可运算性。正则形体经过任意序列的正则运算后仍为正则形体。

2. 欧拉检验公式

几何形体的有效性可通过正则集合运算来保证，也可以借助于欧拉公式进行检验。

对于一个正则形体，其一定满足欧拉公式

$$V-E+F=2$$

式中，V 为形体所包含的顶点数；E 为形体拥有的棱边数；F 为形体包含的面数。如图 4.5a 所示的形体，其顶点 $V=8$、边 $E=12$、面 $F=6$，则有 $8-12+6=2$。

若将一个封闭多面体分割成若干个独立的多面体，则该多面体的点、边、面、体的数量满足下列欧拉公式，即

$$V-E+F-B=1$$

式中，B 为分割后的多面体数量。如图 4.5b 所示，$B=6$、$V=9$、$E=20$、$F=18$，则有 $V-E+F-B=9-20+18-6=1$。

若某形体存在孔洞，则相应的欧拉公式为

$$V-E+F-L=2(B-G)$$

式中，G 为穿透形体的孔洞数；L 为所有面上的内环数。图 4.5c 所示为带有孔洞的形体，

其中 $B=1$、$V=16$、$E=24$、$F=11$、$L=1$、$G=0$，则欧拉检验公式为

$$16-24+11-1=2(1-0)$$

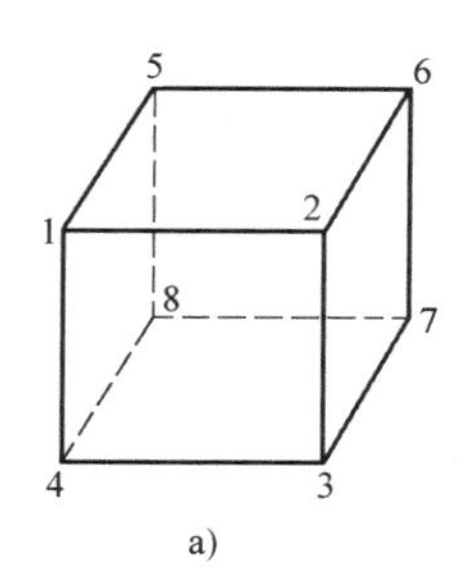

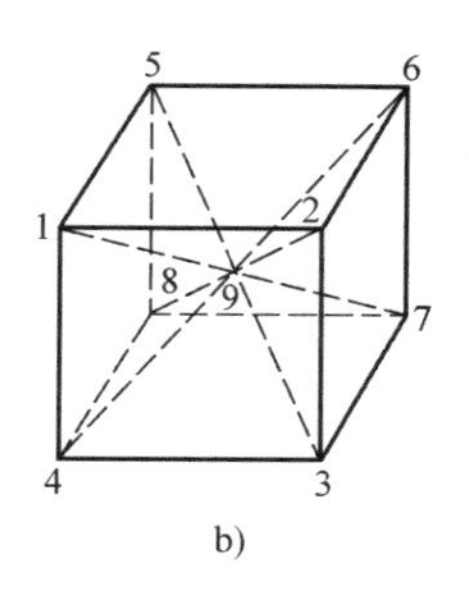

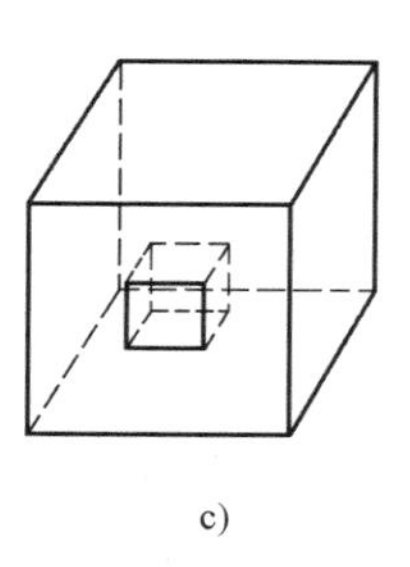

图 4.5　用欧拉公式检验形体的有效性

4.1.3　机械产品模型蕴含的信息

从产品模型的作用以及建模目的来看，机械产品数字化模型应包含产品结构的几何信息、拓扑信息以及产品制造应有的工艺和管理等非几何信息。

（1）几何信息　几何信息是指构成产品结构的点、边、面、体等各类几何元素在欧氏空间中的位置与大小。几何信息可用数学表达式进行定量描述，也可用不等式对其边界范围加以限制。例如：机械产品结构上的基本几何元素可定义为

点：$V=(x,y,z)$。

直线：$(x-x_0)/a=(y-y_0)/b=(z-z_0)/c$。

平面：$ax+by+cz+d=0$。

二次曲面：$ax^2+by^2+cz^2+dxy+exz+fyz+gx+hy+iz+j=0$。

参数曲线曲面：可用 Bezier、B 样条、NURBS 等曲线曲面参数方程表示。

几何信息是描述几何形体结构的主体信息。但是，仅有几何信息难以准确确定产品的形体结构，往往会出现形体结构上的多义性，如图 4.6 所示的五个顶点，由于连接方式不同，所形成的形体也不尽相同。因此，若要描述一个唯一确定的形体结构，除了几何信息之外，还需要一定的拓扑信息加以补充。

（2）拓扑信息　拓扑信息反映产品结构中各几何元素的数量及其相互间的连接关系。任何结构形体是由点、边、环、面、体等各种不同几何元素所构成，各元素之间的连接关系可能是相交、相切、相邻、垂直和平行等。

对于几何元素完全相同的两形体，若各自的拓扑关系不同，则由这些相同几何元素所构造的形体可能完全不同。图 4.6 所示的形体均有五个顶点，由于其顶点连接的拓扑关系不同而形成不同的形体。再如，一个圆周上有五个等分点，若用直线段顺序连接每个等分点，则构造一个正五边形；若用直线段间隔连接每个等分点，则会构造一个五角星。

反之，两个不同的形体也可能具有相同的拓扑关系。如图 4.7 所示的两个形体，虽然其大小和形状不一样，但其临边相互垂直、对边相互平行的拓扑关系是相同的。

形体中各几何元素间的拓扑关系具有一定的相关性，可以相互导出。例如：棱边与棱边相交或三个面相交可得到一个新顶点；两个顶点的连接或两个面的交线可确定一棱边。这种形体几何元素间的内在拓扑关系可使形体的构造具有一定的灵活性。

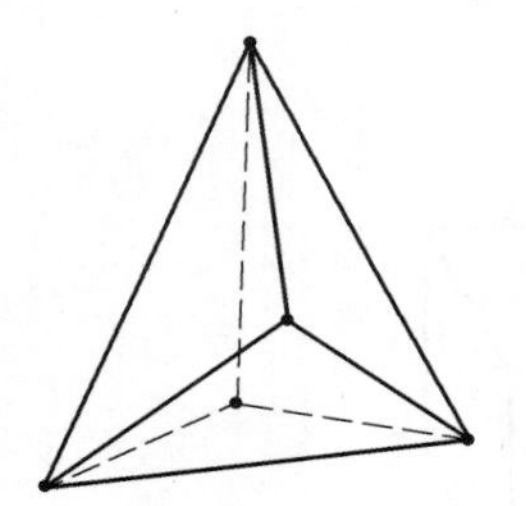
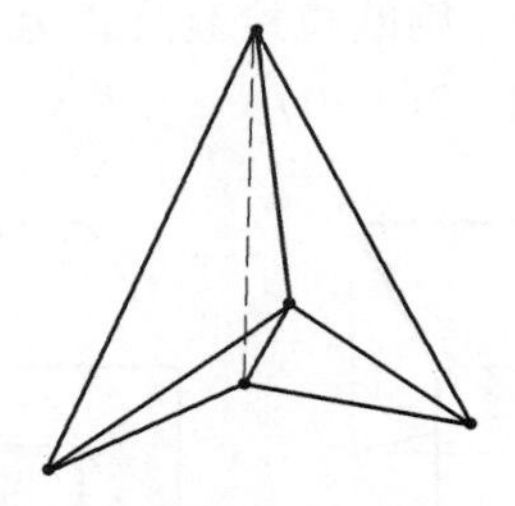

图 4.6　形体结构上的多义性

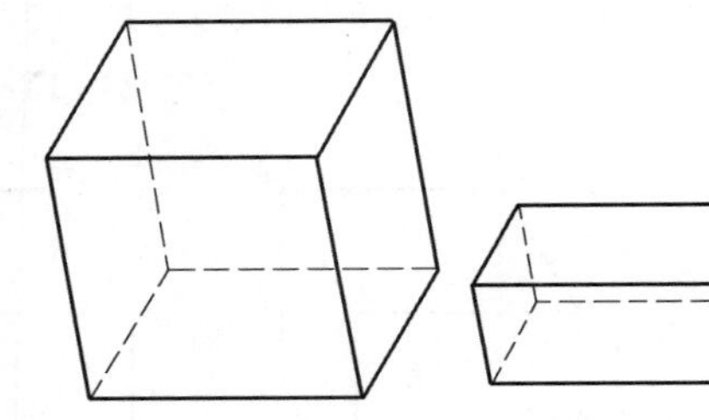

图 4.7　具有相同拓扑关系的两个形体

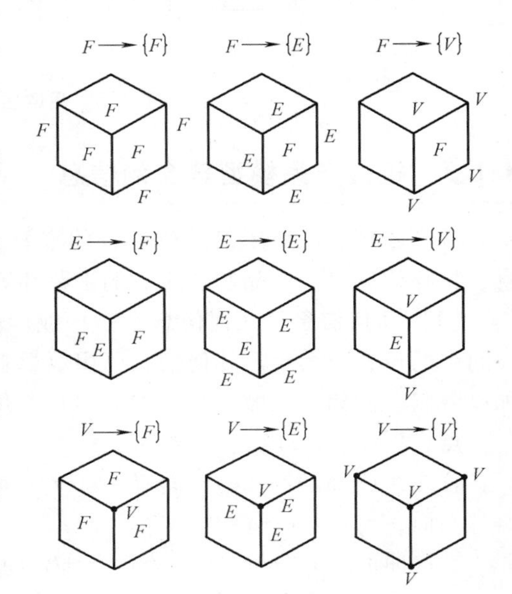

图 4.8　点、边、面三类基本几何元素间的拓扑关系

在形体结构的几何模型中，点（V）、边（E）、面（F）为最基本的几何元素，这三类几何元素之间存在有如图 4.8 所示的拓扑关系。

1）面与面的连接关系，即面与面的相邻性（$F \to \{F\}$）。

2）面与边的组成关系，即面与边的包含性（$F \to \{E\}$）。

3）面与点的组成关系，即面与点的包含性（$F \to \{V\}$）。

4）边与面的隶属关系，即边与面的相邻性（$E \to \{F\}$）。

5）边与边的连接关系，即边与边的相邻性（$E \to \{E\}$）。

6）边与点的组成关系，即边与点的包含性（$E \to \{V\}$）。

7）点与面的隶属关系，即点与面的相邻性（$V \to \{F\}$）。

8）点与边的隶属关系，即点与边的相邻性（$V \to \{E\}$）。

9）点与点的连接关系，即点与点的相邻性（$V \to \{V\}$）。

（3）非几何信息　产品模型往往需要提供给产品生产制造过程使用，仅仅含有上述几何信息和拓扑信息是不够的，还需要包含大量制造过程的工艺信息和生产经营时的管理信息等非几何信息，如产品尺寸、公差配合、加工精度和技术要求等工艺信息以及产品标识、产品批量、产品材料、产品性能、产品版本以及产品用户等大量管理信息。

4.1.4　常用的机械产品数字化模型

自 CAD/CAM 技术问世以来，先后推出了多种不同类型的产品数字化模型，见表 4.1。除了二维工程图之外，还包括线框模型、表面（曲面）模型、实体模型、特征模型在内的三维几何模型，这类模型用不同的构建方法描述了产品结构的几何特征，包含有丰富的几何信息和拓扑信息；有能够反映产品零部件组成结构特征的装配模型，这类模型清晰地描述了产品各零部件之间的相互连接与配合关系；有进入 21 世纪发展并流行的 MBD 模型，它是用集成的三维模型来完整定义产品信息，将产品所有的设计结构、工艺描述、属性管理等信息

表 4.1 常用的机械产品数字化模型

<table>
<tr><th colspan="2">模型类型</th><th>模型表示</th><th>模型特点</th><th>图形示例</th><th>功能作用</th></tr>
<tr><td colspan="2">二维工程图</td><td>三视图</td><td>不直观,难理解,无实际意义上的形体概念</td><td>φ40 73 43 45° 10 7 40 100 40 φ7.77 R55 60 46 6 φ50 70</td><td>传统产品信息传递媒介</td></tr>
<tr><td>三维几何模型</td><td>线框模型</td><td>以棱边和顶点表示产品几何结构</td><td>结构简单、操作简便,但不能消隐、剖面生成,没有面、体信息</td><td>
棱边表
<table>
<tr><th>棱边</th><th colspan="2">顶点</th></tr>
<tr><td>E_1</td><td>V_1</td><td>V_2</td></tr>
<tr><td>E_2</td><td>V_2</td><td>V_3</td></tr>
<tr><td>E_3</td><td>V_3</td><td>V_4</td></tr>
<tr><td>E_4</td><td>V_4</td><td>V_1</td></tr>
<tr><td>E_5</td><td>V_5</td><td>V_6</td></tr>
<tr><td>E_6</td><td>V_6</td><td>V_7</td></tr>
<tr><td>E_7</td><td>V_7</td><td>V_8</td></tr>
<tr><td>E_8</td><td>V_8</td><td>V_5</td></tr>
<tr><td>E_9</td><td>V_2</td><td>V_6</td></tr>
<tr><td>E_{10}</td><td>V_3</td><td>V_7</td></tr>
<tr><td>E_{11}</td><td>V_4</td><td>V_8</td></tr>
<tr><td>E_{12}</td><td>V_1</td><td>V_5</td></tr>
</table>
顶点表
<table>
<tr><th rowspan="2">顶点</th><th colspan="3">坐标值</th></tr>
<tr><th>x</th><th>y</th><th>z</th></tr>
<tr><td>V_1</td><td>x_1</td><td>y_1</td><td>z_1</td></tr>
<tr><td>V_2</td><td>x_2</td><td>y_2</td><td>z_2</td></tr>
<tr><td>V_3</td><td>x_3</td><td>y_3</td><td>z_3</td></tr>
<tr><td>V_4</td><td>x_4</td><td>y_4</td><td>z_4</td></tr>
<tr><td>V_5</td><td>x_5</td><td>y_5</td><td>z_5</td></tr>
<tr><td>V_6</td><td>x_6</td><td>y_6</td><td>z_6</td></tr>
<tr><td>V_7</td><td>x_7</td><td>y_7</td><td>z_7</td></tr>
<tr><td>V_8</td><td>x_8</td><td>y_8</td><td>z_8</td></tr>
</table>
</td><td>可生成三视图、轴测图、透视图</td></tr>
</table>

（续）

<table>
<tr><th colspan="2">模型类型</th><th>模型表示</th><th>模型特点</th><th>图形示例</th><th>功能作用</th></tr>
<tr><td rowspan="3">三维几何模型</td><td>表面（曲面）模型</td><td>以顶点、棱边和面表示产品几何结构</td><td>可消隐、剖面生成、着色，仍没有结构体信息</td><td>
面表
<table>
<tr><th>面号</th><th>棱边序列</th><th>表面方程系数</th><th>可见性</th></tr>
<tr><td>F_1</td><td>E_1,E_2,E_3,E_4</td><td>A_1,B_1,C_1,D_1</td><td>Y</td></tr>
<tr><td>F_2</td><td>E_5,E_6,E_7,E_8</td><td>A_2,B_2,C_2,D_2</td><td>N</td></tr>
<tr><td>F_3</td><td>E_1,E_9,E_5,E_{10}</td><td>A_3,B_3,C_3,D_3</td><td>N</td></tr>
<tr><td>F_4</td><td>E_2,E_{10},E_6,E_{11}</td><td>A_4,B_4,C_4,D_4</td><td>Y</td></tr>
<tr><td>F_5</td><td>E_3,E_{11},E_7,E_{12}</td><td>A_5,B_5,C_5,D_5</td><td>Y</td></tr>
<tr><td>F_6</td><td>E_4,E_{12},E_8,E_9</td><td>A_6,B_6,C_6,D_6</td><td>N</td></tr>
</table>
棱边表
<table>
<tr><th>棱边</th><th colspan="2">顶点</th></tr>
<tr><td>E_1</td><td>V_1</td><td>V_2</td></tr>
<tr><td>E_2</td><td>V_2</td><td>V_3</td></tr>
<tr><td>E_3</td><td>V_3</td><td>V_4</td></tr>
<tr><td>E_4</td><td>V_4</td><td>V_1</td></tr>
<tr><td>E_5</td><td>V_5</td><td>V_6</td></tr>
<tr><td>E_6</td><td>V_6</td><td>V_7</td></tr>
<tr><td>E_7</td><td>V_7</td><td>V_8</td></tr>
<tr><td>E_8</td><td>V_8</td><td>V_5</td></tr>
<tr><td>E_9</td><td>V_1</td><td>V_5</td></tr>
<tr><td>E_{10}</td><td>V_2</td><td>V_6</td></tr>
<tr><td>E_{11}</td><td>V_3</td><td>V_7</td></tr>
<tr><td>E_{12}</td><td>V_4</td><td>V_8</td></tr>
</table>
顶点表
<table>
<tr><th rowspan="2">顶点</th><th colspan="3">坐标值</th></tr>
<tr><th>x</th><th>y</th><th>z</th></tr>
<tr><td>V_1</td><td>x_1</td><td>y_1</td><td>z_1</td></tr>
<tr><td>V_2</td><td>x_2</td><td>y_2</td><td>z_2</td></tr>
<tr><td>V_3</td><td>x_3</td><td>y_3</td><td>z_3</td></tr>
<tr><td>V_4</td><td>x_4</td><td>y_4</td><td>z_4</td></tr>
<tr><td>E_5</td><td>x_5</td><td>y_5</td><td>z_5</td></tr>
<tr><td>V_6</td><td>x_6</td><td>y_6</td><td>z_6</td></tr>
<tr><td>V_7</td><td>x_7</td><td>y_7</td><td>z_7</td></tr>
<tr><td>V_8</td><td>x_8</td><td>y_8</td><td>z_8</td></tr>
</table>
</td><td>面面求交，刀轨生成</td></tr>
<tr><td>实体模型</td><td>由基本体素及其集合运算进行模型定义</td><td>具有形体结构完整的几何信息和拓扑信息</td><td>(−*)
(+*)
平移
y Δx O x</td><td>满足各种产品结构设计要求</td></tr>
<tr><td>特征模型</td><td>由具有工程语义的特征及其集合进行模型定义</td><td>除有完整的产品结构几何信息外，其模型特征具有工程语义</td><td> 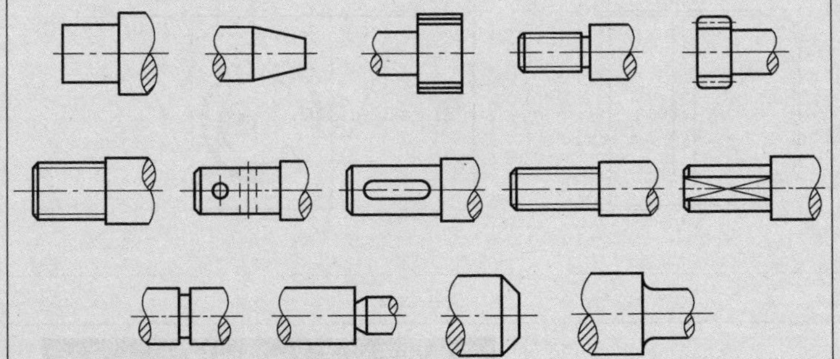</td><td>利于后续设计环节的调用和集成</td></tr>
</table>

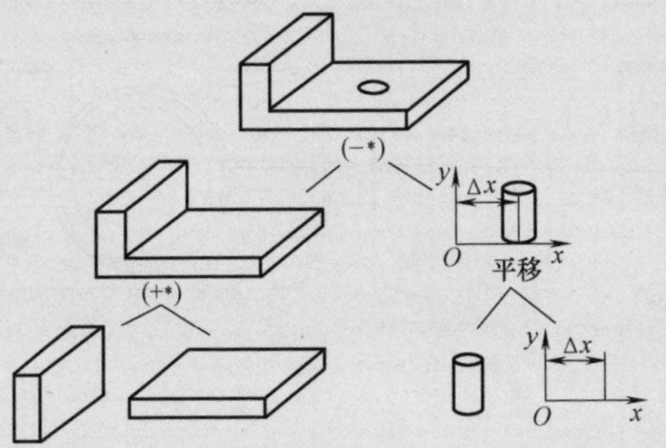

（续）

模型类型	模型表示	模型特点	图形示例	功能作用
装配模型	由产品零部件及其装配关系进行模型定义	反映产品组成结构及其装配件间的连接与配合关系	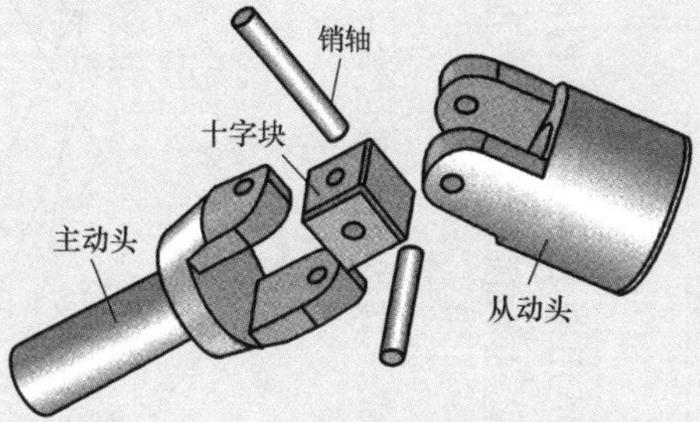 销轴 十字块 主动头 从动头	用于变型设计、装配工艺、运动仿真
MBD 模型	一种集成的三维几何信息模型	三维几何信息模型含有产品几何结构、制造工艺等产品信息	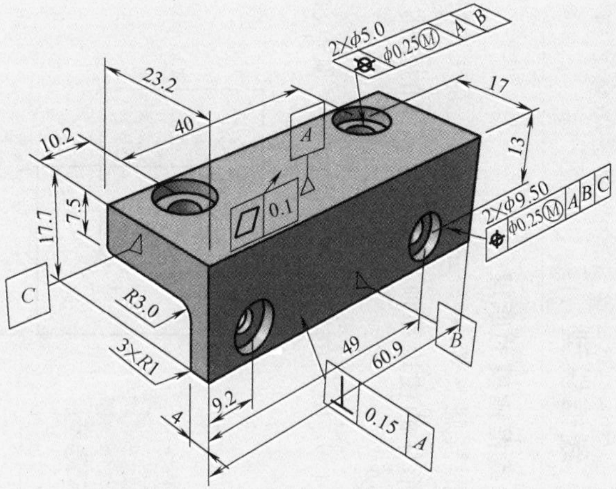 2×Φ5.0 Φ0.25Ⓜ A B 23.2 40 10.2 17.7 7.5 17 13 2×Φ9.50 Φ0.25Ⓜ A B C 0.1 A B C R3.0 3×R1 49 60.9 9.2 4 0.15 A	替代工程图作为产品全生命周期的唯一数据源

均附设于产品三维模型之上，有效地解决了现代产品设计与制造过程中所面临的信息表达与传递的困难，为产品设计与制造过程一体化提供了一致性的产品信息数据源。

虽然不同模型的构建方法以及所蕴含的信息差异性较大，但它们都在不同环境和条件下发挥着各自的作用。

4.2 ■ 三维几何模型

三维几何模型，包括线框模型、表面（曲面）模型、实体模型和特征模型，其功能由简单到复杂、由低级到高级逐渐得到成熟和完善，现已在制造企业得到广泛的应用。

4.2.1　线框模型

1. 线框建模的原理

线框模型（Wire Frame Model）是 CAD/CAM 系统最早用来表示形体结构的几何模型，是利用形体的棱边和顶点来表示形体的结构，通常采用棱边表和顶点表两表数据结构进行组织和描述。

图 4.9a 所示的矩形体，是由 8 个顶点和 12 条棱边组成，其线框模型包含一个棱边表和

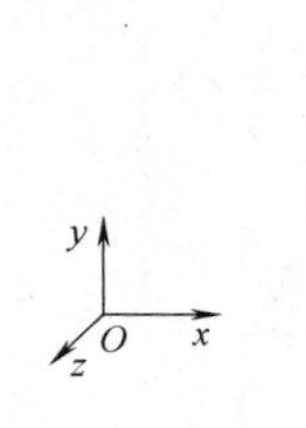

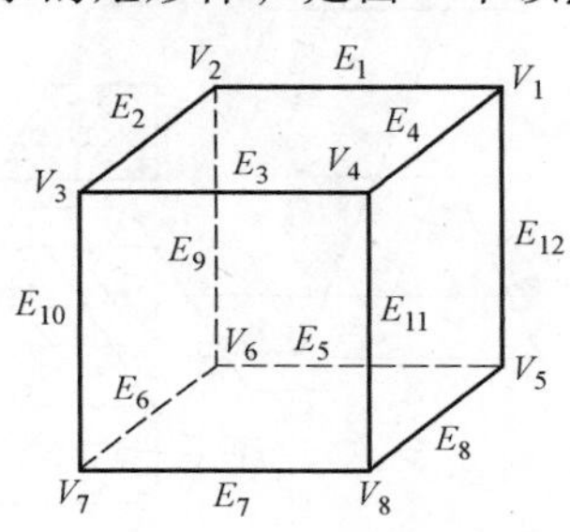

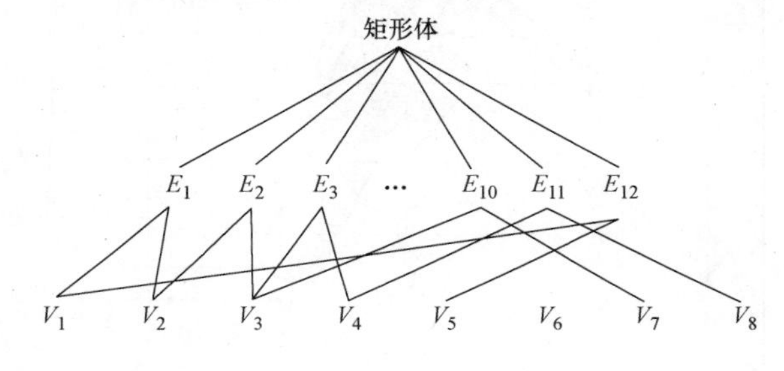

a)

棱边表

棱边	顶点	
E_1	V_1	V_2
E_2	V_2	V_3
E_3	V_3	V_4
E_4	V_4	V_1
E_5	V_5	V_6
E_6	V_6	V_7
E_7	V_7	V_8
E_8	V_8	V_5
E_9	V_2	V_6
E_{10}	V_3	V_7
E_{11}	V_4	V_8
E_{12}	V_1	V_5

顶点表

顶点	坐标值		
	x	y	z
V_1	x_1	y_1	z_1
V_2	x_2	y_2	z_2
V_3	x_3	y_3	z_3
V_4	x_4	y_4	z_4
V_5	x_5	y_5	z_5
V_6	x_6	y_6	z_6
V_7	x_7	y_7	z_7
V_8	x_8	y_8	z_8

b)

图 4.9　矩形体线框模型

a）几何元素　b）数据结构

一个顶点表（图 4.9b）。棱边表记载着形体棱边的顺序、数量以及相关顶点连接的拓扑关系；顶点表记载着形体各顶点顺序、数量及其三维空间的坐标。由此可见，线框模型的构建较为简单，其存储空间极小。

2. 线框模型的特点

线框模型仅包含形体的棱边和顶点信息，具有数据结构简单、信息量少、操作快捷等特点。利用线框模型所包含的三维形体数据，可生成任意投影视图，如三视图、轴测图以及任意视点的透视图等。

由于线框模型只有棱边和顶点信息，没有面、体等相关信息，所包含的信息有限，因而在形体描述方面存在较多缺陷。例如：形体表示易产生多义性（图 4.10）；难以表达曲面形体的轮廓线；由于没有面的信息，不能进行消隐，不能产生剖视图；由于没有体的信息，不能进行物性计算和求交计算，无法检验实体的碰撞和干涉，无法生成数控加工刀具轨迹，不能进行有限元分析等实际的工程应用。

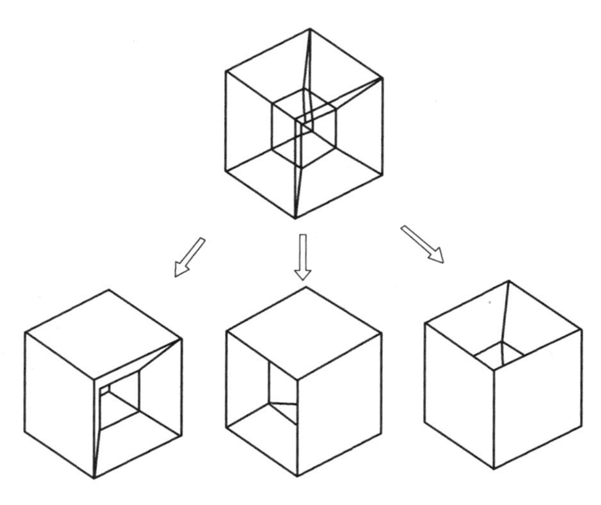

图 4.10　线框模型存在多义性

然而，虽然线框模型有诸多的不足，但由于数据结构简单，占有存储空间小，至今在不少场合仍有一定的应用。

4.2.2　表面（曲面）模型

1. 表面建模原理

根据形体表面为平面或曲面的特征，可将几何形体分为平面体及曲面体两大类。

表面模型（Surface Model）通常是用以描述平面体结构的一种三维几何模型。它通过几何形体表面、棱边以及顶点信息来构建形体的三维数据模型。图 4.11a 所示的矩形体，它有六个组成面，每个面有若干条棱边构成其封闭的边界，每条棱边又由两个顶点作为其端点。

表面模型的数据结构是在线框模型基础上添加了一个面表，从而通过面表、棱边表及顶点表三表结构来表达几何形体的几何信息和拓扑信息。图 4.11b 所示为表面模型的数据结构，其中面表包含面号、各表面组成边界的棱边序列、表面方程系数以及该表面是否可见等信息。

2. 表面模型的特点

表面模型清楚地描述了形体的面、边、点几何信息以及表面与棱边、棱边与顶点之间的拓扑关系。它所包含的形体信息较线框模型完整、严密。为此，表面模型可用于消隐处理、剖面生成、表面渲染、求交计算、刀轨生成等产品设计作业。

然而，表面建模仍缺少形体的体信息以及体与面之间的拓扑关系，无法区分表面哪一侧为实体，仍不便于进行产品结构的物性计算和工程分析。

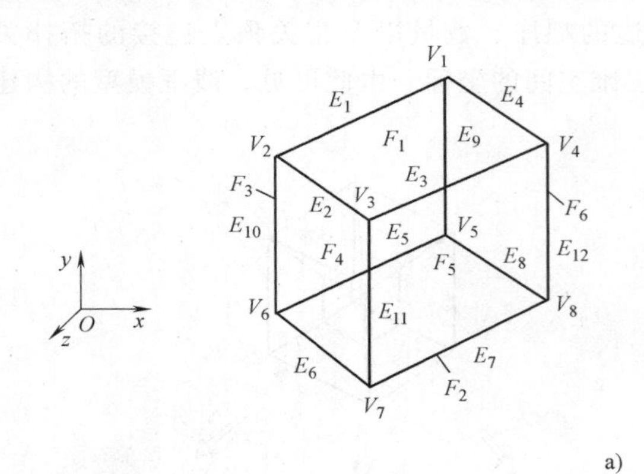

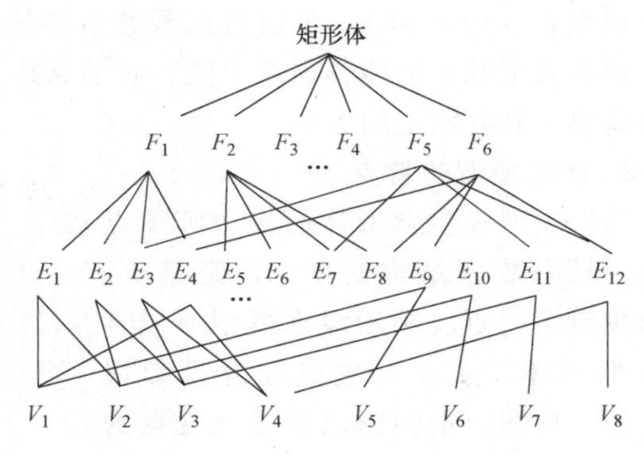

a)

面表

面号	棱边序列	表面方程系数	可见性
F_1	E_1, E_2, E_3, E_4	A_1, B_1, C_1, D_1	Y
F_2	E_5, E_6, E_7, E_8	A_2, B_2, C_2, D_2	N
F_3	E_1, E_9, E_5, E_{10}	A_3, B_3, C_3, D_3	N
F_4	E_2, E_{10}, E_6, E_{11}	A_4, B_4, C_4, D_4	Y
F_5	E_3, E_{11}, E_7, E_{12}	A_5, B_5, C_5, D_5	Y
F_6	E_4, E_{12}, E_8, E_9	A_6, B_6, C_6, D_6	N

棱边表

棱边	顶点	
E_1	V_1	V_2
E_2	V_2	V_3
E_3	V_3	V_4
E_4	V_4	V_1
E_5	V_5	V_6
E_6	V_6	V_7
E_7	V_7	V_8
E_8	V_8	V_5
E_9	V_1	V_5
E_{10}	V_2	V_6
E_{11}	V_3	V_7
E_{12}	V_4	V_8

顶点表

顶点	坐标值		
	x	y	z
V_1	x_1	y_1	z_1
V_2	x_2	y_2	z_2
V_3	x_3	y_3	z_3
V_4	x_4	y_4	z_4
V_5	x_5	y_5	z_5
V_6	x_6	y_6	z_6
V_7	x_7	y_7	z_7
V_8	x_8	y_8	z_8

b)

图 4.11　矩形体表面模型

a）几何元素　b）数据结构

3. 曲面模型

由上述可知，表面模型仅用于平面体的三维结构建模，而不能直接用于大量含有曲面结构的机械产品建模作业。

曲面形体建模有两种实现方法：一是将曲面形体的曲面进行离散化处理，生成一系列多边形网格，每个网格均构成一个小平面，由这样的若干小平面替代原有曲面，再用表面建模技术进行曲面建模。其网格划分越细，建模精度越高，但模型数据量将大幅增加。另一种方法是直接用曲面建模技术建立曲面形体的曲面模型。

曲面模型是由一系列参数曲面片通过拼接、裁剪、光顺处理而构建的三维模型。曲面建模通常先构建满足设计要求的二维参数曲线，然后对这些二维参数曲线进行拉伸、回转、扫描等，形成一个个曲面片，然后对这些曲面片进行连接、裁剪、光顺等处理，最终完成结构形体的曲面模型。曲面建模技术已广泛用于汽车、船舶、飞机、模具等产品的曲面设计。目前，CAD/CAM 系统提供了多种不同的曲面建模方法可供用户选用。下面列举一些常见的曲面建模方法。

（1）平面　平面是一种特殊的曲面（图 4.12a），可用三点定义或通过首尾相接的棱边序列进行定义。

(2) 线性拉伸面　将一条平面曲线沿一直线方向移动，便扫描生成一个线性拉伸曲面（图 4.12b）。

(3) 直纹面　使一条直线的两端在两条空间曲线的对应等参数点上移动，便生成一个直纹曲面（图 4.12c），如飞机机翼、圆柱面、锥台面等。

(4) 回转面　回转面是将给定平面内的直线段或曲线段绕某一轴线旋转所生成的曲面（图 4.12d）。

(5) 扫成面　扫成面可由下述几种方法生成：

1）用一条剖面曲线沿一条空间导线平行移动所构成的曲面（图 4.12e）。

2）用两条剖面曲线和一条导线，使一条剖面曲线沿着导线光滑过渡到另一条剖面曲线所形成的曲面（图 4.12f）。

3）用一条剖面曲线沿两条给定的边界曲线移动而构成的曲面，该剖面曲线的首、末两点在两条边界曲线对应的不同等参数点上，其剖面形状保持相似的变化（图 4.12g）。

(6) 圆角面　圆角面为两相交曲面的圆弧过渡面，可以是等半径或变半径的圆弧过渡（图 4.12h）。

(7) 等距面　等距面是将一个原始曲面上每一点沿该点法线方向移动一个给定距离而

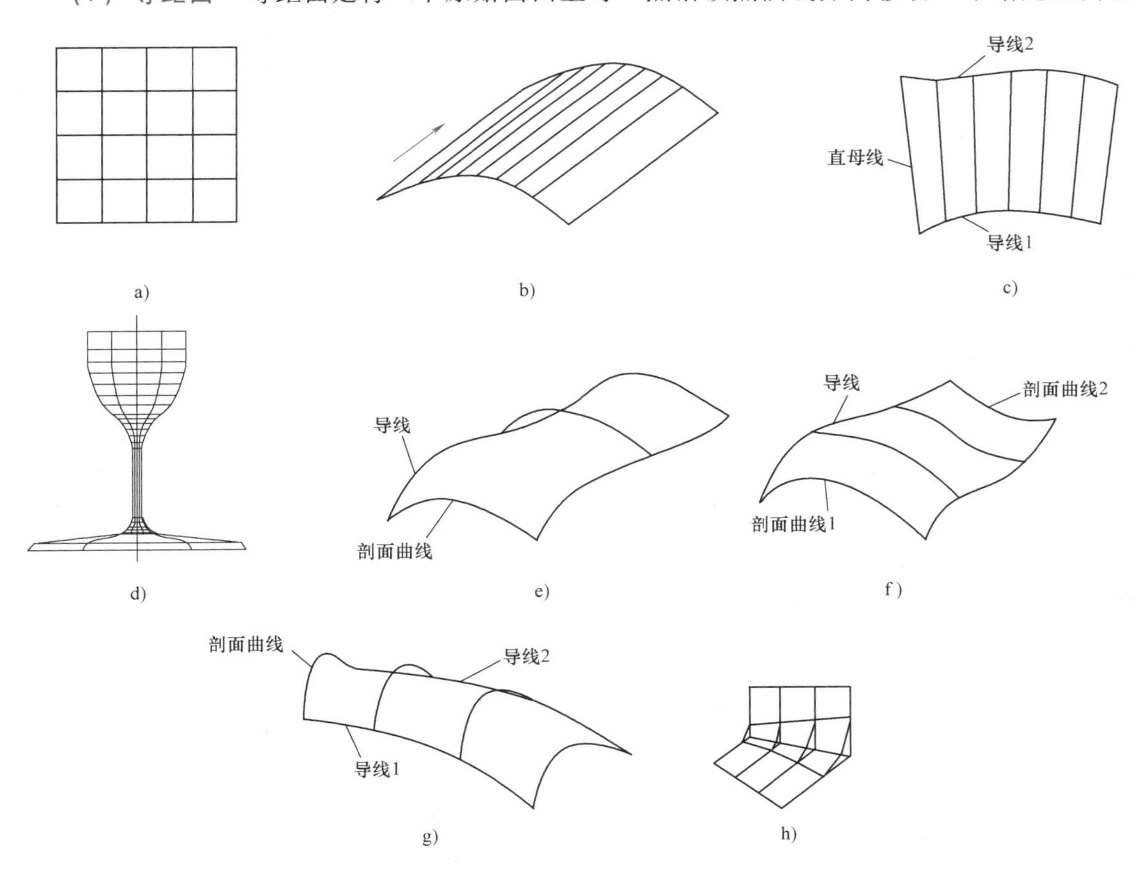

图 4.12　常用的曲面建模方法

生成的曲面，如用球头铣刀进行数控加工时，球头铣刀中心的运动轨迹就是所加工曲面的等距面。

(8) 参数曲面　应用如 Bezier、B 样条、NURBS 等各类参数曲面构建所需的曲面模型，详见第 3.5 节“曲线和曲面”。

4.2.3　实体模型

1. 实体建模原理

实体模型（Solid Model）是通过一系列基本体素，如矩形体、圆柱体、球体以及扫描体、旋转体、拉伸体等，经并、交、差正则集合运算构建的任意复杂形体的几何模型。实体模型的构建包括两方面内容：一是基本体素的定义；二是正则集合运算。

实体建模时的基本体素定义方法有参数体素法和扫描体素法两种。

(1) 参数体素法　通过少量几个参数对一些简单基本体素进行定义。例如：长方体用两个对角顶点（V_1，V_2）进行定义；圆柱体用圆柱半径和圆柱高表示等（图 4.13）。若进一步给出基准点和方位，便可在空间唯一确定这些基本体素。

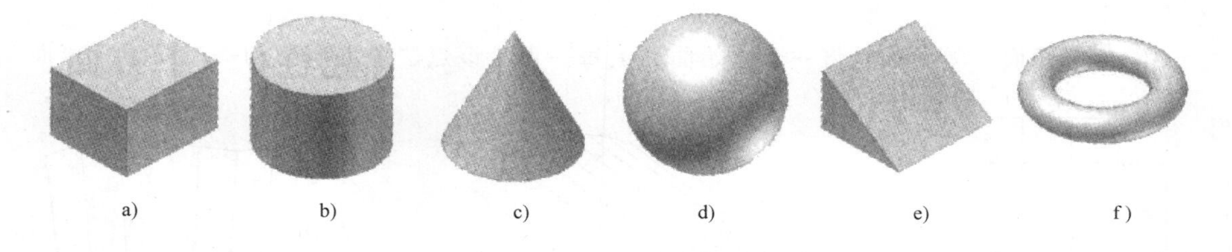

图 4.13　基本体素参数的定义

a）长方体（V_1、V_2）　b）圆柱体（R、H）　c）圆锥体（R、H）
d）球体（R）　e）楔体（L_1、L_2、L_3）　f）圆环体（R_1、R_2）

(2) 扫描体素法　通过二维有界形面沿给定的轨迹扫描来生成实体模型中的基本体素。如图 4.14 所示，先定义一个二维有界形面，再使其绕某固定轴线旋转扫描或沿给定直线进行平移扫描，便得到所需的回转体或柱形体。由此可见，扫描体素法有两个要素：一是由直线段或曲线段所构建的二维有界形面；二是扫描轨迹，该轨迹可为直线或曲线，可用数学解析式进行定义。

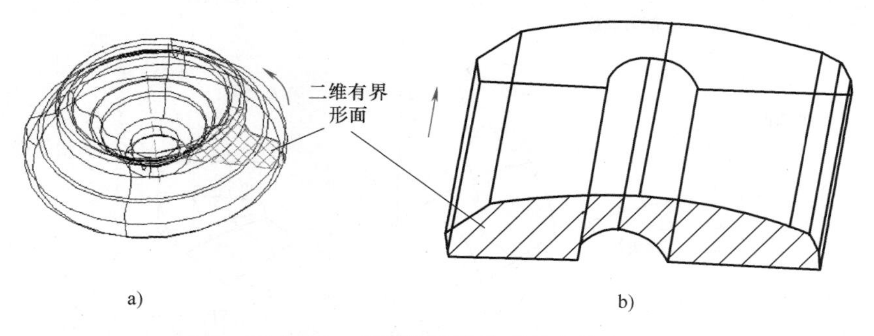

图 4.14　扫描体素法生成基本体素

a）旋转扫描　b）平移扫描

当基本体素定义后，将两个或多个基本体素经并、交、差正则集合运算，便可构建各种不同复杂结构的形体。如图 4.15 所示，将一个矩形体与一个圆柱体分别进行并、交、差正则集合运算，可得到不同形状的新形体。

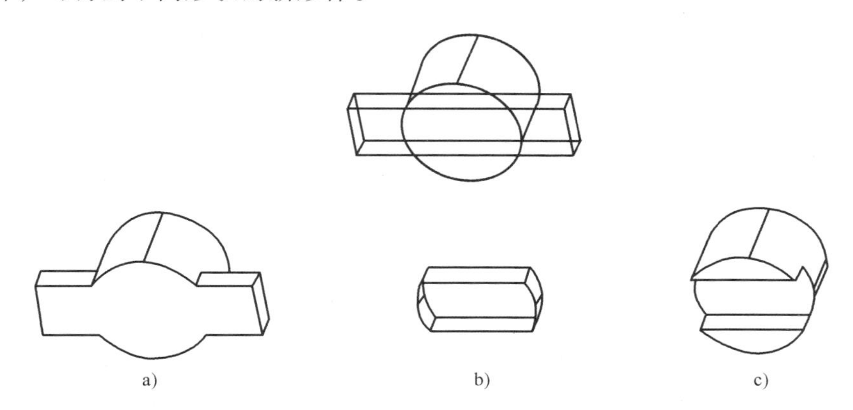

图 4.15 基本形体的正则集合运算
a）并运算 b）交运算 c）差运算

2. 实体模型的特点

由实体建模原理可知，实体模型全面定义了形体的点、边、面、体几何参数和相互间的拓扑关系，包含了形体所有的几何信息和拓扑信息。在表面模型中，所描述的面是孤立的面，没有方向，没有与其他面或形体的关联；而在实体模型中，面是有界的、不自交的连通表面，具有方向性，其外法线方向可根据右手法则由该面的外环走向确定。根据实体模型的面特征，很容易判断实体在面的哪一侧，并且当沿面上任一条边线正向运动时，左侧总是体内，右侧总是体外。实体模型能够方便地确定面的哪一侧存在实体，确定给定点的位置是处在实体的边界面上，还是处在实体的内部或外部。

由于实体模型拥有结构形体完整的几何信息和拓扑信息，可方便地实现消隐、剖切、有限元分析、数控加工、物性计算以及形体着色、光照及纹理处理等机械产品各种不同的 CAD/CAM 作业。

3. 实体模型的表示方法

实体模型是通过一系列基本体素经布尔集合运算所建立的形体几何模型。如何在计算机内部清晰、完整地描述实体模型中的几何信息和拓扑信息，方便模型信息的查询、存储、运算以及图形的显示、求交、剖切及输出处理，这是实体建模的关键所在。为此，实体模型有边界表示法、几何体素构造法、综合表示法、单元分解法、扫描变换法等不同的计算机内部表示方法。本节仅介绍 CAD/CAM 系统中最常见的前三种方法。

(1) 边界表示法 边界表示法（Boundary Representation，B-Rep）是以形体边界为基础定义和描述实体模型的方法。也就是说，B-Rep 将几何形体定义成由若干单元面围成的封闭边界的有限空间，每个单元面是以若干边线为边界来描述，而边线则以两端点表示，端点则由三个坐标值描述，因而将此法称为边界表示法。

B-Rep 的实体模型可清楚地区分实体边界内、边界外或边界上的点。图 4.16 所示形体的封闭边界是由多个有向、不自交的单元面构成；每个单元面又以有向、有序且两两相连的棱边为边界；每条棱边则由两个端点来定义。若单元面边界为参数曲线，则需用描述参数曲线的特征多边形顶点或曲线型值点进行定义。

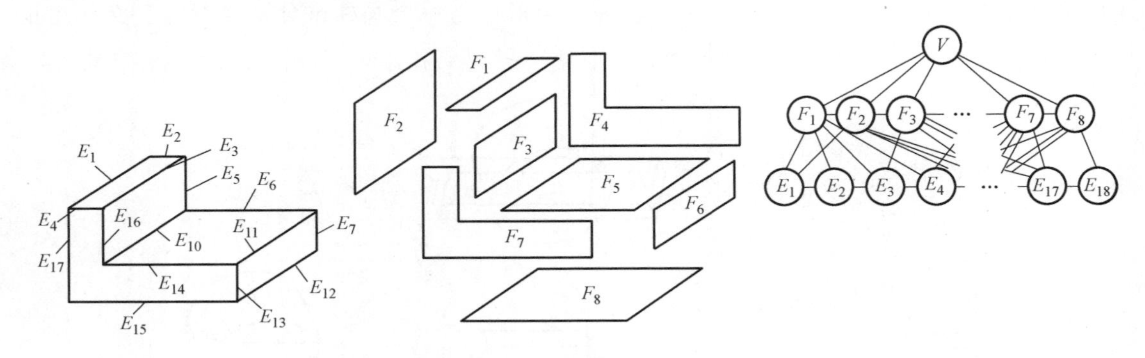

图 4.16　实体模型的 B-Rep

B-Rep 包含形体的完整几何信息和拓扑信息。其中几何信息包括形体的位置和大小，如顶点坐标、表面方程系数以及曲面参数等；拓扑信息则包括形体所拥有的面、边和顶点的数量以及它们相互间的邻接关系等。

B-Rep 信息量大，需要合适的数据结构予以组织和存储。B-Rep 最常用的数据结构为翼边结构，如图 4.17a 所示。它是以形体棱边为中心组织的网状结构。在 B-Rep 翼边结构中，任一棱边包含的信息有：棱边始点和终点；相邻左上边、右上边、左下边、右下边；构成该棱边的两相交面的左外环和右外环。这种翼边结构像昆虫翅膀一样（图 4.17b），清楚地表达了棱边与顶点、棱边与棱边、棱边与环面等各形体几何元素之间的拓扑关系，并用双向链表进行存储。通过这种翼边数据结构，由形体任一棱边出发，便可访问该棱边的两个组成顶点、两个相邻面、上下左右四条邻边，由此可遍历形体的所有几何元素。

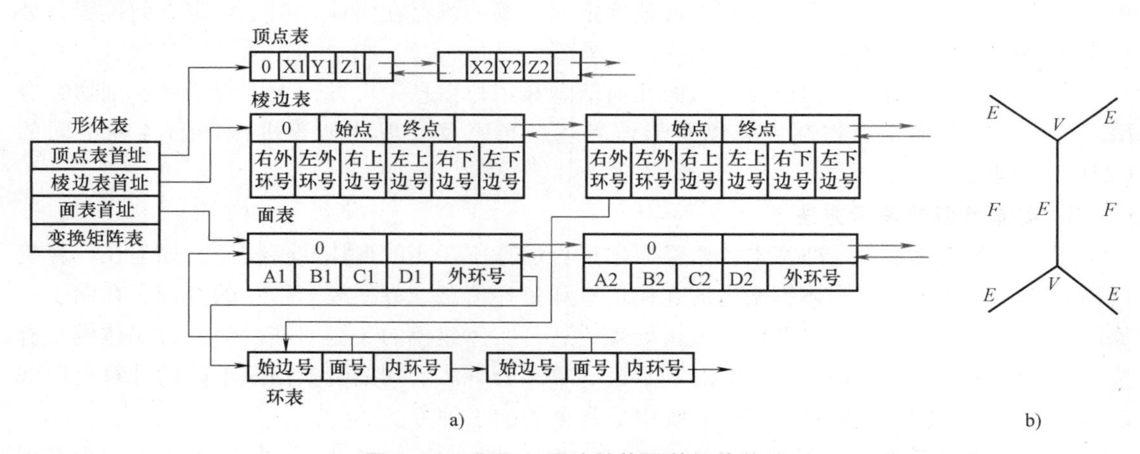

图 4.17　B-Rep 翼边结构及其拓扑关系

实体模型 B-Rep 详细记录了形体所有组成元素的几何信息和拓扑信息，便于描述和表达任意复杂形状的三维形体，利于生成和绘制线框图、投影图以及有限元网格。

然而，B-Rep 也存在不足，如：数据量大，占有存储空间多；缺乏模型创建的过程信息，难以表达实体是由哪些基本体素、通过何种集合运算构建而成；用户难以直接构建 B-Rep 的实体模型等。

（2）**几何体素构造法**　几何体素构造法（Constructive Solid Geometry，CSG）是通过记录基本体素经集合运算以及几何变换生成复合形体的过程来描述实体模型的表示方法。

CSG 所表示的实体模型，在计算机内存储着形体的生成过程，其数据结构采用的是有序二叉树结构。图 4.18 所示的 L 板是由两块矩形板和一个圆柱体创建的。在其二叉树中，叶结点是基本体素或是刚体运动参数，枝结点是正则集合算子或是刚体的几何变换，根结点则为由若干基本体素经几何变换和正则集合运算后得到的最终实体。

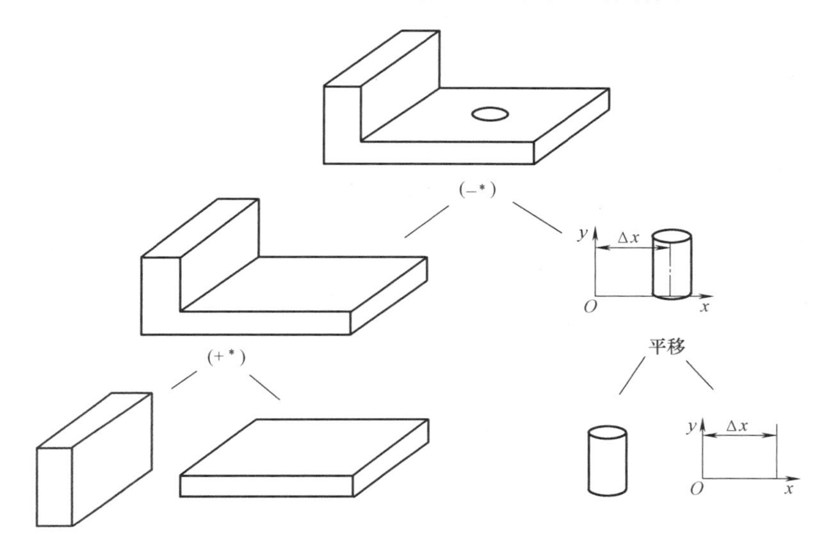

图 4.18　CSG 的二叉树结构

CSG 与机械产品生产过程较为类似。机械产品生产过程是先设计制造零件，然后将各零件装配成产品；而 CSG 是先定义基本体素，然后通过正则集合运算和几何变换将各个基本体素拼合成所需要的几何形体。

CSG 清晰表示了形体的创建方法和过程，具有结构简单、紧凑，有较强的参数化建模功能，产生的形体为正则形体等特点。然而，CSG 是一种隐式表示模型，不能直接反映形体的面、边、点等具体信息，不能进行形体具体几何元素的查询和显示，若进行相关作业，还需将其转换为 B-Rep 的实体模型数据结构。

（3）**综合表示法**　前面介绍的 B-Rep 与 CSG 两种实体模型表示方法各有特点和不足，表 4.2 列出了它们的特点比较。

表 4.2　B-Rep 与 CSG 特点比较

项目	B-Rep	CSG
核心基础	形体边界	形体创造过程
数据结构	复杂	简单
数据量	大	小
有效性	保证形体几何元素的有效性	保证基本体素的有效性
交换可行性	转换成 CSG 较难	转换成 B-Rep 可行
局部修改	容易	困难
显示速度	快	慢

由表 4.2 可见，B-Rep 是以形体边界为基础，包含完整的面、环、边、顶点等形体的几何信息和拓扑信息，在图形显示和处理方面具有明显优势，可以迅速转换为线框模型、表面模型和曲面模型的描述，便于浓淡图的处理，便于几何参数的局部处理与修改。

CSG 是以基本体素为基础，经不同集合运算创建为最终形体，主要反映形体的创建过程。CSG 不含形体的面、环、边、顶点等拓扑信息，所表示的实体模型结构简单，所含信息量较少，因而不能直接转换为线框模型和表面模型，不能直接生成工程图，也不便于模型的局部修改。

鉴于 CSG 与 B-Rep 各自的特点，现有的 CAD/CAM 系统往往将两者结合，采用综合表示法。综合表示法是以 CSG 为系统的外部模型，以 B-Rep 为系统的内部模型。将 CSG 作为用户界面输入工具，并借助于参数体素法及扫描体素法的体素定义，输入形体几何参数，定义形体基本体素，经几何形体正则集合运算，建立形体的 CSG 实体模型；然后，系统将已建立的 CSG 实体模型转换为 B-Rep 实体模型，以便在计算机内部存储更为详细的形体数据，如图 4.19 所示。

综合表示法充分利用实体模型不同表示方法各自的特点，实现了信息互补，既保证了实体模型信息的完整性和精确性，又大大方便、加速了实体模型的建模过程。

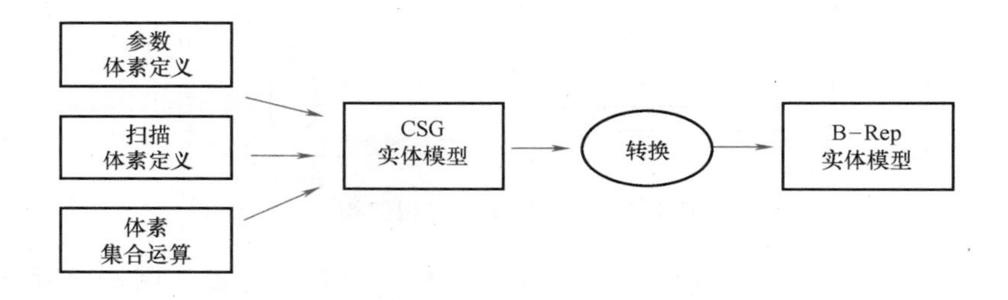

图 4.19　综合表示法

4.2.4　特征模型

1. 特征模型的概念

特征是从工程对象中概括、抽象后所得到的具有工程语义的产品功能要素。特征模型即通过建模对象的特征及其集合来定义、描述的产品实体模型。

基于特征的产品建模，可使产品设计能够在更高层次上进行。特征建模的操作对象不再是实体模型中的线条和体素，而是具有特定工程语义的功能特征要素，如柱、块、槽、孔、壳、凹腔、凸台、倒角、倒圆等。产品的设计过程可描述为是对产品具体特征的引用与操作，产品特征的引用可直接体现设计人员的设计意图。同时，产品功能特征包含有丰富的产品几何信息和非几何信息，如材料、尺寸、公差、表面粗糙度、热处理要求等，这些信息不仅能够完整地描述产品结构的几何信息和拓扑信息，还包含了产品制造过程的工艺信息，使产品设计意图能够为后续的分析、评估、加工、检测等生产环节所理解。

为此，特征建模是在实体几何模型基础上，抽取作为结构功能要素的“特征”，以对设计对象进行更为丰富的描述和操作，是一种弥补实体建模不足的新的建模方法。目前，商品化的 CAD/CAM 系统普遍采用特征建模技术。

2. 特征的分类

特征的分类与具体工程应用有关，应用领域不同，其特征的含义和表达形式也不尽相同。

(1) 基于零件信息模型的特征分类　图 4.20 所示为零件信息模型，该模型包含如下主要特征：

1）形状特征。形状特征是零件信息模型的基础特征，包括零件功能形状、工艺形状以及装配形状等组成零件结构形状的基本要素。形状特征应能反映零件的特征功能，能够提取零件形体结构的点、边、面、体等几何信息和拓扑信息，是零件精度特征、材料特征等非几何特征的载体。

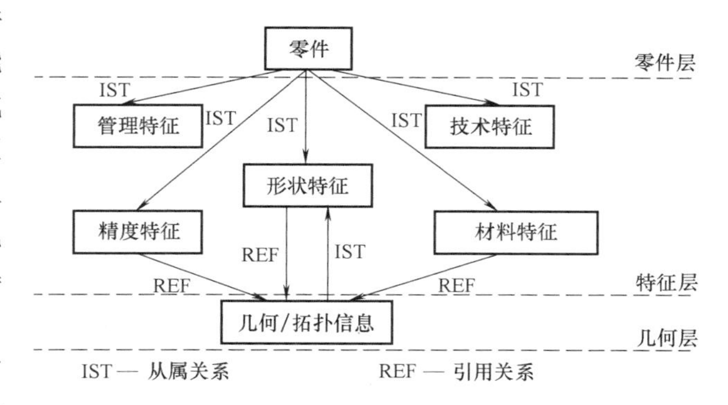

图 4.20　零件信息模型

2）管理特征。管理特征用于描述与管理有关的零件信息，包括零件名、零件图号、设计人员、设计日期、零件材料和零件数量等。

3）技术特征。技术特征为零件技术分析、性能试验、应用操作提供相关信息，包括设计要求、设计约束、外观要求、运行工况和作用载荷等。

4）材料特征。材料特征用于描述与零件材料及热处理要求的相关信息，包括零件材料牌号、性能、硬度、热处理要求、表面处理、检验方式等。

5）精度特征。精度特征用于描述零件公称几何形状的允许范围，是检验零件质量指标的主要依据，包括尺寸公差、几何公差和表面粗糙度等。

6）装配特征。在上述技术特征和精度特征中往往还包含该零件的装配特征，以描述零件在装配过程中的相关信息，如装配尺寸、配合关系、装配技术要求等。

(2) 形状特征的分类　形状特征是零件信息模型的基础特征。根据零件类型及其应用领域的不同，形状特征也有不同的分类方法。图 4.21 所示为轴类零件的基本形状特征。

根据在零件结构构造中的作用，可将形状特征分为主特征和辅特征。主特征是构造零件的最基本几何结构，如圆柱体、圆锥体、长方体、圆球等；辅特征是依附于主特征之上的形状特征，它对主特征起着局部修饰的作用，以反映零件几何形状的细微结构，如倒圆、倒角、螺纹、槽、花键、孔等。若将若干简单辅特征进行组合，便构成一些组合辅特征，如中心孔、同轴孔等；若将一些同类辅特征按一定规律在空间不同位置复制，便形成一些复制辅特征，如周向均布孔、阵列孔、齿轮轮廓、V 带轮轮缘等。

在国家标准（GB/T 24734—2009）中，将几何建模特征分为基本建模特征、附加建模特征和编辑操作特征等几个大类，如图 4.22 所示。其中，基本建模特征有草图特征、拉伸特征、旋转特征、扫描特征、放样特征等；附加建模特征有孔特征、肋板特征、螺纹特征、圆角/倒角特征、抽壳特征、起模特征等；编辑操作特征有镜像、比例缩放、阵列、修剪、复制、布尔运算等。该几何建模标准的特征分类方法为几何建模软件系统的开发提供了依据。

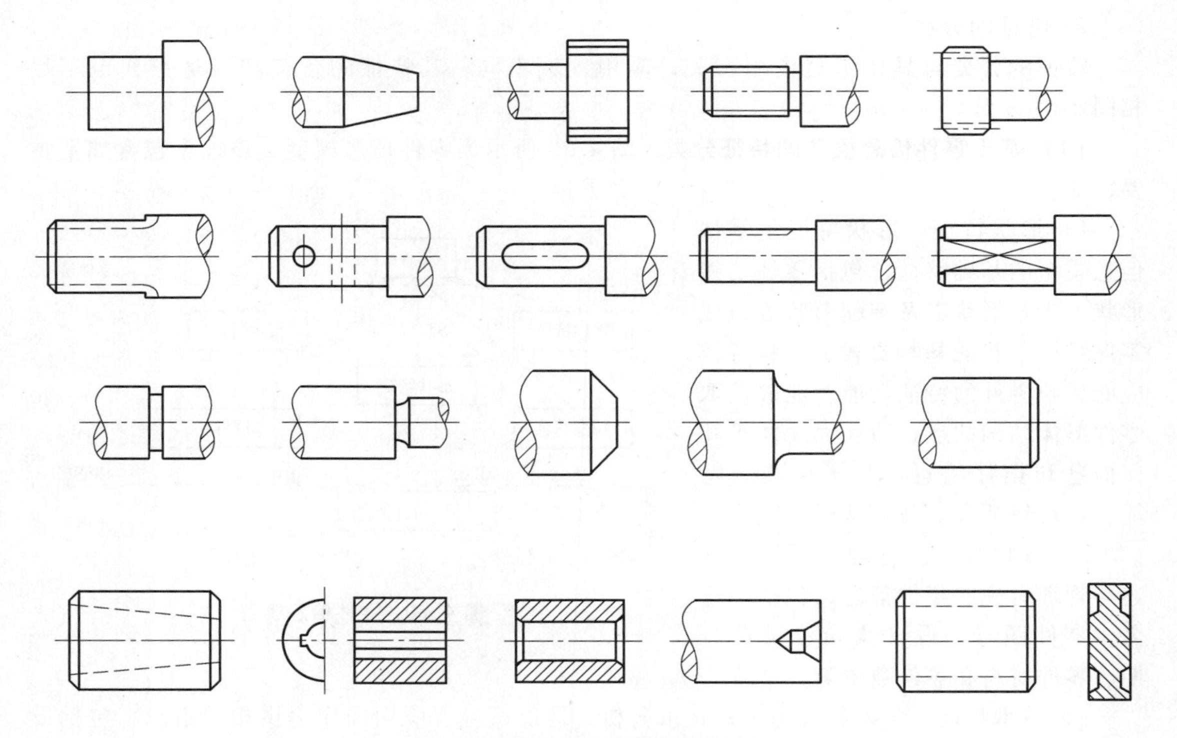

图 4.21　轴类零件的基本形状特征

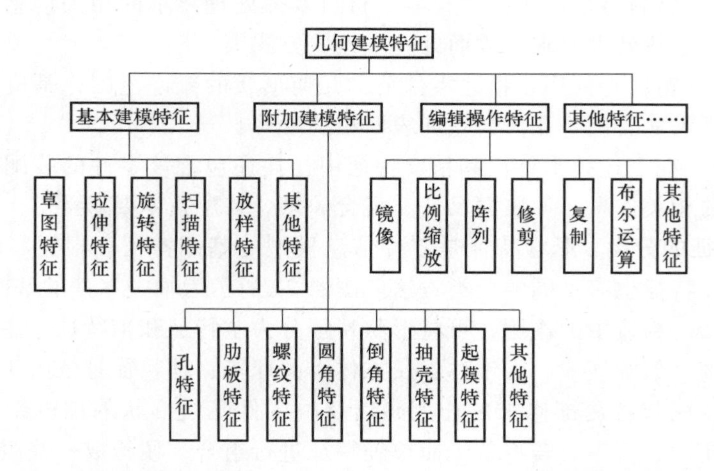

图 4.22　国家标准（GB/T 24734—2009）中几何建模特征的分类

3. 特征建模的基本步骤

机械产品零件的特征建模是一个由粗到细的形体造型过程，它先构建一个基础特征，然后不断增加或去除一些必要特征或辅特征，从而逐步获得一个完整的零件特征模型。其建模步骤归纳如下：

（1）进行特征分析，规划建模方案　对于一个待建模零件，需要分析该零件的特征组成，各组成特征的尺寸形状以及与其他特征间的关系等。需要从总体上对零件特征进行分析，进行零件特征分解，确定基础特征，排列特征构建顺序，规划特征建模方案。同一个零件可能有多种不同的特征分解方法，应以符合设计思想为原则，确定最佳的特征建模方案。

（2）创建基础特征　从众多零件特征中，选择一个作为基础特征。零件的基础特征最能反映零件的体积和结构形状。零件特征建模应先创建好基础特征，才能快捷方便地创建其他各个特征。

（3）创建其余特征　按照建模方案，逐一创建其他各个特征，包括辅特征。具有规则截面的形状特征，可以采用拉伸成形；回转体特征，可以采用旋转成形；具有阵列或镜像结构特征，尽可能采用阵列和镜像成形；倒圆、倒角等修饰性辅特征，最好放在建模最后阶段进行。

（4）特征的编辑修改　在建模过程中，可以随时修改各个特征，包括特征的形状、尺寸、位置以及特征间的邻接关系，也可以删除已经构建的特征。

通过上述步骤，最终完成零件的特征建模过程。

4.2.5　特征建模实例

下面应用 SolidWorks 软件系统，通过一轴承端盖零件（图 4.31）建模实例，进一步阐述零件特征建模技术，其建模过程如下：

（1）特征分析　该轴承端盖为一回转体零件，其特征组成较为简单，包含有一个回转体特征、四个端面均布的矩形槽特征、六个法兰边上均布通孔以及倒圆特征组成。将其中的回转体特征作为该零件的基础特征，其余作为辅特征。其建模顺序为：先创建基础特征，然后依次构建矩形槽、法兰孔以及倒圆特征。

（2）创建基础特征　首先进入系统建模环境中的“草图”工作界面，在前视基准面上利用系统二维草图绘制功能绘制回转体截面草图，按零件实际结构标注驱动尺寸，给草图添加参数约束，通过添加几何约束规范草图，绘制的回转体截面草图如图 4.23 所示；切换至“特征”工作界面，单击“旋转”按钮，选择所绘制的截面草图，选择中心线作为回转中心，并在“旋转”对话框内填写“单向”和“360”后单击“确认”按钮（图 4.24），系统便自动生成轴承端盖回转体，如图 4.25 所示。

（3）拉伸切除矩形槽　切换至“草图”工作界面，选择前视基准面绘制矩形槽草图，并标注尺寸（图 4.26）；切换至“特征”工作界面，单击“拉伸切除”按钮，在“拉伸”对话框内选择“两侧对称”选项，拉伸切除参数为“50”，单击“确认”按钮，系统自动生成两个对称的矩形槽；同样方法可切除另外两个矩形槽，如图 4.27 所示。

（4）拉伸切除法兰孔　切换至“草图”工作界面，用鼠标选择零件法兰边表面，在其上绘制一个直径为 ϕ8mm 小圆，并标注位置尺寸；单击草图“圆周阵列”按钮，对小圆草图进行均布圆周阵列，阵列数为 6，单击“确认”按钮得到六个圆周阵列小圆（图 4.28）；切换至“特征”工作界面，单击“拉伸切除”按钮，在“拉伸”对话框内选择“完全贯穿”选项，单击“确认”按钮，系统便自动切除得到六个法兰孔（图 4.29）。

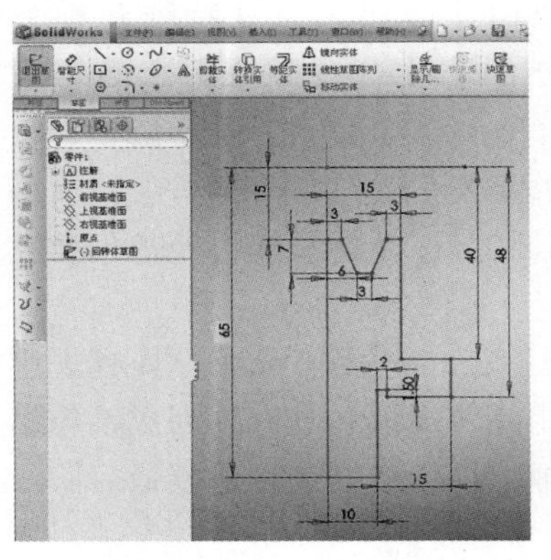

图 4.23　回转体截面草图

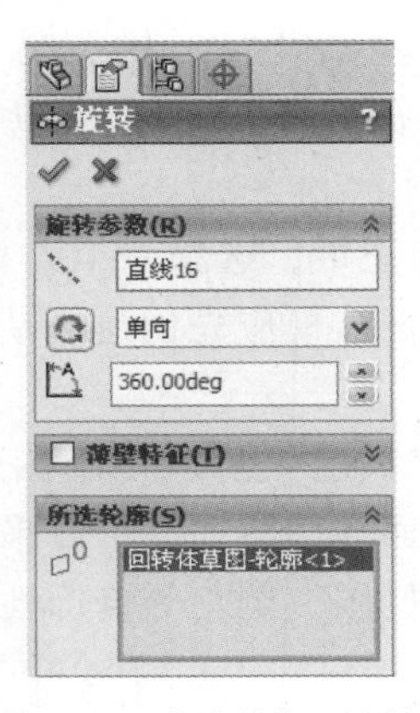

图 4.24　“旋转”对话框

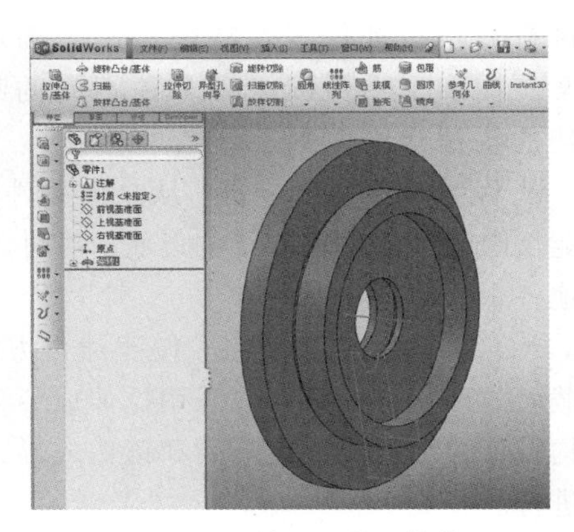

图 4.25　轴承端盖回转体

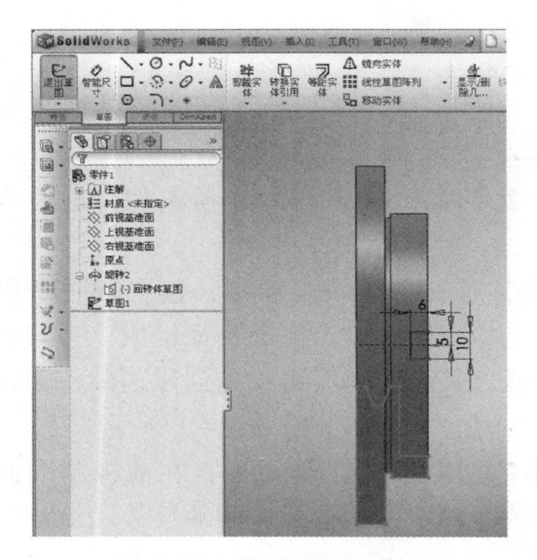

图 4.26　绘制矩形槽草图

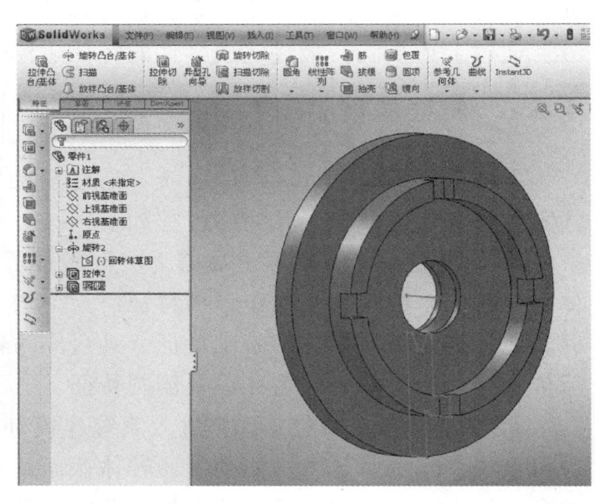

图 4.27　拉伸切除矩形槽

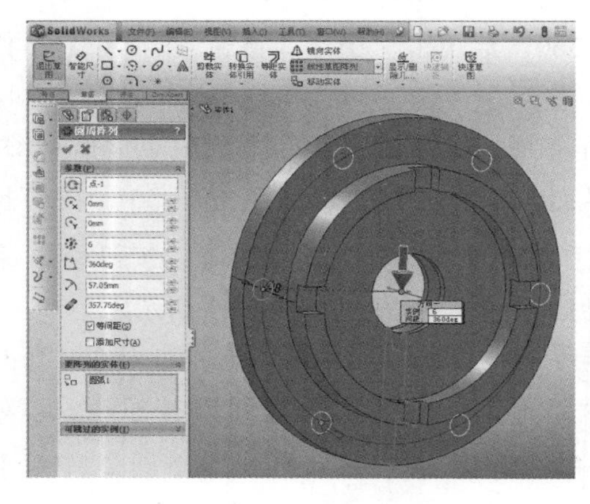

图 4.28　绘制法兰孔草图

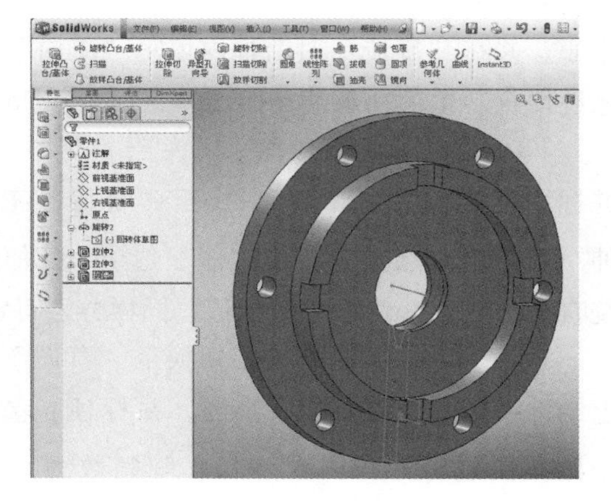

图 4.29　拉伸切除法兰孔

（5）倒圆　在“特征”工作界面，单击“圆角”按钮，对轴承端盖的外圆、端面以及内壁进行倒角处理。

（6）**零件属性编辑修改**　在 SolidWorks 工作界面左侧设计特征树中，右击“零件材料属性编辑”按钮，将零件材料修改为普通碳钢（图 4.30）。若需要，可修改零件各特征名称、颜色等属性，最终完成轴承端盖特征模型的创建过程，如图 4.31 所示。

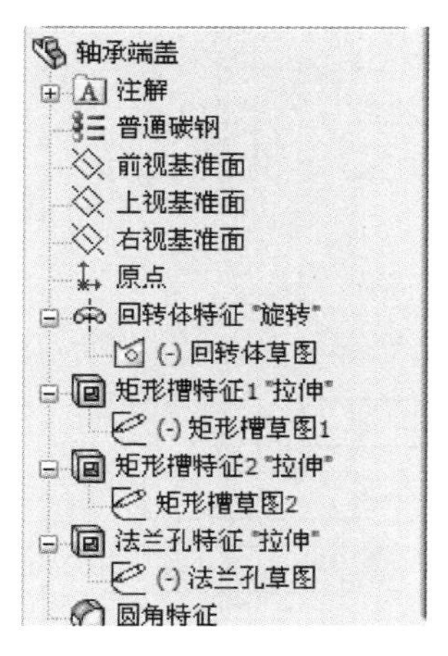

图 4.30　**模型特征树**

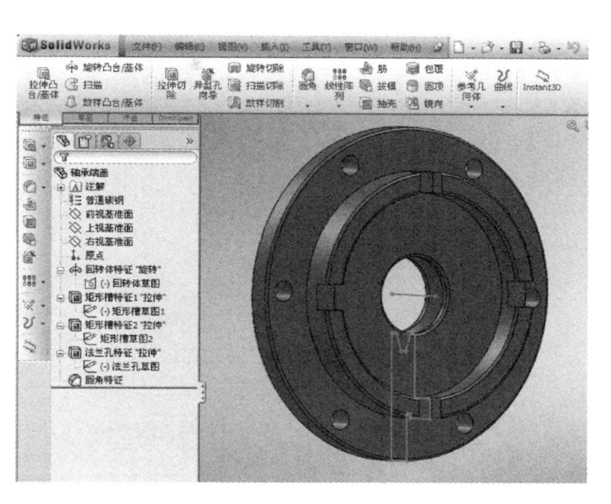

图 4.31　**轴承端盖的特征模型**

4.3 ■ 三维装配模型

4.3.1　装配模型的基本概念

上节所介绍的三维几何模型本质上都属于产品零件级模型。机械产品通常是由若干不同零件和部件装配而成的，产品功能是由这些零部件间相对运动、相互制约来实现的。能全面反映产品的结构组成以及各组成零部件间的相互关系，需要将产品零件模型提升到产品的装配模型层次上来。装配模型是包含产品的结构组成、组成件几何结构以及各组成件间相互连接、配合和约束等装配关系的产品模型。

装配模型全面表达了产品的结构组成和装配体的装配关系，能完整、准确地传递装配体的设计参数、装配层次和装配配合等信息，可对产品设计、制造过程提供全面的支持，可用于产品快速变型设计、装配工艺规划、干涉检验、运动仿真以及产品数据管理等后续作业环节。

装配模型主要包括两部分信息：一是产品实体结构信息，即产品所包含的零部件几何结构信息；二是产品各组成件间的相互关系信息，即产品结构的层次关系以及装配关系等。

产品结构的层次关系是反映产品、部件和零件之间的从属关系，一般可以用装配树表示。图 4.32 所示的产品结构装配树，其根结点为产品，叶结点为单个零件，枝结点为部件。产品结构装配树可直观地表示产品各组成零部件间的层次关系。

产品结构的装配关系是反映产品零部件间的相对位置和相互配合的约束关系。产品零部件之间的装配关系是装配建模的重要基础，一般包含如图 4.33 所示的内容。

（1）**配合关系**　描述零部件之间的空间位置和定位关系，如贴合、对齐、相切、点面接触等，如图 4.34a 所示的转轴与转柄是以轴段和轴孔的圆柱面贴合进行配合的。

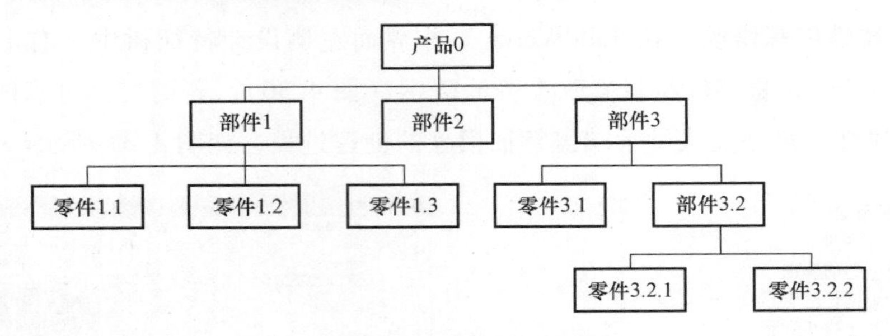

图 4.32　产品结构装配树

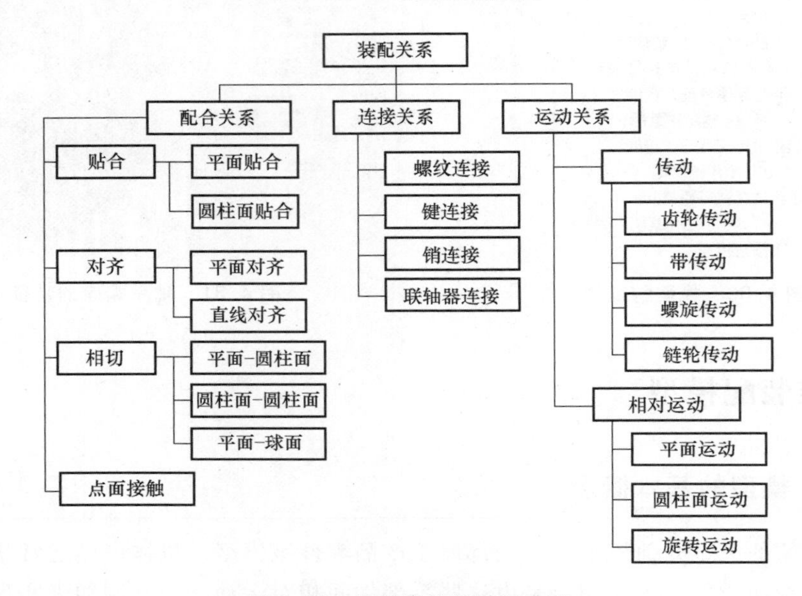

图 4.33　产品结构的装配关系

（2）连接关系　描述零部件几何元素之间的连接方式，如螺纹连接、键连接等，如图 4.34a 所示的转轴与转柄是通过螺母的螺纹进行连接的。

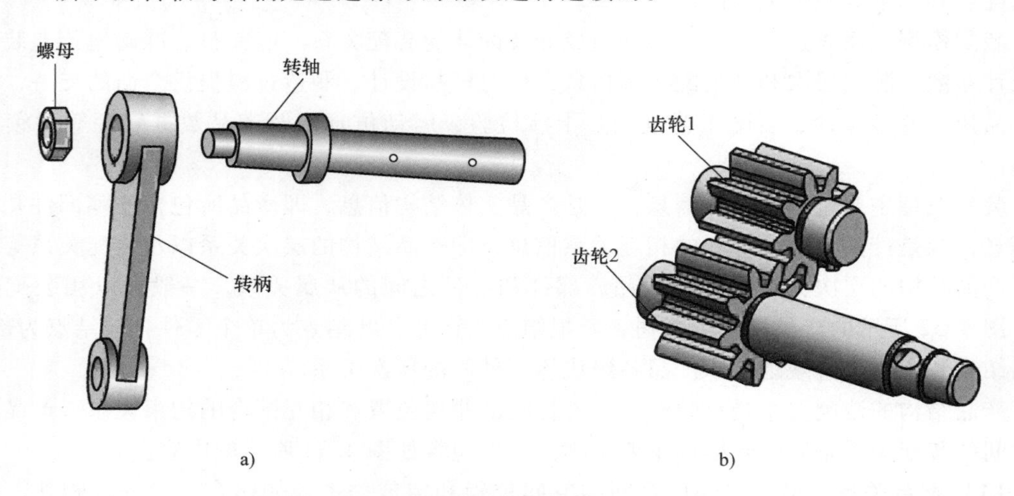

图 4.34　装配体中的装配关系

a）转轴与转柄的装配关系　b）齿轮的装配关系

(3) 运动关系　描述零部件之间相对运动或传动关系，如齿轮传动、带传动等，如图 4.34b 所示的两齿轮是以运动传递的关系进行装配的。

4.3.2　装配模型中的约束配合关系

任何一个形体在自由空间都有六个自由度，即沿 x、y、z 轴向的移动和绕 x、y、z 轴的转动。在装配过程中，组成件之间的约束配合实际上就是对组成件自由度的限制，通过约束来确定两个或多个组成件之间的相对位置及相互运动的关系，其约束越多则相互间位置越确定，运动限制就越多；若自由度完全被约束，则两个组成件将固为一体，没有相互间的运动。

约束配合是装配模型中的重要参数。作为约束配合的形体几何元素有点（端点、原点、圆心、中心点等）、线（坐标线、轮廓线、中心线等）、面（平面、圆柱面、球面等）。通过赋予装配结构中这些几何元素间的相互约束关系，就可以对组成件实施贴合、对齐、距离、角度、相切、平行、垂直等约束配合。

(1) 贴合约束　贴合约束是一种最常见的约束配合。使用贴合约束，可使组成件的某个或多个面与另一组成件的相关面贴合在一起。图 4.35a 所示两组成件是由底面和侧面两个平面贴合约束进行配合的；图 4.35b 所示两组成件是由圆柱面贴合约束进行配合的。

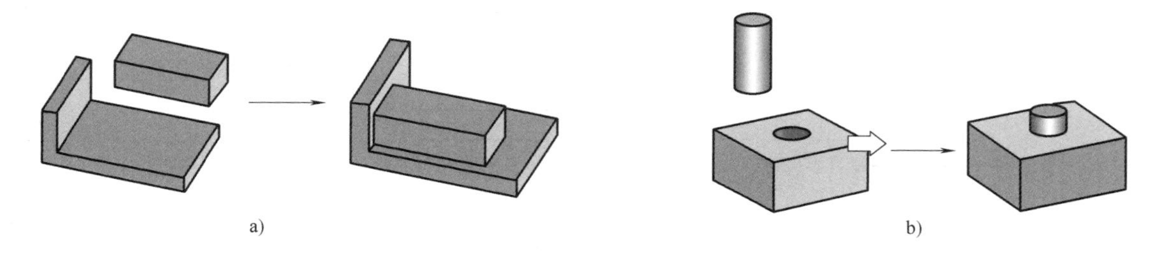

图 4.35　贴合约束
a) 平面贴合约束　b) 圆柱面贴合约束

(2) 对齐约束　对齐约束是组成件上某面与另一组成件上某面保持同向共面的关系（图 4.36）。与贴合约束的区别是，对齐约束的两个面法线方向相同，而前者两个面法线方向相反。对齐约束也可作用于两组成件的中心线。

(3) 距离约束　距离约束是指两组成件的两个面相互平行且相距一定的距离（图 4.36）。

(4) 角度约束　角度约束可以作用于两个面或两条线，使其形成某给定的角度，如图 4.37 所示。

(5) 相切约束　相切约束是指两个表面以相切的方式接触，至少要求其中的一个表面为曲面。图 4.38 所示的圆环外环面与平面相切，圆环内环面与圆柱面相切。

4.3.3　装配建模方法

装配模型有两种不同的建模方法，即自底向上和自顶向下的装配建模方法。

1. 自底向上的装配建模

自底向上（Bottom Up）的装配建模是一种传统的装配设计方法。如图 4.39a 所示，先

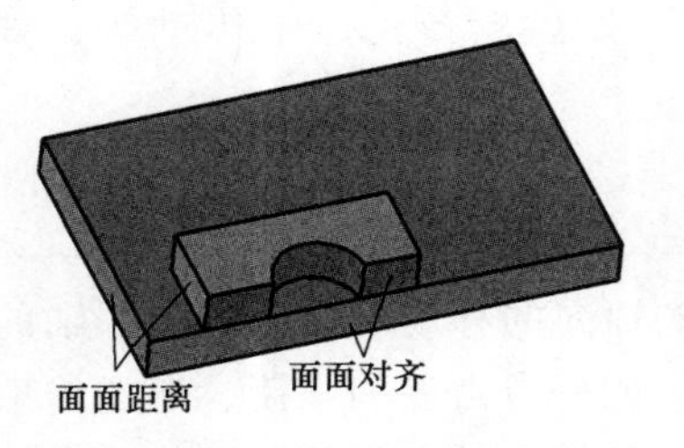

图 4.36　面面对齐约束与面面距离约束

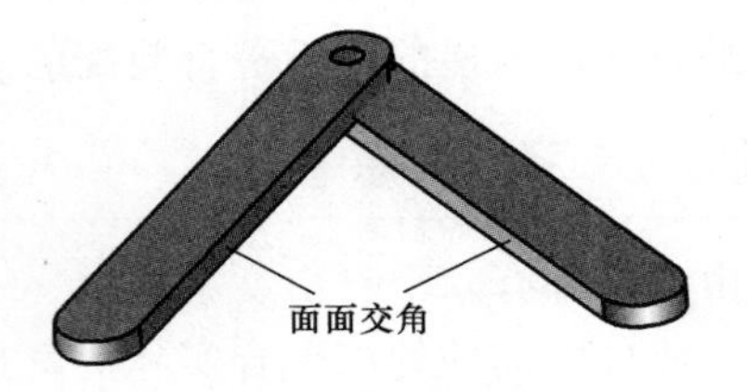

图 4.37　面面交角约束

图 4.38　相切约束

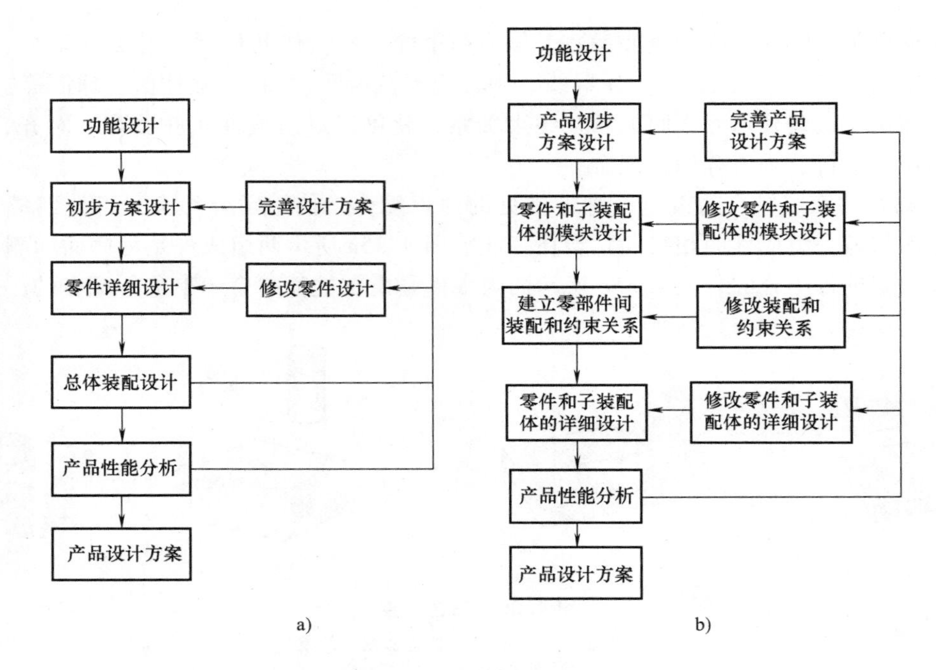

图 4.39　装配建模方法

a）自底向上的装配建模　b）自顶向下的装配建模

设计产品的零件或部件，然后再设计定义零部件间的装配关系，最终创建完成产品的装配模型。若在装配过程中发现事先设计的零部件不能满足装配要求，则需要修改零部件的设计，重新进行装配设计，如此反复，直至满足装配要求为止。

自底向上的装配建模方法的优点：设计思路简单，建模操作方便，容易被大多数设计人员理解和接受；零部件独立设计，相互间没有多少关联，装配关系简单，设计人员可专注于单个零部件的设计。

自底向上的装配建模方法的缺点：由于事先没有一个很好的装配规划和全局考虑，在零部件设计时未能考虑与其他零部件的影响，装配过程极易产生不满足装配要求等问题。例如：由于零部件间存在干涉而导致无法装配，从而需要对零部件重新进行设计修改，然后再装配。因此，这种建模方法需多次反复修改，建模效率较低。

2. 自顶向下的装配建模

自顶向下（Top Down）的装配建模，首先是设计好满足功能要求的产品初步方案，绘制产品装配草图，确定产品各组成件之间的装配和约束关系，完成装配层次的概念设计，并根据装配关系把产品分解成若干零部件，然后在装配关系的约束下，完成零部件的详细设计，如图 4.39b 所示。

与自底向上的装配建模方法相比较，自顶向下的装配建模方法具有如下特点：

1）建模过程是由抽象到具体逐步求精的过程，更符合产品设计过程。

2）可减少不必要的反复修改，提高了建模效率。

3）便于实现并行设计和协调设计，在产品总体功能设计的前提下，可并行开展子装配体的详细设计。

4）对设计人员和建模系统都有较高要求。

3. 装配建模方法的选用

上述两种装配建模方法互有特点，可根据具体产品建模要求选择合适的建模方法。

在系列产品设计或产品改进设计时，产品结构清晰，零部件的组成及其相互间的装配关系基本确定，设计时只需修改部分零部件结构或补充少量零部件即可，这种情况下采用自底向上的建模方法较为合适。

对于新产品设计，产品具体结构不太清晰，零部件组成不确定，零部件结构细节不可能具体，产品设计时需要从较为抽象、笼统的装配模型开始，逐步细分、逐步求精，这时采用自顶向下的建模方法较为合适。

当然，上述两种装配建模方法不是截然分开的，可以根据实际情况，综合运用这两种建模方法，如在部件级设计建模时采用自顶向下的建模方法，而在产品级设计建模中则采用自底向上的建模方法。

4.3.4 装配建模实例

SolidWorks 提供了自底向上和自顶向下两种不同的装配建模方法，下面以具体实例分别介绍这两种方法。

1. 自底向上装配建模实例

图 4.40 所示为联轴器的结构组成，包括主动头、从动头、十字块以及销轴等零件，试用 SolidWorks 系统提供的自底向上装配建模功能，建立该联轴器的装配模型。

建模思路：首先建立各组成零件的特征模型，然后按配合要求将各零件装配起来，完成联轴器的装配建模。

具体建模步骤如下：

1）分别设计各组成零件，建立各零件的特征模型（零件特征建模这里不再赘述）。

2）新建装配体文件，选择主动头作为基础件，单击装配工具栏中的“插入零件”按钮，将主动头插入装配体文件，放在屏幕适当位置，如图 4.41 所示。

3）插入十字块，并与主动头装配。单击“插入零件”按钮，插入十字块，放在屏幕任意位置；单击装配工具栏中“配合”按钮，定义两者的配合关系，使十字块销轴孔与主动头销轴孔“同轴心”配合，并使两者销轴孔孔端“重合”（图 4.42）；单击“确认”按钮，系统自动完成十字块与主动头的装配，形成子装配体，如图 4.43 所示。

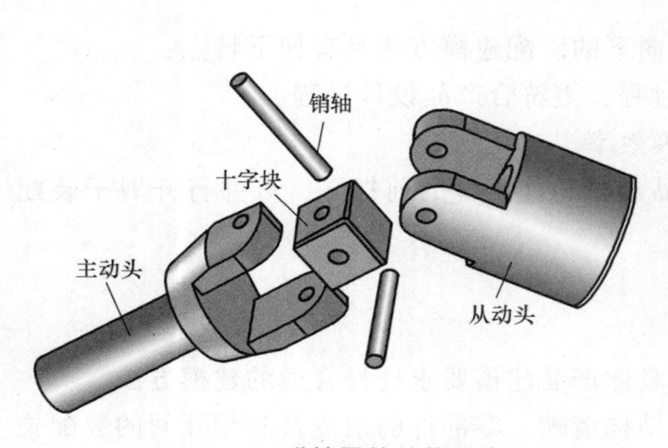

图 4.40　联轴器的结构组成

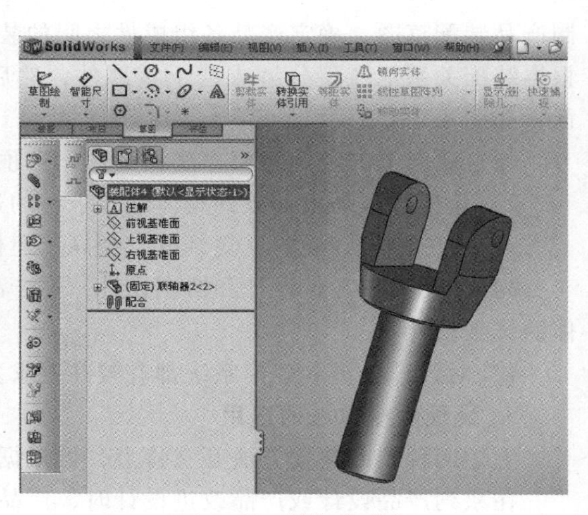

图 4.41　插入主动头

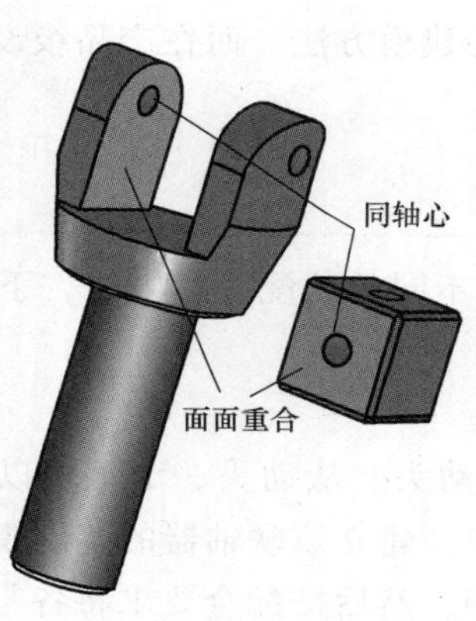

图 4.42　主动头与十字块配合

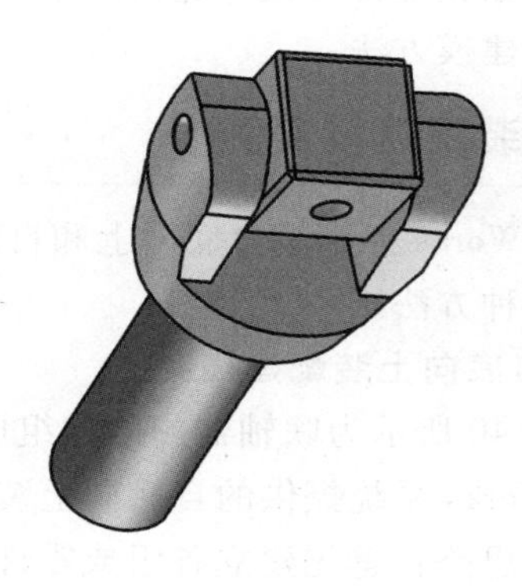

图 4.43　子装配体

4）插入销轴，并与子装配体装配。插入销轴，放置好位置；使销轴圆柱面与子装配体销轴孔面“同轴心”配合，并使销轴端面与子装配体外轮廓线“面线重合”（图 4.44）；单击“确认”按钮✓，完成销轴与子装配体的装配（图 4.45）。

5）插入从动头和另一销轴，分别完成这两个零件的装配，其过程与上述相同，不再赘述。至此，自底向上完成联轴器装配模型的整个创建过程，如图 4.46 所示。

2. 自顶向下装配建模实例

图 4.47 所示为万向轮，其组成零件包括固定板、支承架、塑胶轮、轮轴等，试用 SolidWorks 系统提供的自顶向下装配建模功能，建立万向轮的装配模型。

建模思路：在装配体文件的整体框架下，从固定板开始逐个设计各个零件，建立各零件

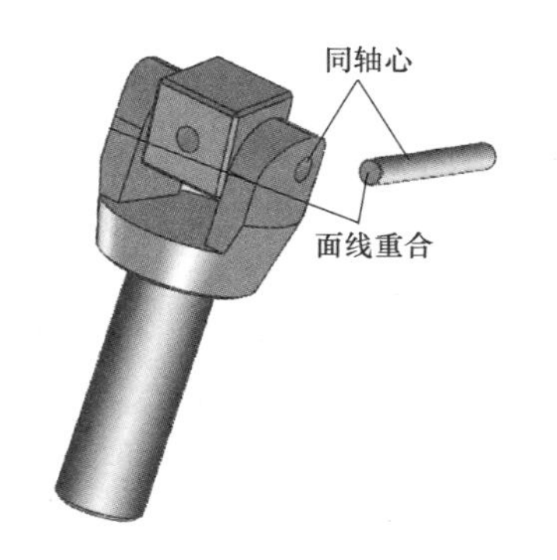

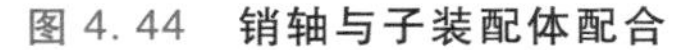
图 4.44　**销轴与子装配体配合**

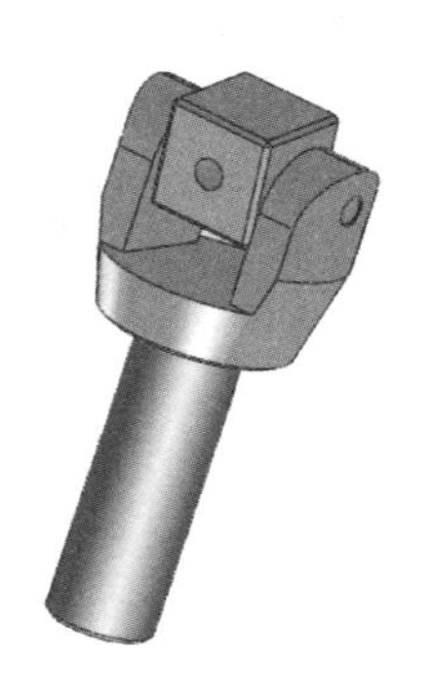
图 4.45　**销轴装配完成**

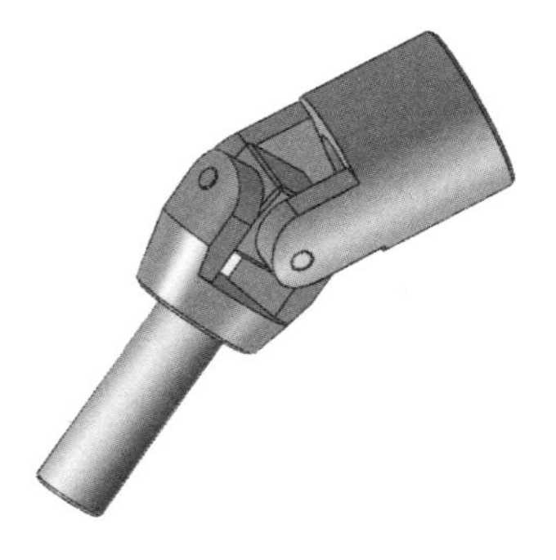
图 4.46　**联轴器完整装配模型**

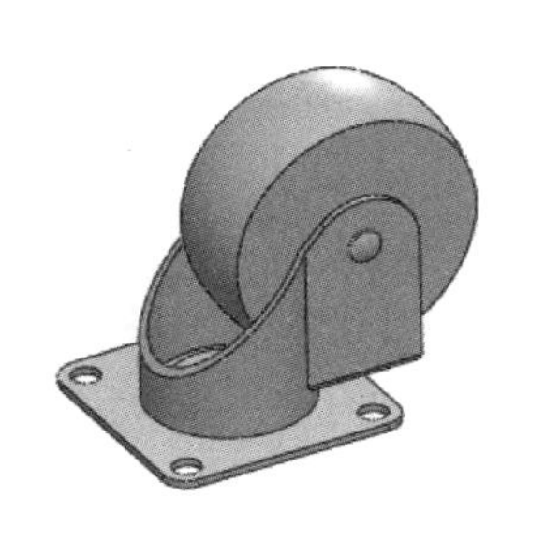

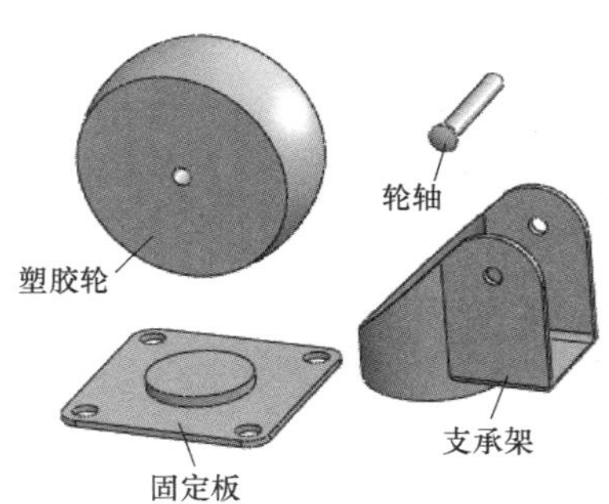

图 4.47　**万向轮及其零件组成**

的特征模型，最终构建成为一个装配体。

具体建模步骤如下：

1）新建装配体文件，名为“万向轮”，进入系统装配环境。

2）创建固定板零件。

① 在装配工具栏中，单击“插入新零件”按钮（注意：这里是插入新零件），命名为“固定板”，在界面左侧设计树中系统自动添加了“固定板”新零件名称。

② 选择界面左侧设计树中刚设定的“固定板”，然后单击“编辑零部件”按钮，系统便进入创建固定板特征模型的设计环境。

③ 在固定板设计环境中，选择前视基准面作为草绘平面，绘制图 4.48 所示的草图。

④ 单击“拉伸凸台”按钮，创建固定板底板实体；然后，在底板表面绘制草图并拉伸一个圆凸台，最终完成固定板的特征模型，如图 4.49 所示。

⑤ 单击“编辑零部件”按钮，结束固定板的编辑。

3）创建支承架零件。

① 在装配工具栏中，插入第二个新零件，命名为“支承架”。

② 在设计树中选择“支承架”，单击“编辑零部件”按钮，创建支承架的特征模型。

③ 以固定板表面为草绘平面，绘制圆筒草图，经拉伸、抽壳生成圆筒实体，如图 4.50 所示。

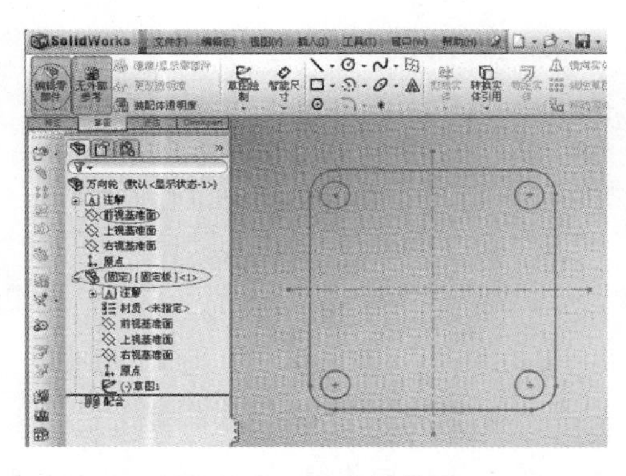

图 4.48 固定板草图

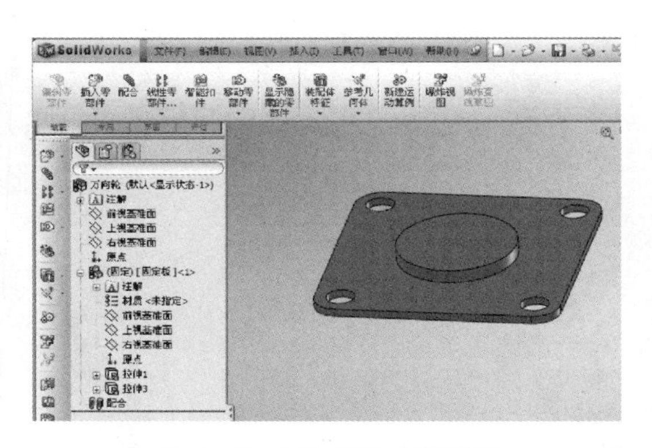

图 4.49 固定板的特征模型

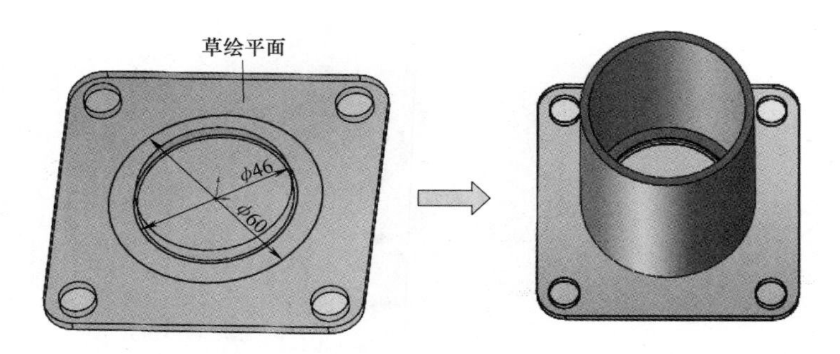

图 4.50 绘制草图并拉伸、抽壳生成圆筒实体

④ 仍以固定板表面为草绘平面，绘制柱形体草图，从草绘平面等距拉伸，生成如图 4.51 所示的柱形体。

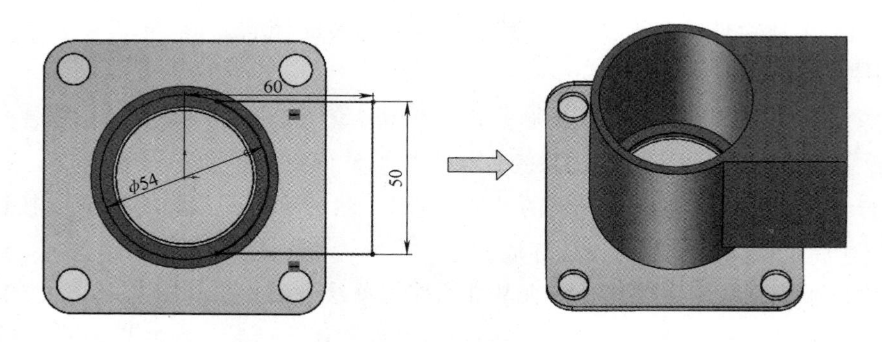

图 4.51 绘制轮廓柱形体草图并拉伸

⑤ 以上视基准面为草绘平面，绘制轮廓草图并拉伸切除，得到如图 4.52 所示的实体。

⑥ 单击“圆角“按钮，将柱形体底部两侧创建半径为 3mm 的圆角特征；应用拉伸切除，切除柱形体两侧轮轴孔，如图 4.53a 所示。

⑦ 以柱形体正面为草绘平面，绘制轮廓草图（图 4.53a），并拉伸切除，得到图 4.53b 所示的支承架特征模型。

⑧ 单击“编辑零部件“按钮，结束支承架的编辑。

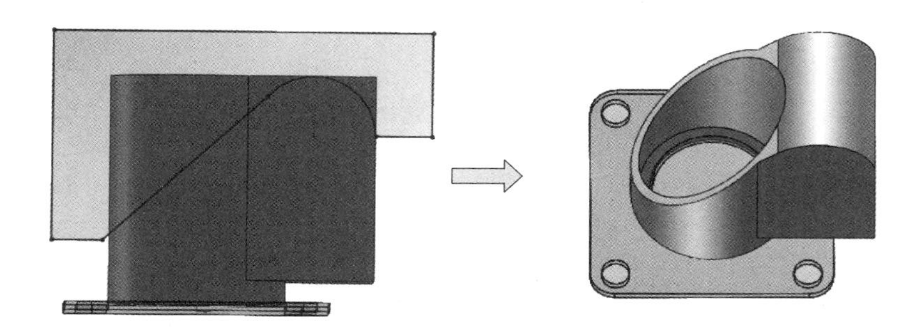

图 4.52　绘制轮廓草图并拉伸切除

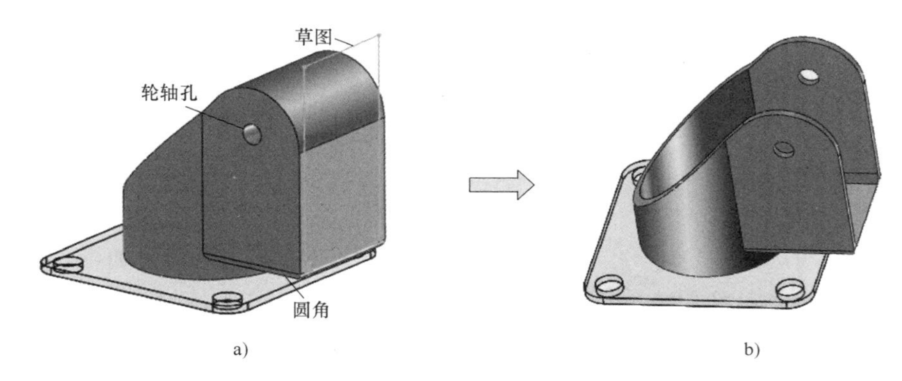

a)　　b)

图 4.53　支承架实体

4）创建塑胶轮零件。

① 在装配工具栏中，插入第三个新零件，命名为“塑胶轮”。

② 在设计树中选择“塑胶轮”，单击“编辑零部件”按钮，创建塑胶轮特征模型。

③ 借助系统“创建点”按钮，在支承架孔中心创建一个参考点；过该参考点创建一个与右视基准面平行的参考基准面，如图 4.54 所示。

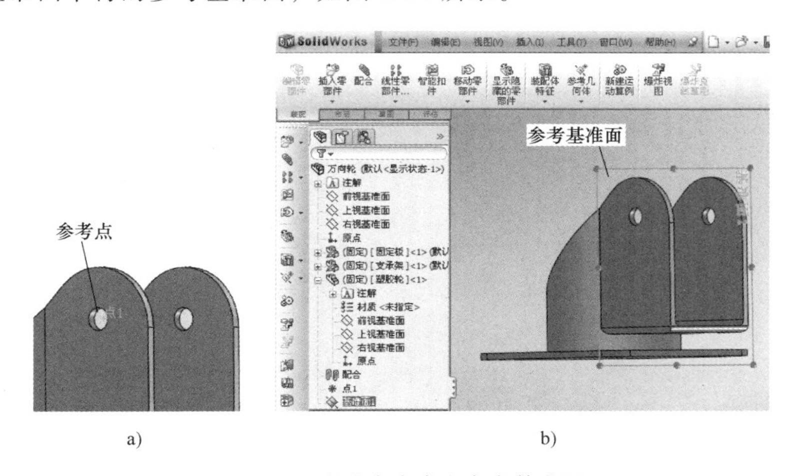

a)　　b)

图 4.54　创建参考点和参考基准面

a）创建参考点　b）创建参考基准面

④ 以参考基准面为草绘平面，绘制塑胶轮截面草图（图 4.55），并旋转草图，生成塑胶轮特征模型，如图 4.56 所示。

⑤ 单击“编辑零部件“按钮，结束塑胶轮的编辑。

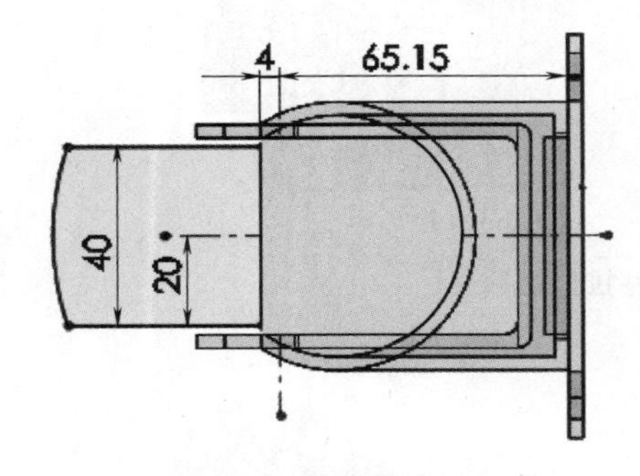

图 4.55　**绘制塑胶轮截面草图**

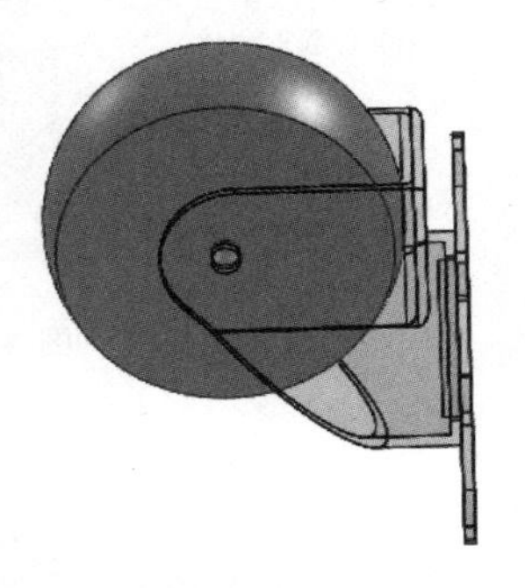

图 4.56　**旋转生成塑胶轮实体**

5）创建轮轴零件。

① 在装配工具栏中，插入第四个新零件，命名为“轮轴”。

② 在设计树中选择“轮轴”，单击“编辑零部件”按钮，创建轮轴特征模型。

③ 选择塑胶轮中的参考基准面为草绘平面，绘制草图并旋转，生成轮轴特征模型。

④ 单击“编辑零部件“按钮，结束轮轴的编辑。

至此，所有零件均设计完成，并最终自顶向下完成万向轮装配模型的建模过程，如图 4.57 所示。

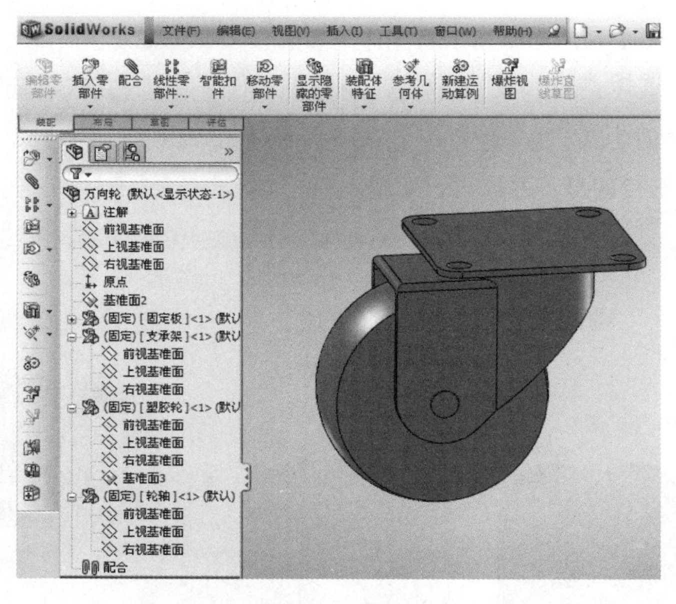

图 4.57　**创建完成的万向轮装配模型**

3. 两种建模方法的比较

通过上述两个装配建模实例，可以看出两种建模方法的差异。

（1）设计顺序　自底向上建模是事先设计好零件，然后在装配环境中调入各零件进行装配；自顶向下建模是在建模环境下依次进行各零件的设计，通过绘制草图，确定零件在装配体的位置，进行零件具体结构特征的设计。

（2）零件独立性　自底向上建模，各零件独立设计，相互间无设计关联；自顶向下建模，零件设计可以引用装配体中其他零部件的特征以及装配体文件的参考面、坐标系等，自动为新零件添加装配关系以及一些结构尺寸的关联，当所引用的参考特征改变或关键零部件改变时，引用它的其他零件将自动重建和更新。

（3）技术难度　自底向上建模，设计思路简单、操作方便，对设计人员的技术要求不高；自顶向下建模，建模方法不易把握，对设计人员要求较高，零件间相互关联，需调用较多的系统资源，会降低运行速度，有时当外部参考删除时会导致意外的设计结果。

4.4 ■ MBD模型

4.4.1　MBD模型的内涵

MBD（Model Based Definition，基于模型的定义）是一种将产品所有结构信息与制造工艺信息通过三维模型进行组织和定义的技术，是将原由二维工程图样所标注的产品结构尺寸、公差配合、技术要求等产品制造工艺信息（Product Manufacturing Information，PMI）全部标注在产品三维模型上，是一种完整的产品信息定义模型。MBD模型有效地解决了现代企业产品设计与制造过程中所面临的复杂产品信息表达与传递困难、产品数据管理烦琐、工程更改难以贯彻等问题，为产品设计与制造过程的信息集成提供了基于唯一数据源的有效解决方案。

MBD模型综合了三维几何建模和二维图样标注的优势，把两者融合到单一的MBD三维模型文件中，彻底打破了传统产品设计与产品制造过程间的壁垒，实现了真正意义上的设计与制造的一体化进程。与现有产品信息模型相比较，MBD模型具有如下特点：

1）挑战了二维工程图传统的权威地位。二维工程图作为全球通用的工程语言，行之有效，使用广范，但存在着不够直观、更新费时费力、与数字化制造应用脱节等局限。MBD作为产品数字化定义模型，被直接应用于产品设计与制造过程的信息传递和交流，为人们提供了一种新型信息媒介，避免了二维工程图所存在的诸多不便和障碍。

2）提高了产品数字化定义和应用的效率。MBD模型将产品相关的制造信息直接定义在三维模型上，完全摒弃了二维工程图的绘制和应用，大大地提高了产品设计与制造工作的效率。据报道，MBD模型的应用可使产品开发研制周期缩短30%~50%。

3）易于操作、便于理解。MBD模型仅需在常规三维模型上标注相关的制造工艺信息，易于操作上手；MBD模型通常以三维PDF文件形式进行发布，模型使用者可通过旋转、缩放、移动等操作，动态地读取模型中的三维几何结构和所标注的工艺信息，易于理解产品的设计意图。

4）利于建立并行、协调的工作环境。MBD模型的应用可使企业在产品设计、生产制造以及经营管理等不同生产环节使用统一的产品定义模型，可并行、协调地开展各自的工作，改善产品生产制造环境，提高企业产品内在的品质和市场竞争力。

4.4.2　MBD 模型数据内容及其管理

1. MBD 模型数据内容

MBD 模型是面向生产制造的产品定义模型，包括产品几何结构、零件明细、公差配合、制造精度、材料说明、版本历史等内容。美国机械工程师协会在 ASME Y14.41—2003 标准中指出，MBD 模型数据包含设计模型、注解和属性三个组成部分，如图 4.58 所示。其中，设计模型是为满足产品结构形状要求而构建的拥有尺寸标注的产品三维实体模型，它包括基准坐标参考体系、产品的几何形状特征、辅助几何特征等；注解包括尺寸公差、表面粗糙度、焊接符号、材料明细栏、技术要求、标题栏等二维工程图中常见的各类制造工艺信息（PMI）的标注，是产品模型中不需要经过任何操作即为可视的信息内容；属性则是模型中没有直接显示出来的附加产品信息，也是用于产品制造和检验过程的基本信息，对产品模型的完整定义起到了补充和完善的作用。注解与属性在某些方面有一定的重合，但属性必须经过人为操作才能将其从产品模型特征中显示出来。

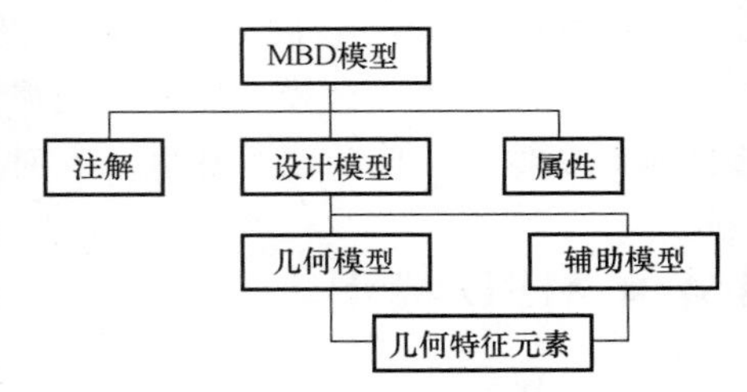

图 4.58　MBD 模型数据内容

2. MBD 模型的数据管理

MBD 模型完整地记载了产品设计和制造工艺等方面的信息内容。如何有效、有序地表达和显示这些信息是 MBD 模型必须实现的数据管理功能，以使模型用户能够更好地认识和理解产品设计的意图、方法和过程，为使用产品模型数据提供良好的入口。

MBD 模型的数据管理与企业产品的数据管理有所不同。后者管理的最小数据单元是零件，管理的目标是解决产品与零件之间的关系问题；而 MBD 管理的数据则是构成产品的各种元素，如几何元素、注解元素、参考几何体等，这些信息元素是构成完整产品模型定义的组成部分，它们之间既相互独立，又相互关联。正是基于这种信息元素的管理，便使 MBD 模型信息有序可控。

目前，市场上主流的 CAD/CAM 系统都提供有三维标注和 MBD 建模功能，如 CATIA 的 FT&A（Functional Tolerancing & Annotation）模块、UG 的 PMI 模块、SolidWorks 的 DimXpert 模块等。虽然各系统对 MBD 模型数据管理的技术不尽相同，但总体上有如下几种数据管理方法：

（1）基于特征树的管理　它是利用产品设计特征树来组织管理 MBD 模型的所有数据信息，通过特征树将产品的几何模型、辅助模型、注解信息、相关设计数据与附加元素融合在一起，为模型数据管理提供接口。

（2）基于层表或视图的管理　它是将产品不同类别的信息分别建立在不同的层表或视图中，通过层表或视图过滤器的作用，实现对产品信息元素的分类控制。

（3）特征树与层表或视图的共同管理　在数据组织分类管理方法中，特征树法从理论上可以实现对所有信息元素的分类管理控制功能，但还不能像层表或视图过滤法那样进行灵活组合应用。为此，目前多数系统采用特征树与层表或视图共同管理的方法。

4.4.3　SolidWorks 系统 MBD 建模技术

1. SolidWorks 系统 MBD 模型数据的组织管理

SolidWorks 系统是借助于产品设计特征树来组织管理 MBD 模型数据的。该系统应用产品设计特征树将产品模型各类数据结点进行关联，将产品的几何模型、特征描述、注解数据以及相关属性融合在一起，为产品数据模型的定义提供了系统接口。

图 4.59 所示为连接块的 MBD 模型，在其左侧的产品设计特征树中包含产品修订历史结点、设计基准结点、产品实体结点以及 PMI 注解结点等，通过这些结点可以快速查询产品模型相关的定义信息。其中的注解结点文件夹Annotations 就是 SolidWorks 系统用来组织管理 MBD 模型 PMI 信息的。

由图 4.59 可见，文件夹中包含 MBD 模型若干注解视图。其中带有星号（*）的视图为默认注解视图，如“*Top”“*Front”和“*Bottom”，即为在 MBD 模型构建过程草图或几何特征尺寸标注时，系统自动将该尺寸所在平面方向的视图作为文件夹中的默认注解视图；其中的“Section View”注解视图，是根据模型注解需要由用户创建而成，可以有一个或多个这种用户创建的注解视图；其中的“未指派项”注解视图，是提供给那些无法与默认视图方向对齐的某些标注尺寸所用。此外，文件夹中还有一个“2D Notes”文件夹，其中的“Notes Area”注解视图是一个二维注解视图，不论 MBD 模型如何旋转变换，它始终保持与屏幕平行，根据需要可自由添加多个类似的二维注解视图。

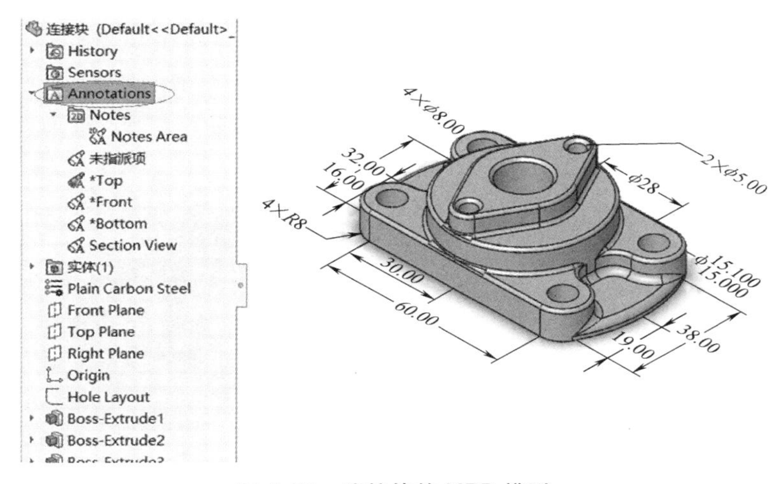

图 4.59　连接块的 MBD 模型

由此可见，SolidWorks 系统 MBD 模型的 PMI 信息是以注解视图的形式表示的：每一个视图平面均为 MBD 模型三维空间所定义的平面；一个视图平面可定义有若干条三维 PMI 信息；不同角度与方位的 PMI 信息需要有不同的注解视图；每条 PMI 信息均与模型中的几何特征紧密关联；每个注解视图的名称可采用与它所包含的 PMI 信息最合适的名称进行命名。这种 SolidWorks 系统 MBD 数据的组织管理方法，易于理解，便于模型的快速浏览及共享调用。

2. SolidWorks 系统三维 PMI 信息的标注

SolidWorks 系统对于 MBD 模型非几何信息 PMI 的标注，除了应用草图绘制的智能尺寸标注工具之外，还提供了 DimXpert 标注工具。DimXpert 能够在三维环境下自动识别模型的几何特征，可根据模型特征的拓扑关系自动生成模型尺寸及公差的标注方案，并依据 ASME 或 ISO 标准以及用户设置要求进行模型尺寸及公差的标注。

例如：应用 DimXpert 自动尺寸方案标注功能，对图 4.60 所示的零件进行自动标注。首先根据 DimXpert“自动尺寸方案”提示对话框设置零件的类型（棱柱形）、公差类型（形位公差[⊖]）以及所标注尺寸的阵列关系（线性），并选择主要基准、第二基准以及待标注尺寸的范围（所有特征），然后单击“确定”按钮，系统便对所选定的标注特征进行自动识别及计算标注方案，最终将识别生成的尺寸标注方案显示出来，如图 4.61 所示，并在左侧的 DimXpert 标注特征树中列出每个与图形区标注尺寸所对应的标注特征。由 DimXpert 自动尺寸方案所完成的尺寸标注可能与期望不一致，对此可人为地进行修改和调整。

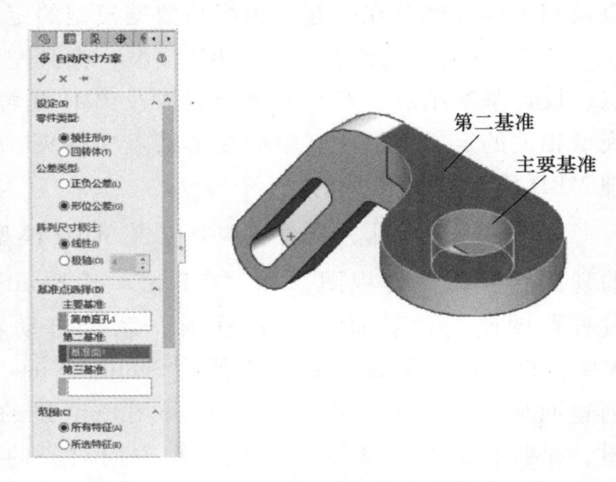

图 4.60　DimXpert 自动尺寸方案标注设置

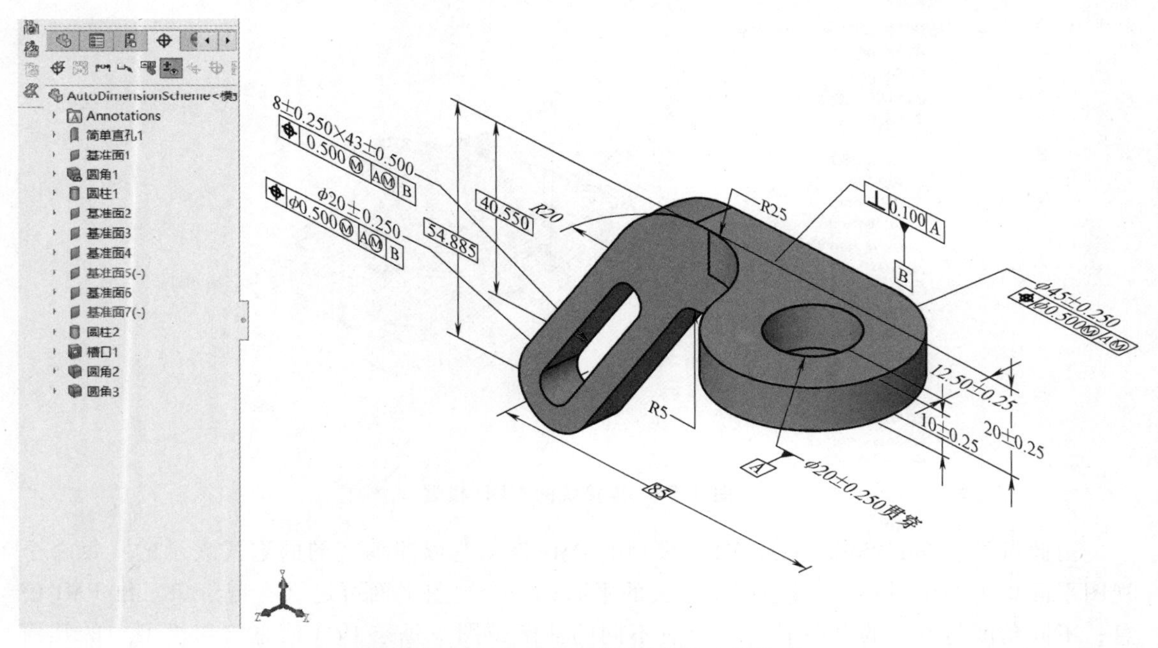

图 4.61　DimXpert 自动尺寸标注方案生成

⊖ 根据国家标准，“形位公差”一词已修改为“几何公差”一词，为与软件界面保持一致，此处仍用“形位公差”一词。

DimXpert 是一个系列的智能标注工具，有自动尺寸方案标注功能，也可手动生成 DimXpert 尺寸及公差。自动尺寸方案的标注范围可选择模型所有特征，也可选择部分特征。手动标注 DimXpert 尺寸命令包含不同的尺寸类型，如图 4.62 所示。MBD 建模通常采用自动尺寸方案与手动标注相组合的方法，可灵活完成不同情形下 PMI 信息的标注。

3. SolidWorks 系统环境下 MBD 建模实例

下面将以某一零件 MBD 建模为例，应用 SolidWorks 系统具体介绍零件 MBD 模型的建模技术。

（1）建立零件三维几何模型　启动 SolidWorks 系统，创建图 4.63 所示的斜面支架三维几何模型。

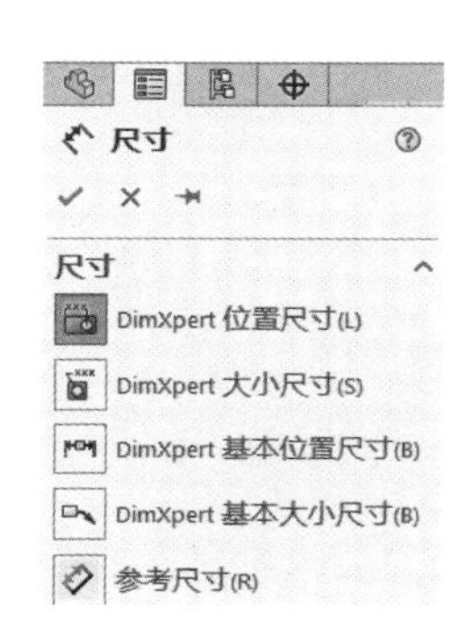

图 4.62　DimXpert 尺寸类型

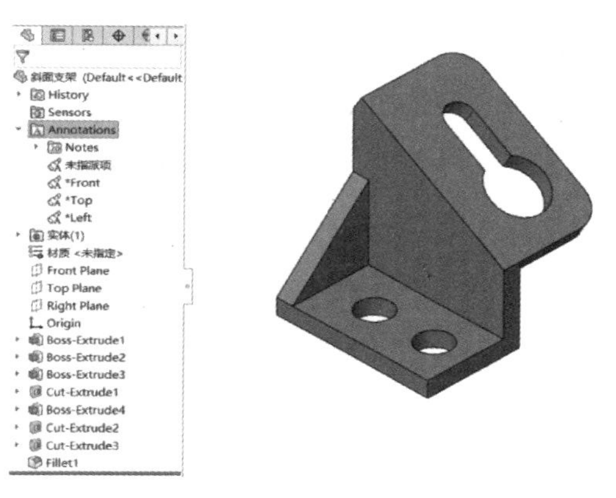

图 4.63　斜面支架三维几何模型

（2）系统标注工具 DimXpert 的设置　MBD 建模的主要任务是在产品三维几何模型基础上标注产品的 PMI 信息，可应用 SolidWorks 系统的标注工具 DimXpert 来完成模型 PMI 信息的标注。为此，首先需要对系统工具 DimXpert 的文档属性参数进行设置，它包括尺寸单位、文字比例以及不同加工条件下的公差等级、规定公差及公差标注形式等。应用系统菜单“工具”/“选项”⚙/“文档属性”的设置界面，对 DimXpert 相关属性参数进行一一设置（略）。

（3）组织整理 MBD 模型的注解视图　MBD 模型含有不同的注解视图，每一个注解视图是由与该视图平面平行的若干 PMI 信息载体组成的，每一条 PMI 信息可由草图特征尺寸、参考尺寸、DimXpert 标注尺寸或其组合所构成。

在图 4.63 所示的零件设计特征树中的注解结点 [A] 中已包含了三个默认注解视图，即 *Front（前视）、*Top（俯视）、*Left（左视），这是在零件几何建模过程的草图特征尺寸创建时自动生成的默认注解视图，如图 4.64 所示。除了上述默认的注解视图之外，该模型还缺少零件斜面方向上的 PMI 信息，为此还应补充该方向上的注解视图。

1）创建补充注解视图。右击设计特征树中注解结点 [A]，在弹出的快捷菜单中选择“插入注解视图”选项，在其对话框的“注解观阅方向”选项中单击“选择”，在“方向参考”中单击模型上的大斜面作为待建注解视图的标注平面，如图 4.65 所示。

2）移动草图尺寸。单击图 4.65 所示对话框中的“下一步”按钮，在新弹出的对话

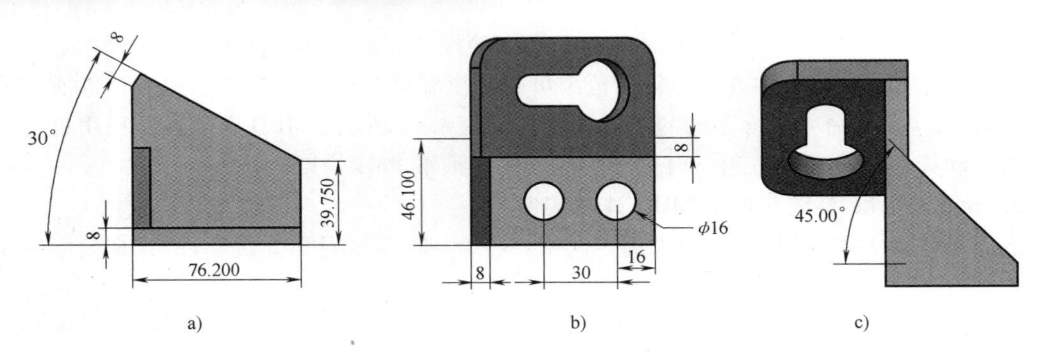

图 4.64　三个默认注解视图

a) * Front 注解视图　b) * Top 注解视图　c) * Left 注解视图

框中单击“选择所有与观阅方向平行的注解”按钮，便将零件几何模型斜面上所有的标注尺寸移动到“要移动的注解”中，如图 4.66 所示。

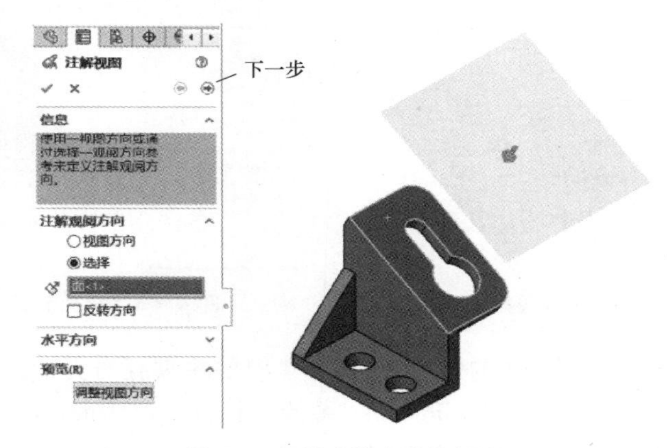

图 4.65　创建补充注解视图

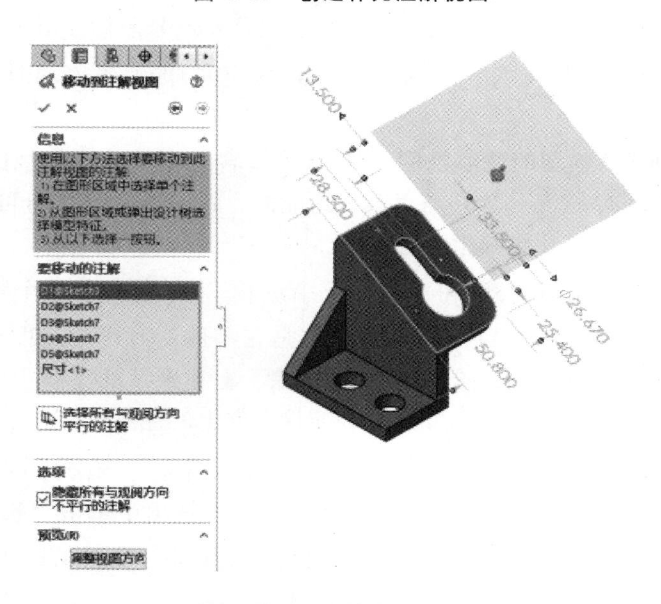

图 4.66　移动草图尺寸

3）单击“确定”按钮 ✓，可在设计特征树中看到注解结点 [A] 文件夹内添加了“注解视图 1”，如图 4.67 所示。注解视图 1 中的 PMI 信息如图 4.68 所示。

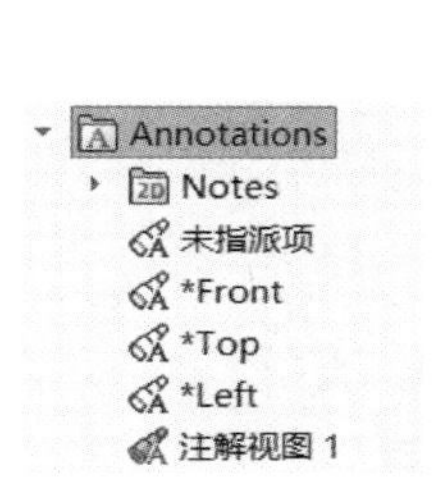

图 4.67　新添注解视图

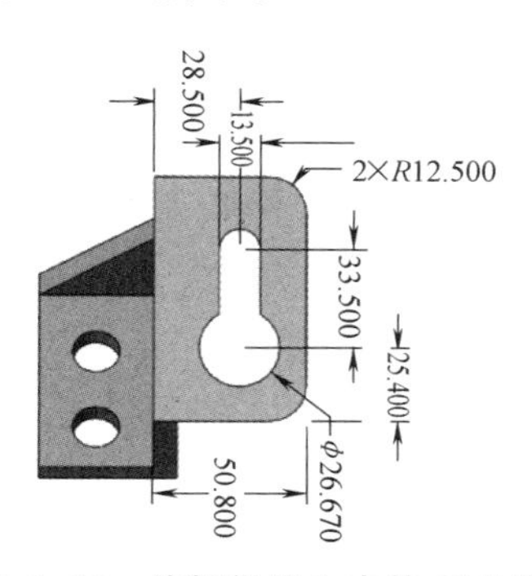

图 4.68　注解视图 1 中的 PMI 信息

（4）捕获 3D 视图　为了便于获取模型相关的 PMI 信息，需要从上述已完成的各类注解视图中捕捉不同配置和显示状态的注解视图，以构建 MBD 模型 PMI 信息的 3D 视图。为此，激活 SolidWorks 工作界面左下角的“3D 视图”选项卡，并应用该选项卡中的“捕获 3D 视图”按钮 来捕获所需的 3D 视图。

1）捕获“*Front”注解视图。激活并重新定向“*Front”注解视图，调整视图的大小，直至完全布满整个图形区为佳。单击“捕获 3D 视图”按钮 ，被激活的“*Front”注解视图即被选中，并在屏幕下方“3D 视图管理区”生成“*Front”3D 视图的缩略图，如图 4.69 所示。单击“确定” ✓ 按钮，便完成“*Front”视图的捕获。

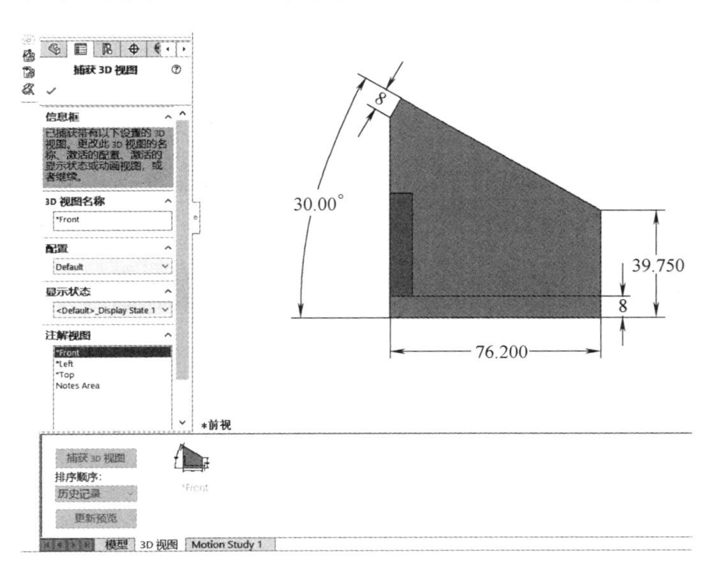

图 4.69　捕获“*Front”注解视图

2）重复操作。完成“*Top”“*Left”“注解视图 1”全部 3D 视图的捕获。

3）捕获零件模型等轴测 3D 视图。将零件模型转换为“等轴测”图显示状态，并调整其大小，使图形布满整个图形区域，单击“捕获 3D 视图”按钮 ，再单击“确定”按钮 ✓，便完成“等轴测”3D 视图的捕获。

4）3D 视图的激活（图 4.70）。双击“3D 视图管理区”内某 3D 视图缩略图，便将该 3D 视图激活并在图形区显示该视图的所有特征，该缩略图也显示一蓝色外框。可对现有 3D 视图显示状态进行修改，修改后再重新进行 3D 视图的捕获。

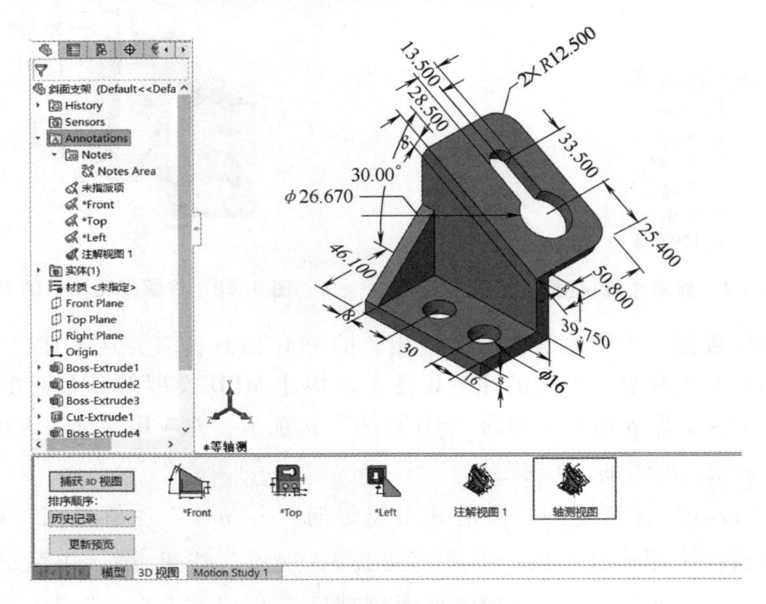

图 4.70　3D 视图的激活

（5）PMI 信息发布　一旦完成 MBD 模型中所有注解视图以及 3D 视图的整理工作，便可将已建 MBD 模型中的 PMI 信息对外进行发布。通过发布，将 MBD 模型中包含 PMI 信息的每个 3D 视图转换为中性文件格式，以便用户用其他阅读工具进行浏览与共享。SolidWorks 系统可将 MBD 模型的 PMI 信息通过“3D PDF 格式”“eDrawings 格式”以及“STEP 242 格式”进行发布，这里不再赘述。

本章小结

机械产品建模是对现实产品及其属性进行描述、处理和表达的过程，所建立的模型应包含产品结构的几何信息、拓扑信息以及工艺、管理等非几何信息。

常用的机械产品数字化模型有三维几何模型、三维装配模型以及 MBD 模型。其中，三维几何模型包括线框模型、表面（曲面）模型、实体模型和特征模型，主要是描述产品几何结构的模型；三维装配模型是反映产品结构组成以及组成件相互配合约束关系的模型；MBD 模型是将产品结构信息和工艺及管理信息全部标注在三维模型之上的全信息模型。

线框模型通常采用棱边表和顶点表数据结构；表面模型采用面表、棱边表和顶点表数据结构，实体模型常用 B-Rep 和 CSG 综合表示方法；特征模型是以实体模型为基础，以功能特征为基本单元，具有丰富的工程含义，便于理解设计意图。

装配模型有自底向上和自顶向下两种不同的建模方法。前者是先设计好每个零件，然后进行装配，常用于产品结构比较确定的产品建模；后者是在装配建模环境下依次设计每个零件，由设计过程保证零件在装配体的位置及相互装配关系，常用于产品结构不太清晰的新产品设计。

MBD 模型综合了三维几何模型和二维工程图的优势，把两者融合到单一的 MBD 三维模型中，为产品设计制造过程一体化提供了唯一的数据源。

MBD 模型是一种将产品所有结构信息与制造工艺信息通过三维模型进行组织和定义的技术，是将原由二维工程图样所标注的产品结构尺寸、公差配合、技术要求等产品制造工艺信息（PMI）全部标注在产品三维模型上，是一种完整的产品信息定义模型。

思考题

1. 在计算机图形学中，几何形体通常用哪些几何元素进行表示？它们之间的拓扑关系如何？

2. 什么是正则形体和正则集合运算？正则集合运算与普通集合运算有怎样的关系？

3. 如何应用欧拉公式检验几何形体的有效性？自行设计一个三维形体，用欧拉公式检验其有效性。

4. 机械产品模型中蕴含哪些信息？试举例说明。

5. 有哪些常用的机械产品数字化模型？试从模型表示、模型特点以及功能作用等方面对这些模型进行分析比较。

6. 线框模型和表面模型采用的是什么数据结构？有何优缺点？

7. 分析实体建模的原理与特点，如何定义实体模型的基本体素？

8. 实体模型表示方法主要有 B-Rep 和 CSG，两者各采用什么数据结构？有哪些优缺点？

9. 试分析一个具体的机械零件，它由哪些基本体素构成？试用 CSG 二叉树数据结构表示该零件的实体模型。

10. 什么叫特征？在零件信息模型中包含哪些特征类型？试列举机械零件中常见的形状特征。

11. 简述特征建模的基本步骤，试用一款 CAD/CAM 软件系统创建某一机械零件的特征模型。

12. 产品装配模型包含哪些信息？试分析产品结构装配树的特点以及产品装配模型中的装配和约束关系。

13. 简述自底向上装配建模和自顶向下装配建模的方法与原理，其各有什么特点？

14. 试用 CAD/CAM 软件系统，采用自底向上建模方法，创建一个简单的机械产品的装配模型。

15. 什么是 MBD 模型？它有什么功能和特点？

16. 试分析 MBD 模型数据内容及其组织管理方法。

第5章 计算机辅助工程分析

重点提示：

工程分析是评价设计方案的可行性，证实所设计产品或系统功能可用性和性能可靠性的一个重要环节。本章在分析计算机辅助工程分析技术内涵及其功能与作用的基础上，着重介绍有限元分析、优化设计和仿真模拟几种最常用的工程分析技术，阐述其基本原理和作业流程，并以具体实例介绍这些工程分析方法的实际应用。

计算机辅助工程分析（CAE）是集计算力学、计算数学、信息科学、计算机图形学等相关科学与技术为一体的综合性工程技术，是应用计算机及相关软件系统对所设计的产品或系统性能、未来工作状态、运行行为以及安全可靠性进行验证分析的技术手段，现已成为现代产品或系统设计过程中的一个重要环节。CAE的功能范畴较为宽泛，涉及的内容繁多，限于篇幅，本章仅介绍有限元分析、优化设计和仿真模拟这三种最常用的工程分析方法的基本原理及其技术实现。

5.1 ■ 概述

5.1.1　CAE 的内涵

计算机辅助工程分析（Computer Aided Engineering，CAE）是应用计算机及相关软件系统对产品的性能与安全可靠性进行分析，对其未来的工作状态和运行行为进行模拟仿真，以便及早发现设计中的缺陷，证实所设计产品或系统的功能可用性和性能可靠性。工程分析是产品设计过程中的一个重要环节。它从产品方案设计开始，按照产品的实际使用条件对所设计产品的结构和性能特性进行分析和仿真，根据分析结果以及产品性能要求来评价设计方案的可行性以及设计方案的优劣，试图获得满足条件要求的最佳设计方案。

根据统计表明，产品设计对产品成本的影响占到产品整个制造过程影响的 60%~70%，获得满意的设计方案是每个设计人员所追求的目标，工程分析正是实现这一目标的有效途径。在计算机引入工程分析之前，产品设计过程中的分析计算是由人工来完成的，即采用传统的计算工具和分析方法由设计人员手工进行，仅能根据一些简单的经验公式定性比较不同方案的优劣。而产品设计分析计算工作量往往很大，且很复杂，用手工方法常常无法完成，只能依据设计人员的经验进行类比设计，选用较大的安全系数来保证产品的安全性和可靠性，这样必然导致产品结构粗大笨重，生产成本居高不下，达不到应有的经济目的。随着计算机及其应用技术的发展，人们将计算机技术与工程分析技术相结合，便形成了计算机辅助工程分析（CAE）技术。

CAE 的概念从广义上说，它包括产品设计、工程分析、数据管理、试验仿真以及加工制造等内容，美国制造工程师协会曾将其作为计算机集成制造（CIM）技术进行构造；而从狭义上说，CAE 是指用计算机对产品性能及其安全可靠性进行分析的一项工程技术。本章所介绍的内容仅为狭义层面上的 CAE。

5.1.2　CAE 的作用

CAE 作为一种集计算力学、计算数学、信息科学、计算机图形学等相关科学与技术的综合性工程技术，是支持设计人员进行创新研究和创新设计的重要工具和手段。它对教学、科研、设计、生产、管理、决策等部门都有很大的应用价值。一方面，CAE 的应用可使许多受条件限制而无法分析的复杂问题，通过计算机数值模拟得到满意的解答；另一方面，可使大量繁杂的工程分析问题简单化，使复杂的过程层次化，节省了大量的时间，避免了低水平重复工作，使工程分析作业更快、更准确地得到实施。

目前，CAE 已广泛应用于国民经济的各个领域，如船舶、汽车、飞机、电站、水坝、桥梁、隧道等，在工程和产品的设计、分析以及新产品开发等方面发挥了重要作用。CAE 的作用可以归纳为如下几个方面：

1）增加了设计功能，可提高产品设计的合理性，减少设计成本。

2）可在产品开发早期洞察产品的性能，更改产品设计，减少设计反复，缩短产品的开发周期。

3）可定量比较设计方案的优劣，以获取最佳的设计方案，保证产品设计质量。

4）以“虚拟样机”替代“物理样机”进行各种仿真试验，可降低资源消耗，减少试验时间和经费，可预测产品整个生命周期的可靠性。

5）可根据设计方案对产品性能的影响来制定设计决策，帮助设计团队管控风险。

6）集成的 CAE 数据和过程管理，可提高设计团队的设计开发能力。

5.1.3　CAE 涉及的功能范畴

机械工程领域的 CAE 主要包含如下功能范畴：

（1）有限元分析　有限元分析可分为静力学分析和动力学分析。静力学分析有各种线性与非线性结构的弹性、弹塑性、蠕变、膨胀、疲劳、断裂、损伤以及弹塑性接触在内的应力应变分析等；动力学分析包括各种线性与非线性动载荷、爆炸以及冲击载荷作用下的振动模态分析，交变载荷与谐波响应分析，随机振动分析，屈曲与稳定性分析等。

（2）优化设计　在满足设计、工艺约束条件下，对产品几何结构、工艺参数、形状参数等进行优化设计，使产品结构性能、工艺过程达到最优化。

（3）仿真模拟　应用运动学、动力学理论与方法，对运动机构和产品数据模型进行运动学、动力学仿真，检验机构可能存在的运动干涉以及产品性能的运行状态。

（4）在电磁场、电流场、热力场、流体场以及声波场领域的应用　它包括静态和交变的电磁场分析、电磁结构耦合分析、热传导分析、相变分析、热流耦合分析、静态和动态声波及噪声分析等。

在机械工程领域，应用最多的计算机辅助工程分析为有限元分析、优化设计以及动态仿真模拟等。

5.2 ■ 有限元分析

5.2.1　有限元法的基本思想及分析步骤

1．有限元法的基本思想

有限元分析是一个化整为零进行单元分析，再积零为整进行整体分析的过程。如图 5.1 所示，有限元法将一个形状复杂的连续结构体进行离散化，划分为若干有限个小单元，这些小单元通过有限个节点相互连接，承受等效的节点载荷（化整为零）；在每个小单元中，根据平衡条件和精度要求，选用合适的函数近似表达单元的力学或其他特性，建立单元平衡方

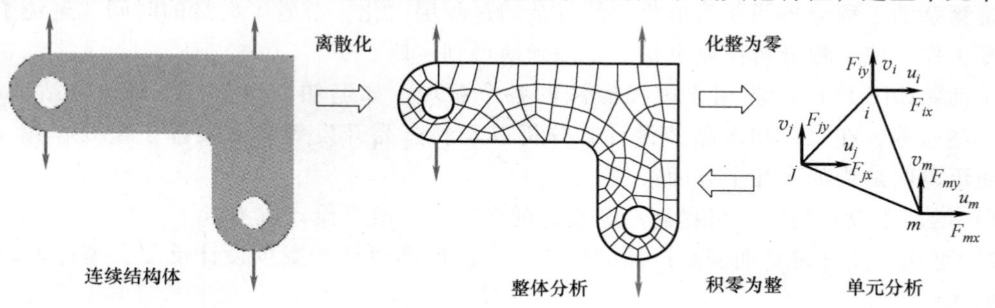

图 5.1　有限元法的基本思想

程（单元分析）；根据各单元间的连接关系，联立所有单元平衡方程，构建结构体的整体方程组（积零为整）；求解整体方程组，得到所求结构体的结构特征（整体分析）。由于离散单元的个数有限，节点数目也是有限的，所以称为有限元法。

有限元法是以数值计算代替了传统的类比经验法设计，使产品设计模型及其性能的分析计算方法产生了深刻的变化。随着有限元分析技术在工业领域应用的广度和深度不断加大，它在提高产品设计质量、缩短开发周期、节约开发成本等方面发挥了越来越重要的作用。目前，在机械产品设计开发中，有限元分析的对象已由单一零件扩展到系统级的装配体，如飞机、汽车等整机的分析仿真。同时，分析的领域已不再仅仅局限于结构力学，已涉及流体力学、热力学、电磁学、多场耦合等更加丰富的物理空间。目前，有限元分析技术理论仍在不断发展中，有限元分析软件系统功能也在不断地完善和提高，应用越来越普及，使用操作越来越方便。

2. 有限元法分析步骤

有限元法有位移法和力法两种基本分析方法。以应力计算为例，位移法是以节点位移为基本未知量，选择适当的位移函数，进行单元力学特性分析，建立单元刚度方程及刚度矩阵，由单元刚度矩阵合成整体刚度矩阵，建立整体刚度方程，求解方程，可得到各个单元的节点位移，继而根据已求得的节点位移，进一步求取单元应变和应力；而力法则是以节点力为基本未知量，建立位移连续性方程，解出节点力之后，再计算节点位移和单元应力。一般而言，位移法的计算比较简单，在机械结构有限元分析时被较多采用，其分析过程包括结构离散、单元分析、整体合成、计算求解等步骤，其中单元分析最为关键，需先后建立位移方程、几何方程、物理方程、刚度方程等，以便推导出单元刚度矩阵，如图 5.2 所示。

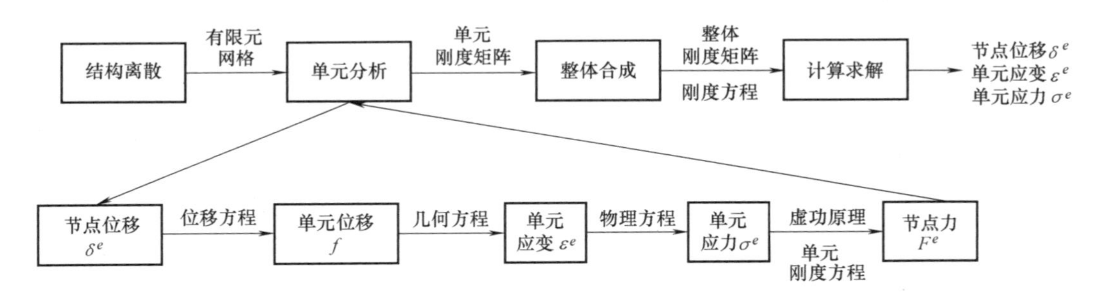

图 5.2　有限元法分析步骤

（1）结构离散　结构离散又称为网格划分，这是有限元分析过程中一个最重要、最复杂、最耗时的步骤。它将原有连续的结构形体离散为在节点处相互连接的由有限个单元组成的结构网格（图 5.1）。这种有限元网格有多种不同的单元类型，如图 5.3 所示。平面问题常用的有限元单元有 3 节点三角形单元、6 节点三角形单元、4 节点四边形单元以及 8 节点曲边四边形单元等；常用的三维实体单元有 4 节点四面体单元、10 节点四面体单元、8 节点六面体单元、20 节点六面体单元等。

由于实际机械结构往往很复杂，即使对结构进行了简化处理，仍难用单一的单元来描述。因此，在对机械结构进行有限元分析时，必须选用合适的单元并将不同单元进行合理的搭配来对连续结构形体进行离散化处理。单元划分越小，网格越细，网格模型与实际结构接

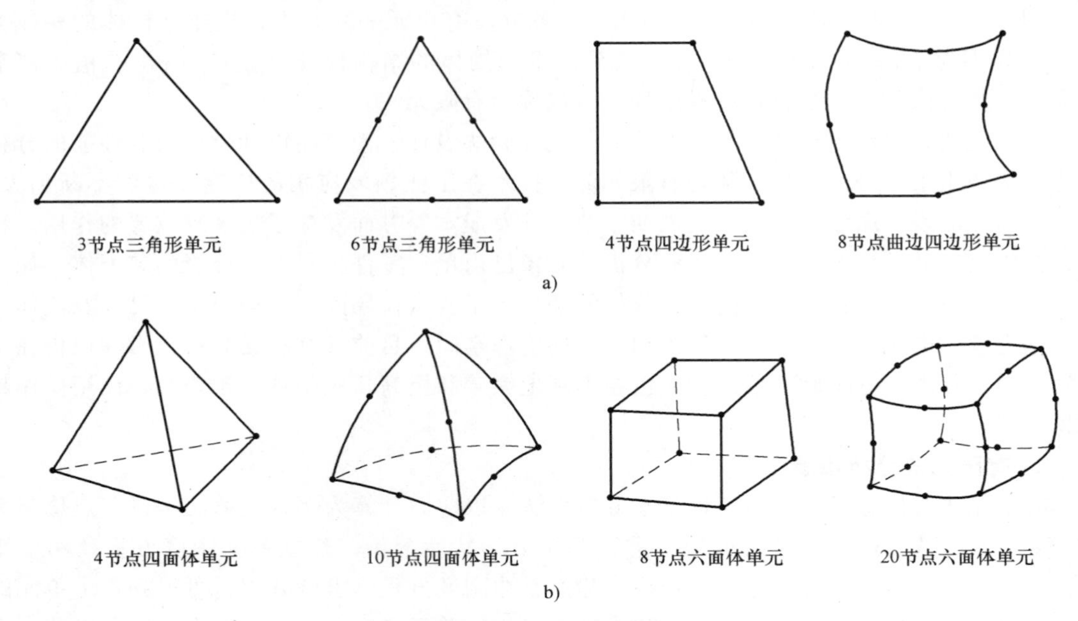

图 5.3　有限元分析常用单元

a）平面单元　b）三维实体单元

近程度越好，计算结果也越精确，但计算工作量将呈几何级数增加。为此，在进行网格划分时，可将重点结构部位的网格划分得密集一点，一般部位的网格划分得稀疏一点，以便使所建立的网格模型尽量与实际结构接近，又不至于有过重的计算负担。图 5.4 所示为活塞体四分之一单元网格模型。

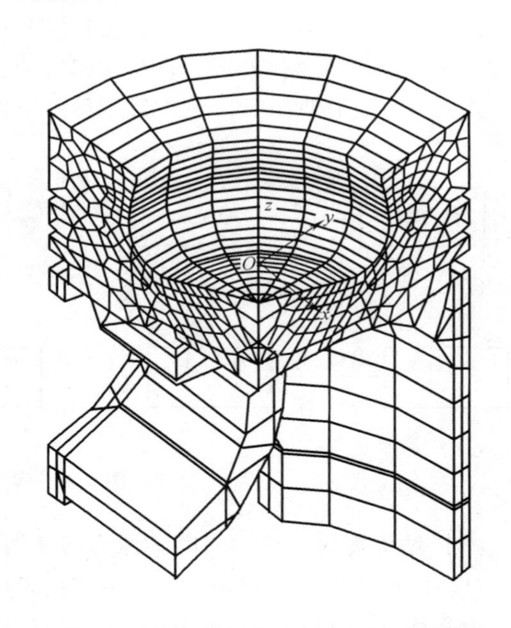

图 5.4　活塞体四分之一单元网格模型

（2）单元分析　单元分析是有限元分析中理论性较强的一个环节，需要通过位移方程、几何方程、物理方程等表达式的建立，以推导出单元刚度矩阵。

1）建立位移方程。位移法是用单元节点位移来表示单元体的位移、应变和应力，因而须对单元中的位移分布做出假设，即假定一种位移模式或形函数近似地模拟其实际位移。位移方程的矩阵形式为

$$(f)=(N)(\delta^e)$$

式中，(f) 为单元内任意点的位移列阵；(N) 为设定的形函数矩阵；(δ^e) 为单元节点位移列阵。

2）建立几何方程。在确定单元位移 (f) 之后，便可根据单元位移与单元应变的关系，建立几何方程

$$(\varepsilon^e)=(L)(f)=(L)(N)(\delta^e)=(B)(\delta^e)$$

式中，(ε^e) 为单元内任意点的应变列阵；(L) 为微分算子矩阵；$(B)=(L)(N)$ 称为几何矩阵。

3）建立物理方程。根据胡克定律，可由单元应变 (ε^e) 求导出单元体内任意一点的应力状态 (σ^e)，其物理方程为

$$(\sigma^e)=(D)(\varepsilon^e)=(D)(B)(\delta^e)$$

式中，(σ^e) 为单元体内任意点的应力列阵；(D) 为单元材料弹性本构矩阵。

4）单元刚度方程及单元刚度矩阵。利用虚功原理可建立反映作用在单元节点上的力和节点位移关系的单元刚度方程，其表达式为

$$(F^e)=(k)^e(\delta^e)$$

式中，(F^e) 为单元节点力列阵；$(k)^e$ 为单元刚度矩阵，其表达式为

$$(k)^e=\int_{V_e}(B)^{\mathrm{T}}(D)(B)\mathrm{d}V$$

式中，V_e 为单元体积。

5）等效节点载荷。将所有作用在单元上的力转化为作用在单元节点上的单元等效节点载荷，即

$$(P^e)=(P_f^e)+(P_T^e)+(P_{\sigma_0}^e)+(P_{\varepsilon_0}^e)$$

式中，(P_f^e)、(P_T^e)、$(P_{\sigma_0}^e)$、$(P_{\varepsilon_0}^e)$ 分别是与作用于单元上的体力 f、外力 T、初应力 σ_0、初应变 ε_0 等效的节点载荷矩阵。

（3）整体合成　建立整体刚度方程。按照节点叠加原理，将各单元的节点位移、节点载荷以及各单元刚度矩阵进行合成，便得到整体刚度矩阵 (K)、节点位移列阵 (δ) 以及节点载荷列阵 (P)。

$$(K)=\sum_e K^e=\sum_e\int_{V_e}(B)^{\mathrm{T}}(D)(B)\mathrm{d}V$$

$$(\delta)=\sum_e(\delta^e)$$

$$(P)=\sum_e(P^e)+(P_F)=\sum_e((P_f^e)+(P_T^e)+(P_{\sigma_0}^e)+(P_{\varepsilon_0}^e))+(P_F)$$

式中，(P_F) 为直接作用在节点上的集中载荷。

由此，便可建立结构体的整体刚度方程

$$(k)(\delta)=(P)$$

（4）计算求解　在给定载荷以及边界约束条件下，对上述整体刚度方程进行求解，可求得全部节点位移 (δ)。

求解得到全部节点位移 (δ) 后，依次通过几何方程和物理方程可求得各单元的应变 (ε^e) 和应力 (σ^e)。

$$(\varepsilon^e)=(B)(\delta^e)$$

$$(\sigma^e)=(D)(\varepsilon^e)$$

若由于温度变化等因素引起初应变 ε_0 以及已存在于单元中的初应力 σ_0，则单元应力可按下式计算，即

$$(\sigma^e)=(D)((\varepsilon^e)-\varepsilon_0)+\sigma_0=(D)(B)(\delta^e)-(D)\varepsilon_0+\sigma_0$$

这样，一个原本无法求解的力学问题，通过上述有限元分析步骤，便可求得结构体各部位的力学特性。当然，上述步骤仅是一个总体性框架，针对具体的分析对象以及考虑到计算精度和求解效率等因素，每一步都有不同的分析方法和分析策略。

5.2.2 有限元分析软件系统

1. 有限元分析软件系统的结构组成

随着有限元分析技术的发展与成熟，市场上推出了众多有限元分析软件系统。这些软件系统是各个领域的工程科学与计算力学、计算数学以及计算机科学技术相结合的知识密集型信息产品，现已成为工程技术人员和研究人员强有力的设计分析工具。虽然各个有限元分析软件系统在功能及其特色方面有所差异，但其结构组成基本相同。如图 5.5 所示，有限元分析软件系统包括前置处理、计算求解和后置处理等几个主要功能模块。

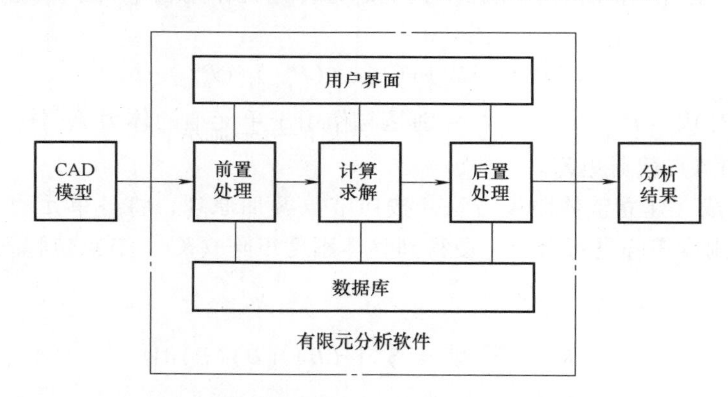

图 5.5 有限元分析软件系统主要模块组成

(1) 前置处理模块 该模块主要完成包括构建有限元分析几何模型、划分有限元网格、设置载荷、边界条件及材料特性等分析任务，为有限元计算求解做前期准备。有限元分析前置处理工作量较大，且直接关系到有限元分析结果的可信性。目前，一般有限元分析软件系统的前置处理模块均提供图形显示与控制功能，能够自动生成各种不同类型的单元网格，能够控制单元的大小和网格的密度。有限元分析几何模型的构建，可以应用自身的建模功能，也可以直接借助 CAD 软件完成，系统提供多种外部接口，可将 CAD 软件所建立的分析对象几何实体模型直接导入系统。

(2) 计算求解模块 该模块的任务是进行单元分析和整体分析，对整个问题域的代数方程组进行求解。通常，有限元分析软件系统提供各种单元库、材料库以及算法程序库，并根据分析对象的物理、力学和数学特征，将计算求解模块分解成若干子系统，不同的子系统分别完成不同领域的求解计算，如静力学子系统、动力学子系统、振动模态分析子系统、热

分析子系统、流体计算子系统、电磁场分析子系统等。机械结构分析主要是求解各节点的位移、节点力等基本变量，再通过这些基本变量，进一步求取其他变量，如应变、应力、变形等。

(3) 后置处理模块　该模块是完成对有限元计算结果进行再处理的过程，以直观、形象的形式显示输出计算分析结果。近年来，随着图形可视化技术的发展，有限元分析软件系统的后置处理模块一般都提供多种图形输出形式，如网格图、变形图、矢量图、振型图、响应曲线、应力分布云图、温度场分析云图等，这使得计算结果更为形象、直观，更利于用户判断计算分析结果与设计方案的合理性。

除了上述三种基本模块之外，有限元分析软件还包含用户界面、数据库及数据管理等其他软件模块。

2. ANSYS Workbench 系统简介

目前，较为流行的有限元分析软件系统有 ANSYS、ADINA、ABAQUS、NASTRAN、COSMOS 等，其中 ANSYS、NASTRAN 在我国引进较早，有较大的市场覆盖面，这里将简要介绍 ANSYS 有限元分析软件系统的功能特点及其应用。

ANSYS Workbench 是 ANSYS 公司推出的具有协同作业环境的有限元分析平台，用户通过该平台所提供的建模工具，可构建分析对象的实体几何模型，也可以应用平台提供的外部接口直接将 CAD 系统已建立的实体几何模型导入系统；在 ANSYS Workbench 平台环境下，可对分析对象的实体几何模型进行单元网格划分，设置模型的材料特性，施加内外部载荷和约束，完成有限元分析模型的构建；有限元分析模型建立后，便可将其提交给底层求解器进行求解；计算结果由后置处理模块实现图形可视化的结果显示；若用户对当前的设计方案不满意，可重新修改模型和分析参数进行再求解，直到对设计方案满意为止。ANSYS Workbench 平台体现了在工程背景下有限元分析软件系统的客户化、集成性和参数化的特点。

用户在 ANSYS Workbench 平台环境下，可完成结构分析、热分析、流体分析、电磁场分析、声场分析、接触分析等多物理场的分析。如图 5.6 所示，结构分析又包含结构静力分析和结构动力分析。后面将通过具体实例，详细介绍机械设计中最常用的线性静力分析和结构动力学的模态分析这两个 ANSYS 有限元分析功能模块。

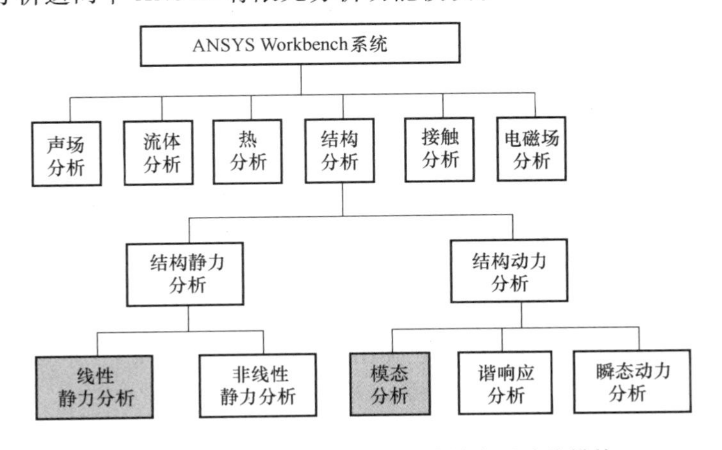

图 5.6　ANSYS Workbench 系统的主要功能模块

5.2.3 线性静力分析

1. 结构静力分析的数学基础

结构分析是有限元法在机械产品设计中最典型的应用，包括结构静力分析和结构动力分析。结构静力分析是在不考虑结构体的惯性和阻尼以及载荷不随时间变化条件下，分析结构体的位移、约束反力、应力、应变等结构特征；而结构动力分析是在考虑结构体的惯性和阻尼以及载荷随时间变化条件下，分析结构体的动力学特征，包括结构体的振动模态、动态载荷响应等。

结构静力分析又分为线性静力分析和非线性静力分析。线性静力分析的作用力与位移呈线性关系，而非线性静力分析的作用力与位移呈非线性关系，包括大变形、弹塑性、接触非线性等。线性静力分析是有限元结构分析中最根本、最基础的内容，也是结构设计时最常用的分析方法。

由经典力学理论可知，物体动力学运动方程为

$$(M)(x'')+(C)(x')+(K)(x)=(F(t)) \tag{5.1}$$

式中，(M) 为质量矩阵；(C) 为阻尼矩阵；(K) 为刚度系数矩阵；(x) 为位移矢量；$(F(t))$为力矢量。

在线性静力分析中，若忽略所有与时间相关的选项，则式（5.1）即转化为线性静力分析方程，即

$$(K)(x)=(F) \tag{5.2}$$

该方程需满足：刚度系数矩阵（K）必须是连续的，相应材料满足线弹性和小变形位移；力矢量（F）为静力载荷，即所施加的载荷不随时间而变化。

2. 线性静力分析实例

图 5.7 所示为某公司 HB1031 型闭式折弯机滑块，其公称力为 1000kN，最大折弯长度为 3100mm，用料为普通碳钢板材，板厚为 50mm。要求对该滑块进行工作挠度分析，检验其结构设计的合理性。

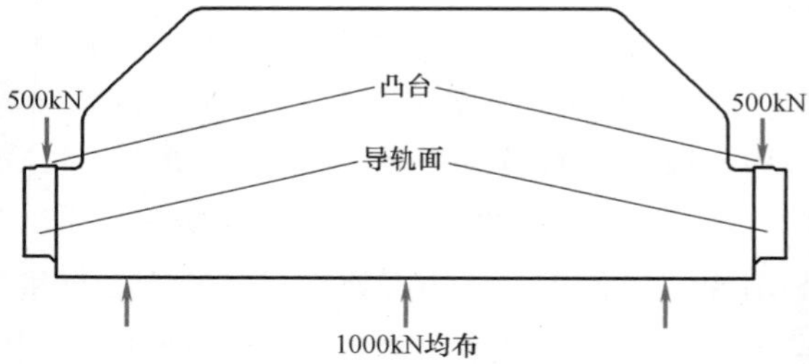

图 5.7 某公司 HB1031 型闭式折弯机滑块

具体分析步骤如下：

（1）进入 Workbench 系统，导入滑块 CAD 实体几何模型 应用 SolidWorks 等 CAD 系统建立滑块实体模型，并以 Parasolid（或 IGES、STEP）等中性文件格式进行存储，文件名为“滑块 . x_t”。

1）启动 Workbench 系统，进入系统后单击“Save As”按钮，将分析文件另存为“滑块 . wbpj”。

2）将系统“Toolbox”菜单“Component System”中的“Geometry”选项用鼠标拖至右边窗口区，产生一个名为“A”的“Geometry”块。

3）右击“Geometry”块的 A2 栏，在弹出的快捷菜单中选择“Import Geometry”（导入几何体）选项，导入“滑块 . x_t”实体模型文件，如图 5.8a 所示。

4）导入模型后，双击 A2 栏，进入 Workbench 的 DesignModeler 模块，单击工具栏中的“Generate”按钮，显示出滑块实体模型。至此，外部 CAD 实体模型导入系统（图 5.8b）。

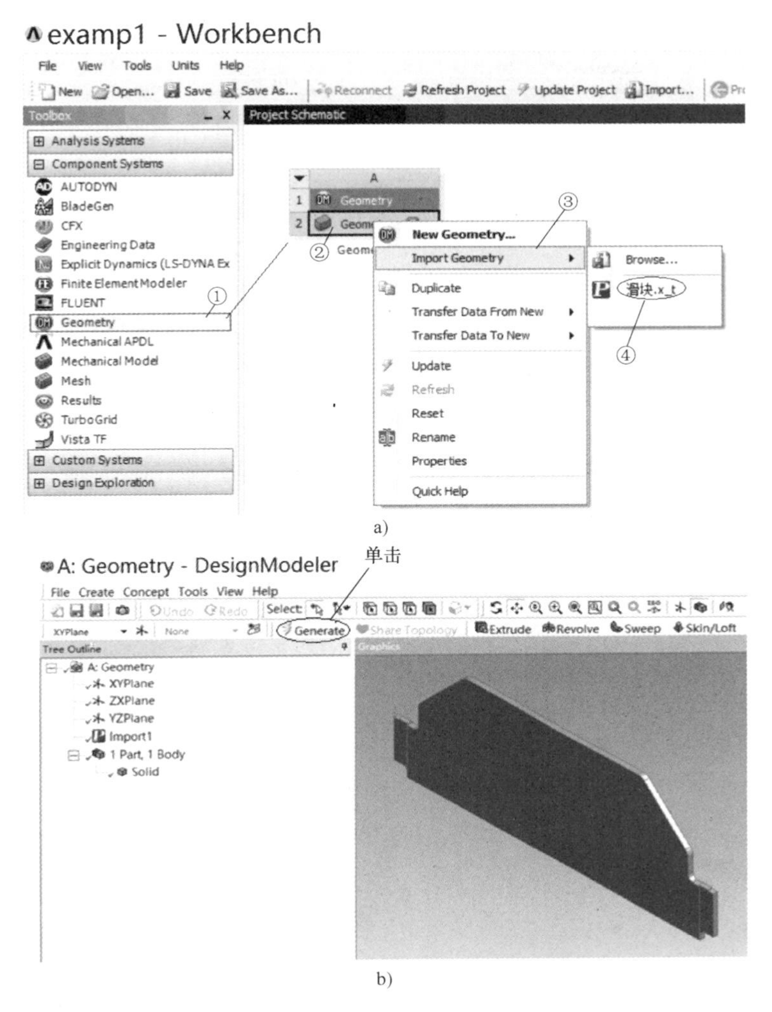

图 5.8 导入滑块 CAD 实体几何模型

(2) 选择分析类型 本例任务为滑块的静力分析，选择系统“Toolbox”菜单“Analysis System”中的“Static Structural”选项，并将其拖至A2栏中，系统便自动生成名为“B”的“Static Structural”块，并自动用线条与块“A”连接，如图5.9所示。

(3) 确定材料及其属性 滑块材料为普通碳钢板材，屈服强度为250MPa（略）。

(4) 施加载荷（图5.10）

1）从“Mechanical Application Wizard”对话框中选择“Insert Structural Loads”（插入结构载荷）选项，系统便自动提示用户单击工具栏中的“Loads”按钮。

2）单击“Loads”按钮后，在弹出的快捷菜单中选择“Force”载荷选项。

3）选择滑块底部折弯刃口面，在“Force”对话框中输入载荷，并调整好载荷的方向。

(5) 施加约束（图5.11）

1）同样，从“Mechanical Application Wizard”对话框中选择“Insert Supports”（插入支撑）选项，系统便提示用户单击工具栏中的“Supports”按钮。

2）单击“Supports”按钮后，在弹出的快捷菜单中选择“Fixed Support”选项，先后选

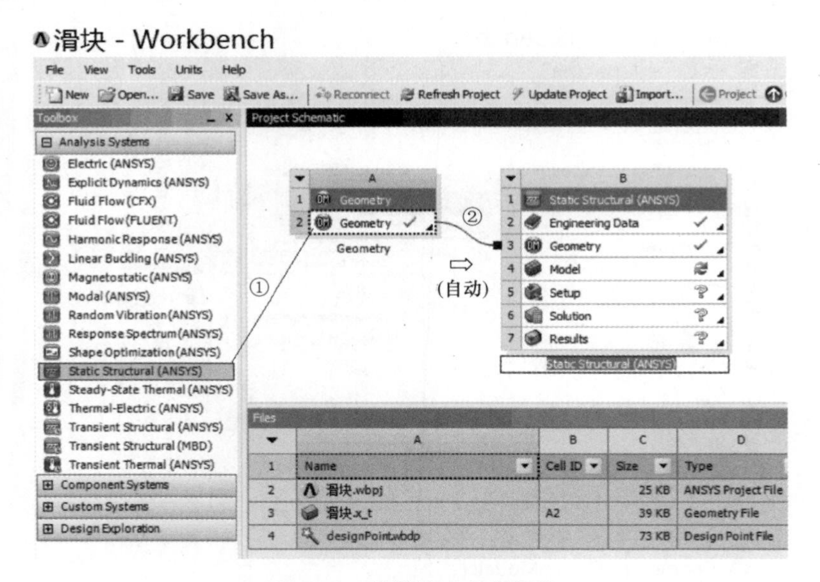

图 5.9　选择静力分析模块

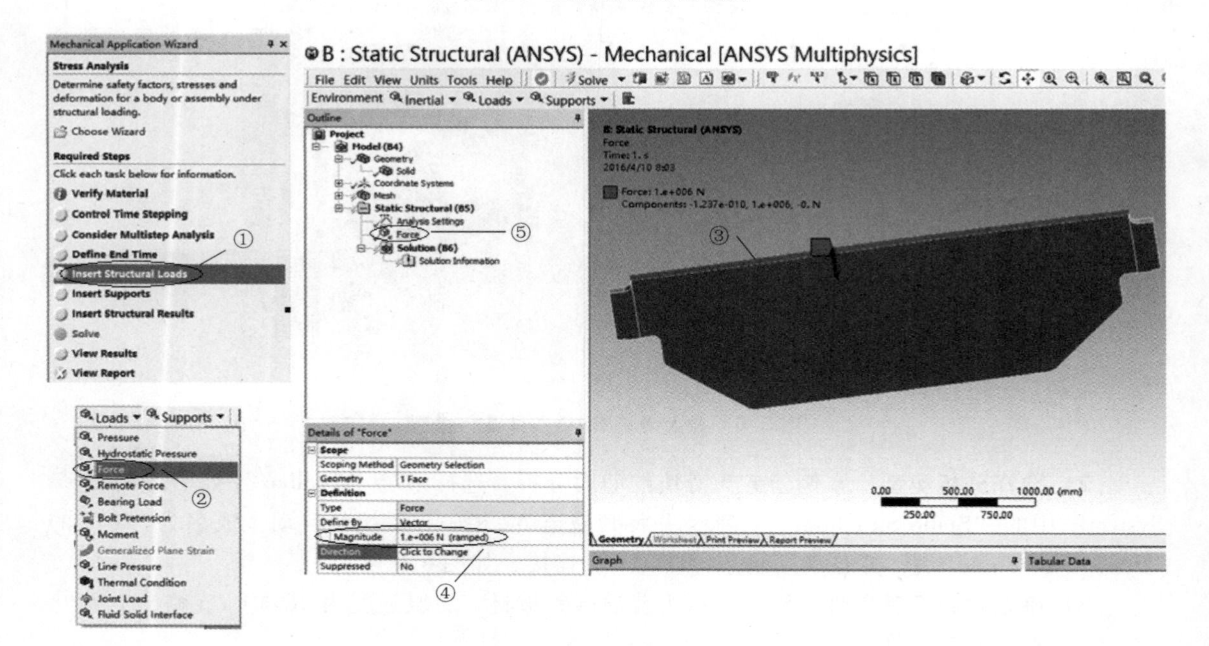

图 5.10　施加载荷

择滑块左右腰部两个凸台面（图 5.7），再将这两个凸台面设置为固定约束。

3）在“Supports”弹出的快捷菜单中，再选择“Displacement”选项，先后选择滑块两侧前后的四个导轨面（图 5.7），在“Displacement”对话框中将这四个导轨面的 Z 向位移设定为 0。这样，在滑块上总共设置了六个约束。

（6）网格划分（图 5.12）

1）右击选择“Project”树形窗中的“Mesh”选项，在弹出的快捷菜单中选择“Insert”→“Method”选项。

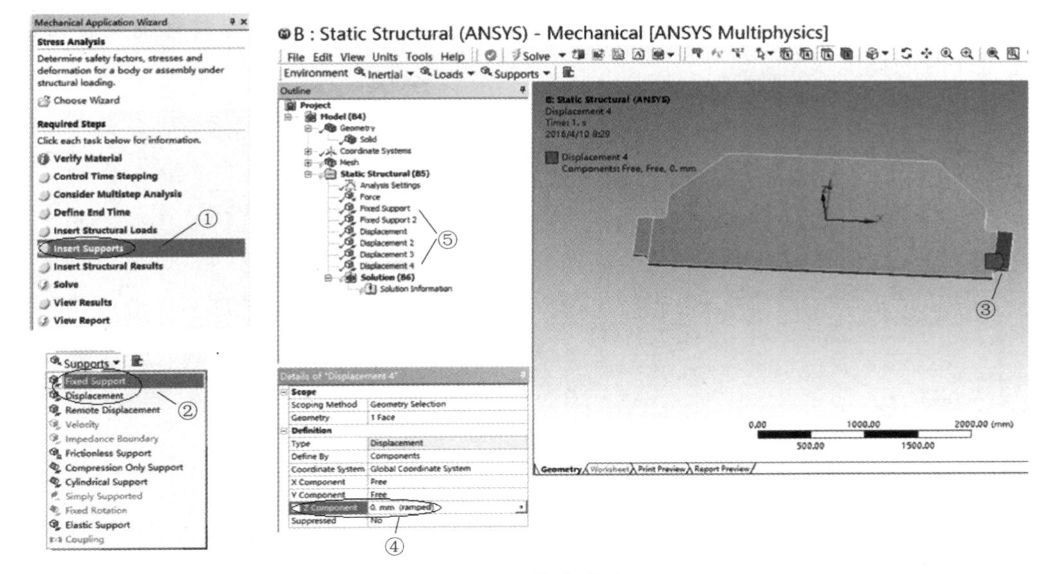

图 5.11　**施加约束**

2）在“Method”对话框中选择“Tetrahedrons”选项，划分网格，并选中滑块实体。

3）再次选择树形窗中的“Mesh”选项，在“Mesh”对话框中定义网格尺寸。

4）右击鼠标按钮，在弹出的快捷菜单中选择“Generate Mesh”选项，系统便自动对滑块进行网格单元的划分。

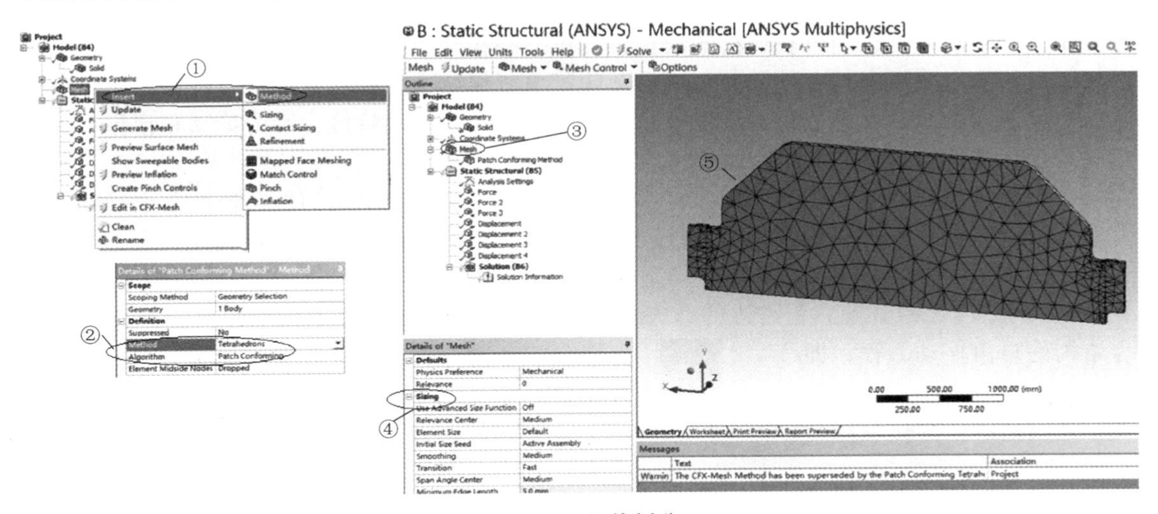

图 5.12　**网格划分**

（7）计算求解，结果显示

1）用鼠标选择树形窗中的“Solution”→“Insert”→“Deformation”→“Total”选项，系统在树形窗中自动生成求解结果“Total Deformation”。

2）右击“Total Deformation”，在弹出的快捷菜单中选择“Evaluate All Results”选项，系统后置处理模块便自动将求解结果显示在右边窗口。图 5.13 所示为滑块变形云图。

由图 5.13 可以看出，在滑块下方折弯刃口作用有均布满载荷工况下，滑块的最大变形挠度为 0.43789mm，满足设计要求。因为精密折弯机通常在床身上配置有挠度补偿装置，以补偿工作时的挠度误差。

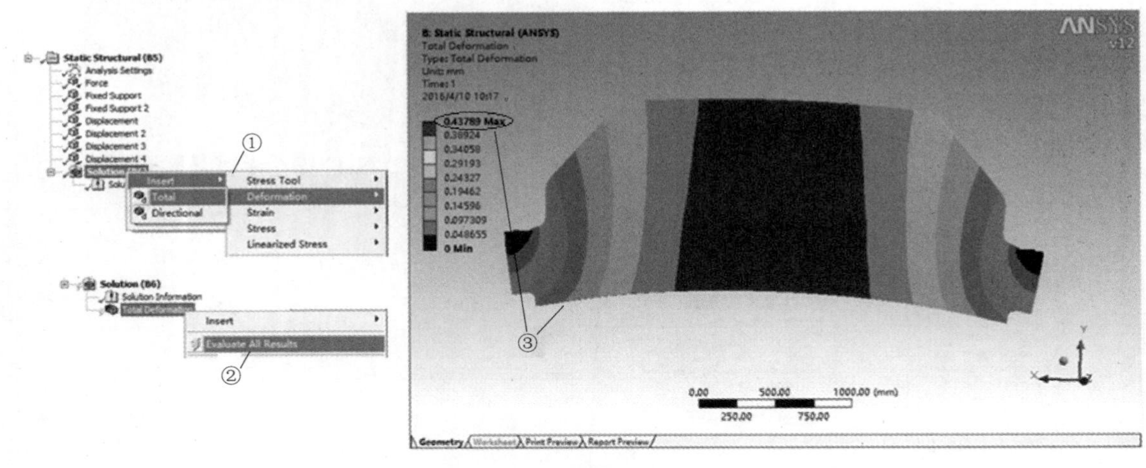

图 5.13　滑块变形云图

5.2.4　模态分析

1. 模态分析的概念

模态是机械结构一种固有的振动特性，每个模态都具有特定的固有频率、振型以及模态质量、模态刚度和模态阻尼等参数。机械结构的模态分析是研究机械结构动力学特性的一种有限元分析求解方法，用以获取机械结构每一模态的相关参数，以便了解机械结构在某一频率范围内各阶主要模态的特性，并预测在此频段内机械结构受外部或内部各种振源作用所产生的实际振动响应。模态分析可用来分析机械系统结构的振动特性，可为诊断和预报振动故障以及优化结构动力特性提供依据。

模态分析是动力学分析的基础，它不仅可以确定机械系统结构的振动特性，也是瞬态动力学分析、谐响应分析和谱分析等其他动力学分析所必需的前期分析过程。

2. 模态分析的数学基础

在式（5.1）中，若方程右边的力矢量为零，并忽略结构的阻尼作用，则该运动方程即为结构的自由振动方程，即

$$(M)(x'')+(K)(x)=(0)$$

当结构产生简谐振动时，即 $x=x_0\sin\omega t$ 时，其特征方程为

$$[(K)-\omega^2(M)](x)=(0)$$

该特征方程的根为 ω_i^2（$i=1$，2，…），又称为特征值。其中，ω_i 为结构的圆周频率（弧度/s），结构的固有频率为 $f_i=\omega_i/2\pi$；与特征值 ω_i^2 对应的（x_i）为特征向量，又称为结构振型，即结构以频率 f_i 振动时的结构形状；（K）、（M）分别为结构的刚度系数矩阵和质量矩阵，由于假定结构为线性的，因而两者均为常数。

3. 模态分析实例

应用 ANSYS Workbench 系统对图 5.7 所示的折弯机滑块进行模态分析。

1）进入 Workbench 系统，导入滑块实体模型（同上节）。

2）选择分析类型。本例任务为滑块模态分析，应选择系统“Toolbox”菜单“Analysis

System”中的“Modal（ANSYS）”选项，并将其拖至 A2 栏中，系统便自动生成名为“B”的“Modal（ANSYS）”块，如图 5.14 所示。

3）确定材料及其属性。

4）施加约束。先后选择滑块左右腰部两个小凸台面，将这两个小凸台面设置为固定约束（同上节）。

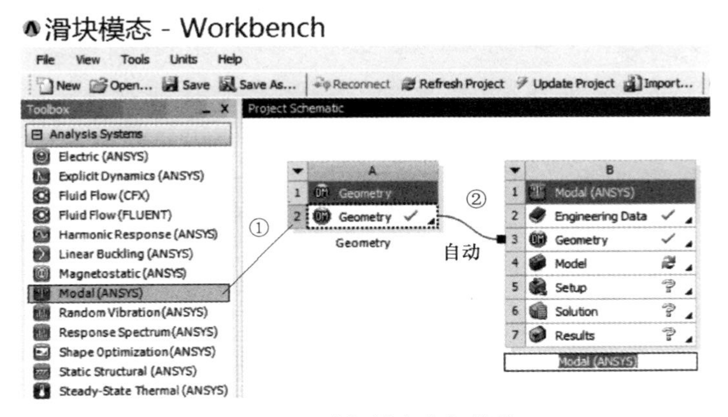

图 5.14　**选择模态分析模块**

5）网格划分。选择“Tetrahedrons”选项，对滑块进行网格划分（同上节）。

6）计算求解，显示结果。单击工具栏中的“Solve”按钮，系统进行模态计算，并将计算结果以图形形式显示在右边窗口，如图 5.15 所示。在该图上部为滑块一阶振型图，下部为前六阶振型频率。图 5.16 所示为滑块前六阶振型图。

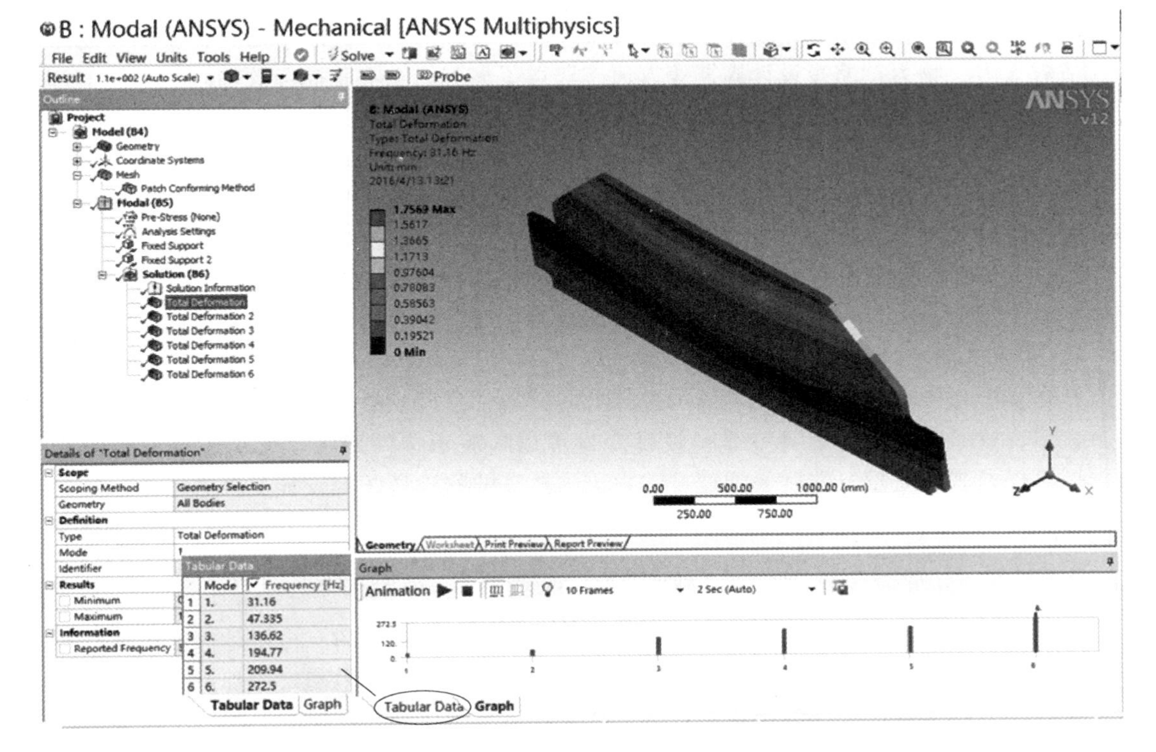

图 5.15　**模态分析结果显示**

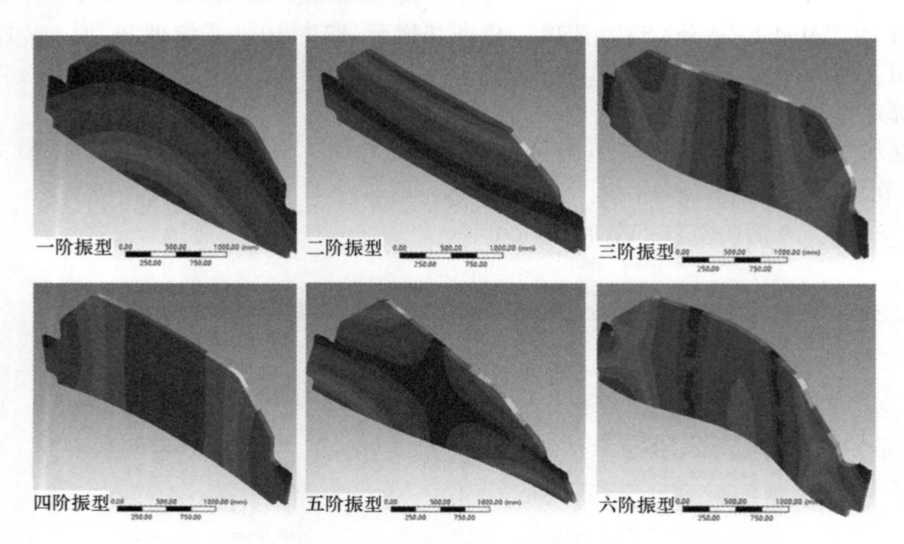

图 5.16 滑块前六阶振型图

5.3 ■优化设计

优化设计是以数学规划为理论基础，以计算机和应用软件为技术工具，在充分考虑多种设计约束的前提下寻求最优设计方案的一种现代设计方法。优化设计为产品和工程设计提供了一种重要的设计方法与工具，在解决复杂工程设计问题时，它能从众多的设计方案中找出最佳的设计方案。目前，优化设计已在各种工程设计领域得到广泛的应用。它在提高设计质量，节省人力、物力，缩短设计周期等方面，取得了显著的经济和社会效益

5.3.1 优化设计的数学模型

优化设计时，如何将一个实际工程设计问题抽象成为优化设计的问题，建立一个符合工程设计要求的优化设计数学模型，这是优化设计的关键。一般工程问题的设计优化，需要优选一组设计参数，在满足一系列限制条件下，使最终的设计目标达到最优化。为此，优化设计的数学模型应由设计变量、设计约束和目标函数三要素组成。

1. 设计变量

在从事工程设计时，为区别不同的设计方案，通常是以反映设计方案特性的若干不同参数来表示，这些参数称为设计变量。设计变量可以是表示构件形状、大小和位置等的几何量，也可以是表示质量、速度、加速度、力、力矩等的物理量，但设计变量必须是一组相互独立的变量。若有 n 个设计变量 x_1，x_2，…，x_n 按一定次序排列，则可用 n 维列矢量表示

$$\boldsymbol{X}=(x_1 \quad x_2 \quad \cdots \quad x_n)^{\mathrm{T}}$$

设计变量的个数 n 表示设计的自由度，设计变量越多，设计的自由度越大，可供选择的方案也越多，设计也就更灵活，但优化求解也越复杂，求解难度也随之增加。因此，对于一个优化设计问题来说，应该恰当地确定设计变量，尽量减少设计变量的个数，尽可能简化优化设计模型。

2. 设计约束

工程问题优化设计的设计变量选取往往不是任意的，总要受到某些实际条件的限制，这些限制条件称为设计约束或约束函数。

设计约束有两种不同类型，一种是不等式约束，另一种是等式约束。其格式为

不等式约束　$g_u(\boldsymbol{X})\leqslant 0\quad u=1,2,\cdots,m$ [若 $g_u(\boldsymbol{X})>0$，可变为 $-g_u(\boldsymbol{X})<0$]

等式约束　$h_v(\boldsymbol{X})=0\quad v=1,2,\cdots,p$

式中，m 为不等式约束的个数；p 为等式约束的个数。

由于设计约束的存在，使整个设计空间范围被分为可行域和非可行域。可行域是指设计变量允许取值的设计区域，在该区域内满足设计约束条件；而非可行域是指设计变量不允许取值的设计区域。如图 5.17 所示，设计约束 $g(\boldsymbol{X})=0$ 曲线将二维设计空间划分为两个区域：$g(\boldsymbol{X})>0$ 区域满足设计约束为可行域；另一区域不满足设计约束为非可行域。分界面 $g(\boldsymbol{X})=0$ 称为约束面，由于它满足设计约束，也属于可行域。

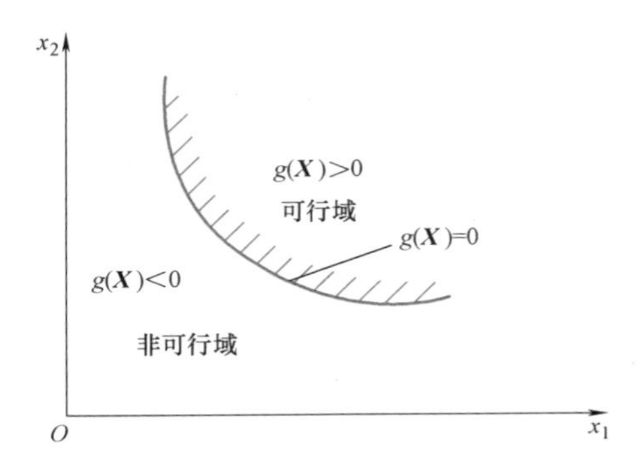

图 5.17　可行域和非可行域

3. 目标函数

每个设计问题都有一个或多个设计所追求的目标，这些目标可以用设计变量为自变量的函数来表示，这就是所谓优化设计的目标函数。优化设计目标函数是评价设计方案优劣的标准，是评价优化问题性能的准则性函数，因此又称为评价函数。

优化设计的过程实际上是寻求目标函数最小值或最大值的过程，由于目标函数的最大值可转换为负的最小值，通常将优化设计问题描述为求目标函数的最小值问题，其表达式为

$$\min f(\boldsymbol{X})=f(x_1,x_2,\cdots,x_n)$$

式中，$f(\boldsymbol{X})$ 为目标函数；x_1，x_2，…，x_n 为设计变量，n 为设计变量个数。若某优化问题是求目标函数 $g(\boldsymbol{X})$ 的最大值，即 $\max g(\boldsymbol{X})$，这时仅需进行如下转换

$$\min f(\boldsymbol{X})=-\max g(\boldsymbol{X})$$

工程实际问题的优化设计形式多种多样。若按优化指标多少分，有单目标优化和多目标优化。单目标优化的目标函数仅包含一项优化设计指标；而多目标优化的目标函数则包含多项优化设计指标，如切削参数的优化，同时要兼顾切削效率和切削成本双重优化设计指标。单目标优化由于指标单一，求解过程简单、明确，易于评价设计方案的优劣；而多目标优化，由于多个指标之间可能产生冲突，很难使各个目标同时达到极小值，因而目标的求解较为复杂，将涉及多目标相互协调问题。

4. 规格化的优化设计数学模型

在确定设计变量、设计约束和目标函数后，便可建立如下规格化的优化设计数学模型。

目标函数：$\min f(\boldsymbol{X})$

设计变量：$\boldsymbol{X}=(x_1\quad x_2\quad\cdots\quad x_n)^{\mathrm{T}}$

设计约束：$g_u(\boldsymbol{X})\leqslant 0\quad u=1,2,\cdots,m$

$h_v(\boldsymbol{X})=0\quad v=1,2,\cdots,p$

5.3.2 优化设计过程

优化设计过程可概括为分析设计对象，确定设计变量、设计约束和目标函数，建立优化设计数学模型，选择合适的优化算法，分析优化结果等步骤，如图 5.18 所示。

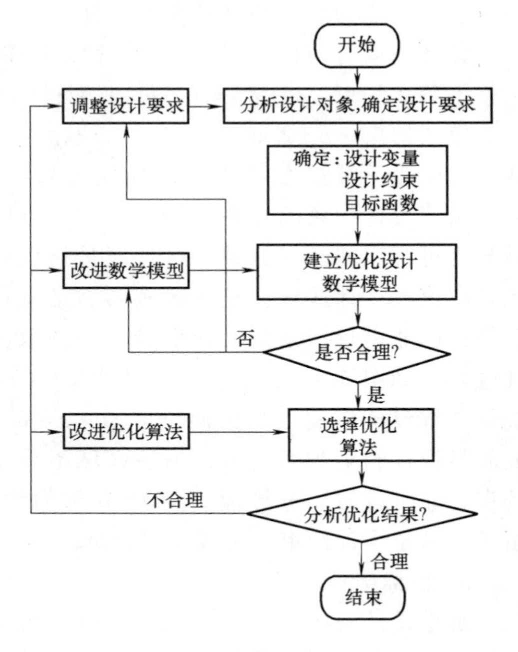

图 5.18 优化设计的基本步骤

(1) 分析设计对象 优化设计，首先要全面细致地分析设计对象，确定设计要求，合理确定优化的目标和范围，保证所提出的问题能够通过优化设计来解决。对众多的设计要求要分清主次，抓住主要矛盾，可忽略一些对设计目标影响不大的因素，以免模型过于复杂，求解困难，不能达到优化的目的。

优化设计时，应注意与传统设计在求解思路、计算工具和计算方法上的差别，根据优化设计的特点和规律，认真分析设计对象和要求，使其适应优化设计的特点。例如：传统设计广泛使用的是数表和线图，而优化设计首先需要将待优化的问题建立数学模型，以便计算机优化求解。

(2) 确定设计变量和设计约束 设计变量是优化设计时可供选择的变量，能直接影响设计结果和设计指标。选择设计变量时，应考虑：

1) 设计变量必须是对优化设计指标有直接影响的参数，能充分反映优化问题的要求。

2) 合理选择设计变量的数目。设计变量过多将使问题的求解难度加大；设计变量过少又会使设计的自由度太低，难以体现优化效果。所以应在满足优化设计要求的前提下尽量减少设计变量的个数。

3) 各设计变量应相互独立，相互间不能存在隐含或包容的函数关系。

设计约束是规定设计变量的取值范围。在通常的机械设计中，往往要求设计变量必须满足一定的设计准则，满足所需的力学性能要求，规定几何尺寸范围。在优化设计中所确定的约束条件必须合理，约束条件过多将使可行域变得很小，增加求解难度，有时甚至难以达到优化目标。

(3) 确定目标函数，建立优化设计数学模型 确定目标函数是优化设计的核心。目标函数的确定首先应选择优化的指标。在机械产品设计中常见的优化设计指标有最低成本、最小重量、最小尺寸、最小误差、最大生产率、最大经济效益、最优的功率需求等。目标函数应针对影响设计要求最显著的指标来建立。

若优化设计指标不止一个，则可采用多目标优化方法，也可以将一些不重要的指标转化为约束条件，使其成为单目标优化来处理，这将大大提高求解的效率。

当设计变量、设计约束和目标函数确定之后，便可建立规格化优化设计数学模型，即将优化设计模型三要素以规定的格式表示出来。

在建立优化设计数学模型时，应关注模型中所采用的参数量纲，若参数量纲不能很好地匹配，将影响优化目标的收敛性和稳定性以及参数变量的灵敏度。例如：在目标函数 $f(\boldsymbol{X})=x_1^2+10000x_2^2$ 中，变量 x_2 在目标函数中反应很灵敏，而 x_1 反映不很灵敏，这说明该模型存在某种病态。若将目标函数进行改造，设 $y=100x_2$，使目标函数变为 $f(x_1, y)=x_1^2+y^2$，则变量 x_1 和 y 的灵敏度差距将大大减小。

(4) 选择优化算法　当优化设计数学模型建立之后，应选择合适的优化算法进行求解。目前，优化设计技术已较为成熟，已形成多种优化算法（表 5.1）。各种优化算法有不同的特点及适用范围，选用时应综合考虑优化规模、目标函数复杂程度、计算精度和计算效率等因素。

(5) 分析优化结果　优化计算结束之后，还需要对求解结果进行综合分析，以确认是否符合预想的设计要求，并从实际出发根据优化结果选择满意的方案。有时优化设计所求取的结果并非是可行的，这时就需要对优化设计的变量和目标函数进行修正和调整，直到求得满意的结果。

5.3.3 常用优化算法

优化问题常用的计算方法有解析法和迭代法。由于工程优化问题一般较为复杂，难以采用解析法，因而较多采用迭代法进行求解。

迭代法是一种近似的数值解法，其基本思路为：从某一初始设计点 $X^{(0)}$ 出发，按照某种计算方法，确定迭代的步长和方向，获得新的设计点 $X^{(1)}$，计算函数值 $f(X^{(1)})$，使其满足

$$f(X^{(1)})<f(X^{(0)})$$

然后，以点 $X^{(1)}$ 作为新的起始点，重复上述过程，不断迭代，最终得到与理论最优点 X^* 非常接近的近似最优点，从而结束迭代过程。可见，迭代过程就是一个逐步寻优的过程，其关键是迭代步长和方向的确定。如何确定步长和方向，就形成了各种不同的优化算法。

工程优化设计问题有不同的类型。根据优化指标数量的多少，有单目标优化和多目标优化；根据约束条件的性质，又有线性约束和非线性约束之分；根据约束条件的有无，又可将优化设计问题分为有约束优化和无约束优化等。针对优化设计的不同类型有各种不同的优化算法，见表 5.1。下面仅介绍几种较典型的优化算法。

表 5.1　常用优化算法及其特点

<table>
<tr><th colspan="3">名　称</th><th>特　点</th></tr>
<tr><td colspan="2" rowspan="2">单变量一维搜索法</td><td>黄金分割法</td><td>这是简单、有效和成熟的一维直接搜索方法，应用广泛</td></tr>
<tr><td>多项式逼近法</td><td>收敛速度较黄金分割法快，初始点的选择影响收敛效果</td></tr>
<tr><td rowspan="3">无约束非线性规划算法</td><td rowspan="3">间接法</td><td>梯度法</td><td>需计算一阶偏导数，对初始点要求较低，初始迭代效果较好，在极值点附近收敛慢</td></tr>
<tr><td>牛顿法</td><td>具有二次收敛性，在极值点附近收敛速度快，但要计算一阶、二阶导数，计算量大，所需存储空间大，对初始点要求高</td></tr>
<tr><td>DFP 变尺度法</td><td>具有二次收敛性，收敛速度快，可靠性较高，需计算一阶偏导数，对初始点要求不高，可求解大型优化问题，是高效无约束优化方法，但所需存储空间较大</td></tr>
</table>

（续）

名　称			特　点
无约束非线性规划算法	直接法	Powell 法	具有直接法的共同优点，即不必对目标函数求导，具有二次收敛性，收敛速度快，适合中小型优化问题求解
		单纯形法	适合于中小型问题（$n<20$）的求解，不必对目标函数求导，方法简单方便
有约束非线性规划算法	直接法	网格法	计算量大，适合于求解小型问题（$n<5$），对目标函数要求不高，易于求得近似局部最优解，也可用于求解离散变量问题
		随机方向法	对目标函数要求不高，收敛速度较快，可用于中小型问题的求解，但只能求得局部最优解
		复合形法	具有单纯形法的特点，适合于求解 $n<20$ 的规划问题，但不能求解有等式约束的问题
	间接法	拉格朗日乘子法	只适合于求解只有等式约束的非线性规划问题，求解时要解非线性方程组。经改进，可以求解不等式约束问题，效率也较高
		罚函数法	将有约束问题转化为无约束问题，对大中型问题的求解均较合适，计算效果较好
		可变容差法	可用来求解有约束的规划问题，适合问题的规模与其采用的基本算法有关

1. 黄金分割法

黄金分割法又称为 0.618 法，它是通过不断缩短搜索区间的长度来寻求单变量单峰函数 $f(\boldsymbol{X})$ 的极小点，这是一种简单有效的一维搜索方法。单变量单峰函数，即在区间 $[a,b]$ 上定义有单变量函数 $f(\boldsymbol{X})$。若存在一点 $x^* \in (a,b)$，在区间 $[a,x^*]$ 上 $f(\boldsymbol{X})$ 单调下降，在区间 $[x^*,b]$ 上 $f(\boldsymbol{X})$ 单调上升，则 $f(\boldsymbol{X})$ 即为在区间 $[a,b]$ 上的单峰函数（图 5.19）。

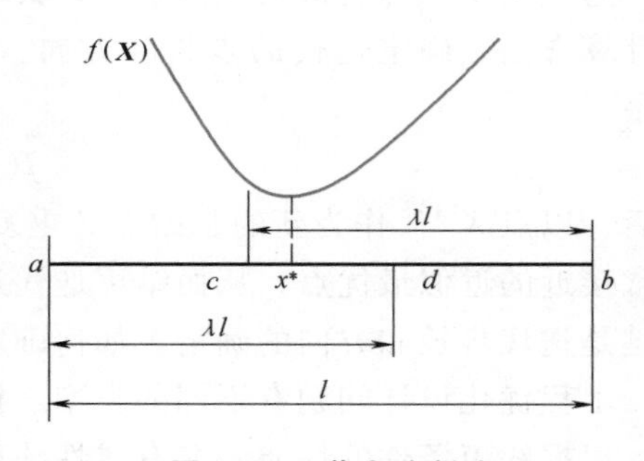

图 5.19　黄金分割法

黄金分割法优化搜索步骤如下：

1）确定初始搜索区间 $[a,b]$，设定搜索精度为 $\varepsilon(\varepsilon>0)$。

2）在 $[a,b]$ 区间内选取 c、d 两个对称点，使之满足 $\lambda=\dfrac{x_d-x_a}{x_b-x_a}=\dfrac{x_b-x_c}{x_b-x_a}=0.618$，并计算 $f(x_c)$ 和 $f(x_d)$。

3）若 $|x_c-x_d|<\varepsilon$，计算极小近似值 $x^*=(x_c+x_d)/2$ 以及 $f(x^*)$，跳转至步骤 6），搜索结束；否则转至步骤 4）。

4）若 $f(x_c)\leqslant f(x_d)$，执行：①赋值 $b=d, d=c, f(x_d)=f(x_c)$；②在新定义的 $[a,b]$ 区间内选取新 c 点，并满足 $\lambda=\dfrac{x_b-x_c}{x_b-x_a}=0.618$；③计算 $f(x_c)$；④转至步骤 3）。

5）若 $f(x_c)>f(x_d)$，执行：①赋值 $a=c$，$c=d$，$f(x_c)=f(x_d)$；②在新 $[a,b]$ 区间内选取新 d 点，并满足 $\lambda=\dfrac{x_d-x_a}{x_b-x_a}=0.618$；③计算 $f(x_d)$；④转至步骤 3）。

6）结束。

可见，黄金分割法优化计算步骤简单，不需要求导数，尤其适用于不易求导的单变量单峰函数一维优化问题的求解。

2. 梯度法

（1）梯度法的基本原理　梯度法是以负梯度方向为优化搜索方向，是求解无约束多维优化的一种较为简单的计算方法。由于沿函数负梯度方向是函数值下降最快的方向，因而该法又称为最快下降法。

函数梯度的定义：若 $f(\boldsymbol{X})$ 是定义在 R^n 上的可微函数，则以 $f(\boldsymbol{X})$ 的 n 个偏导数分量组成的矢量称为 $f(\boldsymbol{X})$ 的梯度，记作 $\nabla f(\boldsymbol{X})$，即

$$\nabla f(\boldsymbol{X})=\begin{pmatrix}\frac{\partial f(\boldsymbol{X})}{\partial x_1} & \frac{\partial f(\boldsymbol{X})}{\partial x_2} & \cdots & \frac{\partial f(\boldsymbol{X})}{\partial x_n}\end{pmatrix}^{\mathrm{T}}$$

梯度 $\nabla f(\boldsymbol{X})$ 模为

$$\|\nabla f(\boldsymbol{X})\|=\sqrt{\left(\frac{\partial f(\boldsymbol{X})}{\partial x_1}\right)^2+\left(\frac{\partial f(\boldsymbol{X})}{\partial x_2}\right)^2+\cdots+\left(\frac{\partial f(\boldsymbol{X})}{\partial x_n}\right)^2}$$

优化设计是求目标函数 $f(\boldsymbol{X})$ 的最小值，因此从某点 x^0 出发，沿该点的负梯度方向 $-\nabla f(\boldsymbol{X})$ 进行搜索，可使函数值在该点附近能够快速下降。按此规律不断迭代，便形成如下迭代算法，即

$$x^{k+1}=x^k-\lambda_k\ \nabla f(x^k)\qquad (k=0,1,2\cdots)$$

式中，λ_k 为步长因子，其值可任选。

为了使目标函数沿其搜索方向 $-\nabla f(x^k)$ 快速下降，其步长因子 λ_k 应取一维搜索的最佳步长，即有

$$\begin{aligned}f(x^{k+1})&=f(x^k-\lambda_k\ \nabla f(x^k))\\&=\min_{\lambda} f(x^k-\lambda_k\ \nabla f(x^k))\\&=\min_{\lambda}\varphi(\lambda)\end{aligned}$$

（2）梯度法的计算步骤

1）设 $k=0$，并给定初始点 x^k，设定迭代精度 $\varepsilon(\varepsilon>0)$。

2）计算梯度 $\nabla f(x^k)$ 及梯度模 $\|\nabla f(x^k)\|$。

3）若 $\|\nabla f(x^k)\|\leqslant\varepsilon$，则 $x^*=x^k$，计算 $f(x^*)$，输出 x^* 和 $f(x^*)$，迭代结束；否则转至步骤 4）。

4）根据 $\min\limits_{\lambda} f(x^k-\lambda_k\nabla f(x^k))=\min\limits_{\lambda}\varphi(\lambda)$，计算最佳步长。

5）令 $x^{k+1}=x^k-\lambda_k\nabla f(x^k)$、$k+1\rightarrow k$，转至步骤 2），继续下一步迭代。

由此可见，梯度法算法简单、稳定，可靠性好、存储量少、初始点选取要求不高。

（3）算法示例

例 5.1　求目标函数 $f(\boldsymbol{X})=x_1^2+25x_2^2$ 的极小点。

取初始点 $x^0=(2\quad 2)^{\mathrm{T}}$，则 x^0 点处的函数值及其梯度分别为

$$f(x^0)=104$$

$$\nabla f(x^0)=\begin{pmatrix}2x_1\\50x_2\end{pmatrix}_{x^0}=\begin{pmatrix}4\\100\end{pmatrix}$$

沿负梯度方向进行一维搜索，有

$$x^1=x^0-\lambda_0\ \nabla f(x^0)=\begin{pmatrix}2\\2\end{pmatrix}-\lambda_0\begin{pmatrix}4\\100\end{pmatrix}=\begin{pmatrix}2-4\lambda_0\\2-100\lambda_0\end{pmatrix}$$

式中，λ_0 为一维搜索最佳步长，应满足极值必要条件

$$f(x^1)=\min_{\lambda}f(x^0-\lambda_0\ \nabla f(x^0))$$

$$=\min_{\lambda}((2-4\lambda_0)^2+25(2-100\lambda_0)^2)=\min_{\lambda}\varphi(\lambda_0)$$

$$\varphi'(\lambda_0)=-8(2-4\lambda_0)-5000(2-100\lambda_0)=0$$

从而计算得到一维搜索的最佳步长 $\lambda_0=626/31252=0.02003072$。

以最佳步长 λ_0 计算第 1 次迭代点 x^1 及其函数值 $f(x^1)$，得到

$$x^1=\begin{pmatrix}2-4\lambda_0\\2-100\lambda_0\end{pmatrix}=\begin{pmatrix}1.919877\\-0.3072\times10^{-2}\end{pmatrix}$$

$$f(x^1)=3.686164$$

从而完成梯度法第一次迭代。经 10 次迭代后，得到问题的最优解

$$x^*=(0\quad 0)^{\mathrm{T}}$$

$$f(x^*)=0$$

3. 罚函数法

罚函数法是一种用于约束优化的间接解法。对于某约束优化问题，有

$$\begin{cases}\min f(\boldsymbol{X})\\ \text{s.t. } g_j(\boldsymbol{X})\leqslant 0(j=1,2,\cdots,m)\\ \qquad h_k(\boldsymbol{X})=0(k=1,2,\cdots,l)\end{cases}$$

应用罚函数法求解的基本原理是将式中不等式和等式约束函数进行加权转化，形成如下的惩罚函数 ϕ，即

$$\phi(\boldsymbol{X},r_1,r_2)=f(\boldsymbol{X})+r_1\sum_{j=1}^{m}G(g_j(\boldsymbol{X}))+r_2\sum_{k=1}^{l}H(h_k(\boldsymbol{X}))\tag{5-3}$$

式中，r_1、r_2 是罚因子；$r_1\sum_{j=1}^{m}G(g_j(\boldsymbol{X}))$ 和 $r_2\sum_{k=1}^{l}H(h_k(\boldsymbol{X}))$ 为惩罚项。这样，将原约束优化问题转换成无约束优化问题，当罚因子 r_1 和 r_2 按一定规则取值，使罚函数 $\phi(\boldsymbol{X},r_1,r_2)$ 与目标函数 $f(\boldsymbol{X})$ 值趋于相等时，所得到的惩罚函数解即为原约束优化的解。

根据迭代过程是否在可行域内进行，罚函数法又分为内点罚函数法、外点罚函数法和混

合罚函数法。其中内点罚函数法仅能处理不等式约束优化，而外点罚函数法既可求解不等式约束优化，也可求解等式约束优化。在这里仅介绍内点罚函数法。

内点罚函数法是求解不等式约束问题的一种十分有效的方法，其罚函数的构造仅需去除式（5.3）右端第三项即可，其具体形式为

$$\phi(\boldsymbol{X},r)=f(\boldsymbol{X})+r\sum_{j=1}^{m}G(g_j(\boldsymbol{X}))=f(\boldsymbol{X})-r\sum_{j=1}^{m}\frac{1}{g_j(\boldsymbol{X})}$$

或

$$\phi(\boldsymbol{X},r)=f(\boldsymbol{X})-r\sum_{j=1}^{m}\ln(-g_j(\boldsymbol{X}))$$

式中，罚因子 r 是一个由大到小且趋于 0 的数列，即 $r^0>r^1>r^2>\cdots\rightarrow 0$；$r\sum_{j=1}^{m}\frac{1}{g_j(\boldsymbol{X})}$ 为惩罚项。

由于内点罚函数法迭代过程是在可行域内进行，其惩罚项的作用是阻止迭代点越出可行域。由惩罚项的函数形式可知，当迭代点靠近某一约束边界时，$g_j(\boldsymbol{X})\approx 0,\frac{1}{g_j(\boldsymbol{X})}\rightarrow\infty$。显然，只有当罚因子 $r\rightarrow 0$ 时，才能求得约束边界上的最优解。下面用一简例说明内点罚函数法的迭代过程。

例 5.2　用内点罚函数法求解下例约束优化的最优值。

$$\min f(\boldsymbol{X})=x_1^2+2x_2^2$$

$$\text{s.t. } g(\boldsymbol{X})=-x_1-x_2+1\leqslant 0$$

首先构建罚函数，将约束优化问题转化为无约束优化，即

$$\min\phi(\boldsymbol{X},r)=f(\boldsymbol{X})-r\sum_{j=1}^{m}\ln(-g(\boldsymbol{X}))=x_1^2+2x_2^2-r\ln(x_1+x_2-1)$$

对于任意给定的罚因子 $r(r>0)$，函数 $\phi(\boldsymbol{X},r)$ 为凸函数，用解析法求 $\phi(\boldsymbol{X},r)$ 的无约束优化的极小值，令 $\nabla\phi(\boldsymbol{X},r)=0$，有

$$\begin{cases}\dfrac{\partial\phi}{\partial x_1}=2x_1-\dfrac{r}{x_1+x_2-1}=0\\[2ex]\dfrac{\partial\phi}{\partial x_2}=4x_2-\dfrac{r}{x_1+x_2-1}=0\end{cases}$$

联立求解方程组，得

$$\begin{cases}x_1(r)=\dfrac{1\pm\sqrt{1+3r}}{3}\\[2ex]x_2(r)=\dfrac{1\pm\sqrt{1+3r}}{6}\end{cases}$$

因对于任意的 $r(r>0)$，上式中 $x_1(r)=\frac{1-\sqrt{1+3r}}{3}$ 和 $x_2(r)=\frac{1-\sqrt{1+3r}}{6}$ 均小于零，故不满足约束条件 $x_1(r)+x_2(r)\geqslant 1$ 要求，应舍去。则无约束极值点为

$$\begin{cases} x_1^*(r)=\dfrac{1+\sqrt{1+3r}}{3} \\ x_2^*(r)=\dfrac{1+\sqrt{1+3r}}{6} \end{cases}$$

当 $r=5$ 时，$\boldsymbol{X}^*(r)=(1.667\ 0.833)^{\mathrm{T}}$，$f(\boldsymbol{X}^*(r))=4.163$。

当 $r=3$ 时，$\boldsymbol{X}^*(r)=(1.387\ 0.694)^{\mathrm{T}}$，$f(\boldsymbol{X}^*(r))=2.887$。

当 $r=1.5$ 时，$\boldsymbol{X}^*(r)=(1.115\ 0.558)^{\mathrm{T}}$，$f(\boldsymbol{X}^*(r))=1.865$。

当 $r=0.36$ 时，$\boldsymbol{X}^*(r)=(0.814\ 0.407)^{\mathrm{T}}$，$f(\boldsymbol{X}^*(r))=0.994$。

当 $r=0$ 时，$\boldsymbol{X}^*(r)=(0.667\ 0.333)^{\mathrm{T}}$，$f(\boldsymbol{X}^*(r))=0.667$。由此进一步说明，当罚因子$r\to0$ 时，目标函数最小，即为最优解。

5.3.4　优化设计应用实例

例 5.3　图 5.20 所示为对称的两杆支架结构，在支架顶端作用一外载荷 $2P=300\text{kN}$，支架两脚水平距离 $2L=1500\text{mm}$，支架高度 $H=900\text{mm}$，支架采用钢质管材，其弹性模量 $E=2.1\times10^5\text{MPa}$，密度 $\rho=7.85\times10^3\text{kg/m}^3$，屈服强度 $R_{\text{eL}}=350\text{MPa}$。求在满足强度和稳定性要求条件下，优化选用管材的直径 D 和壁厚 B，使其结构质量最小。管材参数范围为 $D=25\sim60\text{mm}$，$B=3\sim8\text{mm}$。

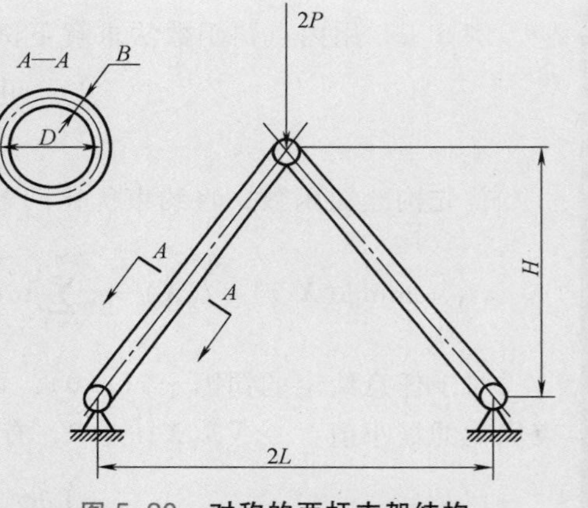

图 5.20　对称的两杆支架结构

（1）确定设计变量　将壁厚 B 和管材直径 D 作为设计变量，即 $\boldsymbol{X}=(B\quad D)^{\mathrm{T}}=(x_1\quad x_2)^{\mathrm{T}}$。

（2）确定目标函数　设计要求是其结构质量 W 为最小，则目标函数为

$$\min f(\boldsymbol{X})=W=2\pi DB\rho\sqrt{L^2+H^2}=0.057784DB=0.057784x_1x_2$$

（3）确定约束条件

1）强度约束。管材承受的压应力 σ 不应大于管材的屈服强度 R_{eL}，即

$$\sigma=\frac{P\sqrt{L^2+H^2}}{\pi DBH}=\frac{62152}{DB}=\frac{62152}{x_1x_2}\leqslant R_{\text{eL}}=350$$

即

$$g_1(\boldsymbol{X})=\frac{62152}{x_1x_2}-350\leqslant0$$

2）稳定性约束。管材承受的压应力 σ 不应大于压杆稳定的临界应力 σ_k，即

$$\sigma=\frac{62152}{DB}=\frac{62152}{x_1x_2}\leqslant\sigma_k=\frac{\pi^2E(D^2+B^2)}{8(L^2+H^2)}=0.18876(x_1^2+x_2^2)$$

即

$$g_2(\boldsymbol{X})=\frac{62152}{x_1x_2}-0.18876(x_1^2+x_2^2)\leqslant 0$$

3）几何约束。$3\leqslant x_1\leqslant 8$，$25\leqslant x_2\leqslant 60$。

（4）优化数学模型　该优化问题的规则化数学模型为

$$\min f(\boldsymbol{X})=0.057784x_1x_2$$

$$\text{s.t.}\ g_1(\boldsymbol{X})=\frac{62152}{x_1x_2}-350\leqslant 0$$

$$g_2(\boldsymbol{X})=\frac{62152}{x_1x_2}-0.18876(x_1^2+x_2^2)\leqslant 0$$

$$g_3(\boldsymbol{X})=3-x_1\leqslant 0$$
$$g_4(\boldsymbol{X})=x_1-8\leqslant 0$$
$$g_5(\boldsymbol{X})=25-x_2\leqslant 0$$
$$g_6(\boldsymbol{X})=x_2-60\leqslant 0$$

由此可见，本例为非线性单目标约束优化问题，包括两个非线性和四个线性不等式约束。

（5）求解优化结果　本例采用 MATLAB 优化工具箱 fmincon( ) 函数进行优化求解。MATLAB 是一个著名的数学软件，有较强的数学计算分析功能。fmincon( ) 函数是 MATLAB 优化工具箱中用于求解约束优化问题的重要函数，能够求解线性和非线性、等式和不等式多重约束的优化问题。

下面为本例优化求解的 MATLAB 程序：

```
function exam
x0=[4 30];                                %设置初始点
A=[-1 0;1 0;0-1;0 1];                     %线性约束系数矩阵
b=[-3 8-25 60];                           %线性约束常数向量
option=optimset('LargeScale','off');
[x,fval]=fmincon(@myfun,x0,A,b,[],[],[],[],@mycon,option)

function f=myfun(x)                       %目标函数
f=0.057784*x(1)*x(2);

function [c,ceq]=mycon(x)                 %非线性约束函数
ceq=[];
c(1) = 62152/(x(1)*x(2))-350;
c(2) = 62152/(x(1)*x(2))-0.18876*(x(1)*x(1)+x(2)*x(2));
```

最终求解结果为

$$X=(4.1547、42.7409)；\ fval=10.2640$$

即管材壁厚 $x_1=4.1547mm$，管材直径 $x_2=42.7409mm$，支架质量为 10.2640kg。

5.4 ■ 计算机仿真

计算机仿真是一种新型、经济、高效的产品设计分析工具。它可将所设计产品的结构、运动、控制、性能等信息动态地联系起来，以实际产品的“复现”来替代通常单纯抽象模型的描述，表达直观，易于理解，可全面反映实际产品的作业过程与性能特征。

5.4.1　计算机仿真技术概述

1. 计算机仿真基本概念

仿真（Simulation）也称为模拟，是通过对产品模型的试验去研究一个实际存在或设计中的产品。

根据仿真与实际产品的接近程度，可将仿真分为计算机仿真、半物理仿真和全物理仿真。在计算机上对产品的计算机模型进行试验研究的仿真称为计算机仿真；若用已研制出来的实际产品的部分部件或子系统去代替部分计算机模型所构成的仿真称为半物理仿真；采用与实际产品相同或等效的部件或子系统来实现对产品的试验研究，称为全物理仿真。

计算机仿真是以数学理论为基础，以计算机为工具，利用系统模型对实际的或设想的系统进行试验仿真研究的一门综合技术。计算机仿真无论在时间、费用，还是在方便性等方面较之半物理仿真、全物理仿真都具有明显的优势。计算机仿真不受场地、环境和时间的限制，可充分利用计算机的特点，在产品未实际开发出来之前，利用计算机所建立的产品数字模型，对产品在各种工作环境下进行不同的试验研究，可预先把控产品的工作性能，并可对其进行多次重复试验。这样的仿真大大缩短了产品开发周期，降低开发成本，使产品质量得到有效的保证。

然而，计算机仿真通常在可信度方面不如半物理仿真和全物理仿真。全物理仿真具有最高的可信度，但所需的准备周期也最长，仿真费用也最为昂贵。计算机仿真的可信度是与仿真模型、仿真方法以及仿真试验数据密切相关的。仿真模型对实际系统的组成、运行机理、物理化学过程的描述越细致，仿真的可信度就越高、越真实。

计算机仿真具有省时、省力、省钱等优点，因而在科学研究、生产组织、工程开发、经济发展以及社会调控等方面得到广泛应用。目前，市场上有多种软件工具可供计算机仿真选用。例如：一般 CAD 软件系统通常提供有实体模型的运动仿真；有类似 ADAMS 虚拟样机仿真软件系统能够进行虚拟样机的运动学、动力学以及控制系统的仿真；也可用 MATLAB 等软件工具自行开发所需的仿真系统等。

2. 计算机仿真在机械产品设计中的应用

一般而言，机械产品或系统较为复杂。通过计算机仿真试验，可研究比较和优选产品设计方案，预测产品运行效果，可预先对产品的性能特征加以认识，以提高产品设计的科学性和合理性，减少设计失误，降低开发风险。

目前，计算机仿真技术已广泛应用于机械产品或系统的设计，下面仅简要列举几个常见的应用。

(1) 机械制造系统规划布局仿真　机械制造系统设计时，针对所服务的对象和总体目标要求，设计确定系统的设备类型和数量，确定各设备间的相互位置和连接关系，进行系统的总体规划布局设计。当系统布局方案确定之后，可通过计算机仿真从不同系统角度和不同运行方法对系统布局的合理性进行检验和评价，评估不同设计方案的优劣，经对系统布局方案的不断修改和完善，以获得较为满意的设计结果。

(2) 运动部件的动态运行仿真　一般机械产品通常包含基础部件和运动部件两大部分。当产品结构设计完成后，通过对其运动部件的动态运行仿真，可检验产品运行的正确性，校验各运动件之间以及运动件与基础件之间的结构干涉。还可采用多种不同的运动参数进行仿真试验，以获取不同运动参数下的产品动态特性，如加速度、惯性力、离心力以及整个结构的固有频率和振动模态等。

(3) 机械系统控制策略的仿真　现代机械系统均为电气控制或数字化控制系统，包含较多控制单元、执行单元以及信息采集和处理单元等，通过对控制系统的控制策略仿真，可验证控制系统的硬件和控制软件程序的正确性，可正确选用合理的控制策略和控制参数，以保证系统控制的稳定性和可靠性。

(4) 系统生产作业计划仿真　当机械系统建成后，系统的设备配置及控制策略已经确定，此时影响系统运行效率的主要因素就是生产作业计划。通过对系统生产作业计划的仿真，可以比较不同生产作业计划的优劣，可以验证系统运行过程中动态调度策略的可行性和合理性，可对系统生产率、生产成本以及设备负荷进行分析，以提前发现系统运行所存在的瓶颈问题。

5.4.2　计算机仿真工作流程

计算机仿真过程实质上是一个建立仿真模型，进行仿真试验以及对仿真结果进行分析评价的过程，如图 5.21 所示。

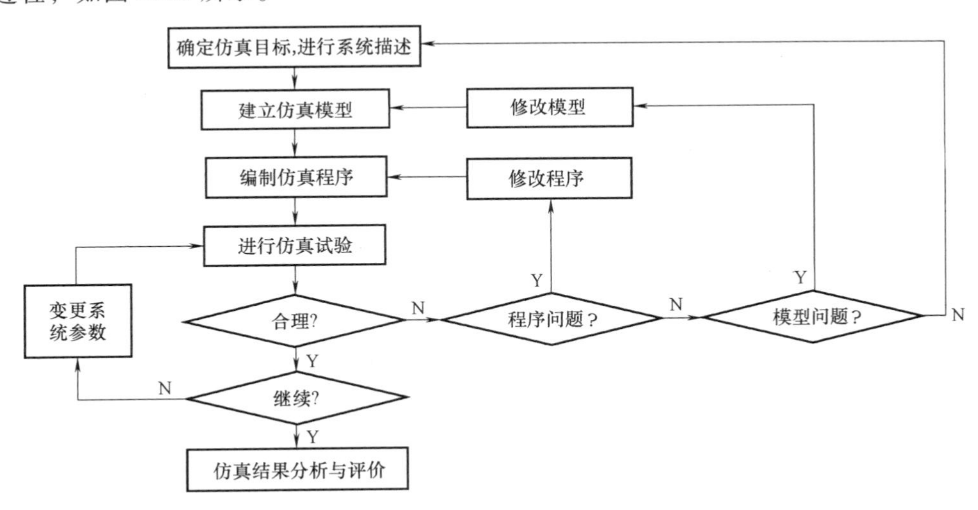

图 5.21　计算机仿真工作流程

(1) 分析系统要求，确定仿真目标　在进行系统仿真前，首先需要对系统进行认真分析，全面、深入地了解系统结构以及系统功能指标要求，确定系统仿真的目标和约束条件。

(2) 建立仿真模型　根据仿真目标，收集系统各类数据，以数学公式、图表、文字等形式对系统的功能、结构、行为和约束条件进行描述，建立系统的仿真模型，确定仿真模型的结构要素、变量参数及其取值范围。建立仿真模型时，应注意在保证模型的可信度基础上，尽可能使模型简化，以便于对仿真模型的理解、操作和控制。

（3）编制仿真程序　选择合适的仿真语言以及软件开发工具与环境，根据系统仿真模型编制计算机仿真程序。

（4）进行仿真试验　运行仿真程序，选择各种工况条件下的系统参数，进行系统仿真试验，记录仿真结果。

（5）仿真结果分析与评价　仿真试验结束后，应对仿真结果进行全面的分析、论证和评价。根据试验结果，分析仿真模型的有效性以及仿真程序的正确性。如需要，则应反复修改仿真模型，调整仿真参数，重新进行仿真试验，直至得到合适的仿真结果为止。

5.4.3　CAD 软件系统的运动仿真

目前，大多数 CAD 软件系统配置有装配体运动仿真的功能模块，可供用户通过仿真模拟检验装配体模型实际工作时的运动特征。下面以 SolidWorks CAD 软件系统为例，介绍 CAD 软件系统的运动仿真模块的实际应用。

SolidWorks 软件系统包含一个运动算例（Motion Studies）模块，该模块能够在不改变装配体模型及其属性的前提下，根据模型中各装配件相互间的装配约束关系，通过对某一个或多个装配件定义为驱动马达，并给定驱动速度和时间后，系统便能实现装配体的运动仿真。

例 5.4　应用 SolidWorks 运动算例模块对某公司肘杆式伺服压力机 SDP-160 主传动系统进行运动仿真。

1）进入 SolidWorks 建模环境，建立肘杆式伺服压力机 SDP-160 主传动系统实体装配模型，如图 5.22 所示。

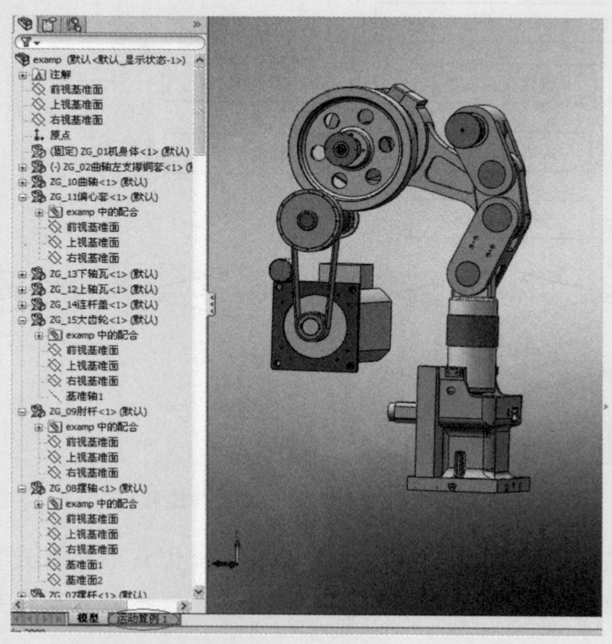

图 5.22　肘杆式伺服压力机 SDP-160 主传动系统实体装配模型

2）在屏幕的左下角，单击按钮 运动算例1，系统将弹出“运动算例”窗口。该窗口包含仿真运动工具栏、运动类型选项、运动特征管理器以及仿真时间线四个部分，如图 5.23 所示。

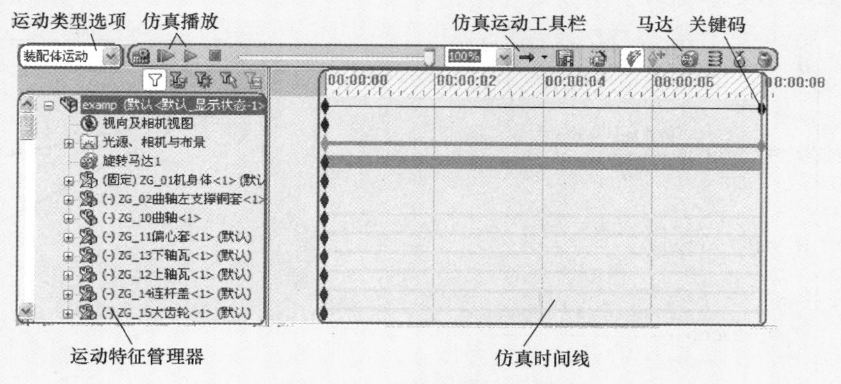

图 5.23 **“运动算例”窗口**

3）创建驱动马达。单击仿真运动工具栏中的“马达”按钮，系统弹出“马达”对话框，为用户提供马达类型、运动方向、运动速度等选项。本例选择“旋转马达”，运动状态为“等速”旋转，转速为“20RPM”，如图 5.24 所示。

图 5.24 **“马达”对话框**

4）确定驱动件。用鼠标在实体装配模型上指定马达输出轴作为旋转驱动轴。

5）设定动画仿真时间为 8s。用鼠标按住仿真时间线的关键码，向右拖动至 8s 位置点（图 5.23）。

6）仿真运行。单击仿真运动工具栏中“仿真播放”按钮或，系统便自动起动马达，由马达输出轴经带轮、曲轴、连杆及上下肘杆，最终驱动压力机滑块做上下往返运动，直至所设置的仿真时间结束为止。

5.4.4 应用 MATLAB 软件编程仿真

MATLAB 是一个数学分析软件系统，有较强的语言编程能力。应用 MATLAB 编程工具和动画功能，可建立产品或系统的仿真模型，可动态显示系统的动态运动特性。

例 5.5　图 5.25 所示为例 5.4 中肘杆式伺服压力机 SDP-160 主传动系统原理简图。图中，A 为曲轴，F 为滑块，E 为固定轴，曲柄 AB 长为 L_1，上肘杆 EC 长为 L_3，下肘杆 DF 长为 L_6，三角连杆三边长分别为 L_2、L_4、L_5，曲轴 A 在电动机和减速机构驱动下做匀速转动。试用 MATLAB 编程建模，进行肘杆式伺服压力机 SDP-160 主传动系统的运动仿真，并分析滑块在一个行程周期内的动态特性，包括位移、速度和加速度。

1. 建立仿真模型

（1）滑块位移　设各杆件转角定义为与 X 轴正方向的夹角，逆时针为正。杆件 $L_1 \sim L_6$

的转角分别为 θ_1、θ_2、θ_3、θ_4、θ_5、θ_6。根据图 5.25 所示的几何结构，若给定曲柄转角 θ_1，可分别求得其他各杆转角 $\theta_2 \sim \theta_6$、各节点坐标以及滑块的位移 s。

各杆件转角 $\theta_2 \sim \theta_6$ 为

$$\begin{cases} \theta_2 = \arcsin\dfrac{EB-\sqrt{A^2(A^2+B^2-E^2)}}{A^2+B^2} \\ \theta_3 = -\arccos\dfrac{m+L_2\cos\theta_2}{L_3} \\ \theta_5 = \theta_2 - \arccos\dfrac{L_4^2-L_2^2-L_5^2}{2L_2L_5} \\ \theta_4 = -\arccos\dfrac{L_2\cos\theta_2+L_5\cos\theta_5}{L_4} \\ \theta_6 = \arccos\dfrac{L_3\cos\theta_3+L_5\cos\theta_5}{L_6} \end{cases}$$

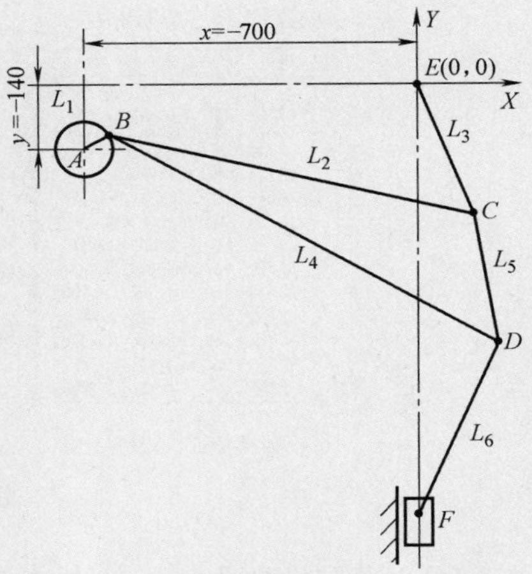

图 5.25　例 5.4 中肘杆式压力机主传动系统原理简图

式中，$A=2mL_2$；$B=2nL_2$；$E=L_3^2-L_2^2-m^2-n^2$；$m=x+L_1\cos\theta_1$；$n=y+L_1\sin\theta_1$。

各节点坐标为

A 点坐标：(x, y)

B 点坐标：$(x+L_1\cos\theta_1,\ y+L_1\sin\theta_1)$

C 点坐标：$(L_3\cos\theta_3,\ L_3\sin\theta_3)$

D 点坐标：$(L_3\cos\theta_3+L_5\cos\theta_5,\ L_3\sin\theta_3+L_5\sin\theta_5)$

E 点坐标：$(0,\ 0)$

F 点坐标：$(0,\ L_3\sin\theta_3+L_5\sin\theta_5+L_6\sin\theta_6)$

滑块位移 s 为

$$s=L_3\sin\theta_3+L_5\sin\theta_5+L_6\sin\theta_6$$

（2）**滑块速度**　设曲柄角速度为 ω_1，可分别求得其他各杆角速度 $\omega_2 \sim \omega_6$ 以及滑块位移速度 v。

各杆角速度 $\omega_2 \sim \omega_6$ 为

$$\begin{cases} \omega_2 = -L_1\omega_1\sin(\theta_1-\theta_3)/[L_2\sin(\theta_2-\theta_3)] \\ \omega_3 = L_1\omega_1\sin(\theta_1-\theta_2)/[L_3\sin(\theta_3-\theta_2)] \\ \omega_4 = L_2\omega_2\sin(\theta_2-\theta_5)/[L_4\sin(\theta_4-\theta_5)] \\ \omega_5 = -L_2\omega_2\sin(\theta_2-\theta_4)/[L_5\sin(\theta_5-\theta_4)] \\ \omega_6 = -(L_3\omega_3\sin\theta_3+L_5\omega_5\sin\theta_5)/(L_6\sin\theta_6) \end{cases}$$

滑块位移速度 v 为

$$v=s'=L_3\omega_3\cos\theta_3+L_5\omega_5\cos\theta_5+L_6\omega_6\cos\theta_6$$

（3）滑块加速度　由于曲柄做匀速运动，其角加度为 $\varepsilon_1=0$，为此可求得其他各杆角加速度 $\varepsilon_2\sim\varepsilon_6$ 以及滑块位移加速度 a。

各杆角加速度 $\varepsilon_2\sim\varepsilon_6$ 为

$$\begin{cases}\varepsilon_2=\dfrac{A_2\sin\theta_3-A_1\cos\theta_3}{L_2\sin(\theta_2-\theta_3)}\\ \varepsilon_3=\dfrac{A_2\sin\theta_2-A_1\cos\theta_2}{L_3\sin(\theta_2-\theta_3)}\\ \varepsilon_4=\dfrac{A_3\cos\theta_5-A_4\sin\theta_5+L_2\varepsilon_2\sin(\theta_2-\theta_5)}{L_4\sin(\theta_4-\theta_5)}\\ \varepsilon_5=\dfrac{A_4\sin\theta_4-A_3\cos\theta_4-L_2\varepsilon_2\sin(\theta_2-\theta_4)}{L_5\sin(\theta_5-\theta_4)}\\ \varepsilon_6=\dfrac{L_3\varepsilon_3\sin\theta_3+L_5\varepsilon_5\sin\theta_5+A_5}{-L_6\sin\theta_6}\end{cases}$$

式中，$\begin{cases}A_1=L_1\varepsilon_1\sin\theta_1+L_1\omega_1^2\cos\theta_1+L_2\omega_2^2\cos\theta_2-L_3\omega_3^2\cos\theta_3\\ A_2=L_1\varepsilon_1\cos\theta_1-L_1\omega_1^2\sin\theta_1-L_2\omega_2^2\sin\theta_2+L_3\omega_3^2\sin\theta_3\\ A_3=L_2\omega_2^2\cos\theta_2+L_5\omega_5^2\cos\theta_5-L_4\omega_4^2\cos\theta_4\\ A_4=-L_2\omega_2^2\sin\theta_2-L_5\omega_5^2\sin\theta_5+L_4\omega_4^2\sin\theta_4\\ A_5=L_3\omega_3^2\cos\theta_3+L_5\omega_5^2\cos\theta_5+L_6\omega_6^2\cos\theta_6\\ A_6=-L_3\omega_3^2\sin\theta_3-L_5\omega_5^2\sin\theta_5-L_6\omega_6^2\sin\theta_6\end{cases}$

滑块位移加速度 a 为

$$a=s''=L_3\varepsilon_3\cos\theta_3+L_5\varepsilon_5\cos\theta_5+L_6\varepsilon_6\cos\theta_6+A_6$$

2. 编制 MATLAB 仿真程序

设图 5.25 所示的主传动系统参数为：$x=-700$，$y=-140$，$L_1=100$，$L_2=786$，$L_3=310$，$L_4=933$，$L_5=280$，$L_6=410$；曲柄以 60r/min 的转速匀速转动，即 $\omega_1=2\pi$rad/s，曲柄初始转角为 $\theta_{1_0}=-17°$。

（1）主传动系统运动动态特性求解 MATLAB 程序

```
global L1 L2 L3 L4 L5 L6 x y
format long e;
L1=100;L2=786;L3=310;L4=933;L5=280;L6=410;
x=-700;y=-140;the0=-17;omg1=2.*pi;eps1=0.;
for the1=the0:1:360+the0
    [the2,the3,the4,the5,the6]=the_sub(the1);                %杆件角度计算函数
    omg2=-(L1*omg1*sind(the1-the3))/(L2*sind(the2-the3));
    omg3=(L1*omg1*sind(the1-the2))/(L3*sind(the3-the2));
    omg4=(L2*omg2*sind(the2-the5))/(L4*sind(the4-the5));
```

```
    omg5=-(L2*omg2*sind(the2-the4))/(L5*sind(the5-the4));
    omg6=-((L3*omg3*sind(the3)+L5*omg5*sind(the5))/(L6*sind(the6)));
    A1=L1*eps1*sind(the1)+L1*omg1^2*cosd(the1)+L2*omg2^2*cosd(the2)-L3*
        omg3^2*cosd(the3);
    A2=L1*eps1*cosd(the1)-L1*omg1^2*sind(the1)-L2*omg2^2*sind(the2)+L3*
        omg3^2*sind(the3);
    A3=L2*omg2^2*cosd(the2)+L5*omg5^2*cosd(the5)-L4*omg4^2*cosd(the4);
    A4=-L2*omg2^2*sind(the2)-L5*omg5^2*sind(the5)+L4*omg4^2*sind(the4);
    A5=L3*omg3^2*cosd(the3)+L5*omg5^2*cosd(the5)+L6*omg6^2*cosd(the6);
    A6=-L3*omg3^2*sind(the3)-L5*omg5^2*sind(the5)-L6*omg6^2*sind(the6);
    eps2=(A2*sind(the3)-A1*cosd(the3))/(L2*sind(the2-the3));
    eps3=(A2*sind(the2)-A1*cosd(the2))/(L3*sind(the2-the3));
    eps4=(A3*cosd(the5)-A4*sind(the5)+L2*eps2*sind(the2-the5))/
        (L4*sind(the4-the5));
    eps5=(A4*sind(the4)-A3*cos(the4)-L2*eps2*sind(the2-the4))/
        (L5*sind(the5-the4));
    eps6=-(L3*eps3*sind(the3)+L5*eps5*sind(the5)+A5)/(L6*sind(the6));

    s=L3*sind(the3)+L5*sind(the5)+L6*sind(the6);
    v=L3*omg3*cosd(the3)+L5*omg5*cosd(the5)+L6*omg6*cosd(the6);
    a=L3*eps3*cosd(the3)+L5*eps5*cosd(the5)+L6*eps6*cosd(the6)+A6;

    plot(360-the1+the0,s,'.g');
    plot(360-the1+the0,v,'.g');
    plot(360-the1+the0,a,'.g');
    hold on;  grid on;
end
```

在曲柄 L_1 匀速转动下，程序计算并绘制的滑块位移曲线、速度曲线和加速度曲线，如图 5.26 所示。

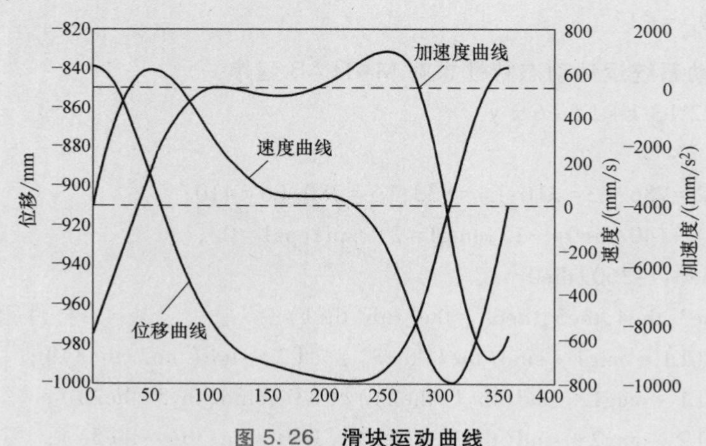

图 5.26　滑块运动曲线

（2）主传动系统运动仿真 MATLAB 程序

```
global L1 L2 L3 L4 L5 L6 x y
format long e;
L1=100;L2=786;L3=310;L4=933;L5=280;L6=410;
x=-700;y=-140;
axis([-800 300 -1100 100]);
%绘制主传动系统初始位置程序
the1=20;
[the2,the3,the4,the5,the6]=the_sub(the1);
xa=x;   ya=y;
xb=xa+L1*cosd(the1);        yb=ya+L1*sind(the1);
xc=L3*cosd(the3);           yc=L3*sind(the3);
xd=L3*cosd(the3)+L5*cosd(the5);
yd=L3*sind(the3)+L5*sind(the5);
xe=0.;   ye=0.;
xf=0.;   yf=L3*sind(the3)+L5*sind(the5)+L6*sind(the6);
g1=line([xa,xb],[ya,yb],'linewidth',2,'erasemode','xor');
g2=line([xb,xc],[yb,yc],'linewidth',2,'erasemode','xor');
g3=line([xb,xd],[yb,yd],'linewidth',2,'erasemode','xor');
g4=line([xe,xc],[ye,yc],'linewidth',2,'erasemode','xor');
g5=line([xc,xd],[yc,yd],'linewidth',2,'erasemode','xor');
g6=line([xd,xf],[yd,yf],'linewidth',2,'erasemode','xor');
%主传动系统动画仿真程序
for the1=0:1:720
        [the2,the3,the4,the5,the6]=the_sub(the1);
        xa=x;   ya=y;
        xb=xa+L1*cosd(the1);        yb=ya+L1*sind(the1);
        xc=L3*cosd(the3);           yc=L3*sind(the3);
        xd=L3*cosd(the3)+L5*cosd(the5);
        yd=L3*sind(the3)+L5*sind(the5);
        yf=L3*sind(the3)+L5*sind(the5)+L6*sind(the6);
        set(g1,'xdata',[xa,xb],'ydata',[ya,yb]);
        set(g2,'xdata',[xb,xc],'ydata',[yb,yc]);
        set(g3,'xdata',[xb,xd],'ydata',[yb,yd]);
        set(g4,'xdata',[xe,xc],'ydata',[ye,yc]);
        set(g5,'xdata',[xc,xd],'ydata',[yc,yd]);
        set(g6,'xdata',[xd,xf],'ydata',[yd,yf]);
        pause(0.01);
```

```
        drawnow
    end
    %杆件角度计算函数
    function [the2,the3,the4,the5,the6]=the_sub(the1)
    global L1 L2 L3 L4 L5 L6 x y
    format long e;
        m=L1*cosd(the1)+x;        n=L1*sind(the1)+y;
        A=2*m*L2;        B=2*n*L2;        E=L3^2-L2^2-m^2-n^2;
        the2=asind((E*B-sqrt(A^2*(A^2+B^2-E^2)))/(A^2+B^2));
        the3=-acosd((m+L2*cosd(the2))/L3);
        the5=the2-acosd((L4^2-L2^2-L5^2)/(2*L2*L5));
        the4=-acosd((L2*cosd(the2)+L5*cosd(the5))/L4);
        the6=acosd((L3*cosd(the3)+L5*cosd(the5))/L6);
    end
```

该程序应用 MATLAB 绘图指令和“与或（xor）”动画原理，以实现压力机主传动系统的运动仿真。图 5.27 所示为主传动系统的运动仿真图。

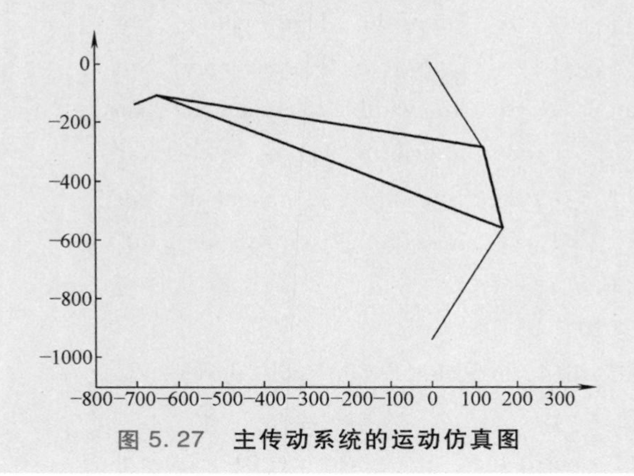

图 5.27 主传动系统的运动仿真图

5.4.5 应用 ADAMS 系统仿真

1. ADAMS 系统简介

ADAMS（Automatic Dynamic Analysis of Mechanical Systems）是美国 MSC 公司的一个虚拟样机仿真分析软件系统。它以多体计算动力学为基础，应用交互式图形环境和自身的构件库、约束库和力库系统，可建立复杂机械系统的几何结构模型和运动学、动力学分析的系统仿真模型，能够对所建立的仿真系统进行静平衡、运动学、动力学等不同类型的仿真作业和性能测试。ADAMS 系统有较强的仿真功能，是目前市场上应用范围最广、应用行业最多的机械系统动力学仿真工具之一。

ADAMS 系统可根据仿真对象的结构组成、各组成件间的运动副、运动驱动以及内外载荷等约束关系，自动建立系统运动学、动力学以及力学特征的求解方程，不要求用户掌握较深入的专业知识和编程能力，可满足大型、超大型工程问题仿真求解的要求。

ADAMS 系统由多个模块组成，其基本模块为 ADAMS/View 和 ADAMS/Postprocess，通常的机械系统仿真基本都可以用这两个模块来完成。此外，ADAMS 还拥有若干针对不同专业领域的仿真模块，如用于汽车、发动机、机车、飞机等的专用仿真模块。

2. ADAMS 系统仿真基本步骤

（1）构建仿真对象实体模块　应用 ADAMS/View 系统所提供的建模工具，可构建仿真对象的实体几何模型。对于一些结构复杂的仿真对象，可将外部 CAD 系统所建立的实体模型直接导入到系统中。

（2）编辑修改实体模型　编辑修改实体模型中各组成件的结构、材料、颜色等，设置仿真模型的单位制及重力加速度等参数。

（3）定义仿真模型运动副，添加驱动和系统载荷　根据仿真对象所需的实际运动，在模型各组成件间定义运动副及运动驱动，以便进行模型的运动学仿真，使所构建的虚拟系统模型能够运转起来。若对仿真系统进行动力学和力学特性分析，还需对模型施加实际载荷，包括外部负载以及内部阻尼力、惯性力等。

（4）仿真求解计算　根据仿真要求，设置系统模型仿真参数，确定仿真输出目标，进行模型调试及仿真试验。

（5）仿真结果的处理与分析　为增强仿真结果的可读性，可用图表形式显示仿真结果，也可将 CAD 实体模型加入仿真动画中，以增加动画的逼真性。对仿真结果进行分析，针对仿真对象存在的缺陷和不足，修改系统结构或仿真参数，重新进行仿真试验，直至满足设计要求为止。

3. AMADS 系统应用仿真实例

ADAMS 系统功能较多，这里仅通过一个简单传动机构的运动仿真，介绍 ADAMS 仿真系统的具体应用。

图 5.28 所示为曲柄滑块传动机构，它是由曲柄、连杆、滑块和固定套四个主要零件组成，其中曲柄绕自身的固定轴匀速转动，通过连杆驱动滑块在固定套中做往复直线运动。应用 ADAMS 系统对该传动机构进行运动仿真，求解滑块的运动特性。

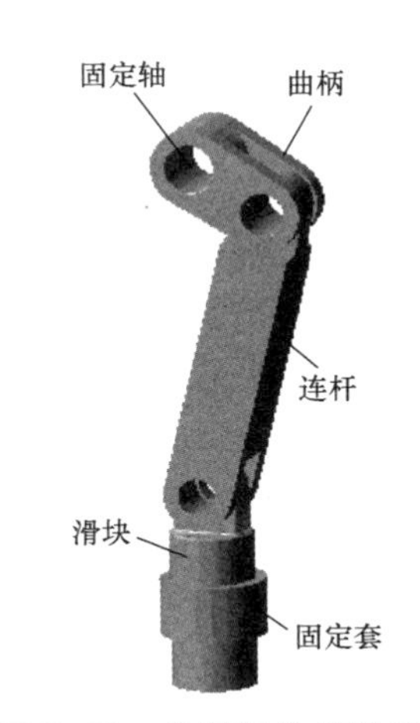

图 5.28　曲柄滑块传动机构

仿真求解步骤如下：

（1）启动 ADAMS/View 系统，导入曲柄滑块传动机构的实体模型

1）应用 SolidWorks 等系统建立曲柄滑块传动机构的实体模型，并以 Parasolid（*.x_t）中性文件格式进行存储。

2）启动 ADAMS 系统，进入 ADAMS 作业环境。

3）单击主菜单中“File-Import”选项，在弹出的对话框中，输入已建实体模型的存储地址及文件名，将该机构的实体模型导入系统，如图 5.29 所示。

（2）设置工作环境及单位制　先后选择主菜单中的“Settings-Coordinate”以及“Settings-Units”选项，在弹出的对话框中，设置工作坐标系为笛卡儿（Cartesian）坐标，仿真模型单位制为 MMKS（毫米千克秒）。

(3) 定义模型运动副

1) 在曲柄与大地间（屏幕）定义旋转副 1。单击主工具箱中的“旋转副”按钮，在主工具箱下方的“Construction”中选择“2 Bod-1 Loc”选项，即两个实体和一个位置点；先后单击曲柄实体以及屏幕任意空白处（即大地）后，再单击曲柄固定孔中心位置点，确认旋转方向，便完成旋转副 1 的定义，如图 5.30 所示。

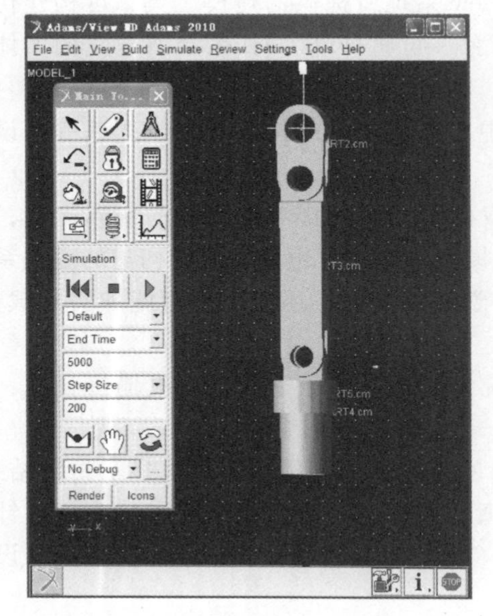

图 5.29 将实体模型导入 ADAMS 系统

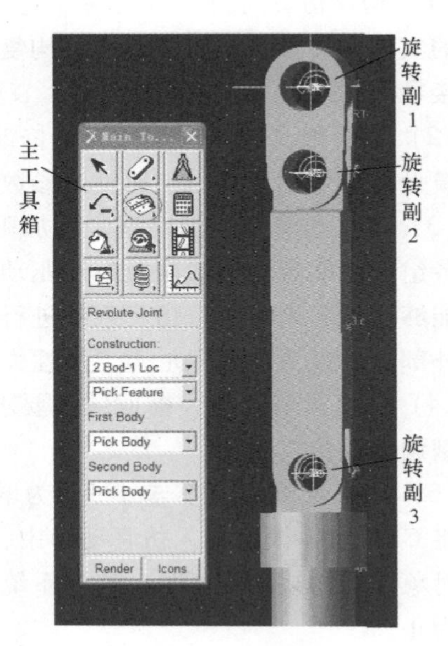

图 5.30 定义旋转副

2) 在连杆与曲柄间定义旋转副 2，方法同上。

3) 在滑块与连杆间定义旋转副 3，方法同上。

4) 在滑块与固定套间定义滑动副。单击主工具箱中的“滑动副”按钮，在主工具箱下方的“Construction”中选择“2 Bod-1 Loc”选项；先后单击滑块与固定套实体，再单击滑块实体上某位置点，确定滑动副滑移方向，便完成该滑动副的定义，如图 5.31 所示。

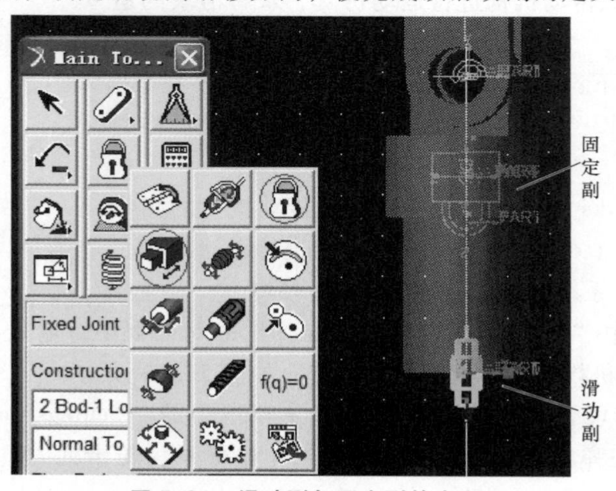

图 5.31 滑动副与固定副的定义

5）固定套相对大地定义固定副。单击主工具箱中的“固定副”按钮，在主工具箱下方的“Construction”中选择“2 Bod-1 Loc”选项；单击固定套实体，再单击屏幕任意空白处（即大地），便完成固定副的定义（图 5.31）。

6）在曲柄固定孔处添加旋转驱动。单击主工具箱中的“旋转驱动”按钮，旋转速度为 30°/s，单击曲柄固定孔处的旋转副，将旋转驱动添加在旋转副 1 上，如图 5.32 所示。

（4）运动仿真　单击主工具箱中的“仿真”按钮，在主工具箱下方的“Simulation”中选择“Kinematic”（运动仿真）选项，设定仿真时长为 200 步，步长为 0.1s；单击“仿真驱动”按钮，曲柄滑块传动机构仿真模型便开始仿真作业，在曲柄驱动下滑块在固定套中有规则地做上下直线往复运动；若单击“暂停”按钮，系统停止仿真，否则按所设置的仿真时间结束为止，如图 5.33 所示。

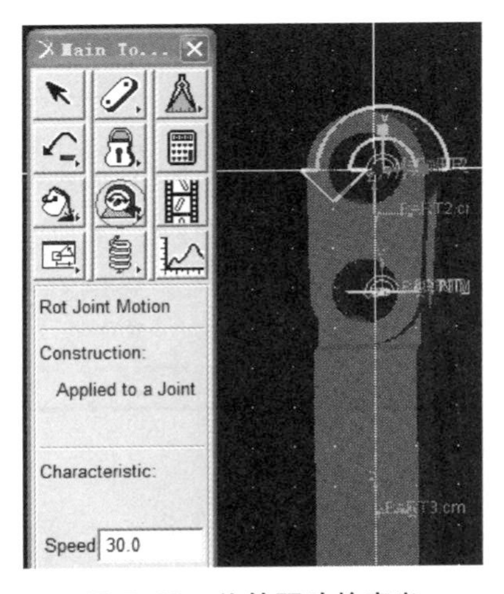

图 5.32　旋转驱动的定义

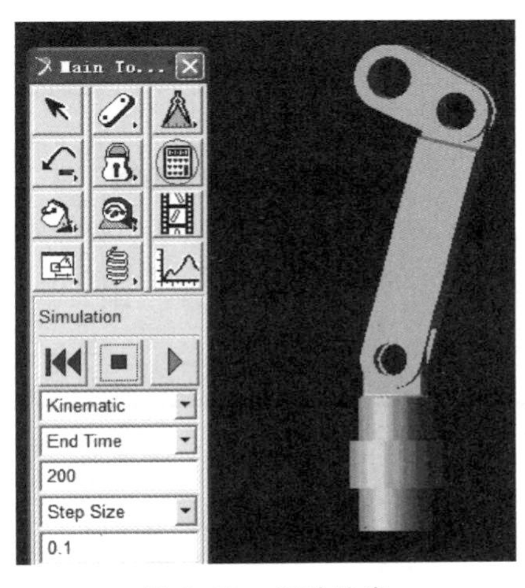

图 5.33　运动仿真

（5）仿真结果后处理分析（PostProcessor）　ADAMS 系统 PostProcessor 后处理模块可将仿真结果转化为动画、表格、曲线图等多种形式，以便用户能更确切地观察仿真模型的特征，便于对仿真结果进行分析。

1）进入系统后处理界面。单击主工具箱中的“后处理模块”按钮，系统便进入后处理界面，如图 5.34 所示。

2）布局视图区。右击后处理界面顶部工具栏中的“视图”按钮，弹出视图区布局选项，选择左右两幅图的视图布局，如图 5.35 所示。

3）设置右侧视图区。右击右侧视图区，弹出如图 5.36 所示的快捷菜单，选择“Load Animation”选项，系统便自动载入曲柄滑块仿真模型，设置仿真动画参数，调整模型的方位和大小（图 5.37）。

4）设置左侧视图区的仿真运动曲线。右击左侧视图区，在弹出的快捷菜单中选择“Load Plot”选项，系统在视图区下方弹出仿真曲线设置选项。如图 5.37 所示，在“Model”列表框中的“Source”下拉列表框中选择“Objects”选项，在“Object”列表框中选择“PART4”（滑块），在“Characteristic”列表框中选择“CM-Position”“CM-Veloity”或

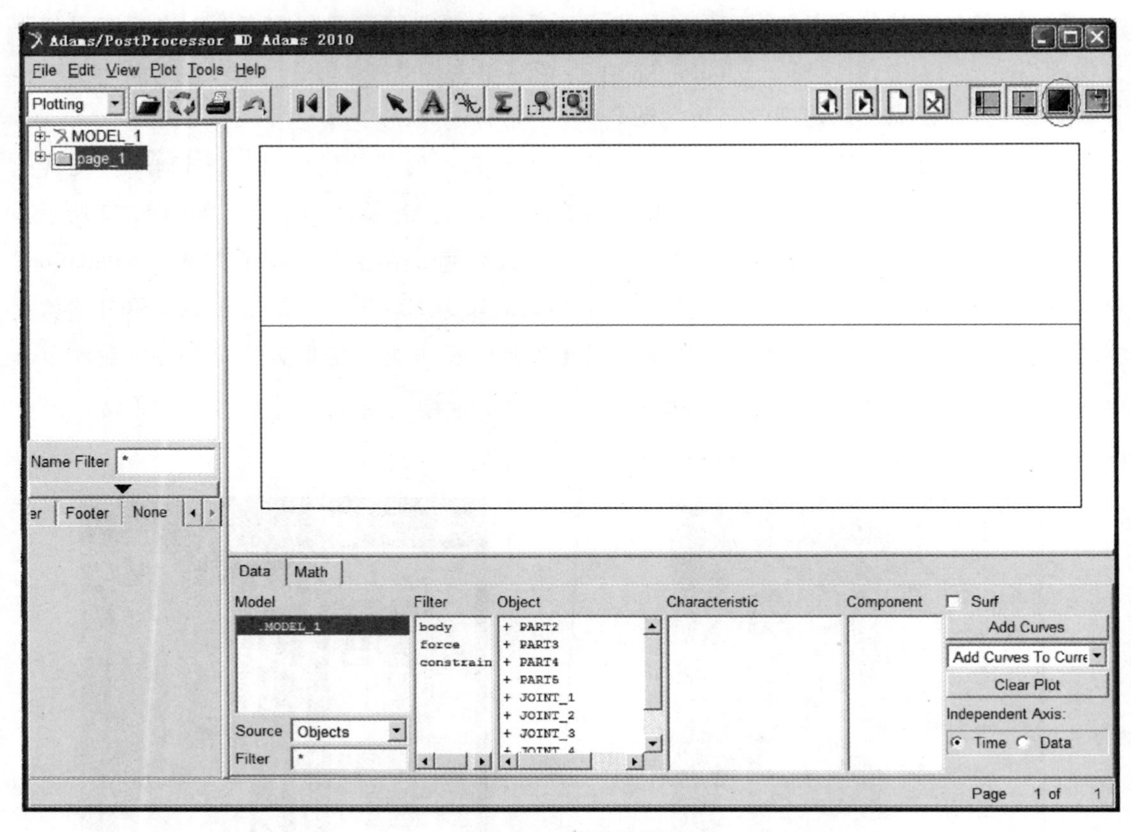

图 5.34　**后处理界面**

图 5.35　**视图布局选项**

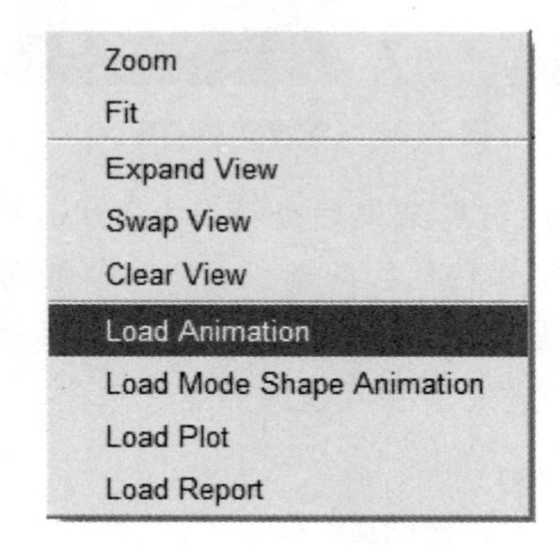

图 5.36　**选择仿真动画选项**

“CM-Acceleration” 选项，然后在 “Component” 列表框中选择 “*Z*” 选项，单击 “添加曲线” 按钮 Add Curves，系统便自动在左侧视图区显示滑块在 *Z* 轴方向相对于时间的位移曲线。以同样方法，在左侧视图区添加滑块的速度曲线和加速度曲线，如图 5.37 所示。

5）仿真运行。单击顶部工具栏中的 “仿真运行” 按钮 ▶，系统在后处理界面右侧视图区启动运行曲柄滑块传动机构的动画仿真；与此同时，在左侧视图区有一根上下垂直的指针线由左至右与动画同步地在曲线上移动（图 5.37）。

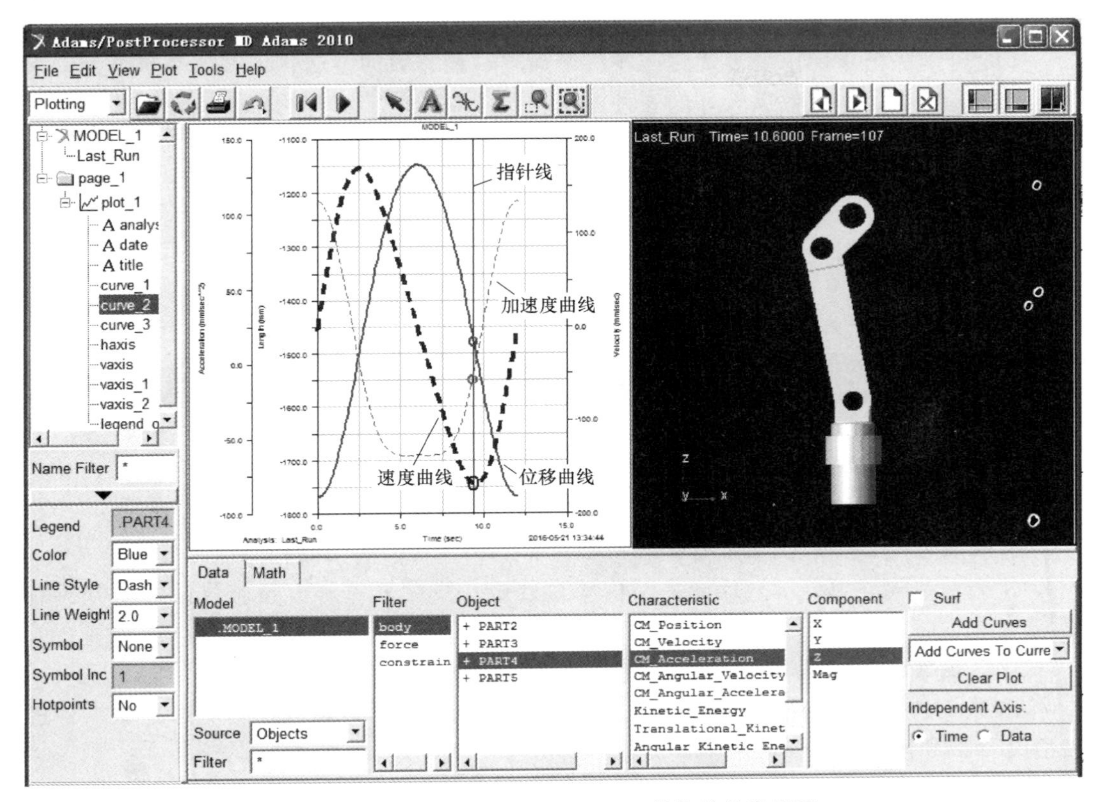

图 5.37　ADAMS/PostProcessor 模块的仿真界面

本章小结

CAE 是产品设计过程的一个重要环节，是应用计算机及相关软件系统对产品的性能与安全可靠性进行分析，对其未来的工作状态和运行行为进行仿真，以证实所设计产品的功能可用性和性能可靠性。

有限元分析是一个化整为零进行单元分析，再积零为整进行整体分析的过程，是将一个连续结构体划分为若干个小单元，进行单元分析，建立单元平衡方程；再根据各单元的连接关系，构建结构体的整体方程组；求解方程组，得到结构体的整体结构特征。

在机械产品设计时有限元分析最常见的应用是结构分析，包括结构静力分析和结构动力分析。结构静力分析是在不考虑结构体的惯性和阻尼以及载荷不随时间变化的条件下，分析结构体的位移、约束反力、应力、应变等结构特征；结构动力分析是在考虑结构体的惯性和阻尼以及载荷随时间变化的条件下，分析结构体的动力学特征，包括结构体的振动模态、动态载荷响应等。

工程问题的设计优化是在确定优化目标，选择一组设计参数，并满足一系列约束条件下，如何使设计目标达到最优化的设计技术。因而，目标函数、设计变量和设计约束称为优化设计的三要素。

根据优化设计的类型、设计变量的多少以及约束条件的不同，有多种不同的求解方法。例如：黄金分割法是求解单变量优化问题的最简单、最有效的方法；梯度法是求解无约束非线性优化问题时初始迭代效果较好的一种方法；罚函数法是求解有约束非线性优化最常用的方法。

计算机仿真是以数学理论为基础，以计算机为工具，利用系统仿真模型对实际的或设计的系统进行试验仿真研究的一门技术，具有省时、省力、省钱等优点。目前，计算机仿真有多种软件工具可供选用。

思考题

1. 阐述 CAE 技术的内涵、功能及作用。它有哪些常用的工程分析方法？
2. 什么是有限元法？阐述有限元法的基本思想和基本分析步骤。
3. 有限元分析软件系统通常有哪些核心功能模块？它们的功能和作用是什么？
4. 什么是结构静力分析，什么是结构动力分析？线性静力分析与非线性静力分析有何区别？
5. 什么是机械结构的模态？机械结构的模态分析有什么作用？
6. 熟悉 ANSYS 或类似的某种有限元分析软件系统，试用该软件系统对某机械零件进行线性静力分析和模态分析。
7. 什么是优化设计三要素？阐述优化设计过程及常用优化设计计算方法。
8. 黄金分割法、梯度法以及罚函数法各适合计算求解哪一类优化设计问题？试分析其优化计算求解原理。
9. 熟悉 MATLAB 数学软件系统，试用该软件系统编程求解某优化设计问题。
10. 什么是计算机仿真？半物理仿真和全物理仿真？计算机仿真有什么特点？
11. 阐述计算机仿真的工作过程。
12. 熟悉 SolidWorks 系统的运动仿真功能，应用该系统建立某传动系统的装配模型，并对其进行运动仿真。
13. 熟悉 ADAMS 系统，试用该系统对某运动机构进行仿真。

第6章 计算机辅助工艺设计

机械制造，工艺为本。机械制造工艺是指各种机械加工方法及其过程的总称。机械制造工艺过程是通过不同的加工设备与工具以及相关技术从原材料开始不断改变其尺寸、形状及性能，使其成为成品或半成品的过程，包括毛坯制备、加工制造、工艺热处理、产品装配、产品检验等。机械工艺设计是机械制造工艺过程的生产准备阶段，是根据产品加工要求和生产加工条件，完成包括毛坯设计、工艺路线制定、工序设计、工时定额计算等工艺设计任务。计算机辅助工艺设计（CAPP）是应用计算机及相关软件系统辅助技术人员完成机械工艺设计的技术。

重点提示：

计算机辅助工艺设计（CAPP）是连接CAD与CAM系统的桥梁，是决定产品加工方法、工艺路径、生产组织的重要过程。本章在介绍CAPP技术内涵的基础上，重点讲述派生式CAPP系统、创成式CAPP系统、CAPP专家系统以及基于MBD的CAPP系统的工艺规程生成原理、功能特点及其作业过程。

6.1 ■概述

6.1.1 机械制造工艺设计的基本任务

机械制造过程是机械产品从原材料到产成品之间各个相互关联生产活动的总和，包括毛坯制造、零件加工、工艺热处理、产品装配和产品检验等。工艺设计是机械制造过程生产技术准备的第一步，是根据产品图样和生产纲领，分析产品零件结构特征及其技术要求，完成下列基本设计任务：

1）零件毛坯设计。根据零件形状特征和工艺要求，设计零件毛坯，可选用棒料、块料或铸件等不同的毛坯类型。

2）拟定可行加工方案，制定合理的工艺路线。分析零件加工要求，拟定可行的加工方案，然后根据企业现有技术及设备条件，制定经济合理的机械加工工艺路线。

3）确定各工序所用的机床设备、刀具、量具及其他工艺装备。

4）确定各工序加工余量，选用合理的切削用量，计算各工序公差尺寸，制定各工序技术要求及其检验手段。

5）计算整个工艺过程的工时定额和加工成本。

6）编制、整理各类工艺文件，包括加工工艺过程卡片、工序卡片、加工工时及材料汇总表等。

机械制造工艺设计是企业生产技术准备工作中一项不可或缺的生产环节，其设计结果将决定产品的制造质量、生产组织过程的复杂性以及生产成本的高低。

6.1.2 CAPP 技术内涵及其基本组成

CAPP 技术是根据产品加工要求，在给定的加工条件和环境下，应用计算机及相关软件系统辅助工艺设计人员完成零件毛坯设计、工艺路线制定、工序设计、切削参数计算、工时定额计算、工艺文件编制等工艺设计任务，具有设计效率高、计算快捷可靠、工艺方案可优化等特点，有效避免了传统手工设计一直存在的劳动强度大、设计效率低、设计周期长、人为因素多、设计结果一致性差等不足。

CAPP 技术作为 CAD/CAM 技术的重要组成部分，是连接 CAD 与 CAM 系统的桥梁，在制造自动化领域具有重要的地位。CAPP 技术自 20 世纪 60 年代末问世以来，一直在学术界和企业界关注下得到不断发展与提高，先后推出了不同层次、不同类型的 CAPP 系统，这些系统在企业实际生产制造过程中发挥了重要的作用。

尽管 CAPP 系统具有不同的类型，但就其基本结构而言，CAPP 系统主要由零件信息描述与获取、工艺路线生成、工序设计、工艺文件管理、数据库/知识库以及人机界面等模块组成，如图 6.1 所示。

（1）零件信息描述与获取 零件信息是 CAPP 系统进行工艺设计的依据，零件信息描述与获取是 CAPP 系统的重要组成部分。如何描述零件信息，用怎样的数据结构存储这些信息是 CAPP 的关键技术之一。通常，零件信息获取方法有人机交互输入以及从 CAD 系统所创建的零件几何模型中直接获取。

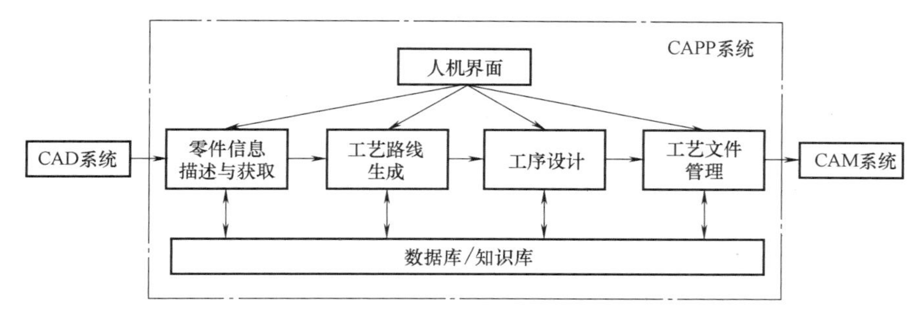

图 6.1 CAPP 系统的结构组成

(2) **工艺路线生成** 不同类型的 CAPP 系统具有不同的工艺路线生成方式，有通过典型零件工艺路线的检索方法，也有通过决策树、决策表或专家系统进行工艺路线自动推理创成方法等。

(3) **工序设计** 工序设计包括确定各工序的工步，选择机床、刀具、夹具、量具等设备，确定加工余量及工艺参数，计算切削用量和工时定额等内容。

(4) **工艺文件管理** 该模块负责生成及输出零件加工工艺规程的各类工艺文件，包括工艺过程卡片、工序卡片、机床设备清单等，并提供与其他信息系统的数据交换接口。

(5) **数据库/知识库** CAPP 系统的数据库是用于存放如加工方法、加工余量、切削用量、机床参数、刀夹量具以及材料、工时、成本核算等工艺设计所要求的工艺数据；知识库用于存放包括工艺决策逻辑、推理方法、加工方法选择、工序工步的归并与排序等规则。

(6) **人机界面** 人机界面是 CAPP 系统的用户操作平台，包括系统菜单、数据及知识输入界面、工艺文件显示、编辑及管理界面等。

6.1.3 CAPP 系统类型

根据工艺规程生成原理的不同，可将常见的 CAPP 系统分为交互式 CAPP 系统、检索式 CAPP 系统、派生式 CAPP 系统、创成式 CAPP 系统、CAPP 专家系统以及基于 MBD 的 CAPP 系统等类型。

1. 交互式 CAPP 系统

交互式 CAPP 系统是在工艺设计数据库的支持下，工艺设计人员根据系统的提示和引导，通过人机交互方式完成各项工艺设计任务，生成所需的工艺规程文件。

这类系统从实用化目标出发，以工艺设计人员为主体，甩掉了传统的纸和笔，应用计算机作为设计工具完成工艺规程的设计任务。与传统设计方法相比较，这类 CAPP 系统也能较大程度地提高设计效率，减少人为差错，但是它仍未摆脱对工艺设计人员经验的依赖性，设计结果一致性不高，设计效率有待提高。

2. 检索式 CAPP 系统

检索式 CAPP 系统是将企业现有成熟的各类零件加工工艺文件，作为标准工艺存储在计算机标准工艺库内。在进行工艺设计时，可根据零件编码在标准工艺库中检索、调用相类似的标准工艺，经编辑修改完成相关零件的工艺设计任务。

这类 CAPP 系统实际上是一个工艺文件数据库管理系统，其自动决策能力较差，功能较弱。企业内的标准工艺往往为数不多，新零件工艺设计时常常没有相类似的工艺可供检索，因而其应用范围有限。然而，这类系统开发较为简单，易于实现，操作简便，在企业内仍具有较高的使用价值。

3. 派生式 CAPP 系统

派生式 CAPP 系统是以成组技术为基础，将特征相似的零件归类成族，对每一零件族中所有零件结构特征进行归并，设计一个“主样件”，建立“主样件”的标准工艺规程并将其存储。工艺设计时，根据零件的成组编码检索所属零件族，调用该零件族的标准工艺文件，经编辑、增删、修改，得到满足要求的零件加工工艺规程。

派生式 CAPP 系统理论上比较成熟，工作原理简单，易于实现，继承和应用了企业成熟的传统工艺，有较好的实用性；其不足是，它是针对企业既有产品和工艺条件所开发的，适用面较小，其柔性和可移植性较差，复杂的零件和相似性较差的零件难以形成零件族。

4. 创成式 CAPP 系统

创成式 CAPP 系统是根据零件的结构特点和工艺要求，依据系统自身的工艺数据库和决策逻辑，在没有人工干预的条件下，自动创成新零件加工工艺规程，包括零件加工工艺路线和加工工序，并应用各种工艺决策规则，完成机床、刀具的选择，确定优化的切削参数和工艺过程，是一种智能的工艺设计系统。

创成式 CAPP 系统是通过逻辑推理，自动决策生成零件的加工工艺规程，无须人为的技术干预，自动化程度高；适应范围广，具有较高的柔韧度；便于计算机辅助设计和辅助制造系统的集成，是一种比较理想而有前途的工艺设计方法。然而，由于工艺决策过程经验性较强，影响因素多，存在多变性和复杂性，因而到目前为止这类 CAPP 系统还只能从事一些简单的、特定环境下的零件工艺设计。

5. CAPP 专家系统

CAPP 专家系统是将有关工艺专家的工艺经验与知识表示成为计算机能够接受和处理的设计规则，采用工艺专家的推理和控制策略，处理和解决工艺设计领域内只有工艺专家才能解决的工艺问题，并达到工艺专家级的设计水平。

CAPP 专家系统是比创成式 CAPP 系统具有更高层次的从事工艺设计的智能软件系统，是一种基于知识推理、自动决策的 CAPP 系统，具有较强的知识获取、知识管理和自学习能力，是 CAPP 技术一个重要的发展方向。

6. 基于 MBD 的 CAPP 系统

基于 MBD 的 CAPP 系统是以产品设计 MBD 模型为基础，从中提取零件的结构特征、设计尺寸、加工精度以及零件材料、热处理等基本工艺信息，在系统制造资源库与工艺知识库的支持下，进行工艺路线规划、工序尺寸计算、全三维工序 MBD 模型生成、工艺规程格式定制等设计作业，最终完成包含完整工艺规程的全三维工艺 MBD 模型。

基于 MBD 的 CAPP 系统是一种全新概念的 CAPP 系统。它是以全三维工艺 MBD 模型替代传统的以二维文字、表格以及工程图对加工工艺规程的表示，三维可视、直观清晰，可实现 CAD/CAPP 系统的无缝集成，是真正意义上的制造数字化的一种变革。

上述各类 CAPP 系统各具特色，同时也有各自的不足。由于机械加工工艺受到企业类型、生产批量、设备条件、人员技术等诸多因素的影响，较难实现能满足多方面要求的一个通用的 CAPP 系统，从而形成在目前企业内多种形式 CAPP 系统并存的局面。表 6.1 列出了各类 CAPP 系统特点的比较。

表 6.1　各类 CAPP 系统特点的比较

类　型	工艺生成原理	系统特点	存在不足
交互式 CAPP 系统	在工艺设计数据库支持下,以工艺设计人员为主导,交互完成工艺设计	系统结构简单,易于构建,适用性好	设计效率不高,经验依赖性高,设计结果一致性差
检索式 CAPP 系统	通过零件编码检索标准工艺库中类似的标准工艺,经编辑修改完成工艺设计	系统结构简单,易于构建,操作简便,具有较高的设计效率	系统功能较弱,应用范围受到标准工艺库的限制
派生式 CAPP 系统	以成组技术为基础,根据零件编码检索所属零件族标准工艺,经编辑修改完成工艺设计	理论成熟,原理简单,易于实现,继承应用企业成熟工艺,实用性较好	适用面较小,柔性和可移植性较差,复杂零件及相似性较差零件难以形成零件族
创成式 CAPP 系统	根据零件结构特点和工艺要求,应用工艺决策规则和推理逻辑,自动创成零件加工工艺	自动创成工艺规程,自动化程度高,适应范围广,具有较高柔性	机加工艺决策经验性强,影响因素多,存在多变形和复杂性
CAPP 专家系统	以知识库为基础,以推理机为核心进行推理决策,完成工艺设计过程	有较强知识获取和自学习能力,可达到工艺专家级的设计水平	完善的知识库建设不易
基于 MBD 的 CAPP 系统	从产品设计 MBD 模型中提取零件信息,进行工艺路线规划,生成全三维 MBD 工艺模型	替代以二维图样为主体的传统工艺设计,建立设计与制造一体化的全三维数字化工艺模型	该类 CAPP 系统概念尚需完善

6.2 ■ 派生式 CAPP 系统

派生式 CAPP 系统是以成组技术为基础的工艺设计软件系统，通过零件编码检索所属零件族标准工艺来完成零件工艺规程的设计。本节将介绍成组技术的概念、零件分类编码系统以及派生式 CAPP 系统的组成和技术实现。

6.2.1　成组技术的概念

成组技术（Group Technology，GT）是一门工程应用技术。它利用事物的相似性，把相似的问题归类成组，寻求解决这一类问题的最优方案，以取得所期望的效果。

成组技术于 20 世纪 50 年代在苏联问世，后来传入欧美、日本等国，并在各国的实践和发展过程中得到不断地丰富和完善。目前，成组技术作为一项基础生产管理技术已在制造业各领域中得到普遍的应用，如产品设计、工艺设计、工艺准备、设备选型、车间布局、生产计划和成本管理等领域。

在机械制造业中，大量的产品零件都有这样或那样的相似性。据有关统计资料表明，机械零件的相似性达到 70%左右。零件的相似性是指零件的结构形状、材料、精度、工艺等特征的相似性，其中结构形状的相似性包括零件基本形状、尺寸以及结构布局的相似性；材料相似性是指材料种类、毛坯类型、热处理方法的相似性；精度相似性是指零件的尺寸精度、位置精度以及对应表面质量要求的相似性；工艺相似性包括零件加工方法、工艺路线、加工设备及工艺装备的相似性。

成组技术作为机械制造领域的一项基础应用技术，包含相似性标识、相似性开发和相似性应用等技术内容。相似性标识即根据具体应用需求，选择确定分析对象的相似性特征，并用一定的方法和手段对这些特征进行描述和标识，用以反映具体对象特征的相似性，为此人们开发了众多的零件分类编码系统，用以对各零件进行编码，以零件的成组编码来标识零件的相似性。相似性开发即根据应用目的确定分析对象的分组准则，按照分组准则将零件进行分类成组，建立相似零件族，构建每个零件族“主样件”，并按照“主样件”进行产品的结构设计、加工工艺设计、组织生产和优化。相似性应用即成组技术的开发应用，目前成组技术已应用于较多领域，包括成组设计、成组工艺、成组生产组织、成组设备、成组布局和成组运输等。

6.2.2　零件分类编码系统

零件分类编码系统是用数字与字母对零件特征进行标识和描述的一套特定的规则和依据。目前，国内外有上百种零件分类编码系统在工业界使用，比较著名的有德国的 Opitz 系统、日本的 KK-3 系统、我国的 JLBM-1 系统等。

1. Opitz 编码系统

Opitz 编码系统是由德国 Opitz 教授开发，是世界上最早推出的零件分类编码系统。如图 6.2 所示，该系统的基本结构为 9 位数字码，前 5 位为主码，用于描述零件的基本结构特征；后 4 位为辅助码，用于描述零件的辅助特征。各码位具体含义如下：

第 1 位为零件类别码，该位数值 0~5 表示不同结构的回转体零件，数值 6~9 表示不同结构的非回转体零件。

第 2 位表示零件的主要形状及要素。

第 3 位表示回转体零件内部形状要素和非回转体零件的平面孔特征等。

第 4 位表示零件有关平面的加工。

第 5 位表示涉及孔、槽、齿形等辅助形状特征的加工。

第 6~9 位分别表示零件的主要尺寸、材料及热处理、毛坯原始形状和精度。

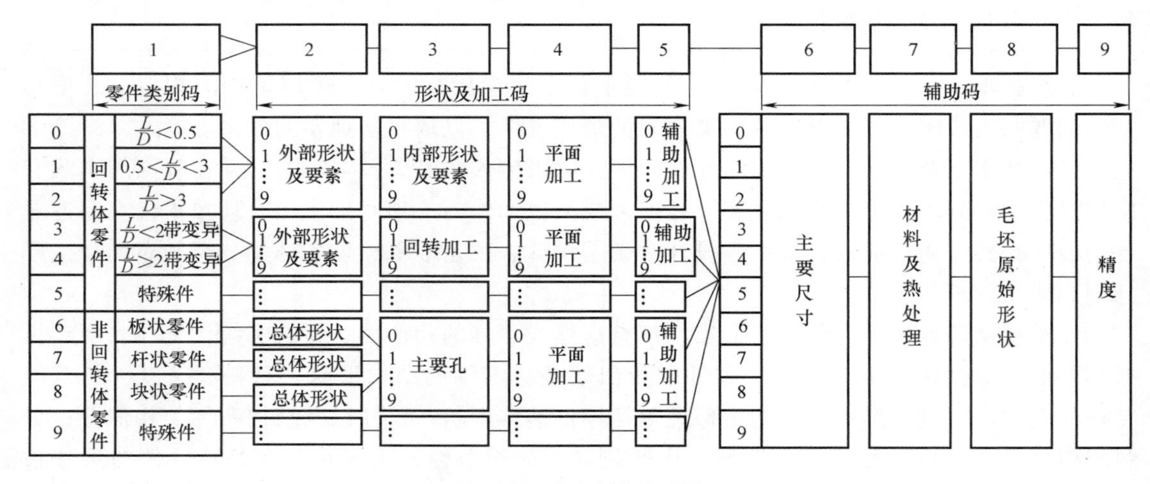

图 6.2　Opitz 编码系统

可以看出，Opitz 编码系统的码位少、结构简单，便于手工编制，但其不足是非回转体零件描述较为粗糙，零件结构、尺寸和工艺特征信息描述不够充分。

2. KK-3 编码系统

KK-3 编码系统是由日本通产省机械技术研究所制定。如图 6.3 所示，KK-3 为 21 位数字码系统，第 1、2 位是零件名称代码，第 3、4 位是材料代码，第 5、6 位是主要尺寸代码，第 7 位是外轮廓形状与尺寸比代码，第 8～20 位是形状与加工代码，第 21 位是精度代码。该系统可以用于回转体零件和非回转体零件。

<table>
<tr><td>码位</td><td>1</td><td>2</td><td>3</td><td>4</td><td>5</td><td>6</td><td>7</td><td>8</td><td>9</td><td>10</td><td>11</td><td>12</td><td>13</td><td>14</td><td>15</td><td>16</td><td>17</td><td>18</td><td>19</td><td>20</td><td>21</td></tr>
<tr><td rowspan="3">分类项目</td><td colspan="2">名称</td><td colspan="2">材料</td><td colspan="2">主要尺寸</td><td rowspan="3">外轮廓形状与尺寸比</td><td colspan="13">形状与加工</td><td rowspan="3">精度</td></tr>
<tr><td rowspan="2">粗分类</td><td rowspan="2">细分类</td><td rowspan="2">粗分类</td><td rowspan="2">细分类</td><td rowspan="2">长度 L</td><td rowspan="2">直径 D</td><td colspan="6">外表面</td><td colspan="3">内表面</td><td rowspan="2">端面</td><td colspan="2">辅助孔</td><td rowspan="2">非切削加工</td></tr>
<tr><td>外轮廓形状</td><td>同心螺纹</td><td>功能槽</td><td>异形部分</td><td>成形平面</td><td>周期性表面</td><td>内轮廓形状</td><td>内曲面</td><td>内平面与内周期面</td><td>规则排列</td><td>特殊孔</td></tr>
</table>

a)

<table>
<tr><td>码位</td><td>1</td><td>2</td><td>3</td><td>4</td><td>5</td><td>6</td><td>7</td><td>8</td><td>9</td><td>10</td><td>11</td><td>12</td><td>13</td><td>14</td><td>15</td><td>16</td><td>17</td><td>18</td><td>19</td><td>20</td><td>21</td></tr>
<tr><td rowspan="3">分类项目</td><td colspan="2">名称</td><td colspan="2">材料</td><td colspan="2">主要尺寸</td><td rowspan="3">外轮廓形状与尺寸比</td><td colspan="13">形状与加工</td><td rowspan="3">精度</td></tr>
<tr><td rowspan="2">粗分类</td><td rowspan="2">细分类</td><td rowspan="2">粗分类</td><td rowspan="2">细分类</td><td rowspan="2">长度 A</td><td rowspan="2">宽度 B</td><td colspan="2">弯曲形状</td><td colspan="4">外表面</td><td colspan="2">主孔</td><td rowspan="2">主孔以外的内表面</td><td colspan="3">辅助孔</td><td rowspan="2">非切削加工</td></tr>
<tr><td>弯曲方向</td><td>弯曲角度</td><td>外平面</td><td>外曲面</td><td>主成形平面</td><td>圆周面与辅助成形面</td><td>方向与阶梯</td><td>螺纹与成形面</td><td>方向</td><td>形状</td><td>特殊孔</td></tr>
</table>

b)

图 6.3　KK-3 编码系统

a）回转体　b）非回转体

KK-3 系统是结构与工艺并重的分类编码系统，代码含义明确，能实现零件详细分类；采用前 7 位码作为分类环节，便于设计和检索；不足是码位较多，有些码位利用率较低，且不便于手工编码。

3. JLBM-1 编码系统

JLBM-1 编码系统是由我国原机械工业部为机械加工行业推行成组技术而开发的一种零

件分类编码系统，经过四次修订于 1984 年正式作为我国机械工业的技术资料颁布推行。

JLBM-1 编码系统是由 15 位十进制数字码所组成的编码系统，在结构上与 Opitz 编码系统相类似，通过增加一些码位以弥补 Opitz 系统的不足。如图 6.4 所示，该系统零件类别码由 2 位组成；形状及加工码由 7 位组成，并将回转体与非回转体零件分开进行描述；热处理要求独自用 1 位码表示；主要尺寸码扩充为 2 位。经过上述改进，JLBM-1 编码系统继承了 Opitz 编码系统功能强、结构简洁特点，又能容纳更多分类特征信息，较利于企业应用。

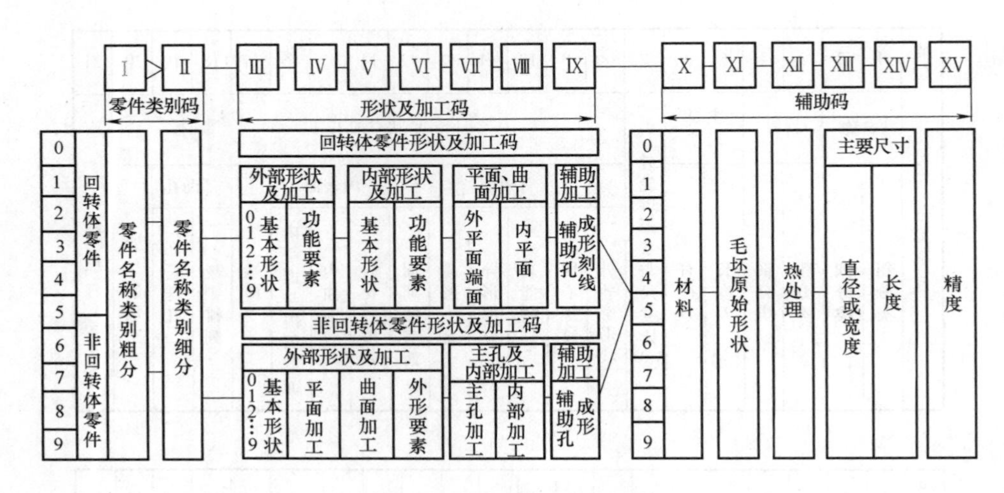

图 6.4　JLBM-1 编码系统

4. 零件编码实例

例 6.1　应用 Opitz 编码系统对图 6.5a 所示的法兰盘进行编码。

根据 Opitz 编码系统的编码规则和该零件的形状特征和技术要求，法兰盘的 Opitz 码为 013124279，如图 6.5b 所示。

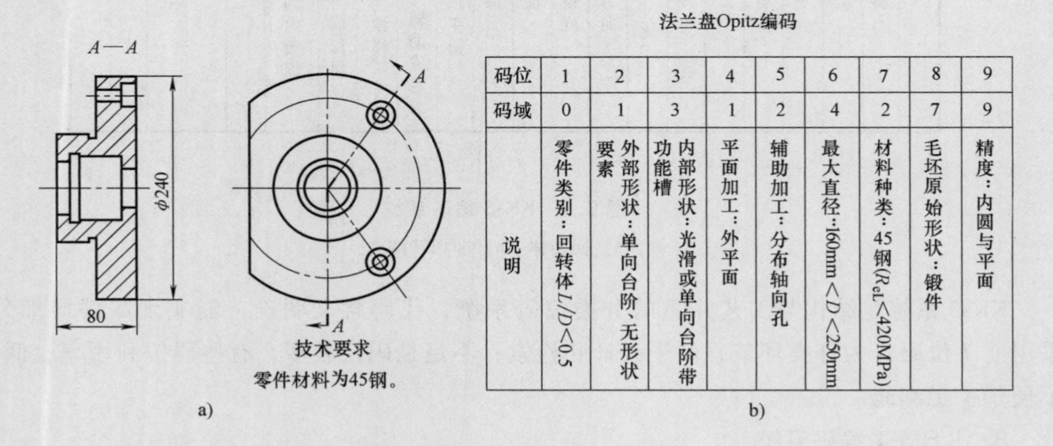

法兰盘Opitz编码

码位	1	2	3	4	5	6	7	8	9
码域	0	1	3	1	2	4	2	7	9
说明	零件类别：回转体 $L/D<0.5$	外部形状：单向台阶、无形状要素	内部形状：光滑或单向台阶带功能槽	平面加工：外平面	辅助加工：分布轴向孔	最大直径：$160\text{mm}<D<250\text{mm}$	材料种类：45钢（$R_{eL}<420\text{MPa}$）	毛坯原始形状：锻件	精度：内圆与平面

图 6.5　法兰盘的 Opitz 编码

例 6.2　应用 Opitz 编码系统对图 6.6a 所示的支撑板进行编码。

图 6.6b 所示为编码结果，其 Opitz 码为 654436172。

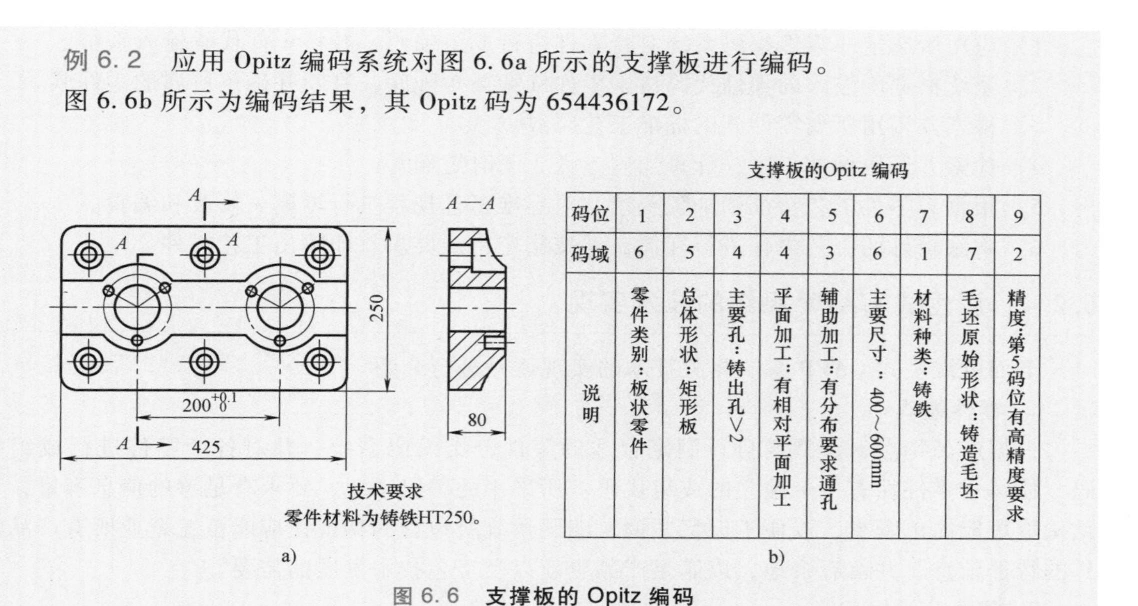

码位	1	2	3	4	5	6	7	8	9
码域	6	5	4	4	3	6	1	7	2
说明	零件类别：板状零件	总体形状：矩形板	主要孔：铸出孔>2	平面加工：有相对平面加工	辅助加工：有分布要求通孔	主要尺寸：400～600mm	材料种类：铸铁	毛坯原始形状：铸造毛坯	精度：第5码位有高精度要求

图 6.6　支撑板的 Opitz 编码

6.2.3　派生式 CAPP 系统的组成及作业过程

派生式 CAPP 系统是利用零件相似性原理，检索已有工艺规程的一种软件系统。首先需要应用零件编码系统对各个零件进行编码，使每个零件拥有自身的成组代码；根据成组代码将零件分类成组，构建一个个零件族；对每个零件族中各个零件的结构形状和工艺特征进行分析归并，构建零件族“主样件”；由“主样件”结构特征、工艺要求和工艺条件，编制零件族标准工艺规程，建立标准工艺规程库；编制系统检索、交互编辑、规格化输出等各个应用程序模块，最终完成系统的构建。

如图 6.7 所示，派生式 CAPP 系统由零件编码、检索零件族、检索零件族标准工艺路线、检索标准工序以及切削参数和工时定额计算等模块组成，其作业过程可按如下步骤进行：

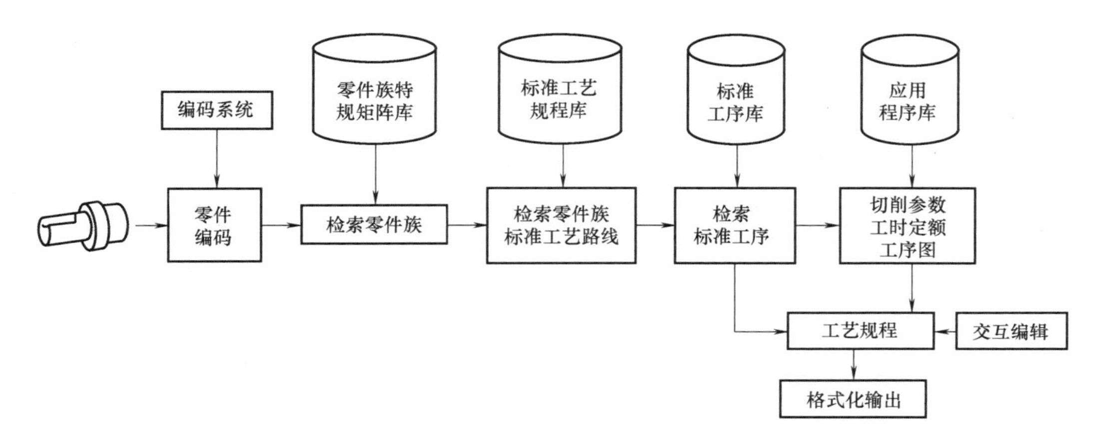

图 6.7　派生式 CAPP 系统的组成和作业过程

1）应用所选定的零件编码系统对新零件进行成组编码，并将零件代码输入系统。

2）系统根据所输入的零件代码检索零件族特征矩阵库，判断并确定所属的零件族。

3）检索并调用所属零件族的标准工艺路线。

4）检索并调用标准工序，计算切削参数、工时定额等。

5）根据新零件工艺特征和加工要求，对标准工艺规程进行增删、修改和编辑。

6）将编辑好的工艺规程进行存储，并按指定格式要求打印输出工艺文件。

6.2.4 派生式 CAPP 系统的技术实现

下面就派生式 CAPP 系统相关技术的实现逐一进行介绍。

1. 零件编码

根据产品特点，选择或自行制定合适的零件分类编码系统，并对各个零件进行成组编码，使每个零件拥有一个独立的成组代码。所采用的编码系统，要求有足够的信息容量，其结构尽可能简单紧凑，以便于记忆掌握。编码系统所包含的特征位应能覆盖企业所有产品零件的特征信息，并留有余地，以满足产品更新以及工艺技术发展的需要。

2. 零件分类成组

零件分类成组是按照某种相似性准则，将种类繁多的零件归并成若干个具有相似特征的零件族，以便于按零件族组织各种生产活动。

零件分类成组有多种不同的方法，其中应用较多的是按零件代码进行分类。其具体分类方法如下：

（1）特征码位分类法 特征码位分类法是将零件代码中对某种应用影响最大的码位作为分类依据，而不考虑其他码位的影响。例如：从加工要求考虑，零件类型、外形、尺寸和材料对加工影响较大，在采用 Opitz 系统编码时，可选用第 1、2、6、7 码位作为特征码位对零件进行分类成组，所有这些码位数值相同的零件，不论其他码位数值如何，都将其归并为同一零件族。如图 6.8 所示的三个零件，由于第 1、2、6、7 码位相同，因而可将其归类为同一个零件族。

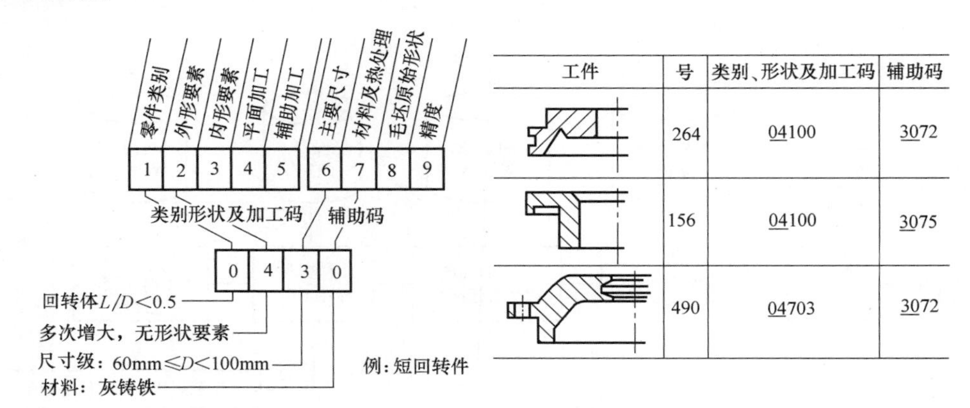

图 6.8 特征码位分类法

（2）码域分类法 码域分类法是将编码系统中某些码位的数值规定一个范围以作为零件分类的依据。例如：Opitz 系统的主要尺寸码位，可根据零件直径大小分为小型、中型和大型零件；也可以根据材料及热处理码位的零件表面硬度进行分类，以制定出不同的加工工艺。

(3) 特征码位-码域分类法 该法是由特征码位分类法与码域分类法两者结合而成的一种分类成组方法。选取若干特征性较强的码位，并在这些码位上规定所允许的数值作为分类成组的依据。

(4) 特征矩阵分类法 特征矩阵分类法，即用一个矩阵表示一个零件族，矩阵的每列表示一个码位，矩阵的每行表示每个码位上的码值，各个矩阵单元用“1”或“0”表示该码位有无数值。若某零件代码的各码位数值与特征矩阵相符合，即可确认属于该零件族。图 6.9 所示为按 Opitz 编码系统建立的零件族特征矩阵及特征矩阵库。该特征矩阵共有 9 个码位，每个码位有 10 个码值，在该特征矩阵中标注有“1”的矩阵单元表示本族零件应取的码位值，而空格单元则表示本族零件不应取的码位值。将各零件族的特征矩阵进行存储，便可建立零件族特征矩阵库。

特征矩阵分类法比较适合计算机进行零件分类成组，只要将零件代码与各零件族特征矩阵逐个匹配比较，即能检索零件属于哪个零件族。这样，预先将各个零件族的特征矩阵按要求进行设计，并在计算机内建立零件族特征矩阵库，以供零件分类成组时随时调用。这种零件分类成组方法在派生式 CAPP 系统中得到广泛应用。

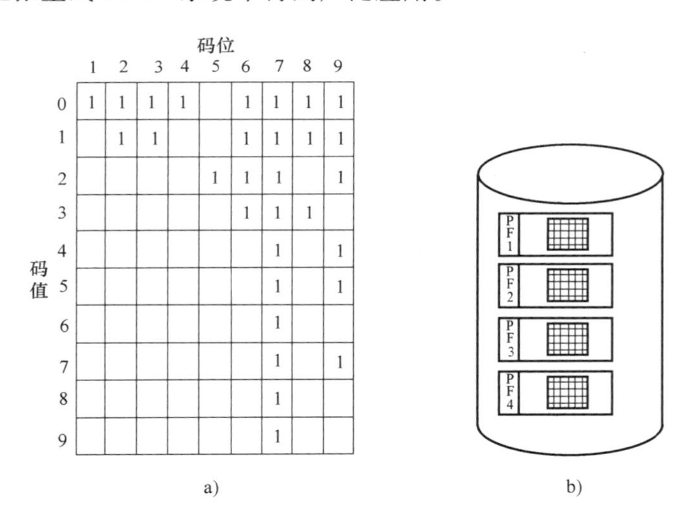

码值	1	2	3	4	5	6	7	8	9
0	1	1	1	1		1	1	1	1
1		1	1			1	1	1	1
2					1	1	1		1
3						1	1	1	
4							1		1
5							1		1
6							1		
7							1		1
8							1		
9							1		

图 6.9 按 Opitz 编码系统建立的零件族特征矩阵及特征矩阵库

a) 特征矩阵 b) 特征矩阵库

3. 构建“主样件”

“主样件”是零件族中结构最为复杂的零件，又称为“典型零件”。“主样件”可以是实际存在的，也可以是假想的。可以将零件族中所有零件的形状特征进行“复合”而形成“主样件”，这种“主样件”是企业中比较成熟、相对稳定的零件结构。因此，“主样件”的构建和型面特征的标准化不仅是 CAPP 系统开发的一种手段，同时也是企业生产合理化的前提。

零件族“主样件”的构建步骤为：

1）在零件族中挑选一个形状特征最多、工艺过程最为复杂的零件作为参考零件；

2）分析其余零件，找出参考零件中所没有的形状特征，并将这些形状特征逐个加入到参考零件上；

3）最后形成该零件族的“主样件”。图 6.10 所示为某盘类零件族“主样件”构建实例，各零件编码为 Opitz 系统的前五位码。

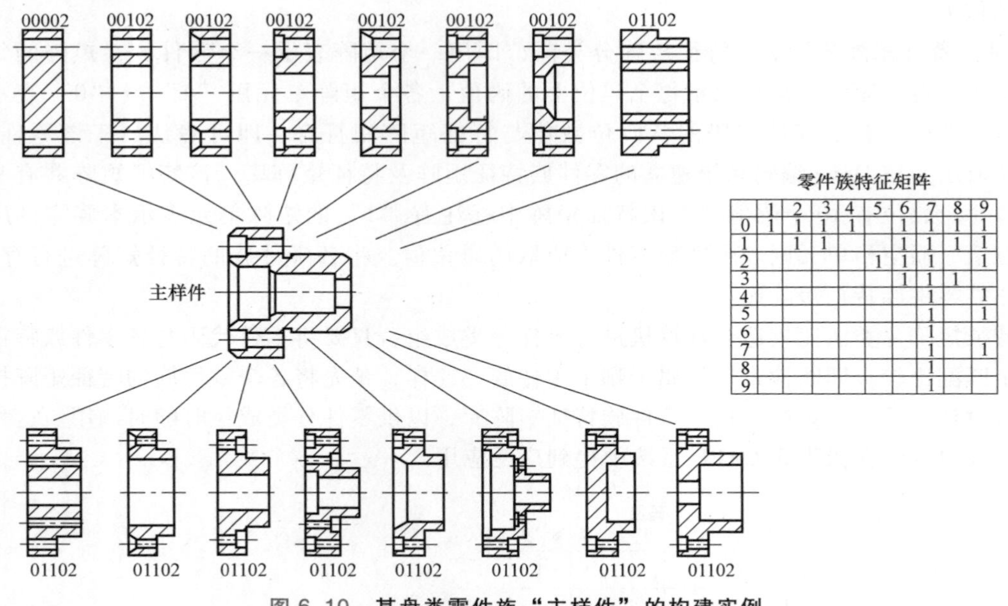

	1	2	3	4	5	6	7	8	9
0	1	1	1	1		1	1	1	1
1		1	1			1	1	1	1
2					1	1	1		1
3						1	1	1	
4							1		1
5							1		1
6							1		
7							1		1
8							1		
9							1		

图 6.10　某盘类零件族“主样件”的构建实例

4. 设计标准工艺规程

零件族标准工艺规程应能满足该零件族所有零件的加工要求，并能反映企业实际工艺能力和水平，尽可能合理可行。设计时应对零件族内各零件的工艺要求进行仔细分析、概括和总结，把零件族中每一个形状要素都考虑在内。

标准工艺规程设计也有较多方法，其中复合工艺路线法是一个简易可行的方法。复合工艺路线法是在全面分析各零件的工艺路线后，选择其中一个工序最多、加工过程安排合理的零件工艺作为基本路线，然后将其他零件所特有的、尚未包括在基本路线内的工序，按合理顺序逐一加到基本路线中去，以构成代表该零件族的复合工艺路线。图 6.11 所示为基于复合工艺路线法的标准工艺规程设计。它将零件 3 的工艺过程作为基本路线，再逐一加入其他

零件简图	工艺过程
主样件	车一端外圆—调头—车另一端外圆—铣键槽—铣方头平面—钻径向辅助孔
零件1	车一端外圆—调头—车另一端外圆—铣键槽
零件2	车一端外圆—调头—车另一端外圆—铣键槽
零件3	车一端外圆—调头—车另一端外圆—铣键槽—铣方头平面
零件4	车一端外圆—调头—车另一端外圆—铣键槽—钻径向辅助孔

图 6.11　基于复合工艺路线法的标准工艺规程设计

零件的一些特殊工序后完成。

5. 建立工艺数据库

无论何种类型的 CAPP 系统，均要处理大量的工艺数据，其数据类型多、数据量大，除了所编制的零件工艺规程中的工序、工步代码及其参数之外，还包括如机床设备、切削刀具、工量夹具、公差配合、工时定额、成本核算等大量工艺参数。为此，必须建立起 CAPP 系统工艺数据库，以便系统作业过程中的存储和调用。

6. 编制系统各功能模块

选择合适的计算机语言和系统开发环境，编制系统各个功能模块，包括零件编码、系统检索、工艺派生、交互界面、修改编辑、切削参数及工时定额计算、规格化输出等各个程序模块，以最终开发构建完整的 CAPP 系统。

6.3 ■ 创成式 CAPP 系统

6.3.1　创成式 CAPP 系统的组成及作业过程

创成式 CAPP 系统是根据输入的零件信息，通过系统的决策逻辑和工艺数据库，自动决策零件加工工艺路线和各个加工工序，并根据工艺要求和工艺约束条件选定机床、刀夹量具以及加工过程的优化。如图 6.12 所示，创成式 CAPP 系统有零件信息描述输入、工艺规程决策、机床及刀/夹/量具选择、切削参数计算、工艺数据库/知识库、系统决策逻辑等主要组成模块。

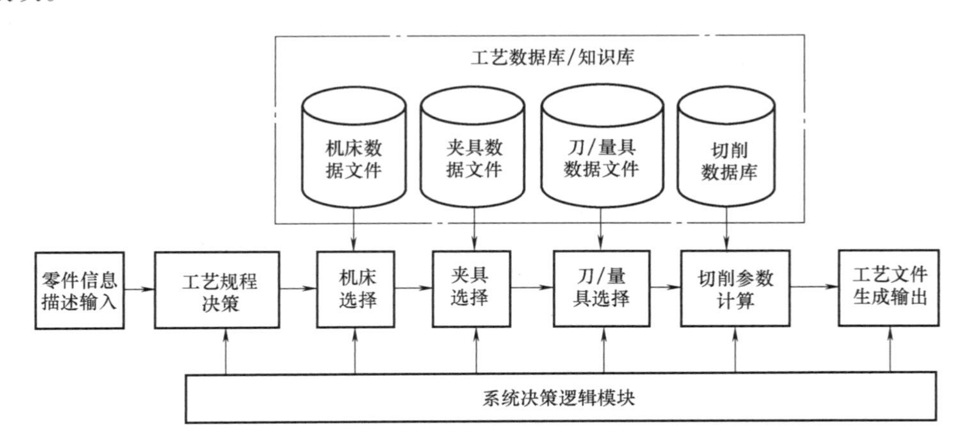

图 6.12　创成式 CAPP 系统的组成

创成式 CAPP 系统的核心是零件工艺规程的推理决策及加工方法的确定。一个待加工零件往往有若干需要加工的特征型面，每个特征型面及其属性（形状、尺寸和精度）在很大程度上决定了零件的加工方法。为此，零件工艺规程的创成，首先需要将该零件离散化为一个个待加工的特征型面；根据每个特征型面的加工约束和工艺要求，匹配一组相应的加工方法；然后综合各型面的加工方法，根据先粗后精、先主后次、先面后孔等工艺规则将各种不同的加工方法进行排序，形成一个个相互关联的零件加工工序和工步，最终组成一个有序的零件加工工艺规程。由此可见，创成式 CAPP 系统的工艺规程创成过程是一个由整体到离散、从无序到有序的处理与转化过程，既体现了工艺规程推理的过程，也反映了工艺人员长期积累的实践经验。

创成式 CAPP 系统是在没有人工干预的条件下，应用系统自身的工艺决策规则，自动生成零件的工艺规程，而无须依靠原有的工艺过程，具有较宽的适应范围和很强的柔性，可以与 CAD 系统以及自动加工系统相连接，实现 CAD/CAM 一体化过程。

创成式 CAPP 系统的作业过程可描述为：

(1) 零件信息描述输入　对新零件进行信息描述，并将其输入系统。

(2) 确定加工工艺方法　通过系统逻辑推理规则，逐一确定零件各加工型面的加工工艺方法，并按逆向推理策略递推加工该型面的各个加工工序，构建该特征型面的加工方法链。

(3) 构建零件加工过程　将零件各个特征型面的加工方法进行整理，归并相同工序，并按照工艺设计原则和待加工特征型面的优先顺序对推理所产生的各个加工工序进行排序，构建零件加工工艺过程。

(4) 进行零件加工工序设计　对工艺过程中每一工序进行详细设计，确定加工机床、选择加工刀具、计算切削参数、工时定额和加工费用等。

(5) 输出规格化的工艺文件　按照标准要求编辑输出各类工艺文件，包括工艺过程卡片、工序卡片以及材料、工时定额等。

6.3.2 创成式 CAPP 系统的技术实现

一个创成式 CAPP 系统的实现，需要解决如下关键技术：

(1) 零件信息描述　零件信息描述有多种方法，包括成组编码法、型面描述法、体元素描述法、特征描述法等。创成式 CAPP 系统较多采用特征描述法。它可直接应用 CAD 零件特征模型中的型面特征对零件加工信息进行描述。这些型面特征包含零件特征形状、方位、精度及附属的材料特性等，这需要 CAPP 系统配备有零件特征信息的读取和接口模块。

(2) 工艺数据库/知识库的建立　CAPP 系统需要大量工艺参数和工艺知识的支持，这些工艺参数和工艺知识涉及面宽、数量大，包括机床设备参数、加工工艺参数以及工艺决策规则等。在机床设备方面，有设备编号、规格型号、功率大小、最高转速、加工精度、加工范围等技术参数和加工能力参数；在加工工艺参数方面，有针对不同材料的切削参数、加工余量、工时定额等；工艺决策规则是一种经验性知识，这些知识常常是以零散形式存储在工艺设计人员的头脑中，需要对这些成熟、零散的工艺知识进行收集与整理。如何收集并采用何种数据结构将这些工艺参数和工艺知识进行存储，建立完善统一的系统工艺数据库/知识库，是创成式 CAPP 系统实现的一项关键技术。

(3) 工艺决策逻辑的选用　创成式 CAPP 系统作业过程是一项复杂、多层次、多任务的决策过程，其工艺决策涉及面宽，影响因素多，不确定性较大。选用合适的工艺决策逻辑，建立完善的工艺决策模型，是系统决策效率和决策可靠性的前提。

6.3.3 创成式 CAPP 系统的工艺决策逻辑

创成式 CAPP 系统是根据零件的特征信息，运用各种决策逻辑自动生成零件工艺规程的，而各种决策逻辑如何表达和实现，则是创成式 CAPP 系统的核心问题。尽管工艺设计的决策逻辑较为庞杂，但其表达方式却有共同之处。到目前为止，创成式 CAPP 系统通常是采用决策表和决策树的形式来表达和实现决策逻辑的。

1. 决策表

决策表是以表格形式来存放各类事件处理规则的，包括规则的前提条件和处理结论。若决策表中某规则的前提条件得到满足，便触发所对应的事件处理结论。这种决策表常常被作为基本工具在软件设计、系统分析以及数据处理时使用。

创成式 CAPP 系统可用决策表来存放各种工艺决策规则。若零件某加工型面特征及其工艺要求与决策表中的某规则相匹配，便可确定相对应的加工工艺方法。这种通过查表方式来匹配工艺决策的方法，具有清晰、紧凑、易读易懂的特点，便于对工艺规程进行一致性和完备性检查。

决策表通常分为上、下两组成部分，上半部分为决策条件，下半部分为决策结论，如图 6.13 所示。在决策表的条件部分，若某一条件项得到满足，其值取为 T（True）；若某一条件项不满足，则取值为 F（False）；若某一条件项为空，表示该条件与此规则无关。决策表的结论部分可以是无序的，也可以是有序的，其有序结论用数字表示结论的先后序号，无

孔加工决策表

条件	R1	R2	R3
本身精度要求低	T		
本身精度要求高		T	T
位置精度要求低		T	
位置精度要求高			T
加工方法			
钻孔	×	1	1
铰孔		2	
镗孔			2

车削加工决策表

条件	R1	R2	R3	R4
M11=9	T			
M15=3		T		
IT<8 Ra<3.2μm			T	
IT<7 Ra<0.8μm				T
加工方法				
一次车	×		×	
粗车		1		1
半精车		2		
精车				2

磨削加工决策表

条件	R1	R2	R3	R4	R5	R6
M15=9						T
M15=8	T		T			
M15=7					T	
IT<5 Ra<0.2μm	T	T				
IT<4 Ra<0.1μm			T	T		
加工方法						
磨外圆	×	×				
粗磨外圆			2	1		1
精磨外圆			3	2		2
平磨	×		1		×	
超精加工						3

图 6.13 加工方法决策表

序结论用“×”符号表示无顺序关系。

图 6.13 中包含了孔加工、车削加工、磨削加工三个决策表。由图 6.13 可见，在每个决策表中存放有若干个工艺决策规则，若零件某一加工型面的加工要求满足其中一条规则，便可确定这条规则的加工工艺方法。

例如：在图 6.13 所示的孔加工决策表中，若某孔本身精度要求低且无位置精度要求，则该条件与规则 R1 相匹配，据此便可得到该规则给出的钻孔加工工艺；若某孔本身精度要求高，而位置精度要求低，则与规则 R2 匹配，便可采用先钻孔再铰孔的加工工艺。

在图 6.13 所示的车削和磨削加工决策表中，其条件部分是按照零件成组编码及其加工表面粗糙度要求给出的。例如：某零件外圆磨削时，若该零件 GT 代码第 15 位（精度）等级为 M15=9，则需按照规则 R6 给出的工艺路线进行磨削加工，即粗磨外圆→精磨外圆→超精加工。

2. 决策树

树是反映数据间层次关系的一种基本数据结构。工艺决策树是用树状结构描述和处理“条件”与“结论”之间的逻辑关系，其由一个根结点与若干枝结点和叶结点组成。一棵决策树包含若干条决策规则，从根结点到叶结点的一条路线即为一条工艺决策规则，某条路线中的各段路径（即结点间的连线）均为该规则的决策条件，一条路线中各路径间相互关系为逻辑“与”的关系，在每段路径上标有具体数值或文字，叶结点则表示为该决策规则的决策结论，即加工方法。与决策表相比较，决策树具有形象直观、易于创建和维护、便于拓展和修改的特点。

图 6.14 所示为孔加工决策树，其上共有七条孔加工决策规则。应用决策树进行工艺决策时，从根结点开始，遍历决策树的每一个分支，将零件加工型面特征和工艺要求与各个分支的决策条件相匹配，若两者条件匹配，便可得到相应规则的加工方法。例如：图 6.14 所示的规则 R6（粗线路径），其前提条件为“7 级以上精度”+“经硬化处理”+“无位置要求”，结论为采用“钻、扩、磨孔”加工工艺过程，可用“IF…THEN…”计算机语言表示为

IF（尺寸精度<7 级 and 硬化处理==1 and 位置精度==0）

THEN（钻、扩、磨孔）

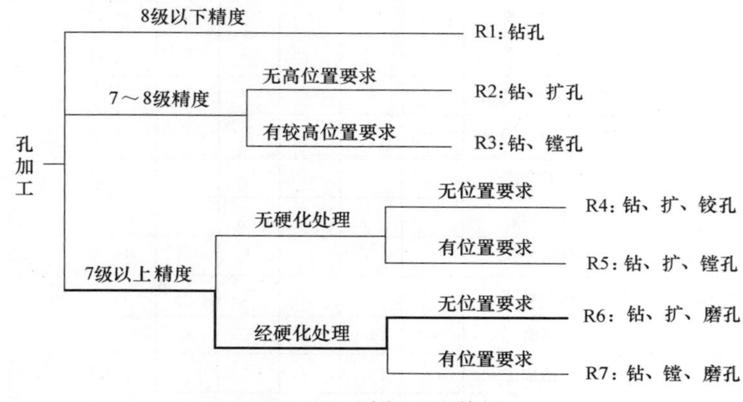

图 6.14　孔加工决策树

6.3.4　创成式CAPP系统工艺路线确定及工序设计

1. 工艺路线确定

零件工艺设计时，通过上述决策表或决策树进行工艺决策后，得到一系列零件加工型面特征的加工工艺方法，这些工艺方法是散乱、无序的，必须将其整理、归并和排序，以形成一个合理的零件加工工艺路线。

对所获取的加工方法整理排序，需遵循以下工艺设计原则：

1）先基准后其他，即先加工基准表面，在此基础上再加工其他型面；

2）先粗后精，即先粗加工后精加工；

3）先主后次，即先加工精度要求高的主要型面，后加工次要型面；

4）先面后孔。对于非回转体零件，先进行平面加工，后进行孔、槽类型面的加工；

5）先外后内。对回转体零件，先加工外特征型面，后加工内特征型面；

6）孔加工。孔的粗加工或半精加工按照精度由高到低进行，孔的精加工则按精度由低到高进行；

7）同轴孔系。先加工小孔，后加工大孔等。

2. 工序设计

工序设计包括机床、刀具、夹具、量具的选用以及加工工步的确定等。

机床的选用包含机床类型和机床型号的选择，机床类型应由加工工艺方法确定，而机床型号则应根据加工零件的尺寸参数确定。例如：车削加工应选择车床设备，车床型号依据零件长度和最大加工直径选取。CAPP系统决策选取时，依次将零件加工参数与工艺数据库中各机床参数及其加工能力进行匹配比较，以确定满足要求的机床。

工序设计可以采用标准工序，即把某工序所采用的机床设备、工步数及工步顺序，以模块的形式存储在工艺库中，仅需调用即可。工序设计也可由系统根据当前工序加工型面要素按照工艺决策逻辑进行决策，以确定机床设备的选用以及加工工步的安排。如车削加工，工件哪一端先加工，可按如下规则进行决策确定：

1）当工件无孔需要加工时，以最大外圆为界，先加工较短的一端，再加工另一端；

2）当有通孔要求加工时，先加工一次装夹能加工的孔数最多的一端；

3）当有单端不通孔时，先加工有孔端；

4）当工件两端都有不通孔时，则按1）进行判断决策。

由上述可见，创成式CAPP系统进行工艺设计是由系统自行决策“创成”完成，不需要人为技术性干预，设计效率较高。然而，机械加工工艺涉及范围宽，设计过程复杂，设计结果随制造环境的变化呈现多变性，完全由系统自动决策来完成工艺设计，其技术难度相当大。因而，创成式CAPP系统至今也仅用于一些结构简单的特定零件的工艺设计。

6.4 ■ CAPP专家系统

6.4.1　CAPP专家系统概述

专家系统（Expert System，ES）是人工智能领域内最重要也是最活跃的分支之一，是模拟工艺专家解决某领域问题的一种计算机软件系统。它借助于系统内大量具有工艺专家水平的知识与经验，模拟工艺专家的思维方法和决策过程，应用人工智能技术进行判断和推理，解决那些需要工艺专家才能处理的复杂问题。

CAPP 专家系统是一种智能型 CAPP 系统。它将有关工艺专家的经验和知识表示成计算机能够接受和处理的符号形式，采用工艺专家的推理和控制策略从事机械加工工艺设计，并达到工艺专家级水平。

传统的计算机软件系统，往往依据事先设计好的数学模型，按照给定的算法流程来求取计算处理结果。而工艺设计的主要工作不是计算，而是包含大量逻辑判断和推理决策的过程，是由工艺人员依据实际的加工环境和工艺条件，并根据在生产实践中长期积累的经验和知识，进行工艺规程的决策和判断，最终获得满足实际要求的设计结果。在此设计过程中，工艺人员的经验性知识是难以用数学模型来表示的。

专家系统具有不确定性和多义性知识处理的能力，在一定程度上可以模拟人类专家进行工艺设计，使工艺设计中的许多模糊问题得以解决。尤其对于箱体、壳体等复杂零件的工艺设计，由于结构形状复杂、加工工序多、工艺路线长，可能存在多种不同的加工工艺方案，工艺设计结果的优劣主要取决于工艺人员的经验和智慧，一般的 CAPP 系统很难满足这些复杂零件的工艺设计要求。CAPP 专家系统能够汇集众多工艺专家的经验和智慧，并充分利用这些知识进行逻辑推理，探索问题解决的方法和途径，能够做出合理甚至是最佳的工艺决策。

CAPP 专家系统与创成式 CAPP 系统一样，同属于智能型 CAPP 系统，均能自动生成零件加工的工艺规程。但是，两者的决策方法是有区别的，创成式 CAPP 系统是以“逻辑算法+决策表/决策树”的方法来决策生成不同的加工方法，经排序整理后形成工艺规程；CAPP 专家系统则是以“推理策略+知识库”，通过推理机的控制策略，根据所输入的零件信息频繁地访问知识库，不断从知识库中搜索满足当前零件状态条件的规则，并把每次推理的结果按照先后次序进行记录，直至零件加工到终结状态为止，系统记录的结果就是所设计零件的加工工艺规程。

专家系统是以知识库为基础、以推理机为中心进行推理决策的，其知识库与推理机相互分离，当生产环节变化时，可通过知识获取模块来更新修改知识库，加入新知识，以满足新环境的设计要求，使系统具有较高的灵活性。专家系统具有自学习能力，通过系统的运行可不断更新及补充新知识，可使系统推理决策的能力得到不断增强。

正是由于专家系统具有上述优越性，人们越来越多地重视人工智能以及专家系统在工艺设计中的应用技术研究，并取得了卓有成效的研究成果。但是，由于工艺设计是一项经验性很强的生产活动，使得 CAPP 专家系统在工艺知识获取、工艺模糊知识处理、工艺推理过程中冲突问题的解决、自学习功能的提高等技术方面，还需要进一步深化研究。

6.4.2　CAPP 专家系统的组成及作业过程

CAPP 专家系统的组成如图 6.15 所示，主要包括工艺知识库、工艺推理机、知识获取模块、解释模块、用户界面以及动态数据库等。

(1) 工艺知识库　工艺知识库是 CAPP 专家系统的重要基础，它以一定形式存放着工艺专家的知识。工艺知识库通常包括两方面知识：一是事实型知识，即公认的工艺知识与数据，如材料性能、机床参数、切削参数等；二是启发型（或称为因果型）知识，如各种工艺决策规则等，它是工艺专家在多年生产实践中逐渐领悟和总结出来的知识，这类知识是 CAPP 专家系统进行逻辑推理的主要工艺知识源。工艺知识库的可用性、确切性和完善性是影响 CAPP 专家系统性能的重要因素。工艺知识库的建立与完善是一个长期的过程，通常是先建立一个知识子集，然后再利用知识获取模块逐步扩充、修改和完善。

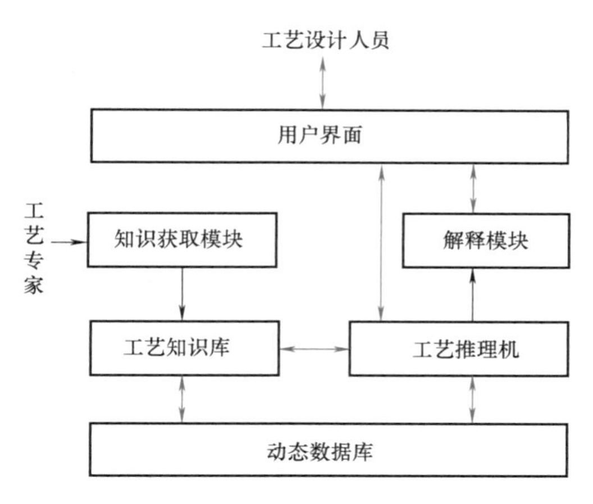

图 6.15　CAPP 专家系统的组成

（2）工艺推理机　工艺推理机是 CAPP 专家系统的核心，是一种具有工艺推理能力的计算机软件模块。工艺推理机根据用户所提供的原始数据，利用工艺知识库中的工艺知识，采用预先设定的推理策略进行推理决策，以完成工艺规程的设计。工艺推理机的推理过程与工艺专家的思维过程相类似，使 CAPP 专家系统能够按工艺专家解决问题的方法进行工作。

（3）知识获取模块　CAPP 专家系统的专门工艺知识源于工艺专家长期经验的积累，存在于工艺专家的头脑中。知识获取模块是建立、修改和扩充专家系统工艺知识库的一种工具和手段，其任务是将工艺专家的工艺知识提取出来，并整理转换为系统能够接受和处理的形式，便于专家系统检索和推理使用，并具有从专家系统的运行结果中归纳、提取新知识的功能。

（4）解释模块　解释模块负责对专家系统的推理结果做出必要的解释，使用户了解专家系统的工艺推理过程，接受所推理的结果。只有 CAPP 专家系统能够解释自己的行为和推理的结论，用户才能信赖自己所使用的系统。此外，CAPP 专家系统的解释模块还可以对缺乏工艺设计经验的用户起到传输和培训工艺知识的作用。

（5）动态数据库　动态数据库用于存储用户输入的原始数据以及系统在工艺推理过程中动态产生的临时工艺数据，以当前系统所需的数据形式，提供给系统推理决策使用。

（6）用户界面　用户界面是为工艺设计人员提供友好的工作界面，便于输入原始参数，回答系统在运行过程中提出的问题，并将系统输出结果以用户易于理解的形式显示出来。

CAPP 专家系统的基本作业过程如下：

1）由工艺设计人员向系统输入工艺设计问题及相关信息。

2）工艺推理机将用户问题和输入的信息与工艺知识库中存储的各个工艺规则进行匹配推理。

3）根据匹配的工艺规则和系统控制策略，形成一组可能的问题求解方案。

4）根据冲突解决准则，对各个求解方案进行排序，挑选其中一个最优方案。

5）应用所选方案求解用户问题。若该方案不能真正解决问题，则回溯到求解方案序列中的下一个方案，重复求解用户问题。

6）循环执行上述过程，直到问题得到解决，或所有可能的求解方案都不能解决现有问题，而宣告“无解”。

7）系统通过解释模块，向用户解释如何得出问题的结论（How）以及为什么采用这种解决问题的办法（Why）。

从系统的组成及其作业过程可知，CAPP 专家系统是一个计算机软件系统，是为工艺设计人员提供的具有专家水平的工艺设计工具，具有如下鲜明的特点：

（1）启发性　使用已有的工艺知识和控制策略进行工艺推理。

（2）透明性　能够解释系统工艺推理的过程并对有关工艺知识的询问做出回答。

（3）灵活性　可将新工艺知识不断加入已有的工艺知识库，使其逐步完善和精练，提高工艺知识的使用效率。

6.4.3　工艺知识的获取与表示

CAPP 专家系统是基于知识的系统，工艺知识库是 CAPP 专家系统的一个重要组成部分。工艺知识的获取和表示，是建立、完善和扩展工艺知识库的基础，是专家系统进行推理决策的前提，其将直接影响专家系统解决实际工艺问题的能力。

1. 工艺知识的获取

工艺知识是人们在生产实践活动中长期积累的认识和经验的总和，有着经验性强、技巧性高的特点。工艺知识的获取就是从工艺专家以及书本、手册、影像或其他知识源中汲取工艺知识，并将其转换为符合计算机知识表示的形式，以供建立完善有效的工艺知识库。

按照自动化程度，知识获取有手工获取和自动获取两类基本方式。

（1）手工获取　手工获取仍是当前最常用的知识获取方式。它是由知识工程师从具有丰富实践经验的工艺专家以及诸如书本、手册等其他知识源中获取各种不同的工艺知识，并借助于某种编辑软件经编辑处理后将其存储到工艺知识库中。该方法的特点是易于实现，但有耗时、费力、效率低的不足。

（2）自动获取　自动获取是近年来不断推出的知识获取的新方法，如自然语言理解、模式识别、机器学习、机器感知、大数据、数据挖掘等。这些知识获取的新方法可以从电子书本、图片、数据库以及影像资料中自动获取各种有用的知识，可大大提高知识获取的效率，并能在系统问题求解过程中自动积累形成新知识。这种新方法待成熟完善后，将成为今后专家系统以及其他智能系统的强有力的知识获取工具。

2. 工艺知识的表示

工艺知识的表示就是按照某种数据结构对工艺知识进行描述，以便于系统的存储和处理。目前，知识表示有多种方法，如产生式规则表示法、谓词逻辑表示法、框架表示法、语义网络表示法、面向对象的知识表示法等，这里仅简要介绍前面三种。

（1）产生式规则表示法　产生式规则表示法是目前专家系统应用最多的一种知识表示方式，是采用“IF…THEN…”形式来表示知识的条件和结论，其一般形式为：

```
IF <条件 1>and/or
   <条件 2>and/or
   ……
   <条件 n>
THEN <结论 1>or<操作 1>,
     <结论 2>or<操作 2>,
     ……
```

　　<结论 n>或<操作 n>

即若满足“IF”所要求的条件，便得到“THEN”给出的结论或某种具体操作。

例如：某车削加工工艺知识，可用如下的产生式规则表示法：

IF 表面为外圆柱面　and

　公差等级为 IT7~IT9　and

　表面粗糙度为 $1.25\mu m \leqslant Ra \leqslant 2.5\mu m$　and

　最终热处理 HRC<32

THEN　加工工艺过程为:粗车→半精车→精车

在这条产生式规则中，若给出的外圆柱加工表面公差、表面粗糙度以及热处理特征满足规则给定条件，便可直接推断出该表面加工的工艺过程。

由此可见，产生式规则表示法描述了事物之间的一种因果对应关系，一个产生式就是一条知识，具有构造简单、直观自然、格式固定、便于推理的特点；其不足为规则匹配较为费时，运行效率不高，不适合表示结构性知识，即不能把具体事物之间的结构联系表示出来。

（2）谓词逻辑表示法　谓词逻辑表示法是一种重要的知识表示方法，可表示事物的状态、属性、概念等事实型知识，也可以用于表示事物间具有确定因果关系的规则性知识，是到目前为止能够表示人类思维活动规律的一种最精确的形式语言。谓词的一般形式为

$$P(x_1, x_2, \cdots, x_n)$$

式中，P 为谓词名称；x_1，x_2，…，x_n 为谓词个体。

例如：谓词“教师（杨伟，李辉，王石）”表示杨伟、李辉、王石是教师；谓词“高于（杨伟，李辉）”表示杨伟比李辉高。

谓词可以用逻辑符号进行修饰和连接，如逻辑符号“¬”表示“非”“∧”表示“与”“∨”表示“或”“→”表示蕴含等。这样，通过逻辑符号与谓词的结合，就可以表示具有因果关系的规则性知识。例如：设有谓词 x 和 y，如果 x 为真，则 y 也为真，那么可用谓词逻辑表示为“$x \rightarrow y$”。

用谓词表示知识时，需要先定义谓词，然后再用逻辑符号连接相互关联的谓词。例如：某一孔加工工艺规则为“如果孔自身精度要求较高，而位置精度不高，则采用钻、铰加工工艺。”可将该规则用谓词逻辑表示如下：

谓词定义:孔自身精度高(x);孔位置精度高(x);钻(x);铰(x)

规则表示:$(\forall x)$\{孔自身精度高(x) ∧ ¬孔位置精度高(x)\}→\{钻(x) ∧ 铰(x)\}

因此，谓词逻辑可精确地表示工艺知识，便于在计算机上实现，具有严密性、自然性、通用性的特点，但也存在搜索效率低、灵活性差的不足。

（3）框架表示法　框架表示法是以框架理论为基础而发展起来的一种结构性知识的表示方法。它能够把知识内容的结构关系以及知识间的相互联系表示出来，这是产生式规则表示法所不具备的。

框架表示法的知识单位是框架，而框架是由若干个槽组成，每个槽又可分为若干侧面，其中槽是描述知识对象的某方面属性，而侧面是描述相应属性的一个方面，槽和侧面所具有的属性值分别称为槽值和侧面值，如图 6.16 所示。因而，一个框架通常由框架名、槽名、侧面名和值四部分组成，当然在框架结构中也可以没有侧面属性，通过这样的框架结构就可将知识内容清楚地表示出来。

一个用框架表示的知识系统一般含有多个框架，其中某个框架的槽值或侧面值可以为另一框架的框架名，这样就可在框架之间建立联系，通过一个框架可以找到另一个框架，从而建立起具有层次关系的框架网络。在框架网络中，下层框架可继承上层框架的属性，可以从最底层框架追溯到最高层框架，使高层框架的描述信息逐层向底层框架传递。

图 6.17 所示为机床信息的框架网络，其中“机床”框架包含“类别”“使用时间”“功率大小”和“折旧价格”四个槽；“普通车床”框架应用了“机床”框架的某个槽值，继承了“机床”框架的槽属性，又有自身的“加工能力”槽属性；“C6140 车床”框架又是“普通车床”框架的某个槽值，既继承有普通车床的相关属性，又有自身的“特性”槽属性，在该槽属性中，有公差等级、功能、冷却、照明四个侧面属性，通过这种框架网络建立起机床知识的层次信息。

```
框架名
    槽名1:   侧面名1  -  值1 ,  值2, ……
             侧面名2  -  值1 ,  值2, ……
             ……
    槽名2:   侧面名1  -  值1 ,  值2, ……
             侧面名2  -  值1 ,  值2, ……
             ……
    槽名n:   侧面名1  -  值1 ,  值2, ……
             侧面名2  -  值1 ,  值2, ……
             ……
```

图 6.16　**框架组成结构**

```
机床
    类别:普通车床、普通铣床、普通磨床 ……
    使用时间:0～20年
    功率大小:0～80kW
    折旧价格:0～100万元

普通车床
    车床类别:C6125、C6132、C6136、C6140 ……
    使用时间:0～10年
    功率大小:0～40kW
    折旧价格:0～40万元
    加工能力:加工长度(0～5m)
             加工直径(0～2000mm)

C6140车床
    使用时间:5年
    功率大小:12kW
    折旧价格:18万元
    加工能力:最大加工长度3m
             最大加工直径40mm
    特性:公差等级—精密
         功能—车内外圆、锥面、球面、螺纹
         冷却—有
         照明—有
```

图 6.17　**机床信息的框架网络**

框架表示法具有知识表示较好的结构性和继承性，能够建立知识间的相互联系，但是不善于表示过程性知识，这可通过将框架表示法与产生式规则表示法两者结合来实现。

由上述可见，同一个知识可以用不同方法进行表示，但知识表示的效果可能不同。因此，在选择知识表示方法时，应考虑该方法能否充分表示相关领域的知识，是否便于知识的组织、管理和实现。

6.4.4　CAPP 专家系统推理策略

推理，即根据已知的事实，运用已掌握的知识，按照某种策略推断出结论的一种思维过程。实质上，推理过程是一个问题求解的过程，问题求解的质量与效率依赖于推理的控制策略。工艺推理策略在很大程度上依赖于工艺知识的表示，基于产生式规则的 CAPP 专家系统中，最常用的有正向推理、反向推理和混合推理几种工艺推理策略。

1. 正向推理

正向推理的基本思想是，根据用户提供的初始事实，在工艺知识库中搜索能与其匹配的知识，构成一个可用知识集，然后按某种冲突解决策略，从可用知识集中选出其中一条知识进行推理，将推理得到的新事实存放在动态数据库，作为下一步推理的已知事实，再根据所得到的新事实，继续在工艺知识库中匹配可用知识，如此循环直至推理得出最终结论。

CAPP 专家系统的正向推理，是从零件毛坯开始，逐步向成品零件方向的加工工艺推理，即由零件毛坯开始经过一步步工序和工步加工的推理，最终得到所要求的零件，以此推理求得零件加工的工艺规程。这种正向推理策略，要求工艺推理机至少具有下述功能：

1）根据已知的工艺事实，知道运用工艺知识库中的哪些工艺知识；

2）能将推理结论存入动态数据库，并记录整个工艺推理过程，以供解释之用；

3）能够判断何时结束系统的推理过程；

4）必要时可要求用户补充输入所需的工艺推理条件。

2. 反向推理

反向推理的基本思想是先选定一个假设目标，然后寻找支持该假设目标的证据，若所需要的证据能够找到，则说明其假设目标成立；若找不到所需要的证据，则说明假设目标不成立，此时需要另外选择新的假设目标。因而，反向推理策略又称为目标驱动策略。为此，反向推理除了要求系统拥有知识库外，还要求系统事先设定一组假设结论。

CAPP 专家系统的反向推理，是从成品零件反向至零件毛坯方向的推理过程，是根据成品零件加工工艺要求，逐步推理各个零件型面以及中间型面的精加工、半精加工及粗加工的工艺方法和加工余量，使之最终获得零件毛坯的工艺过程。

在反向推理策略中，要求工艺推理机至少具有下述功能：

1）能够提出工艺假设，并运用工艺知识库中的知识，判断假设是否成立；

2）若成立，则记录所假设的加工工艺，以备解释之用；

3）若不成立，则应提出新的工艺假设，再进行假设判断；

4）能够判断何时结束推理过程；

5）必要时可要求用户补充工艺条件。

反向推理是 CAPP 专家系统进行工艺设计较常使用的推理策略。例如：依据零件加工型面所要求的精度、表面粗糙度和轮廓形状，可推理确定可能实现的加工工序（如精车、磨削等）及其工艺参数（如加工余量、公差等）；根据所确定的加工工序和加工余量，推断出该工序前的零件中间形状及其工艺要求；再根据零件中间形状及其工艺要求，推导满足要求的加工工序；如此循环，由产品成品零件直到零件毛坯，反向推导出零件的加工工艺规程。

3. 混合推理

前面介绍的正向推理和反向推理各有其特点及不足。例如：正向推理存在盲目推理的不足，求解了许多与目标解无关的子目标；反向推理的缺点在于盲目选择目标，求解了许多不符合实际的假设目标。混合推理则综合利用正向推理和反向推理两者的优点，克服了两者存在的不足。混合推理的一般过程是先根据初始事实进行正向推理，以帮助提出假设，再用反向推理进一步寻找支持假设的证据，反复这个过程，直至得出结论。

CAPP 专家系统混合推理的常见做法是先根据工艺知识库中的一些原始工艺数据，利用正向推理帮助人们选择工艺假设，然后再利用反向推理进一步证明这些工艺假设是否成立，并以此反复该过程，直至得出所需结论。

6.4.5 CAPP 专家系统开发工具

目前，专家系统的开发有多种工具可供使用，如计算机程序设计语言、骨架型工具系统、通用型知识语言等。

（1）计算机程序设计语言 它包括面向问题的语言、面向符号处理的语言、面向对象的语言等。其中，面向问题的语言主要有 C、PASCAL、ADA 等，其最大特点是有较强的数学运算功能；面向符号处理的语言主要代表有 LISP、PROLOG 等，其特点是具有灵活简便的符号处理能力，逻辑推理能力强，广泛应用于符号处理的研究领域；面向对象的语言是以对象作为基本程序结构单位的程序设计语言，可与人工智能的知识表示、知识处理以及知识库产生天然的联系，其主要代表有 C++、JAVA 等。

应用计算机程序设计语言进行专家系统的开发，具有较好的灵活性，较少的限制性，但需要从系统的底层进行开发，开发工作量大、周期长。

（2）骨架型工具系统 骨架型工具系统又称为专家系统外壳，是由一些已经成熟的具体专家系统演变而来的，其演变方法是抽去这些专家系统中的具体知识，保留它们的体系结构和推理机功能，再把领域专用界面改为通用界面，这样就可得到相应的专家系统外壳。采用骨架型工具系统可以利用系统已有的知识表示模式、规则语言及推理机制，并且可以直接使用支持该系统的许多辅助功能，如知识的输入及解释、知识库结构及管理机制、推理机结构及控制机制、人机接口及辅助工具、规则一致性检查、修改及跟踪调试等，使得新系统的开发工作变得简单容易。当用骨架型工具系统构建专家系统时，仅需把相应领域的专家知识用外壳规定的知识表示模式装入知识库，就可以快速地产生一个新的专家系统。

骨架型工具系统的典型代表有 EMYCIN、KAS 等。EMYCIN 工具系统是由诊断治疗专家系统 ESMYCIN 去掉诊断治疗方面的知识而构成的；KAS 工具系统是由地质勘探专家系统 PROSPECTOR 去掉地质方面的知识而得到的。与计算机程序设计语言相比较，用骨架型工具系统进行专家系统的开发，具有省时省力、速度快、效率高、继承性强等优点，缺点是灵活性和通用性较差。骨架型工具系统的推理机制和知识表示方式是固定不变的，只能在较窄的范围内应用，适合于与原系统同类的专家系统开发，在技术上受到骨架型工具系统原有水平的限制。

（3）通用型知识语言 通用型知识语言是专门用于构造和调试专家系统的通用程序设计语言。它是完全重新设计的一类专家系统开发工具，不依赖于任何已有的专家系统，不针对任何具体领域，能够处理不同的问题领域和问题类型。与骨架型工具系统相比，通用型知识语言提供了更多的数据存取和查找控制，具有较高的灵活性和通用性，但技术要求高，难于学习与使用。

通用型知识语言的典型代表如 OPS5 等，著名的专家系统 RI 就是利用 OPS5 知识语言开发完成的。

6.5 ■ 基于 MBD 的 CAPP 系统

基于 MBD 的 CAPP 系统研究在西方先进工业国家起步较早，现已取得显著成果并得到实际应用，而国内该技术尚处于研究探索和初步应用阶段，仅在军工及航空航天等部门进行有益的实践与尝试。本节将简要介绍基于 MBD 的 CAPP 系统工艺设计思路、工艺 MBD 模型的创建及信息管理等基本内容。

6.5.1　基于 MBD 的 CAPP 系统工艺设计思路

基于 MBD 的 CAPP 系统，又称为全三维 CAPP 系统，其工艺设计过程是以产品零件设计 MBD 模型为基础，在可视化全三维 CAPP 系统环境下开展零件工艺路线制定以及详细工序设计等任务，其基本思路如图 6.18 所示。首先，工艺设计人员通过交互或几何推理等方法从零件设计 MBD 模型中提取零件的基本信息，包括零件的结构特征、设计尺寸、加工精度与表面粗糙度等；在系统工艺数据库/知识库的支持下，设计规划零件的加工工艺路线；进行工序设计，驱动生成全三维工序 MBD 模型；添加关联工艺信息，最终完成包含全部工艺信息的工艺 MBD 模型；审查发布工艺 MBD 模型，以供生产制造环节使用；如有需要，也可生成工艺过程卡、工序卡、材料清单等传统工艺文件，以便与现有的生产模式自然对接。

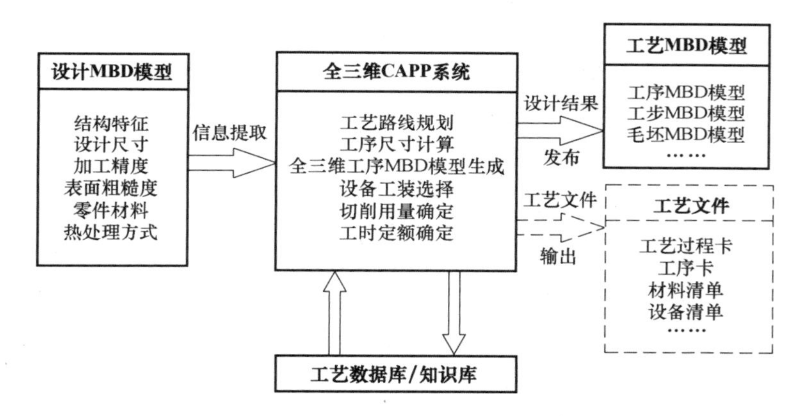

图 6.18　全三维 CAPP 系统工艺设计思路

与传统的 CAPP 系统相比较，全三维 CAPP 系统工艺设计具有如下特点：

1）以工艺 MBD 模型为零件的工艺信息载体。全三维 CAPP 系统是以工艺 MBD 模型表达所有零件的加工工艺信息，而不再以传统文字、表格以及二维工程图进行工艺信息的描述。

2）以工序/工步 MBD 模型表达零件的加工工艺过程。全三维 CAPP 系统工艺设计是以一个个工序/工步 MBD 模型表达零件的加工过程，所有工艺信息三维可视、直观清晰、易于理解。

3）较好的动态重构性能。前后工序/工步 MBD 模型几何特征相互关联，易于实现模型的动态重构。

4）与 CAD 系统实现无缝集成。全三维 CAPP 系统直接从产品设计 MBD 模型中获取零件的工艺信息，自然实现 CAD/CAPP 系统的无缝集成。

5）对后续生产过程指导效果好。在企业后续生产环节中，借助三维阅读工具，便可阅读浏览三维工艺 MBD 模型，清晰、直观地展现零件加工过程，易于理解和接受，省时省力。

6.5.2 基于 MBD 的 CAPP 系统工艺设计过程

图 6.19 所示为基于 MBD 的 CAPP 系统工艺设计过程。该过程是以产品设计 MBD 模型为基础，经特征识别和信息提取，进行工艺路线分析与规划、毛坯设计、详细工序设计等作业，最终完成零件加工工艺设计任务，并将设计结果以工艺 MBD 模型的形式进行表达与发布。

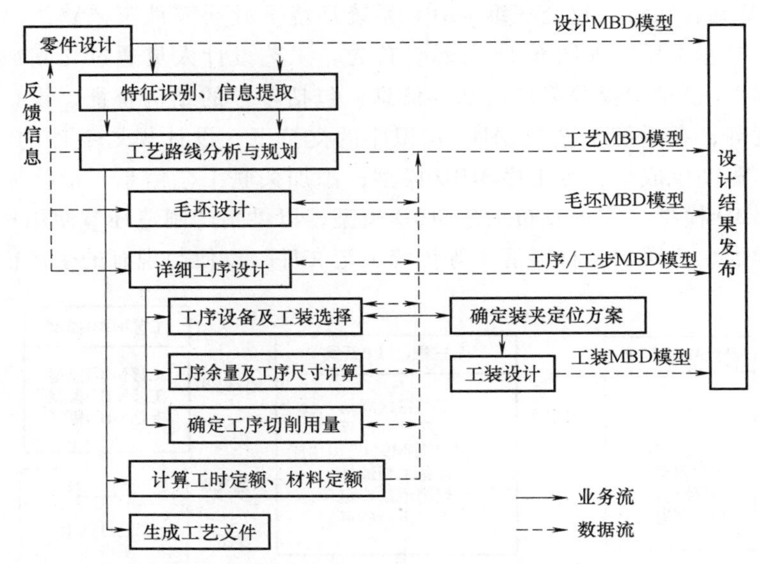

图 6.19 基于 MBD 的 CAPP 系统工艺设计过程

其具体设计步骤为：

1）创建或导入零件设计 MBD 模型，并以此模型为基础进行全三维零件加工工艺设计。

2）应用交互或几何推理特征识别技术，从零件设计 MBD 模型中识别加工特征，提取与加工特征相关的工艺信息。

3）对提取的加工特征进行分析，应用工艺知识库以及系统工艺设计功能进行工艺路线分析与规划，确定零件的加工工艺过程。

4）根据零件结构形状以及加工工艺特征，进行零件的毛坯设计。

5）进行详细工序设计，选择工序设备及工装、计算工序余量及工序尺寸、确定工序切削用量等。

6）根据加工工序要求及零件结构特征，进行工序工装的协同设计。

7）计算工时定额及材料定额等。

8）组织整理包括毛坯 MBD 模型、工序/工步 MBD 模型、工装 MBD 模型在内的全三维工艺设计 MBD 模型，经轻量化处理后进行发布；根据需要，也可以生成并输出工艺过程卡、工序卡、材料清单等传统工艺文件。

6.5.3 工艺 MBD 模型的创建

1. 工序间模型的表示

零件加工过程是从毛坯开始，经一道道工序的加工，最终形成零件。若零件加工精度较高、加工工艺较复杂时，还需进一步将相关工序细分为若干工步进行加工。为简便起见，现就工序间模型的表示方法进行讨论。

传统的工艺设计，大多是将各工序加工后的实体模型作为当前工序的零件模型，如图 6.20a 所示。这种模型只能表示零件在此工序加工后的工艺信息，而无法表示本工序所去除的材料信息。全三维 CAPP 将工序间模型定义为由工序加工后零件模型与该工序去除材料两部分组成，并将去除的材料称为该工序的制造特征体，如图 6.20b 所示。

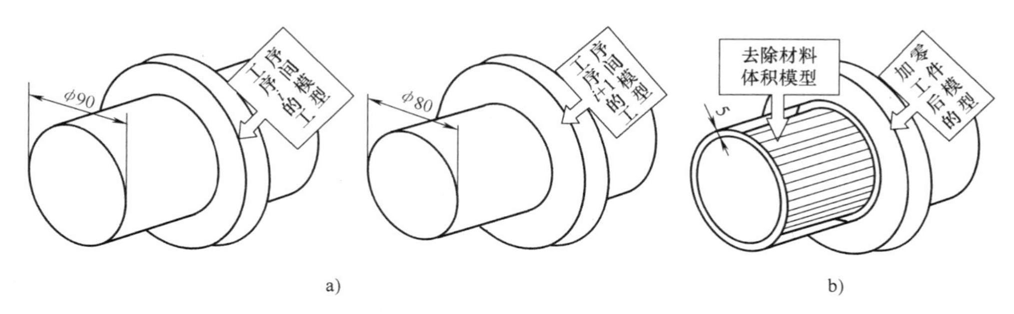

图 6.20　工序间模型的表示

a）传统工序间模型表示　b）全三维 CAPP 工序间模型表示

设 WPM 为工序间模型，则 WPM 可表示为

$$\mathrm{WPM}=\mathrm{MFV}\cup\mathrm{APM}$$

式中，MFV 为该工序的制造特征体；APM 为该工序加工后的零件模型。

设 FDM 为零件的设计模型，BM 为零件的毛坯模型，则该零件整个加工工艺过程也可表示为

$$\mathrm{FDM}=\mathrm{BM}-\sum_{i}^{n}\mathrm{MFV}_i$$

或

$$\mathrm{BM}=\mathrm{FDM}\cup\sum_{i}^{n}\mathrm{MFV}_i$$

式中，i 为零件的第 i 道工序，$i=1, 2, \cdots, n$。

2. 制造特征体的映射

全三维工艺设计时，各工序制造特征体的创建是其关键。特征映射法是解决该问题的一个有效方法，即通过零件模型的加工特征映射获得每个工序的制造特征体。如图 6.21 所示，设计模型中的孔加工特征需要通过去除孔内圆柱体材料来实现，则通过孔加工特征映射，可得到该工序的制造特征体为圆柱体；同样，通过十字槽特征映射，可得到槽加工工序制造特征体为矩形体等。这样，由零件设计模型（图 6.21a）加上制造特征体（图 6.21b），便可将零件设计模型还原为毛坯模型（图 6.21c）。当然，特征映射需要通过对特征型面的识别及几何推理等一系列算法实现。

3. 工序间模型的创建

工序间模型是工序加工信息的载体，也是后续产品生产制造活动的依据。由于工艺设计的依据来自零件设计 MBD 模型，为此零件加工工序间模型的创建过程可表述为：

1）工艺设计人员通过交互或几何推理，识别设计模型各加工特征及其特征面组，排列

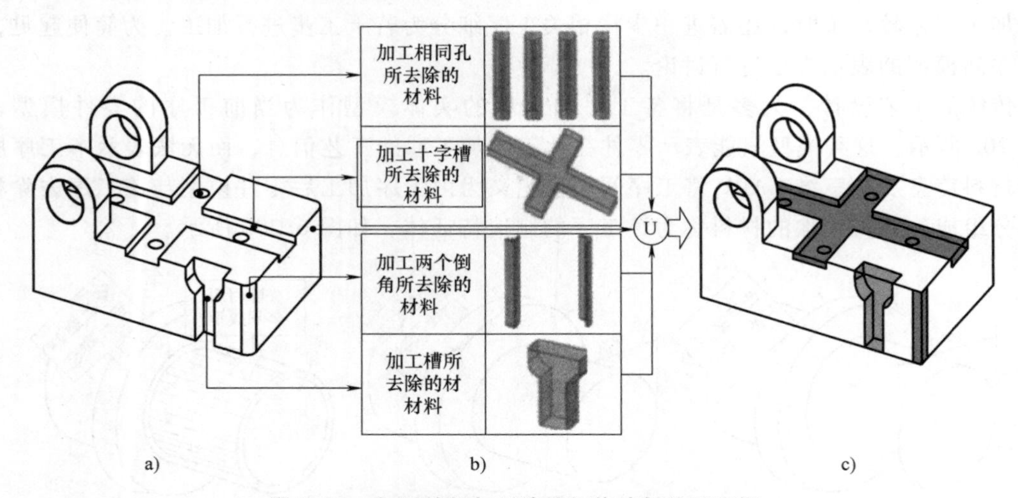

图 6.21　加工特征与制造特征体映射关系实例
a）零件设计模型　b）映射生成的制造特征体　c）零件毛坯模型

好加工顺序；

2）对各加工特征映射推理获得所对应工序的制造特征体；

3）由设计模型和制造特征体创建每个工序间模型；

4）按照工序间模型的逆向过程，得到从零件毛坯模型开始直到成品零件的每个加工工序模型。

图 6.22 所示为工序间模型创建过程实例。零件加工从毛坯模型开始，经过每道工序加工，最终得到零件成品模型；而工序间模型设计则从零件设计模型开始，通过特征映射得到各工序制造特征体，最终获得每个工序间模型。

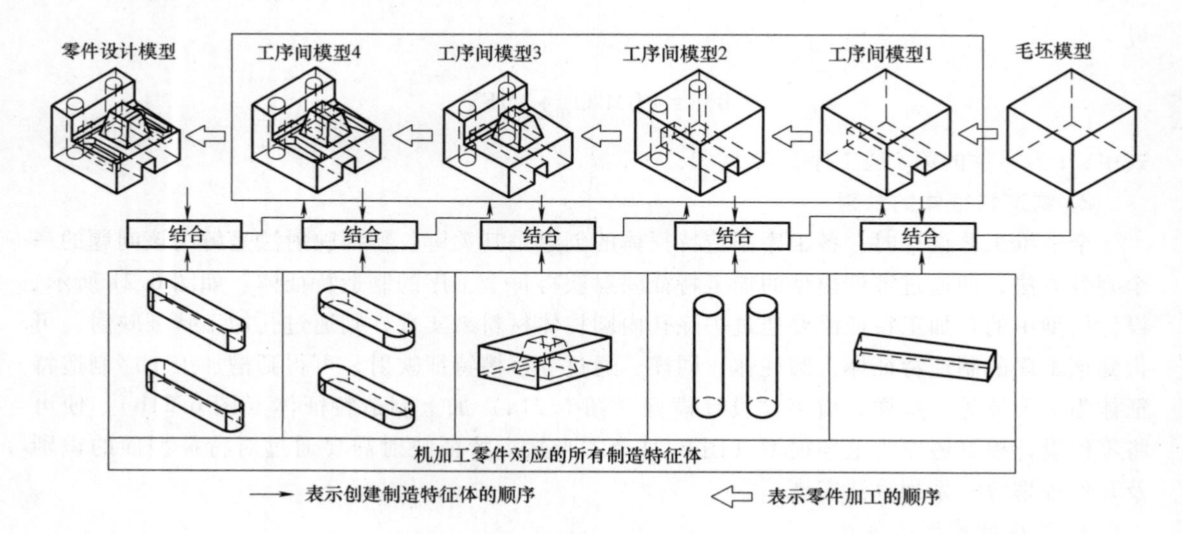

图 6.22　工序间模型创建过程实例

4. 工艺 MBD 模型的组织与关联

工艺 MBD 模型除了必要的工序/工步信息外，还包括许多指导生产加工的工艺信息，如制造特征体去除的方法手段以及相关加工资源等。为此，必须按照一定的关联机制将相关的工艺信息添加到每个工序间模型中，以便最终形成零件加工的工艺 MBD 模型。

如图 6.23 所示，工序间模型创建完成后，需要逐一对每道工序名称、工序内容、机床设备、刀夹量具、工序加工余量、切削用量等工艺信息与该工序的制造特征体相关联；并逐一对每一工序加工后的工序尺寸、工序精度以及技术要求等信息与该工序加工后的模型相关联，最终形成完整的工艺 MBD 模型。经轻量化处理后进行模型发布，用于指导后续的生产制造活动。

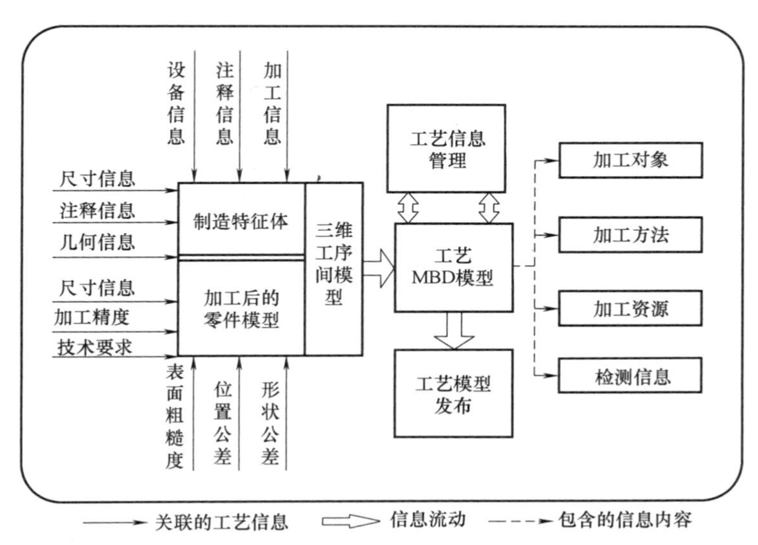

图 6.23　相关工艺信息与工序间模型的关联

6.5.4　工艺 MBD 模型的信息管理

机械加工过程所涉及的工艺种类多，各工序所包含的工艺信息也不尽相同，为了便于后续生产管理人员的理解和读取，通常按照零件加工工序顺序及其隶属关系，采用层次结构对工艺信息进行组织与管理，如图 6.24 所示。在该层次结构中，第一层为零件工艺信息层，包含零件工艺路线、材料特征、毛坯模型、设计模型以及零件名称 ID 等管理信息；第二层为工序信息层，包含各工序 ID、工序机床设备、装夹定位方式、工序视图以及所包含的工步数等；第三层为工步信息层，包含工步 ID、工步加工余量、切削用量、工时定额等；第

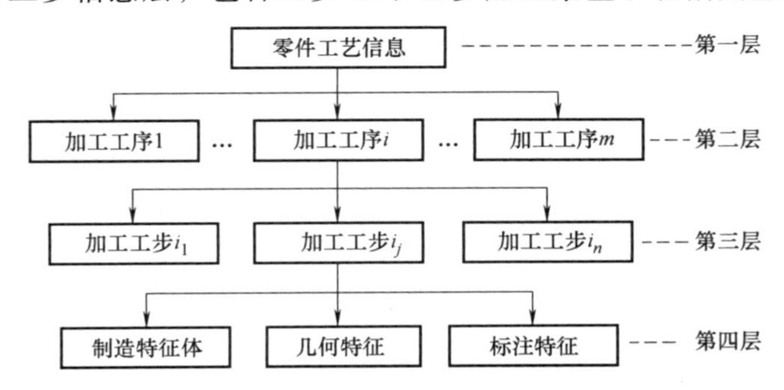

图 6.24　零件工艺信息层次结构

四层为工步模型层，包含工步制造特征体、工步完成后的几何特征以及标注信息等。当然，如果加工工序较为简单，也可以没有工步信息层。

基于 MBD 的 CAPP 系统可以将上述按层次结构组织的零件加工工艺信息通过工艺设计树的形式进行存储与管理。工艺设计树的各个结点信息可以通过 CAPP 系统的图层或视图进行表示，如图 6.25 所示。在这种 CAPP 系统中，工艺设计人员在三维可视环境下从事各项工艺设计工作，工艺设计树随着设计过程逐渐得到完善，工艺设计人员可对工艺设计树中各个结点进行编辑、修改与增删，通过遍历工艺设计树实现零件加工工艺过程的浏览与仿真。

这种工艺 MBD 模型信息组织与管理方法，可清晰、简洁地表示零件加工工艺规程，不仅便于工艺设计人员的设计作业，也便于后续生产制造人员对零件加工工艺信息的浏览和提取。

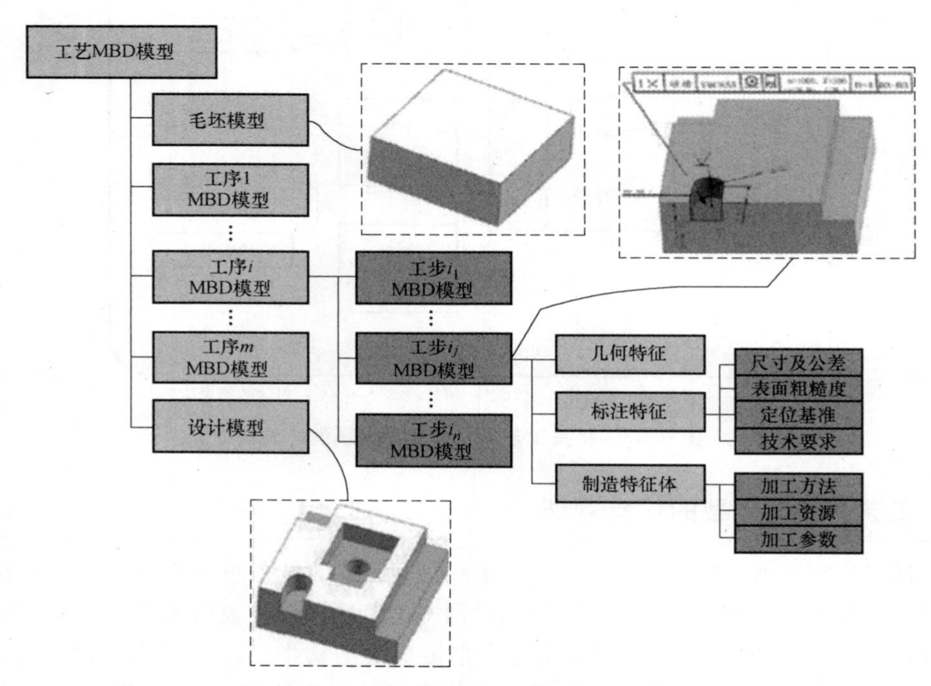

图 6.25　**工艺 MBD 模型的信息组织与管理**

6.6 ■ CAPP 系统应用实例

由于工艺设计受工艺设备、生产批量、技术条件以及生产环境等制约因素影响，经验性强，很难实现一个通用的、智能程度高的 CAPP 系统。因而，目前市场上所提供的 CAPP 系统多为交互式与检索式相结合的 CAPP 系统，也称为智能填表式 CAPP 系统，即系统支持用户自定义工艺表格功能，并将有关表格单元与工艺资源库进行关联，可使表格内容能够自动填写。下面以开目 CAPP 系统为例，具体介绍这类系统的功能特点及其应用实例。

6.6.1　开目 CAPP 系统结构组成

如图 6.26 所示，开目 CAPP 系统由工艺文件编辑、系统定制工具、系统辅助工具、系统集成、输入接口、工艺文件输出、二次开发接口平台等模块组成，体现了工具化、实用化、集成化的系统特征。

（1）工艺文件编辑模块　该模块为用户提供了一个图、文、表一体化的工艺规程设计工作平台，可完成工艺卡片编辑、典型工艺查询、工艺资源库查询、公式计算、工序简图绘制等设计任务。

（2）系统定制工具模块　该模块包括表格自定义工具以及典型工艺规程管理工具。

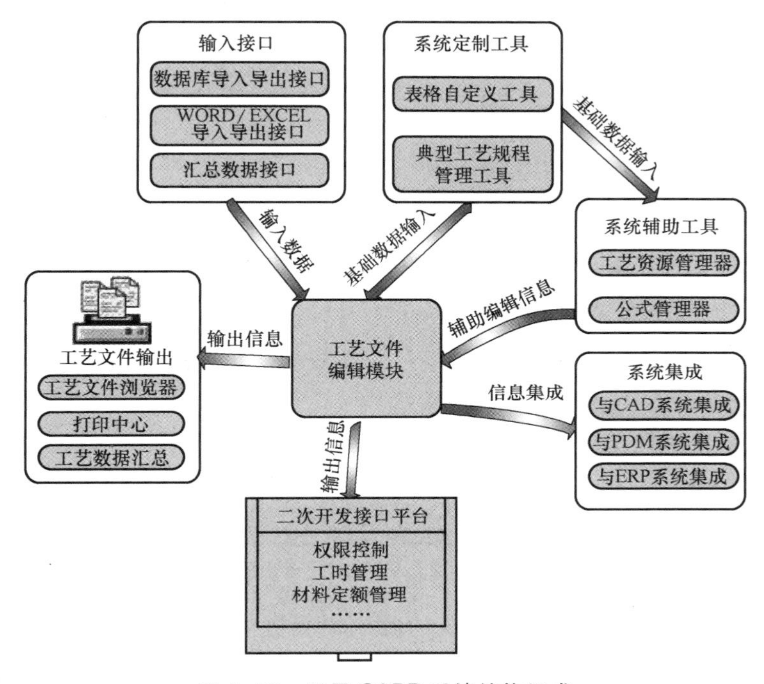

图6.26　开目CAPP系统结构组成

1）表格自定义工具。它用于定制用户个性化的各类工艺表格，包括工艺过程卡、工序卡、工装一览表等符合国家标准的各类表格，并能指定工艺表格中有关表格单元的填写内容、填写格式以及对应的工艺资源库，以便在表格填写时能自动关联到相应的数据库和工艺资源库。

2）典型工艺规程管理工具。它为用户提供了典型工艺规程的存储、管理和检索功能，要求用户按圆盘类、轴套类、齿轮类、箱体类等类别将零件分类，对每一类零件建立一套典型的工艺规程，并按用户定义的工艺表格要求存储到典型工艺数据库。在进行零件工艺设计时，可按照零件的类别检索、浏览相应的典型工艺。这样，可大大便于工艺文件的管理，便于设计人员使用现有的成熟工艺，实现工艺规程设计的标准化。

（3）系统辅助工具模块　该模块为用户提供了工艺资源管理器和公式管理器两个辅助工具。

1）工艺资源管理器。它用于集中统一管理企业各种工艺资源，包括机床设备、工艺装备、毛坯种类、材料牌号、切削用量、加工余量、经济加工精度、企业常用工艺术语等，如图6.27所示。

2）公式管理器。它提供国家标准推荐的材料重量计算、工时定额计算等计算公式，具有组合、模糊、快速检索计算公式的查询功能。此外，系统还给用户提供自定义工艺设计时所需的各种计算公式。

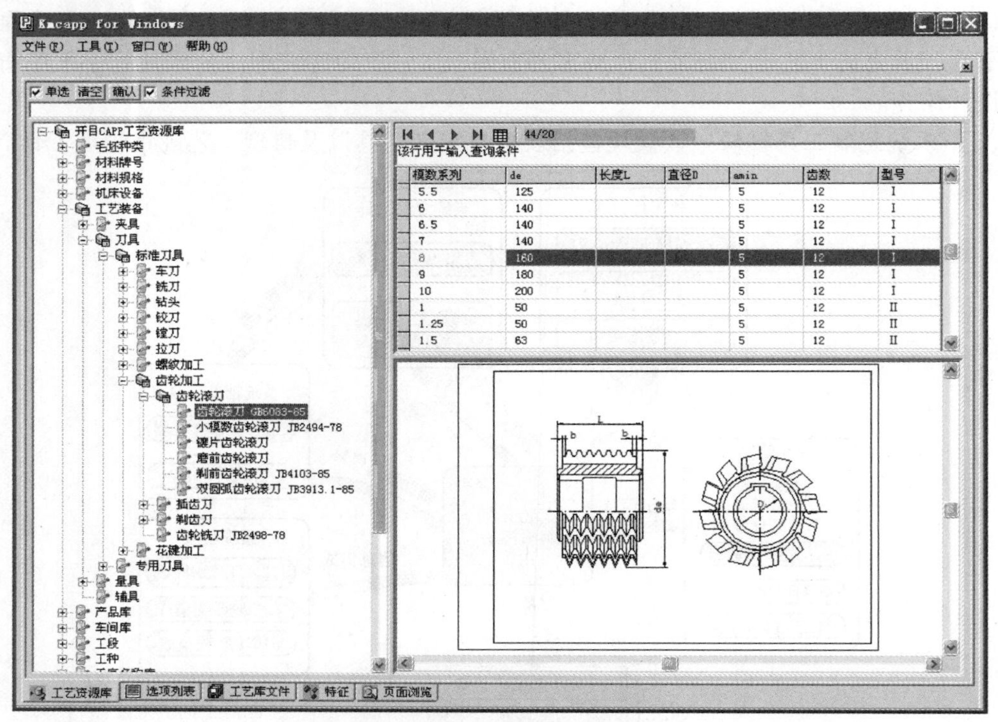

图 6.27 开目 CAPP 工艺资源管理器

(4) 系统集成模块 开目 CAPP 系统的集成模块提供了与 CAD、PDM、ERP 等系统集成功能。

1) 与 CAD 系统集成。CAPP 系统能够直接读取 CAD 系统的图形文件，能自动提取 CAD 文件的标题栏、明细栏等信息。

2) 与 PDM 系统集成。在 PDM 系统中可封装开目 CAPP 系统，可由 PDM 系统集中管理 CAPP 系统的工艺信息，并在 PDM 系统中提供标准的工艺文档浏览器，能够直接在 PDM 环境下浏览各种工艺设计文件。在 CAPP 系统中，可接受 PDM 分派的零部件图形、工艺设计要求等信息。

3) 与 ERP 系统集成。ERP 系统在开目 CAPP 完成工艺设计后，能够将所有工艺信息根据客户要求分门别类，自动统计汇总，以满足 ERP 系统不同形式的需求。CAPP 系统进行工艺设计时，可访问 ERP 系统已有的设备、工装、材料等数据库信息。

(5) 输入接口 输入接口包括数据库导入导出接口、WORD/EXCEL 导入导出接口等，支持 VFP、Access、SQL Server、Oracle 等常用的数据库系统，支持 Word、Excel、AutoCAD 等应用程序及其文件格式。

(6) 工艺文件输出模块 该模块为用户提供了各种工艺文件浏览功能，并能汇总设备及工装明细栏、工艺卡片目录、材料定额、工时定额等。

(7) 二次开发接口平台 开目 CAPP 为用户提供了二次开发接口，以供用户进行系统的二次开发。

6.6.2 开目 CAPP 系统工艺设计实例

例 6.3　图 6.28 所示为花键轴零件图，应用开目 CAPP 系统设计此花键轴的加工工艺规程。

设计步骤如下：

1）进入开目 CAPP 系统，新建工艺规程文件。启动开目 CAPP 系统，进入系统工作界面，选择“文件”→“新建工艺规程”，弹出图 6.29 所示对话框，选择“机加工工艺”工艺规程类型，单击“确认”按钮后，系统便调出“机加工工艺”封面、工艺过程卡等工艺文件。由于用户的标准工艺规程文件表格已事先制定好，下面仅需按要求对各类工艺文件进行填写、编辑。

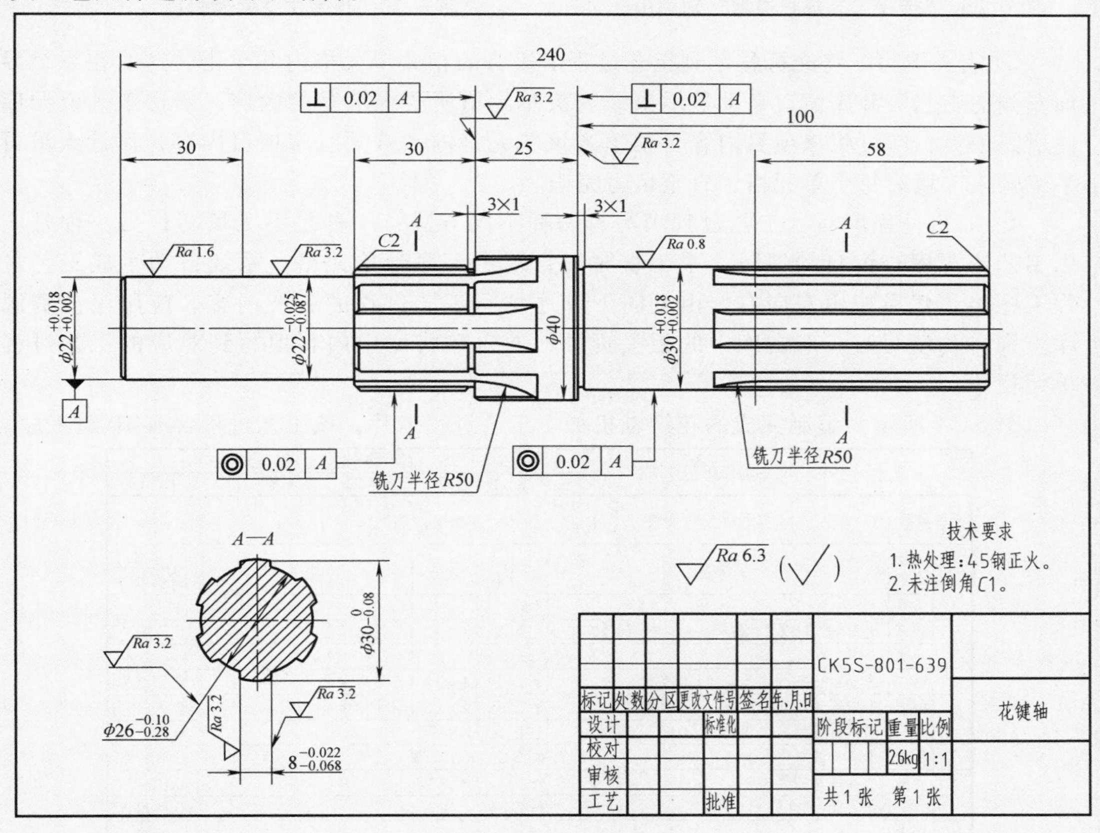

图 6.28　**花键轴零件图**

2）打开花键轴零件图，选定毛坯。选择“文件”→“打开”，打开图 6.28 所示的花键轴零件图。该零件图文件中的有关信息可自动填入封面和工艺过程卡表头区，如零件图号、零件名称等。按指定内容及步骤，选定零件加工毛坯。

3）填写工艺文件封面。单击工艺文件封面，填写封面相关内容，如图 6.30 所示。

4）填写工艺过程卡，包括表头填写和工艺过程填写。

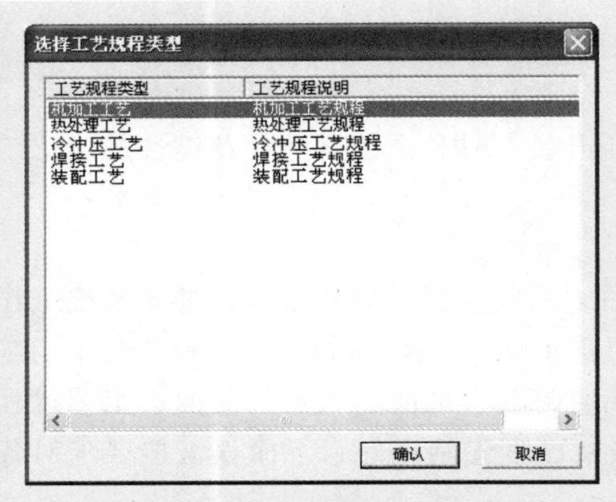

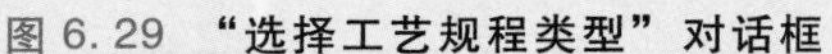
图 6.29　“选择工艺规程类型”对话框

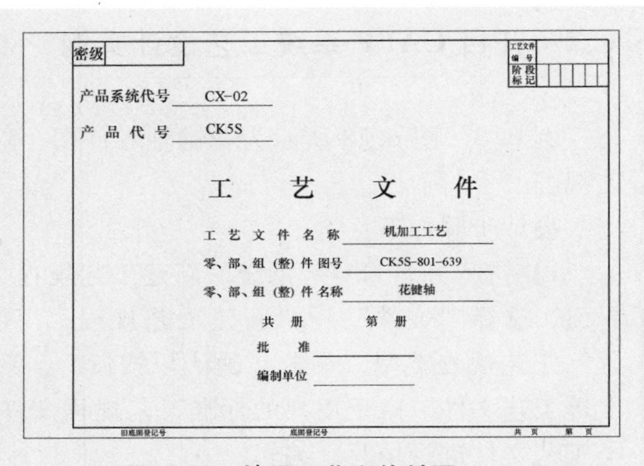
密级
产品系统代号 CX-02
产 品 代 号 CK5S
工　艺　文　件
工 艺 文 件 名 称 机加工工艺
零、部、组（整）件图号 CK5S-801-639
零、部、组（整）件名称 花键轴
共　册　　第　册
批　准
编制单位

图 6.30　填写工艺文件封面

① 表头填写。将光标移动到工艺过程卡表头的相关单元格内并单击，这时在系统界面左侧的工艺资源库窗口自动显示出该表头单元格所要求填写的内容，双击工艺资源库内所需项目，即可将该项目内容自动填入该单元格内。若无对应项目内容，设计人员可手工输入。填写每个单元格，直至填写完毕。

② 工艺过程填写。工艺过程填写有两种不同方法：一种是手工填写；另一种是应用工艺资源库查询自动填写。手工填写时，双击工序号单元格，系统自动生成工艺过程工序号，然后按由左向右、由上向下顺序填写工艺过程的有关内容。应用工艺资源库查询自动填写时，双击库中的相关资源，便自动将库中内容填写到对应的工艺过程单元格中。

图 6.31 所示为编制完成的花键轴机加工工艺过程卡片，该工艺过程含有 10 道工序。

机械加工工艺过程卡	产品型号	CK5S	零件图号	CK5S-801-639		
	产品名称	数控车床	零件名称	花键轴	共1页	第1页

材料牌号	45	毛坯种类	圆钢	毛坯外形尺寸	φ45mm×244mm	每毛坯可制件数		每台件数		备注	

工序号	工序名称	工序内容	车间	工段	设备	工艺装备	工时 准终	工时 单件
1	备料		备料					
2	粗车	粗车各部，各外圆留余量4~5mm，各端面留余量2~3mm	金工	轴	C620	自定心卡盘	0.20	0.45
3	正火		热处理					
4	半精车	车φ40mm外圆及端部花键外圆	金工	轴	C620	自定心卡盘	0.20	1.50
5	半精车	车中部花键外圆及φ22mm外圆	金工	轴	C620	自定心卡盘	0.20	1.50
6	铣	铣两处花键	金工	轴	X8125		0.30	2
7	外磨	磨各外圆至图要求	金工	轴	MW1420		0.10	1
8	花磨	磨花键至图要求	金工	轴	M8612		0.30	1
9	钳	去毛刺，做件号	金工	轴			0.05	0.30
10	检查		检查处					

										设计(日期)	校对(日期)	审核(日期)	标准化(日期)	会签(日期)
标记	处数	更改文件号	签字	日期	标记	处数	更改文件号	签字	日期					

图 6.31　编制完成的花键轴机加工工艺过程卡片

5）填写工序卡。工序卡的填写与工艺过程卡的填写类似，也是逐行编辑。图 6.32 所示为花键轴加工工艺过程中第 5 道半精车工序的工序卡，其中的工序图是由 CAPP 系统所封装的 AutoCAD 绘图系统绘制。

6）储存工艺文件。当工艺文件编制完成后，可以开目 CAPP 文件规定的格式进行存储，也可以作为典型工艺将其存储到系统典型工艺库内，以供同类零件工艺设计时调用。

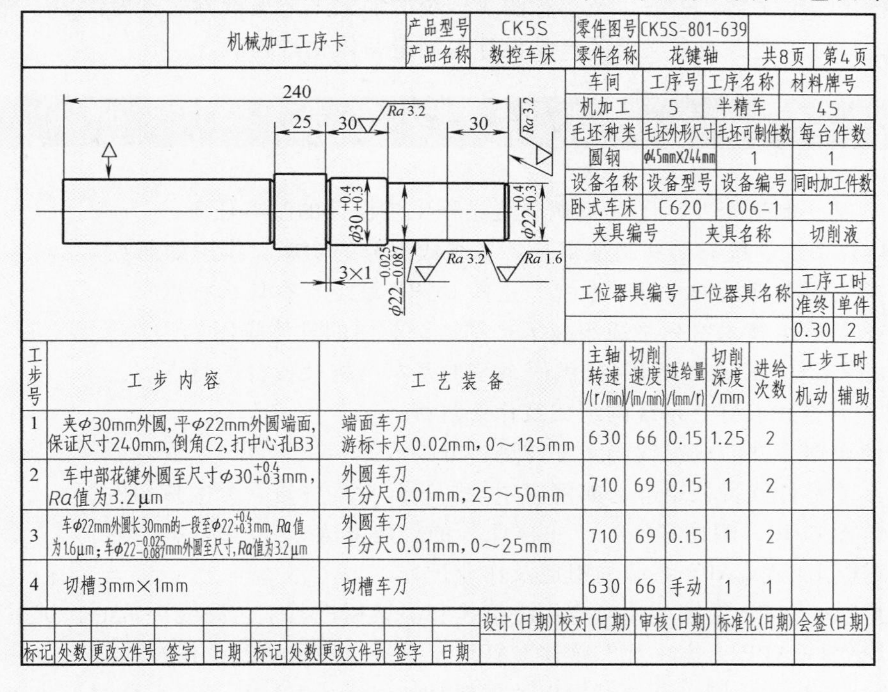

机械加工工序卡	产品型号	CK5S	零件图号	CK5S-801-639		
	产品名称	数控车床	零件名称	花键轴	共8页	第4页

车间	工序号	工序名称	材料牌号
机加工	5	半精车	45
毛坯种类	毛坯外形尺寸	毛坯可制件数	每台件数
圆钢	φ45mm×244mm	1	1
设备名称	设备型号	设备编号	同时加工件数
卧式车床	C620	C06-1	1
夹具编号	夹具名称	切削液	
工位器具编号	工位器具名称	工序工时	
		准终	单件
		0.30	2

工步号	工步内容	工艺装备	主轴转速/(r/min)	切削速度/(m/min)	进给量/(mm/r)	切削深度/mm	进给次数	工步工时 机动	工步工时 辅助
1	夹φ30mm外圆，平φ22mm外圆端面，保证尺寸240mm，倒角C2，打中心孔B3	端面车刀 游标卡尺0.02mm，0～125mm	630	66	0.15	1.25	2		
2	车中部花键外圆至尺寸$\phi30^{+0.4}_{+0.3}$mm，Ra值为3.2μm	外圆车刀 千分尺0.01mm，25～50mm	710	69	0.15	1	2		
3	车φ22mm外圆长30mm的一段至$\phi22^{+0.4}_{+0.3}$mm，Ra值为1.6μm；车$\phi22^{-0.025}_{-0.087}$mm外圆至尺寸，Ra值为3.2μm	外圆车刀 千分尺0.01mm，0～25mm	710	69	0.15	1	2		
4	切槽3mm×1mm	切槽车刀	630	66	手动	1	1		

										设计(日期)	校对(日期)	审核(日期)	标准化(日期)	会签(日期)
标记	处数	更改文件号	签字	日期	标记	处数	更改文件号	签字	日期					

图 6.32　花键轴加工工艺过程中第 5 道半精车工序的工序卡

本章小结

CAPP 是利用计算机辅助从事工艺设计的一项应用技术。CAPP 系统通常由零件信息描述与获取、工艺路线生成、工序设计、工艺文件管理、数据库/知识库、人机界面等模块组成。目前常用的 CAPP 系统有交互式 CAPP 系统、检索式 CAPP 系统、派生式 CAPP 系统、创成式 CAPP 系统、CAPP 专家系统以及基于 MBD 的 CAPP 系统六种类型。

派生式 CAPP 系统是以成组技术为基础，利用零件的相似性将零件归类成族，编制零件族的标准工艺，创建标准工艺库。工艺设计时，通过零件成组编码调用相应零件族的标准工艺，经编辑、修改来完成零件的工艺设计。

创成式 CAPP 系统是根据零件加工型面特征，通过系统工艺数据库和决策逻辑，自动决策生成零件加工工艺过程和加工工序，根据加工工艺条件选择确定机床、刀夹量具以及加工过程的优化。创成式 CAPP 系统是采用决策表和决策树进行工艺规程决策的。

CAPP 专家系统是将工艺专家的工艺经验与知识表示成计算机能够接受和处理的符号形

式，采用工艺专家的推理和控制策略，从事工艺设计的一种智能型 CAPP 系统。CAPP 专家系统主要包括工艺知识库、工艺推理机、知识获取模块、解释模块、用户界面以及动态数据库等。CAPP 专家系统通常有正向推理、反向推理和混合推理的推理策略。

基于 MBD 的 CAPP 系统是以产品设计 MBD 模型为基础，从中提取零件加工的基本工艺信息，在三维可视设计环境下进行机械加工工艺设计，其设计结果是以全三维工艺 MBD 模型为媒介替代二维文字、表格以及工程图等传统的加工工艺表示方式，提供了一种全新的工艺设计模式，可实现真正意义上的产品设计与制造一体化过程。

思考题

1. 参观某一制造企业，了解机械制造过程工艺设计的基本任务。
2. CAPP 系统一般有哪些组成部分？各组成部分的功能、作用如何？
3. 目前有哪些常见的 CAPP 系统？这些 CAPP 系统各有什么特点？
4. 什么是成组技术？列举成组技术在制造企业内的具体应用。
5. 分析 Opitz、KK-3、JLBM-1 编码系统的基本结构及各自的特点。
6. 阐述派生式 CAPP 系统的组成及作业过程。
7. 如何根据零件的成组代码对零件进行分类成组？
8. 什么是零件族特征矩阵，如何应用特征矩阵对零件进行分类成组？
9. 结合图 6.10，阐述零件族“主样件”的构建方法。
10. 阐述创成式 CAPP 系统的组成及作业过程。
11. 创成式 CAPP 系统是如何应用决策表和决策树进行工艺路线决策的？试举例说明。
12. 什么是 CAPP 专家系统？阐述 CAPP 专家系统的组成及工作过程。
13. 阐述产生式规则、谓词逻辑以及框架是如何表示 CAPP 专家系统的工艺知识的。
14. 分别阐述 CAPP 专家系统是如何运用正向推理和反向推理策略进行工艺规程设计的。
15. 分析基于 MBD 的 CAPP 系统的工艺设计思路及其特点。
16. 分析工艺 MBD 模型创建过程及其信息管理方法。

第7章 计算机辅助数控编程

国内外数控加工统计表明，数控加工设备闲置有20%～30%是由于编程不及时所造成的，数控编程的费用可以与数控机床的成本相提并论。因而，速度快、质量好的编程方法，一直在与数控机床本身并行发展着。自数控机床问世以来的半个多世纪内，数控编程方法经历了手工编程、数控语言自动编程、图形交互式编程、CAD/CAM系统自动编程的发展历程。当前，应用CAD/CAM系统自动编程已成为数控加工编程的主流，由CAD模块所建立的三维产品数据模型可直接转换为CAM模块的产品加工模型，CAM模块可帮助产品制造工程师完成被加工零件的型面定义、刀具选择、加工参数设定、刀具轨迹计算、后置处理和加工仿真等数控编程的整个过程。

重点提示：

数控编程是数控机床加工的基础，是CAD/CAM系统的一个重要模块。本章在介绍数控编程基本知识的基础上，侧重讲述CAD/CAM系统数控编程的作业过程，包括不同条件下的刀位点计算方法、刀具轨迹生成与编辑、后置处理、加工仿真等数控编程中的重要环节。

7.1 ■ 数控编程技术基础

7.1.1 数控机床的坐标系统

1. 数控机床坐标系统命名

在国际标准 ISO 841：2001 中规定，数控机床坐标系统采用笛卡儿右手直角坐标系，如图 7.1 所示。*X*、*Y*、*Z* 分别表示三个直线运动坐标轴，*A*、*B*、*C* 分别表示绕 *X*、*Y*、*Z* 坐标轴旋转的回转轴。对各坐标轴的方向规定如下：

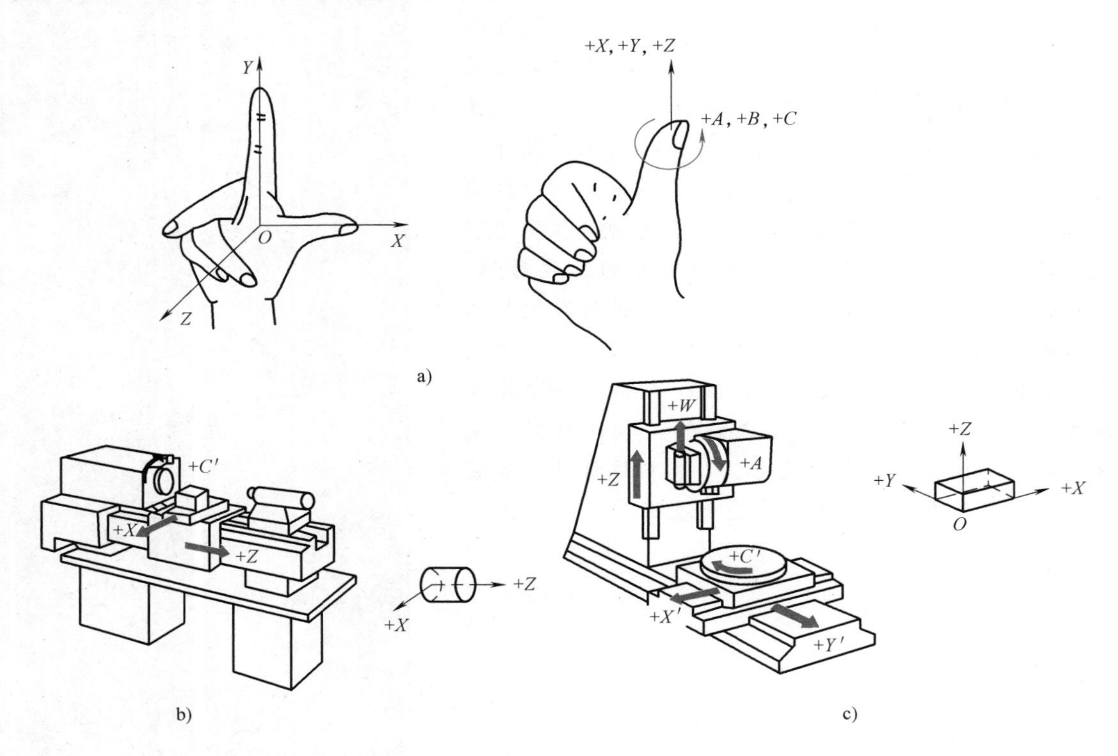

图 7.1 数控机床坐标系统

a）数控机床坐标系统定义 b）数控车床 c）立式数控铣床

Z 轴与机床主轴轴线平行，其正方向为使工件尺寸增大的方向。若机床有多根主轴，则将该机床使用最多的那根主轴轴线定义为 *Z* 轴。若某机床没有主轴，则该机床 *Z* 轴轴线垂直于机床工作台。

X 轴通常是水平的，且与工件装夹面平行，与 *Z* 轴垂直。对于工件旋转类机床，如车床，*X* 轴是沿工件径向定义，垂直于工件轴线，刀具离开工件旋转中心的方向为 *X* 轴的正方向。对于刀具旋转类机床，如铣床，若机床 *Z* 轴为水平状态，则由机床主轴向工件看，其右手方向为 *X* 轴的正方向；若机床 *Z* 轴为垂直状态，则由刀具主轴向立柱看，其右手方向为 *X* 轴的正方向。对于龙门机床，则由机床主轴向左立柱看，右手方向为 *X* 轴的正方向。

Y 轴与 X、Z 坐标轴相互垂直，可按右手坐标系确定其正方向。

A、B、C 回转轴，其正方向分别为沿 X、Y、Z 坐标轴的右手螺旋前进方向。

如果数控机床还有其他的直线运动轴，可命名为机床第二坐标系的 U、V、W 坐标轴。如果再有，可用 P、Q、R 表示。若除 A、B、C 回转坐标轴之外，还有其他的回转轴运动，则可用 D、E、F 回转轴表示。

上述数控机床坐标轴的定义，均假定工件静止、刀具相对于工件运动。在图 7.1 所示的机床简图中，若是工件运动、刀具静止，则机床实际坐标轴名称用带上标“′”的字母表示，它与没有上标“′”的坐标轴的运动方向相反。

2. 机床坐标系和工件坐标系

机床坐标系和工件坐标系是数控编程最常用的坐标系统。

机床坐标系（Machine Coordinate System，MCS）是机床上固有的坐标系，一般由机床制造商在机床出厂前设定。通常，机床坐标原点是以机床上某固定基准线/基准面或与之相对距离来确定的，在数控机床说明书上均有说明，如立式数控铣床的机床原点设定在主轴中心线与工作台的交点处，该交点可由主轴中心线至工作台两个侧面某给定距离来设定。

工件坐标系（Workpiece Coordinate System，WCS）是相对于加工工件而言的，是编程人员根据所加工工件的形状特征、工艺要求以及便于编程，在工件上确定的坐标系。当工件在机床上装夹定位后，通过对刀可确定工件坐标系在机床坐标系中的位置。若机床坐标系和工件坐标系均已给定，则 CAD/CAM 系统将自动换算 WCS 与 MCS 之间的偏置值。数控加工中的刀具运动轨迹一般是以工件坐标系 WCS 进行计算的。

7.1.2 数控程序格式及其相关的指令

1. 数控程序格式

数控程序是根据数控机床规定的语言规则和程序格式编写的。若要正确地编写数控程序，必须熟悉相关的指令和程序格式。数控程序有多种格式，目前最普遍采用是字地址格式。字地址格式是字首为一个英文字母，其后跟随有若干位数字，以表示各类数控指令。例如：典型的字地址格式为

N6 G2 X±5.3 Y±5.3 Z±5.3 F±4.3 S4 T4 M2

在该程序格式中：N 为程序顺序号字，后面为 6 位数字；G 为准备功能字，后面为 2 位数字，可表示（00~99）100 种 G 准备功能；X、Y、Z 为坐标功能字，后面数字可取正负值，小数点前 5 位，小数点后 3 位；F 为进给速度功能字；S 为主轴转速功能字，单位可为 r/min；T 为刀具功能字，用于指定刀具号；M 为辅助功能字，后面为 2 位数字，可表示（00~99）100 种 M 辅助功能。

2. 准备功能指令

准备功能 G 指令是为数控机床建立工作方式，为数控系统的插补运算、刀补运算、固定循环等提供准备。G 指令一般为两位数字，随着数控系统功能的增加，G00~G99 已不能适应使用要求，因而不少数控系统的 G 指令已采用三位数。在 ISO 1056：1975 标准中，规定的准备功能 G 指令见表 7.1。

表 7.1　准备功能 G 指令

指令	功　能	指令	功　能	指令	功　能
G00	点定位	G41	左侧刀具补偿	G80	取消固定循环
G01	直线插补	G42	右侧刀具补偿	G81	钻孔循环
G02	顺时针圆弧插补	G43	左刀具偏置	G82	钻或扩孔循环
G03	逆时针圆弧插补	G44	右刀具偏置	G83	钻深孔循环
G04	暂停	G45～G52	用于刀具补偿	G84	攻螺纹循环
G05	不指定	G53	取消直线偏移	G85	镗孔循环 1
G06	抛物线插补	G54	*X* 轴直线偏移	G86	镗孔循环 2
G07	不指定	G55	*Y* 轴直线偏移	G87	镗孔循环 3
G08	自动加速	G56	*Z* 轴直线偏移	G88	镗孔循环 4
G09	自动减速	G57	*XOY* 平面直线偏移	G89	镗孔循环 5
G10～G16	不指定	G58	*ZOX* 平面直线偏移	G90	绝对值输入方式
G17	*XOY* 平面选择	G59	*YOZ* 平面直线偏移	G91	增量值输入方式
G18	*ZOX* 平面选择	G60	准确定位（精）	G92	预置寄存
G19	*YOZ* 平面选择	G61	准确定位（中）	G93	时间倒数进给率
G20～G32	不指定	G62	准确定位（粗）	G94	每分钟进给率
G33	等螺距螺纹切削	G63	攻螺纹	G95	主轴每转进给率
G34	增螺距螺纹切削	G64～G67	不指定	G96	恒线速度
G35	减螺距螺纹切削	G68	内角刀具偏置	G97	主轴转速
G36～G39	不指定	G69	外角刀具偏置	G98、G99	不指定
G40	取消刀具补偿	G70～G79	不指定		

3. 辅助功能指令

辅助功能 M 指令与数控系统的插补运算无关，主要是为了数控加工和机床操作而设定的工艺性辅助指令，是数控编程必不可少的功能指令。在 ISO 1056：1975 标准中，规定的辅助功能 M 指令见表 7.2。

表 7.2　辅助功能 M 指令

指令	功　能	指令	功　能	指令	功　能
M00	程序停止	M15	正向快速移动	M49	手动速度修正失效
M01	计划结束	M16	反向快速移动	M50	3 号切削液开
M02	程序结束	M17、M18	不指定	M51	4 号切削液开
M03	主轴顺时针转动	M19	主轴定向停止	M52～M54	不指定
M04	主轴逆时针转动	M20～M29	永不指定	M55	刀具直线位移到位置 1
M05	主轴停止	M30	纸带结束	M56	刀具直线位移到位置 2
M06	换刀	M31	互锁机构暂时失效	M57～M59	不指定
M07	2 号切削液开	M32～M35	不指定	M60	更换工件
M08	1 号切削液开	M36	进给速度范围 1	M61	工件直线位移到位置 1
M09	切削液关	M37	进给速度范围 2	M62	工件直线位移到位置 2
M10	夹紧	M38	主轴速度范围 1	M63～M70	不指定
M11	松开	M39	主轴速度范围 2	M71	工件转动到角度 1
M12	不指定	M40～M45	不指定	M72	工件转动到角度 2
M13	主轴顺转，切削液开	M46、M47	不指定	M73～M99	不指定
M14	主轴逆转，切削液开	M48	注销 M49		

7.1.3　常用的切削刀具

刀具选择及其参数的定义是数控编程的重要内容之一。它不仅影响加工效率，而且直接影响加工质量。在数控铣削加工中，最常用的刀具类型有球头铣刀（Ball Nose Cutter）、圆角铣刀（Hog Nose Cutter）和平底铣刀（End Mill），如图 7.2 所示。球头铣刀在复杂曲面零件加工中得到普遍应用，具有曲面加工干涉少、表面质量好的特点，但是球头铣刀切削能力较差，越接近球头底部其切削条件越差。平底铣刀是平面加工最常用的刀具之一，具有价格便宜、切削刃强度高的特点。圆角铣刀广泛应用于粗、精铣削加工中，具有球头铣刀和平底铣刀共有的特点。

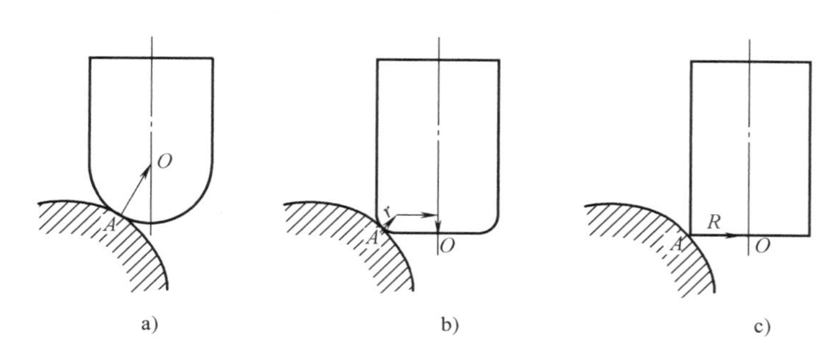

图 7.2　常用的铣削刀具类型

a）球头铣刀　b）圆角铣刀　c）平底铣刀

在数控加工中，刀触点和刀位点是作用在切削刀具上的两个重要的位置点。如图 7.2 所示，刀触点 A 为加工过程中刀具与工件实际接触的位置点，由它来完成最终工件型面的加工；而图 7.2 所示的刀位点 O 是加工过程用于定义刀具工作位置的坐标点，即数控程序中的坐标位置点。

在 CAD/CAM 系统中，可用不同数目的参数对切削刀具进行定义，如在 UG 系统中铣刀有 5 参数定义、7 参数定义和 10 参数定义三种不同的定义方法，如图 7.3 所示。

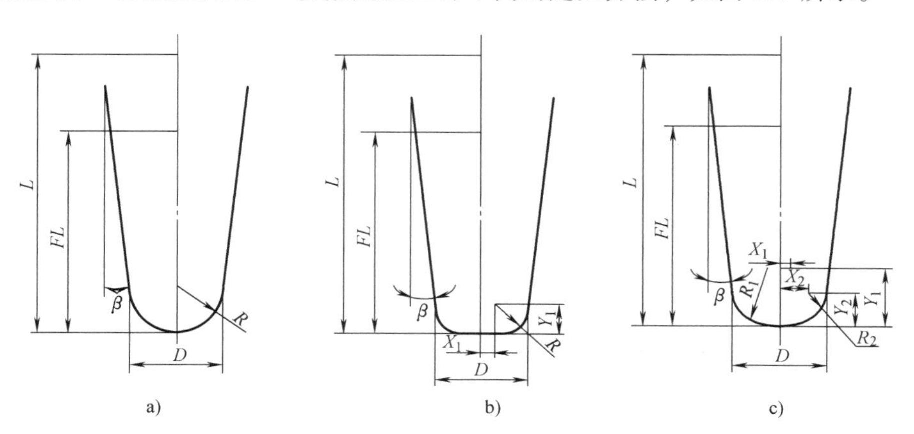

图 7.3　刀具的参数定义

a）5 参数定义　b）7 参数定义　c）10 参数定义

7.1.4 刀具运动控制面

在数控加工中，切削刀具相对于工件总伴随有三个运动控制面，即零件面、导动面和检查面，如图 7.4 所示。

1）零件面（Part Surface）是数控加工中已完成加工，加工过程中始终与刀具保持接触，用以控制背吃刀量的固定不动的控制面。

2）导动面（Drive Surface）是引导刀具进行切削运动的作用面，控制着刀具在指定的公差范围内运动，是加工过程中不断变化的表面。如图 7.5 所示，刀具与导动面之间存在三种相对位置关系：①刀具沿导动面的右侧运动（Right）；②刀具沿导动面的左侧运动（Left）；③刀具在导动面上运动（On），即刀具中心沿导动曲线运动。

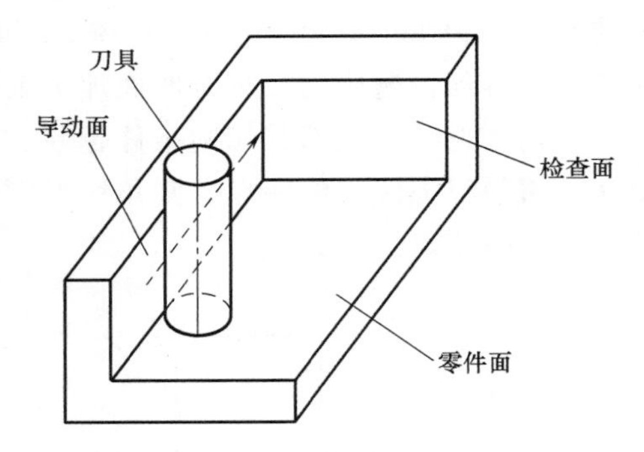

图 7.4 刀具运动控制面

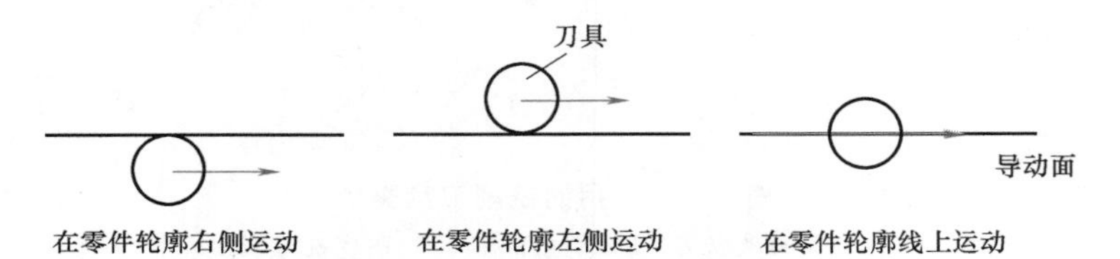

图 7.5 刀具与导动面之间的关系

3）检查面（Check Surface）是用来确定刀具每次走刀的终止位置。在 CAD/CAM 系统中，可通过检查面计算刀具切削过程中的干涉，以避免过切或欠切现象的产生。如图 7.6 所示，刀具与检查面之间存在四种相对位置关系：①刀具运动停止在其前缘切于检查面（To）；②刀具运动停止在检查面上（On）；③刀具运动停止在其后缘切于检查面（Past）；④刀具切于导动面和检查面的连接点上（Tanto）。

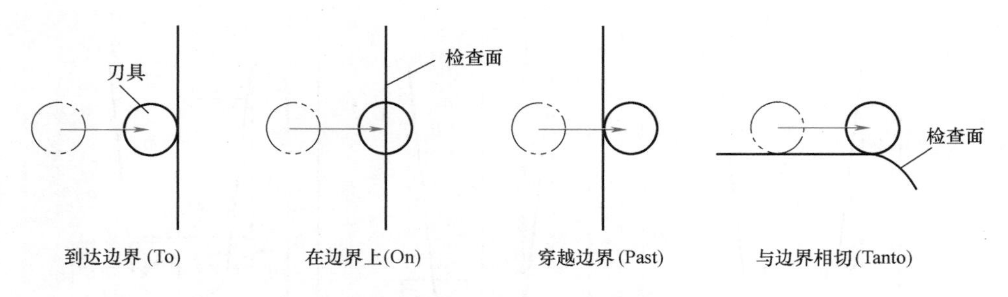

图 7.6 刀具与检查面之间的关系

7.2 ■ 数控编程方法及其实现

数控编程过程是在分析零件结构特征和工艺要求的基础上，确定合理的走刀路线，计算刀具运动轨迹，最终生成所要求的数控代码的过程。数控程序可由手工编制完成，也可由计算机辅助完成。计算机辅助编程又有用数控语言编程和用 CAD/CAM 系统编程的不同方法。

7.2.1　手工编程

手工编程是不借助于任何辅助工具，完全由编程人员手工完成整个编程过程。如图 7.7 所示，手工编程通常需经历如下步骤：

（1）工艺分析　首先，编程人员需根据被加工零件图样及数控加工要求进行工艺分析，确定数控加工方案，选择合适的刀具和合理的切削用量，确定走刀路线，在保证加工精度的前提下力求工艺方案的合理性和经济性，尽可能缩短走刀路线，便于数值计算，减少编程工作量。

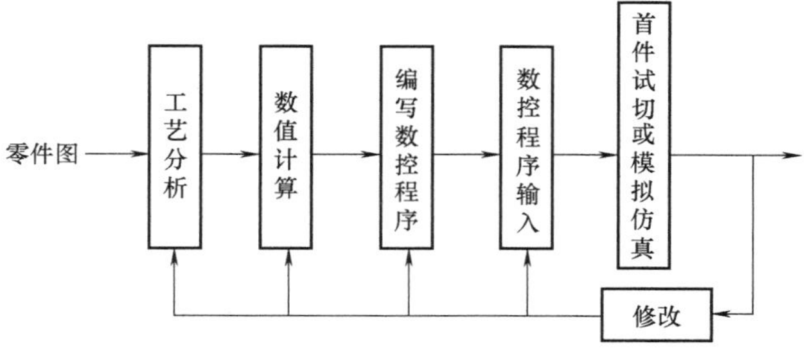

图 7.7　手工编程的工作步骤

（2）数值计算　根据零件的几何形状、走刀路线和数控系统的功能，计算被加工零件几何元素的起点、终点、圆心等坐标点，计算数控加工刀具运动轨迹。

（3）编写数控程序　根据工艺分析和数值计算结果，按照数控机床的指令代码编写零件加工数控程序。

（4）数控程序输入　通过数控系统的工作界面将数控程序手工输入或通过磁盘、USB、DNC 接口将数控程序传输到数控系统。

（5）首件试切或模拟仿真　在数控加工前，通常采用首件试切方法以检验数控程序的正确性。现代机床数控系统一般都具有数控仿真功能，可通过数控仿真加工以检验数控程序可能存在的缺陷和不足。

例 7.1　图 7.8 所示为一钣金零件，其厚度为 10mm，要求为数控铣床编写该零件外形轮廓铣削加工的数控程序。

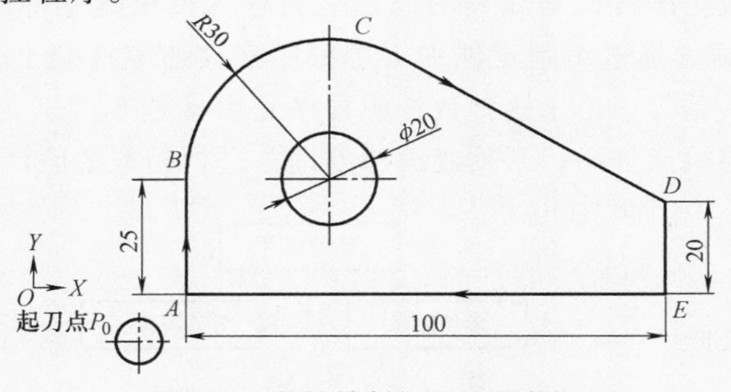

图 7.8　数控铣削加工编程举例

首先对该零件进行工艺分析。确定以图 7.8 所示 A 点上方坐标点（0，0，50）为编程原点，以 ϕ20mm 孔进行装夹定位，以 P_0 点（−10，−10，−40）为加工起始点，选用 ϕ10mm 平底铣刀，刀具主轴转速为 500r/min，走刀路线如图 7.8 中箭头所示，其数控加工程序编制如下：

```
O0001                                   ;程序编号
N0010 G54 G90 G0 X0 Y0 Z0               ;建立工件坐标系,快进到编程原点
N0020 X-10 Y-10 Z-40 S500 M03 M08       ;运动至 P0 点,起动主轴和冷却
N0030 G01 Z-61 F30                      ;G01 下刀,伸出零件底平面 1mm
N0040 G41 X0 Y0 F100                    ;建立左刀补,运动到 A 点
N0050 Y25                               ;运动到 B 点
N0060 G02 X30 Y55 I30 J0                ;运动到 C 点
N0070 G01 X100 Y20                      ;运动到 D 点
N0080 X100 Y0                           ;运动到 E 点
N0090 X0 Y0                             ;运动到 A 点
N0100 G40 G00 X0 Y0 Z0 M04 M09          ;取消刀补,退回原点,关闭主轴和冷却
N0100 M02                               ;程序结束
```

手工编程从工艺分析、数值计算、程序编写，直至试切修改均由人工完成，这对结构不太复杂、加工程序不多、计算较为简单的零件来说还是可行的。但对于复杂零件，尤其对于曲面零件，常常需要多轴联动的数控加工情况下，手工编程便难以胜任，必须采用更为先进的数控编程手段。

7.2.2　数控语言自动编程

数控语言自动编程技术几乎是与数控机床同步发展起来的。1952 年世界上第一台数控机床在美国 MIT 问世，于 1953 年 MIT 就着手数控自动编程技术的研究，1955 年正式公布了自动编程系统 APT，此后陆续推出了 APTⅡ、APTⅢ、APTⅣ、APT-AC、APTSS 等多个版本。除美国之外，其他国家也纷纷推出相应的自动编程系统，如德国 EXAPT、法国 IFAPT、日本 FAPT。我国在 20 世纪 70 年代也研制出 SKC、ZCX 等铣削和车削数控自动编程系统。

如图 7.9 所示，数控语言自动编程的原理是编程人员根据零件图样和数控加工工艺要求，运用 APT 数控语言，通过编制零件加工源程序来描述零件的工艺路线、工艺参数以及刀具相对零件的运动关系等；由于这种数控源程序是由接近车间工艺用语的各类语句组成，不能直接用来控制数控机床加工，必须经编译处理，进行相关数值计算，生成中性的刀位源

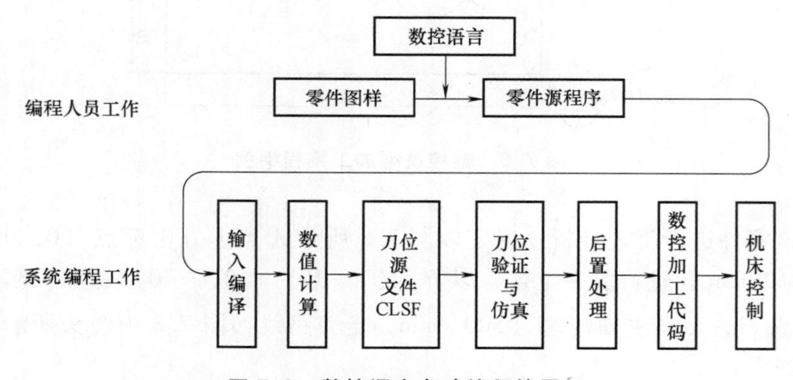

图 7.9　数控语言自动编程的原理

文件（Cutter Location Source File，CLSF），再经后置处理，将 CLSF 转换为具体机床的数控加工的 NC 代码，最终完成数控编程作业。

例 7.2　应用 APT 数控语言编制图 7.10 所示的平板外轮廓铣削加工的数控程序。

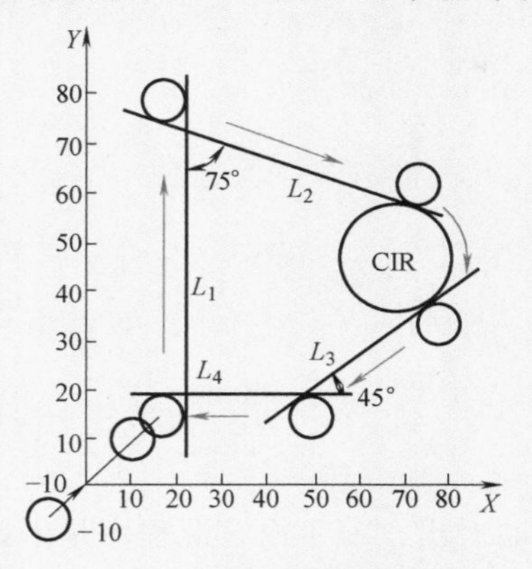

图 7.10　**APT 数控语言编程实例**

源程序如下：

```
PARTNO/PLATE                                        ;初始语句,程序名 PLATE
MACHINE/FANUC,6M                                    ;后置处理系统调用
CLPRNT                                              ;打印刀轨文件
OUTTOL/0.002                                        ;外轮廓逼近允许误差
INTOL/0.002                                         ;内轮廓逼近允许误差
CUTTER/10                                           ;选用 φ10mm 平头立铣刀
L1=LINE/20,20,20,70                                 ;定义直线 L1
L2=LINE/(POINT/20,70)ATANGL,75,L1                   ;定义直线 L2
L4=LINE/20,20,46,20                                 ;定义直线 L4
L3=LINE/(POINT/46,20),ATANGL,45,L4                  ;定义直线 L3
C1=CIRCLE/YSMALL,L2,YLARGE,L3,RADIUS,10             ;定义圆弧 C1
XYPL=PLANE/0,0,1,0                                  ;定义平面 XYPL
SETPT=POINT/-10,-10,10                              ;定义起始点 SETPT
FROM/SETPT                                          ;从起始点落刀
FEDRAT/2400                                         ;快速进给
GODLTA/20,20,-5                                     ;增量走刀
SPINDL/ON                                           ;主轴起动
COOLNT/ON                                           ;切削液开
FEDRAT/100                                          ;指定切削速度
GO/TO,L1,TO,XYPL,TO,L4                              ;指定初始运动
TLLFT,GOLFT/L1,PAST L2                              ;沿直线 L1 左边切削直至超过
                                                     直线 L2
```

```
GORGT/L2,TANTO,C1              ;右转切削 L2 直至切于圆 C1
GOFWD/C1,PAST,L3               ;沿圆 C1 切削直至超过 L3
GOFWD/L3,PAST,L4               ;沿直线 L3 切削直至超过 L4
GORGT/L4,PAST,L1               ;右转切削 L4 直至超过 L1
GODLTA/0,0,10                  ;增量走刀
SPINDL/OFF                     ;主轴停止
FEDRAT/2400                    ;快速进给
GOTO/SETPT                     ;返回起刀点
END                            ;机床停止
FINI                           ;源程序结束
```

从例 7.2 编程实例可以概略看出，APT 语言源程序是由如下一些常用基本语句组成：

(1) 初始语句　如 PARTNO，表示零件源程序的开始，给出程序的标题名称。

(2) 几何定义语句　如 POINT、LINE、CIRCLE、PLANE 等，对零件加工的几何要素进行定义，便于程序对刀具运动轨迹的描述。

(3) 刀具定义语句　如 CUTTER，定义所使用的刀具形状，这是计算刀位点以及干涉校验所必需的信息。

(4) 允许误差指定　如 OUTTOL、INTOL，表示用小直线段逼近曲线运动所允许的误差大小，其值越小，越接近理论曲线，但计算时间也随之增加。

(5) 刀具起始位置指定　如 FROM，在机床加工运动之前，要根据工件毛坯形状、装夹情况指定刀具的起始位置。

(6) 初始运动语句　如 GO，在刀具沿控制面加工之前，先要指令刀具逼近控制面，直至容许误差范围为止。

(7) 刀具运动语句　如 GOLFT（左转向）、GORGT（右转向）、GOFWD（直接前行）等，根据零件加工形状要求指定刀具运动轨迹。

(8) 后置处理语句　如 SPINDL、COOLNT 等，指定所使用数控系统的主轴起停、冷却液开断等指令。

(9) 其他语句　如结束语句 FINI 等。

应用数控语言自动编程，编程人员所做工作仅为编写零件源程序，其余的计算处理、刀位文件生成等编程任务均由数控语言系统自动完成。与手工编程相比较，数控语言自动编程不仅解决了手工编程难以完成的复杂曲面编程问题，其编程效率也有较大的提高。其不足是：①数控语言专有词汇繁多，内容庞大，熟练运用决非数日之功；②仍需编写源程序；③编程过程不直观，缺少图形的支持。因此，为了进一步解决数控编程效率与数控加工速度不匹配的矛盾，需要有更为先进的编程工具。

7.2.3　CAD/CAM 系统自动编程

随着 CAD 和 CAM 技术的成熟，CAD/CAM 系统已成为当前数控编程不可或缺的工具和手段。

1. CAD/CAM 系统的数控编程功能

目前，市场上较为著名的 CAD/CAM 系统，如 NX、Pro/E、CATIA 等均具有较强的数控编程功能。这些软件系统除了具有通常的交互定义、编辑修改、自动生成刀轨文件功能之外，还具有强大的后置处理功能。随着微型计算机性能的提高，原先只能在计算机工作站上运行的 CAD/CAM 系统纷纷移植到微型计算机上，使系统价格大幅度降低，应用普及程度得到较大的提高。一些软件公司还直接开发了微机型 CAD/CAM 系统，如美国的 MasterCAM 系统、英国的 DelCAM 系统、以色列的 Cimatron 系统等。

CAD/CAM 系统提供有多种不同工艺功能的 CAM 模块，如：①三轴至五轴联动的铣削加工；②车削加工；③电火花加工（EDM）；④钣金加工；⑤高能束切割加工，包括电子束、等离子束、激光束等。用户可根据实际加工工艺需要选用相应的功能模块。

铣削 CAM 模块的应用最为广泛，通常具有刀具类型选择、工艺参数设定、刀具轨迹生成与编辑、刀位仿真验证、后置处理等基本功能。

2. CAD/CAM 系统的数控编程原理

通常，CAD/CAM 系统是采用人机交互方式完成数控编程作业的。在三维编程环境下，编程人员交互地指定零件实体模型上的加工型面，选择或定义合适的切削刀具，输入合理的加工工艺参数，系统自动计算并生成刀具加工运动轨迹，再经后置处理转换为特定机床的数控加工指令代码。

不同的 CAD/CAM 系统，其功能指令和编程环境不尽相同。但总体来看，其编程基本原理与步骤大体是一致的。如图 7.11 所示，可将 CAD/CAM 系统的编程过程归纳为如下步骤：

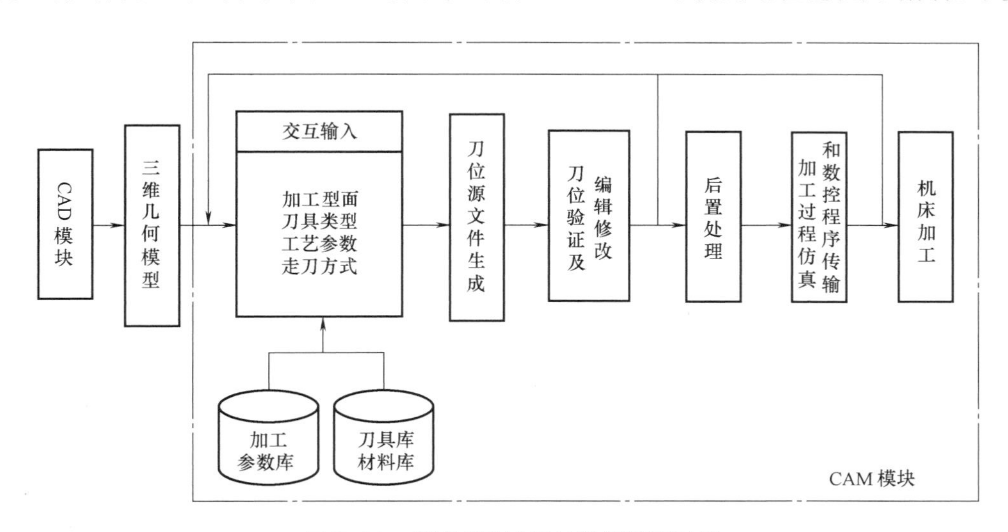

图 7.11　CAD/CAM 系统数控编程过程

(1) 几何建模　首先，应用 CAD 模块对加工零件进行几何建模，建立零件的三维几何模型。当然，也可借助于三坐标测量仪或激光扫描仪等测量设备，获得零件加工型面的数据点阵，经反求工程软件系统处理重构，形成零件形体的表面模型。

(2) 交互输入数控加工工艺参数　编程人员在对零件进行工艺分析的基础上，在系统提供的三维工作环境下，交互指定零件加工型面及其边界，定义刀具类型及其几何参数，指定装夹位置和工件坐标系统，确定对刀点和走刀方式，输入合理的切削参数和精度要求等，为系统刀具轨迹计算提供必要的输入信息。

(3) 刀位源文件生成 系统根据用户交互输入的工艺信息，将自动计算零件型面加工的刀具运动轨迹，并生成中性的刀位源文件（Cutter Location Source File，CLSF）。

(4) 刀位验证及编辑修改 对所生成的 CLSF 文件进行加工仿真，查验走刀路线是否正确合理，是否存在干涉碰撞或过切现象。如有需要，可对已生成的刀具轨迹进行编辑修改和优化处理。若刀具轨迹不能使用户满意或存在干涉现象，用户可调整工艺参数，重新进行刀具轨迹计算。

(5) 后置处理 由于数控机床所配置的数控系统不同，其数控代码及其格式也不尽相同。为此，必须将中性的 CLSF 文件转换为具体机床所需的数控代码，以供机床加工控制所用。

(6) 加工过程仿真和数控程序传输 具体机床数控代码生成后，可再次进行具体机床的加工过程仿真：一是验证转换生成的数控代码的正确性和合理性，二是检验刀具与机床夹具间是否存在干涉碰撞现象。经证实数控程序准确无误后，可通过数控机床的 DNC 接口，将数控程序传送给机床控制系统，以供实际数控加工时调用。

3. CAD/CAM 系统数控编程特点

与手工编程以及数控语言编程相比较，CAD/CAM 系统数控编程具有如下特点：

1）无须编程人员编写程序代码。在 CAD/CAM 系统数控编程过程中，仅需编程人员交互输入与零件加工型面有关的工艺参数，其刀具轨迹计算、后置处理等编程任务完全由系统自动完成，不再需要编程人员编写任何程序代码，大大降低了数控编程难度和编程工作量，既省时又省力。

2）编程环境直观、友好。整个 CAD/CAM 系统编程过程是在三维图形环境下进行，始终面对被加工对象的三维几何模型进行操作，用户界面直观、友好，操作简便，便于检查。

3）有效解决了 CAD 与 CAM 技术的信息集成。CAD/CAM 系统数控编程过程将零件几何建模、导轨计算、后置处理以及加工仿真等作业过程集合为一体，有效地解决了数控编程中数据来源、图形显示、校验计算和修改反馈等信息集成的难题。

4）为企业数字化制造打下良好的技术基础。CAD/CAM 系统数控编程不仅解决了 CAD 与 CAM 技术的信息集成，同时也为企业的产品数据管理（PDM）与企业的经营管理信息（ERP）的集成打下了良好的技术基础。

7.3 ■ 数控编程刀位点计算

刀位点是切削加工中刀具运动的坐标点。无论是手工编程还是计算机自动编程，是二维还是三维型面的加工，均要求按已确定的走刀路线和允许的编程误差进行刀位点计算。本节将对数控编程中不同类型的刀位点计算方法进行分析与讨论。

7.3.1 非圆曲线刀位点计算

通常，数控系统不具备非圆曲线的插补功能，往往是用小直线段或小圆弧段逼近来解决非圆曲线的编程问题。

1. 小直线段逼近

用小直线段逼近非圆曲线，有等间距法、等弦长法和等误差法。

(1) 等间距法　如图 7.12a 所示，已知轮廓曲线是一条连续的非圆曲线 $y=f(x)$，将该曲线沿某一坐标轴（如 x 轴）进行分割。从曲线起点开始，每次以相等的坐标增量 Δx 计算，得到曲线上 A、B、C、D、E 等所分割的刀位点坐标 (x, y)。等间距法比较简单，关键在于等间距值 Δx 的确定，以保证曲线 $f(x)$ 与两相邻刀位点连线间的最大法向距离 δ 小于所允许的编程误差 $\delta_{允}$。通常 $\delta_{允}$ 取零件轮廓公差的 1/10～1/5。

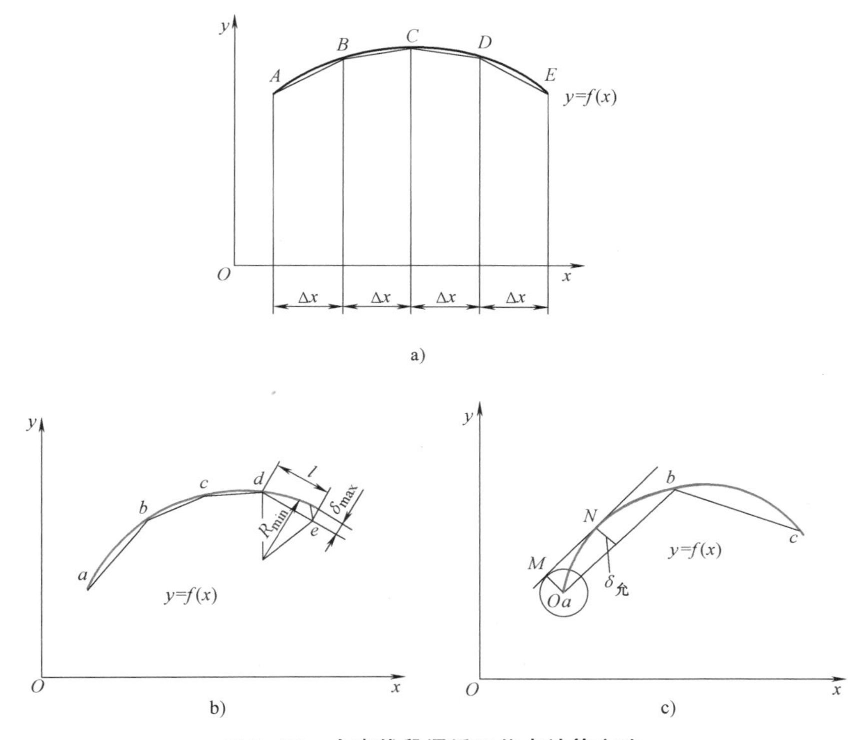

图 7.12　**小直线段逼近刀位点计算方法**

a) 等间距法　b) 等弦长法　c) 等误差法

(2) 等弦长法　该算法是使逼近曲线的小直线段弦长 l 相等，如图 7.12b 所示。由于轮廓曲线 $f(x)$ 各处的曲率不同，相同的弦长 l 所产生的误差值 δ 也各不相同，在曲率半径最小处有最大的误差值 δ_{max}。若要满足加工精度要求，δ_{max} 必须小于等于所允许的编程误差 $\delta_{允}$。因而，等弦长法的关键是求解轮廓曲线的最小曲率半径 R_{min}，即

$$R_{min}=(1+f'(x)^2)^{3/2}/f''(x)$$

式中，$f'(x)$、$f''(x)$ 分别为 $f(x)$ 的一阶和二阶导数。在求得 R_{min} 之后，以此处的编程误差 $\delta_{允}$ 确定最小弦长 l_{min}，然后以 l_{min} 为单位，从曲线的始点开始，逐点计算逼近曲线的各刀位点坐标。

(3) 等误差法　等误差法即使各小直线段的最大逼近误差相等，且小于等于所允许的编程误差 $\delta_{允}$。计算过程如图 7.12c 所示，以曲线 $f(x)$ 的起点 a 为圆心、以 $\delta_{允}$ 为半径作圆 O，求取圆 O 与曲线 $f(x)$ 的公切线 MN，然后过 a 作 MN 的平行线交曲线于 b 点，则 b 点即

为所求的刀位点。重复上述过程可得 b、c、d、e 等各刀位点的坐标值。该法计算过程复杂，但分割的程序段较少。

2. 小圆弧段逼近

用小圆弧段逼近非圆轮廓曲线 $y=f(x)$，可使逼近的各圆弧段光滑连接，并使程序段大大减少。用小圆弧段逼近的方法较多，其中双圆弧逼近法最为常用。

如图 7.13 所示，在非圆轮廓曲线上按一定方法选取四个连续的节点 P_1、P_2、P_3、P_4，根据这四个节点的分布，确定中间两节点 P_2、P_3 是用直线段逼近还是用内切双圆弧或外切双圆弧逼近。

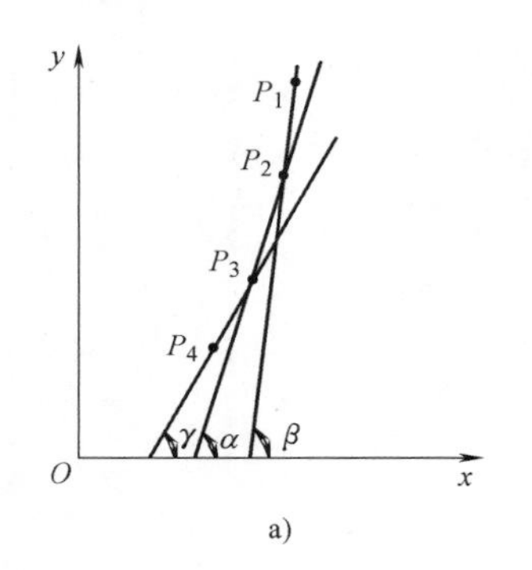

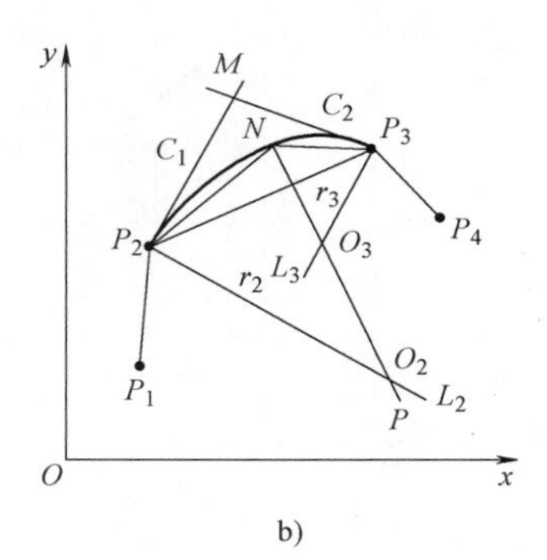

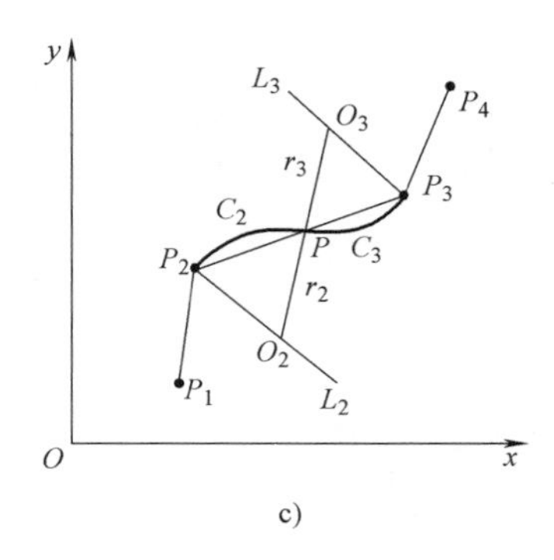

图 7.13　小圆弧段逼近法

a）直线段逼近　b）内切双圆弧逼近　c）外切双圆弧逼近

（1）直线段逼近　如图 7.13a 所示，若 P_1、P_2、P_3、P_4 四节点近似分布在一条直线上，且满足如下条件时，则中间两节点 P_2、P_3 可用直线段逼近，即

$$|\sin(\alpha-\beta)|\leqslant 0.00085$$

$$|\sin(\alpha-\gamma)|\leqslant 0.00085$$

式中，α、β、γ 分别为 P_2P_3、P_1P_2 以及 P_3P_4 连线与 x 轴的夹角。

（2）内切双圆弧逼近　如图 7.13b 所示，若节点 P_1 和 P_4 分布在 P_2P_3 连线的同侧，则用两个彼此内切的双圆弧段进行逼近。

为便于说明，这里仅用作图法分析内切双圆弧逼近的求解方法，其步骤如下：

1）过 P_2 作 $\angle P_1P_2P_3$ 的角平分线 P_2L_2，过 P_2 作 P_2L_2 的垂线 P_2M。

2）过 P_3 作 $\angle P_2P_3P_4$ 的角平分线 P_3L_3，过 P_3 作 P_3L_3 的垂线 P_3M。

3）分别过 P_2、P_3 点作 $\angle P_3P_2M$、$\angle P_2P_3M$ 的角平分线 P_2N、P_3N，交于 N 点。

4）过交点 N 作 P_2P_3 的垂线 PN，分别与 P_2L_2、P_3L_3 相交于 O_2、O_3。

5）以 O_2、O_3 为圆心，以 P_2O_2、P_3O_3 为半径作圆弧 C_1、C_2，则 C_1、C_2 即为所求的内切双圆弧。

显然，连接 P_2P_3 节点的双圆弧 C_1、C_2 内切于 N 点。用同样的方法可作 P_1P_2、P_3P_4 点之间的双圆弧，P_1P_2 点之间的圆弧必然与圆弧 C_1 相切于 P_2 点，P_3P_4 点之间的圆弧必然与圆弧 C_2 相切于 P_3 点。因此，用双圆弧逼近的非圆曲线在节点间能够保证光滑连接。

（3）外切双圆弧逼近　如图 7.13c 所示，若节点 P_1 和 P_4 在中间两节点 P_2P_3 连线的两侧或其中一节点在连线上时，则可用两个彼此外切的双圆弧进行逼近。

外切双圆弧逼近作图分析过程如下：过 P_2 作 $\angle P_1P_2P_3$ 的角平分线 P_2L_2；过 P_3 作

$\angle P_2P_3P_4$ 的角平分线 P_3L_3；求解两圆弧圆心 O_2 和 O_3，其条件为 O_2、O_3 分别在 P_2L_2、P_3L_3 上，且 $O_2O_3=O_2P_2+O_3P_3$。满足这种条件的有多个解，可补充一个限制条件，使其解唯一，即以 O_2 为圆心、O_2P_2 为半径所作的圆弧弧长 C_2 等于以 O_3 为圆心、O_3P_3 为半径所作的圆弧弧长 C_3，则圆弧 C_2、C_3 即为所求的外切双圆弧。

显然，圆弧 C_2、C_3 外切于 P 点，必然与以同样方法所作的邻近节点的圆弧相切。

7.3.2　球头铣刀行距和步长的确定

一般曲面的精加工通常采用球头铣刀，因其具有加工干涉少、表面质量好的特点。在用球头铣刀进行切削加工时，必然会在被加工表面留下明显的残留材料（Scallop），其残留高度 H 与球头半径和切削行距有关。铣刀球头半径 $r_{刀}$ 越大，切削行距越小，其残留高度越小，表面精度就越高，但将增加走刀次数，程序段数也随之增加。因而，在给定铣刀球头半径的前提下，走刀的行距和步长将直接影响工件表面质量和程序量的大小。

现分平面加工和曲面加工两种情况分别讨论球头铣刀行距 S 与残留高度 H 的关系，如图 7.14 所示。

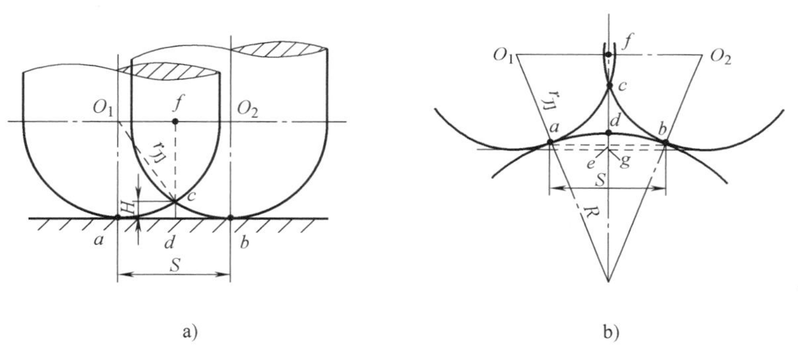

图 7.14　球头铣刀行距的计算

a）平面　b）曲面

如图 7.14a 所示，平面铣削加工时其行距 S 与残留高度 H 的关系为

$$S=2ad=2\sqrt{r_{刀}^2-fc^2}=2\sqrt{r_{刀}^2-(r_{刀}-H)^2}$$
$$=2\sqrt{H(2r_{刀}-H)} \tag{7.1}$$

如图 7.14b 所示，曲面加工时可近似认为 a 点与 b 点处的曲率半径相等，其行距 S 为

$$S=2ae=2\frac{O_1fR}{r_{刀}+R}$$

当铣刀球头半径与零件表面曲率半径 R 相差较大时，$cd=H$ 一般较小，可近似为

$$O_1f=\sqrt{r_{刀}^2-fc^2}=\sqrt{r_{刀}^2-(fg-cg)^2}\approx\sqrt{r_{刀}^2-(r_{刀}-H)^2}$$

则

$$S=\frac{2R\sqrt{H(2r_{刀}-H)}}{r_{刀}+R} \tag{7.2}$$

由式（7.1）及式（7.2）可见，用球头铣刀加工时其行距 S 的确定受到刀具球头半径 $r_{刀}$、零件表面曲率半径 R 以及所允许的残留高度 H 的影响。

由于零件表面曲率半径 R 实际上是一个变量，因此在数控编程时每加工一行就会存在一个最佳的 S 值。实际处理时，往往根据型面加工粗糙度要求和选定的刀具球头半径 $r_{刀}$，以被加工型面的最小曲率半径为依据，采用等行距方法计算刀具轨迹；也有采用分区等行距方法进行加工编程，即将同一曲面按其曲率变化分成几个区域，每个区域内的走刀行距相等。

当走刀行距确定后，每一行的切削加工实际上是对一条曲线的加工。球头铣刀对曲线加工的步长，可按照前节所介绍的非圆曲线刀位点计算方法进行求解，这里不再重复。

7.3.3　曲面加工刀位点计算

曲面加工是一种常见的机械零件加工类型，虽然其刀位点计算难度较大，但目前已有不少成熟的算法。常用的 CAM 系统都提供了曲面加工刀位点的计算功能。

有关曲线曲面的数学模型已在第 3 章做了详尽讨论。无论是 Bezier 曲面、B 样条曲面还是 NURBS 曲面，都可用双参数曲面方程表示为

$$P=P(u,v)\quad (u_1\leqslant u\leqslant u_2, v_1\leqslant v\leqslant v_2)$$

式中，u、v 为曲面参数，如图 7.15 所示。

如果用任意平面截切某参数曲面 $P(u, v)$，其截面线为一条平面曲线。若在参数曲面上固定其中的一个参数不变，如 $v=v_0$，则 $P(u, v_0)$ 表示一条以 v_0 为等参数、以 u 为变参数的曲线；同样，当参数 $u=u_0$ 时，也可得到曲面上一条以 u_0 为等参数、以 v 为变参数的曲线 $P(u_0, v)$。因而，在参数曲面上存在两组等参数曲线族，一组为 u 等参数曲线族，另一组为 v 等参数曲线族。

根据曲面加工方法的不同，其刀位点有等参数曲线法、任意切片法、等高线法等不同的计算方法。

（1）等参数曲线法（uv Cutting）　该算法是将刀具沿参数曲面的 u 向或 v 向等参数曲线进行切削加工。如图 7.16 所示，若在参数 $u=u_0$ 不变的情况下，刀具运动轨迹将由等参数曲线 $P(u_0, v)$ 及其法矢 n 所决定。两等参数曲线间的距离，即行距大小，可由法矢、曲率半径、刀具方向矢量以及加工精度等综合因素确定。

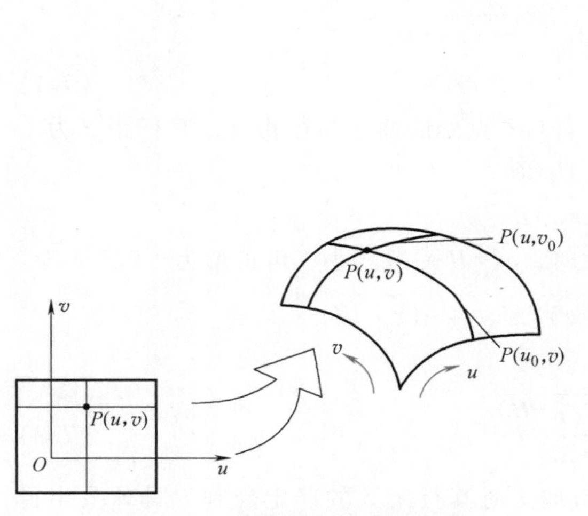

图 7.15　参数曲面及其参数域

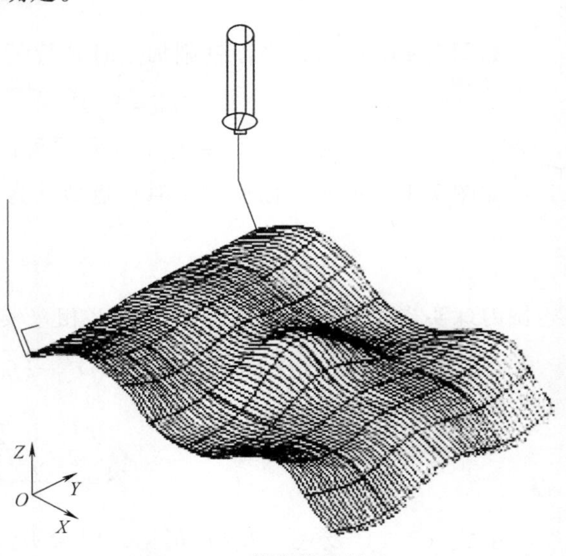

图 7.16　等参数曲线法

（2）任意切片法（Slice Cutting）　在（X，Y，Z）三轴坐标中，刀具轴线与 Z 轴方向一致，若用垂直 XOY 平面的任一平行平面族截切待加工曲面时，将得到一组曲线族，刀具沿着这组曲线进行曲面的加工，称为任意切片法，如图 7.17 所示。这种曲面的加工方法，其刀位点计算所消耗的时间较长。

（3）等高线法（Topographic Cutting）　等高线法是用一组平行的水平平面族截切待加工曲面，从而得到一条条等高曲线族。切削加工时，从曲面的最高点开始向下切削，直至将整个曲面加工完毕，如图 7.18 所示。这种加工方法，刀位点计算所消耗的时间最长，各层层高的确定需由加工精度、曲面曲率等因素决定。

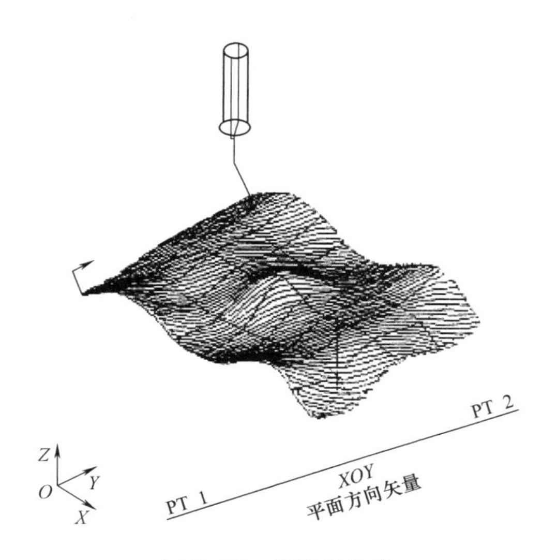

图 7.17　任意切片法

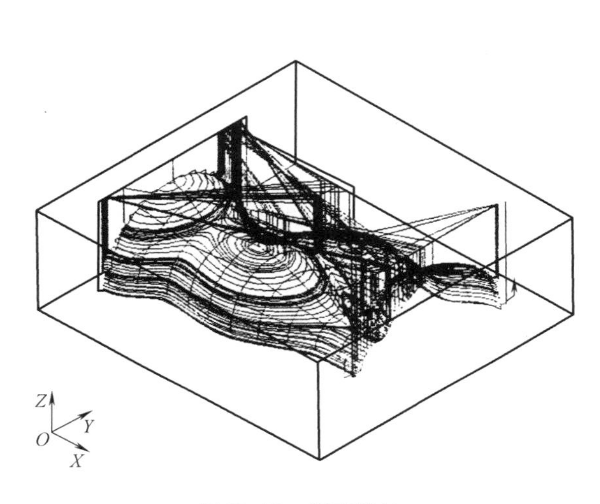

图 7.18　等高线法

7.3.4　平面型腔零件加工刀位点计算

平面型腔是指由封闭的约束边界与其底面构成的凹坑，如图 7.19 所示。一般情况下，型腔的外轮廓坑壁与底面垂直，当然也有坑壁与底面成一定斜度的，有的型腔内还有被称为岛屿或内轮廓的凸台。平面型腔加工是成形模具较常见的一种加工类型，其有行切法（Zigzag）和环切法（Spiral）等不同加工方法。

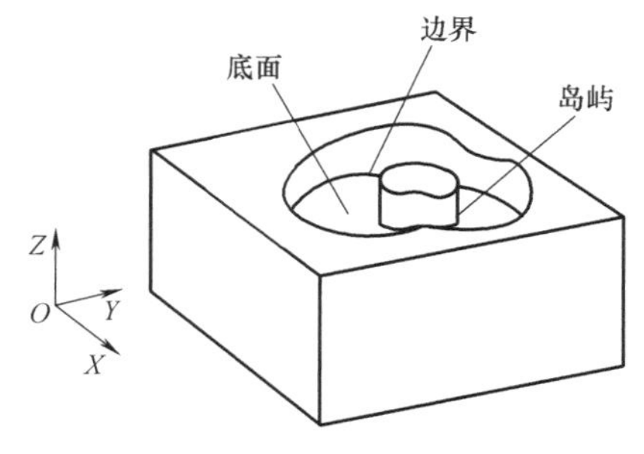

图 7.19　平面型腔

1. 行切法

行切法是刀具按平行于某坐标轴方向或按一组平行线方向进行走刀的方式。行切法的刀位点计算比较简单，是将一组平行线与型腔内、外轮廓线求交，计算出有效交线，再按一定的顺序依次将有效交线编程输出。当遇到型腔中岛屿时，可抬刀到安全高度越过岛屿，或沿岛屿边界环绕切削，也可遇到岛屿轮廓后反向回头继续切削。若型腔内轮廓不是凸台而是凹坑，就可以直接跨越过去进行切削编程。

行切法又可分为往返走刀及单向走刀，如图 7.20 所示。往返走刀是在一个单向行程结束后，继续以切进的方式转向相反的行程进行切削，如此往返，直至整个型腔加工完毕。往返走刀可减少抬刀次数，空行程少、加工效率高，但在加工过程中交替进行顺/逆铣加工，切削力波动较大，往往会引起切削颤振，影响加工表面质量。往返走刀一般在精加工时使用，其切削力不大。

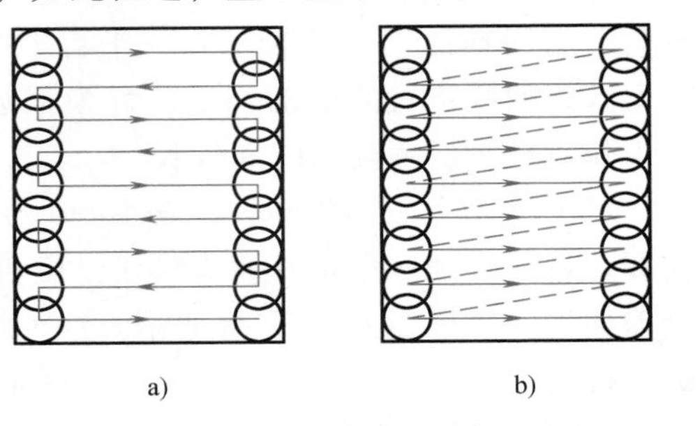

图 7.20　平面型腔的行切走刀路线
a）往返走刀　b）单向走刀

单向走刀是刀具沿一个方向行进到行程终点后，抬刀至安全高度，快速返回到起刀点沿下一条平行线继续走刀，如此循环直至切削完毕。单向走刀可保持刀具在相同的切削状态下工作，但空行程较多，加工效率低，一般在粗加工切削力较大的情况下使用。

2. 环切法

环切法是环绕被加工轮廓边界进行走刀加工的方法。如图 7.21 所示，环切法刀位点计算的基本思路如下：

1）对型腔轮廓边界进行描述，外轮廓边界以顺时针方向表示，内轮廓边界（岛屿或凹坑）以逆时针方向表示。

2）按加工精度要求确定每次走刀偏置量（Offset Value）。

3）按确定的偏置量由外轮廓向内、内轮廓向外计算一个个偏置环。

4）对偏置环进行干涉检查，去除干涉部分，形成新的内外环边界。

5）重复上述步骤，新环不断生成、分裂、退化，直至完全消失。

与行切法相比较，环切法具有加工状态平稳、轮廓表面加工质量好的特点，是数控加工常用的走刀方法。然而，环切法刀位点计算较为复杂，计算处理工作量大。

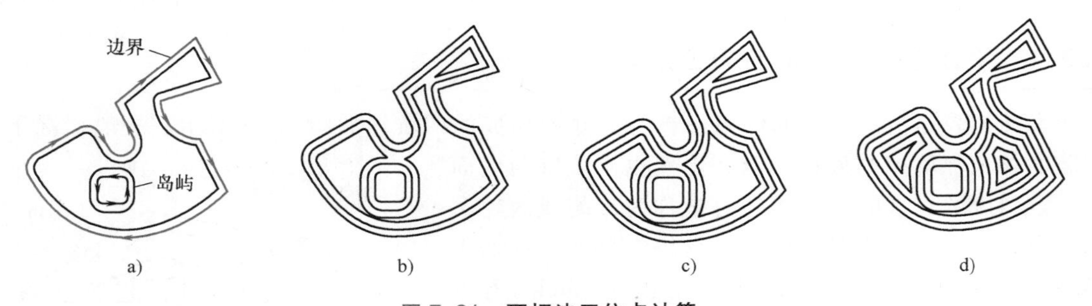

图 7.21　环切法刀位点计算

7.3.5　刀具干涉检查

刀位点计算较为复杂，尤其在三维型面加工时有多个检查面存在，如果在刀位点计算时忽略了某个检查面，往往会造成加工过程的干涉。如图 7.22 所示，用球头铣刀加工底面和侧面带有直角弯折的两个平面，在加工水平面时，若不将垂直面作为检查面，或加工垂直面时，若不将水平面作为检查面，均会造成加工过程的干涉。因而，在计算刀位点时必须进行刀具的干涉检查，否则在刀具的前、后、左、右都有可能存在刀具与零件加工面的干涉过切现象。

CAM 系统一般都配备有刀具干涉检查模块，下面介绍两类最常见的刀具干涉检查方法。

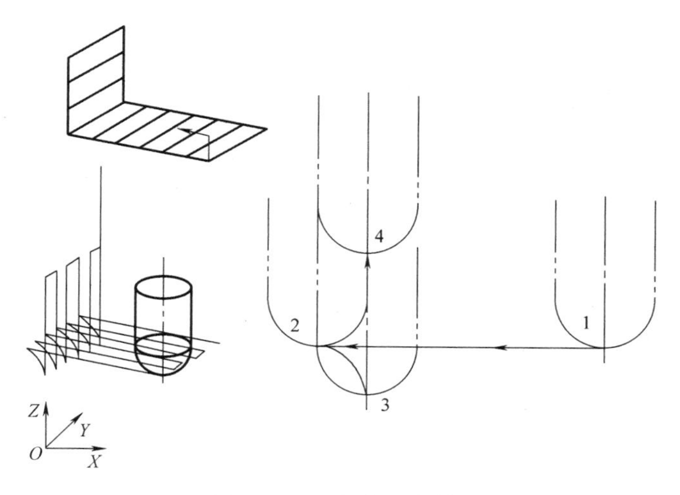

图 7.22　**刀具加工干涉**

（1）**运动方向上的刀具干涉检查**（In-line Gouge Avoidance）　这类干涉检查方法仅检查在刀具运动方向上的加工干涉，而不检查非运动方向上所造成的加工干涉。如图 7.23a 所示，在刀具运动方向有一凹槽，系统将检查该凹槽的曲率半径是否小于球头刀具半径，若是则修改刀具运动轨迹，以避免产生加工过切。图 7.23b 所示为凹槽不在刀具运动方向上，系统不予检查，从而产生了加工过切现象。

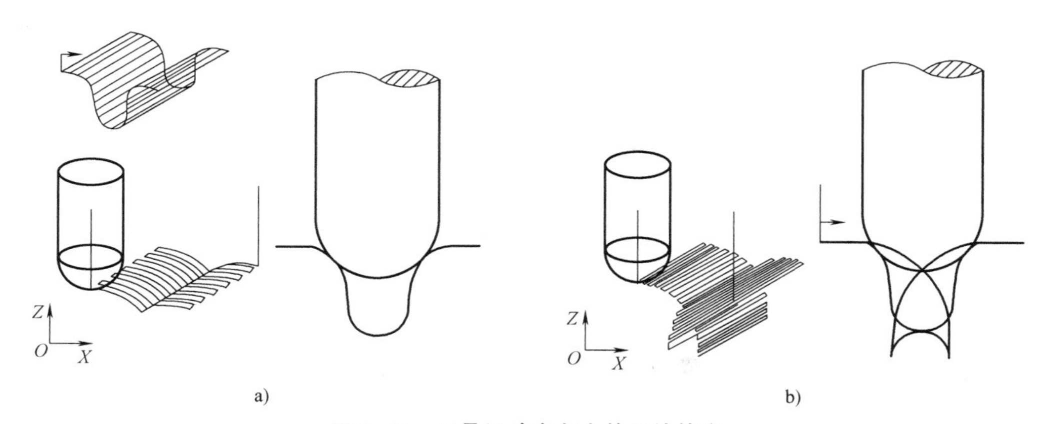

图 7.23　**刀具运动方向上的干涉检查**

a）运动方向上的干涉得到修正　b）不在运动方向上的干涉引起过切

（2）**全方位刀具干涉检查**（Full Gouge Avoidance）　全方位刀具干涉检查方法无论刀具运动方向如何，对所有干涉均需检查，以免产生过切现象，其代价是消耗较多的干涉检查时间。全方位刀具干涉检查较普遍的算法是将零件型面离散成一个个小曲面片（Patch），如图 7.24 所示，计算刀具中心到小曲面片中心的距离，并比较该距离是否小于刀具球头半径，若是则表示存在加工干涉，需要抬刀或绕行。小曲面片分割数目可

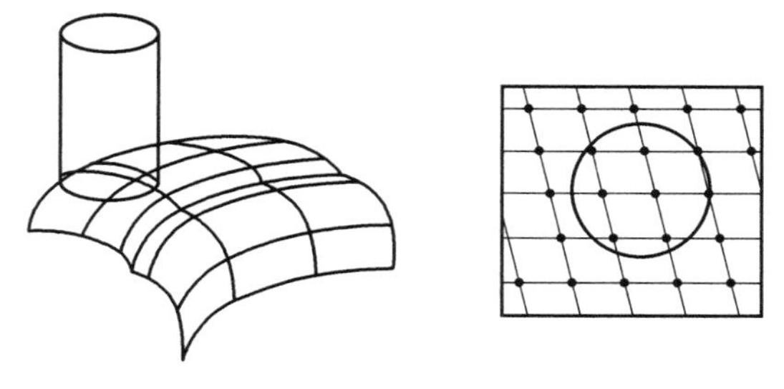

图 7.24　**全方位刀具干涉检查方法**

由用户设定。分割越细，检测精确性越好，但干涉计算量将成几何级数增加。

很明显，一些凸形曲面的加工往往不会造成刀具加工干涉，可以不必进行干涉检查，这样可以节省大量干涉检查时间。

7.4 ■ CAD/CAM 系统数控编程作业过程

CAD/CAM 系统数控编程已成为当前数控编程的主要手段。尽管众多的 CAD/CAM 系统的功能特点、用户界面以及指令格式各不相同，但其编程的基本原理是一致的，是在零件实体模型基础上历经工艺方案设计、刀具轨迹生成与编辑、后置处理、加工仿真等基本步骤。

7.4.1　数控加工工艺方案设计

工艺方案设计是数控编程的一个重要环节，包括毛坯设计、刀具选用、走刀路线确定、工艺参数设定等内容。在目前阶段，CAD/CAM 系统的工艺方案设计还是一个由设计人员为主导的交互设计过程，设计人员在系统界面引导下进行合适的工艺方案选择和工艺参数的输入。

1. 毛坯的设计

工件毛坯是根据工件特征和工艺要求进行选用，可以选用棒料、块料或铸件等不同的毛坯类型。不同 CAD/CAM 系统所提供的毛坯设计手段可能不尽相同，但毛坯设计的基本方法是相同的。例如：铣削加工毛坯，可根据工件的形状特征选用合适的矩形毛坯块（图 7.25），也可按工件加工型面的均匀余量定义铸件毛坯，还可以调用已建立的三维实体模型作为工件加工毛坯。

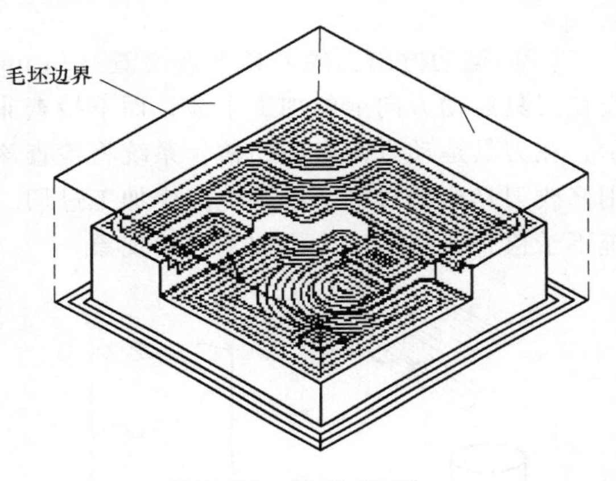

图 7.25　矩形毛坯块

2. 刀具的选用

数控加工刀具一般是根据工件的形状特征以及粗、精加工工艺要求进行选用的。由于刀具在粗、精加工时所担负的工艺任务不同，其切削力大小也不相同，因而刀具选用的原则也应有所区别。

粗加工的主要任务是从被加工工件毛坯上切除绝大部分多余的材料，通常切削用量较大，刀具所承受的负荷较重，要求刀具有较好的强度和刚度。因而，粗加工时一般选用平底铣刀，不适宜也没有必要选用球头铣刀进行数控加工。此外，粗加工时刀具直径尽可能选大一些，以便加大切削用量，提高粗加工的生产率。

精加工的主要任务是获得工件最终加工表面，并满足给定的精度要求。通常，精加工的切削用量较小，刀具所承受的负荷轻，其刀具的选择主要是根据被加工表面的形状特征而定，可选用平底铣刀、球头铣刀或圆角铣刀。在满足形状特征要求的前提下，优先选用平底铣刀，因平底铣刀成本低，端刃强度高。在加工曲面时，若是直纹曲面或凸形曲面，应尽量选择圆角铣刀，而少用球头铣刀。

从理论上讲，精加工时球头铣刀的半径大小应根据加工型面的最小曲率半径确定。若如此选择精加工刀具，将导致刀具直径偏小，大大增加走刀次数，这样不仅影响加工效率，同时使小直径刀具的磨损也较快。所以，即使是精加工，刀具的选用也应由大到小逐步过渡，即先用大直径刀具完成大部分型面的加工，再用小直径刀具进行清角或局部加工。

3. 走刀路线的确定

走刀路线不仅直接影响数控编程时的刀位点计算工作量，同时还会影响加工效率以及工件表面的加工质量。因此，走刀路线的确定应遵循如下原则：

1）可获得良好的加工精度和表面加工质量；

2）较短的走刀路线，较少的空程时间，以提高加工效率；

3）刀位点计算容易，减少计算工作量，以提高编程效率。

图 7.26 所示为用直纹叶片加工的走刀路线。由于该叶片加工面为直纹面，采用图 7.26a 所示的走刀方案比较有利，每次沿直线走刀，刀位计算简单，程序段少，加工过程符合直纹面造型规律，可以保证叶片母线的直线度；而图 7.26b 所示的方案，其刀位点计算复杂，计算工作量较大，数控程序段较多。

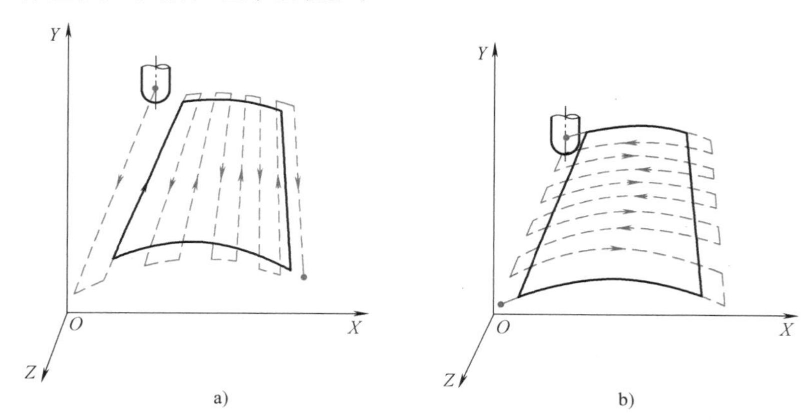

图 7.26　直纹叶片加工的走刀路线

a）沿直纹母线走刀　b）沿横截面线走刀

图 7.27 所示为型腔加工的三种不同方法。其中图 7.27a 所示为行切法，其刀位点计算简单，数控加工程序段少，但每一条刀轨的起点和终点会在型腔内壁上留下一定的残留高度，难以获得所要求的表面粗糙度；图 7.27b 所示为环切法，其刀位计算复杂，程序段多，但内腔表面光整，加工质量好；图 7.27c 所示的走刀方法综合了行切法和环切法两者的优点，可获得较好的编程和加工效果。

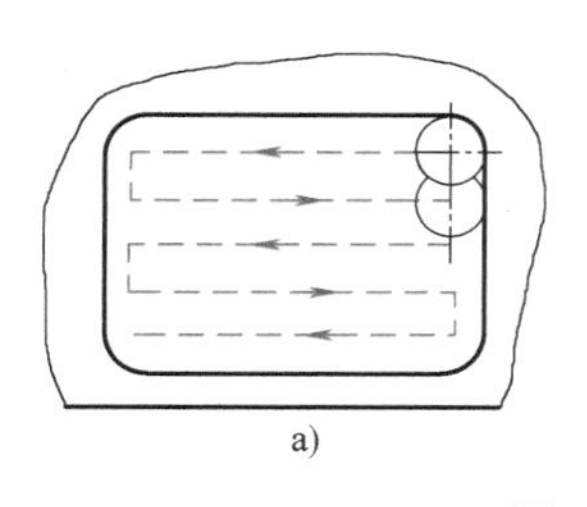

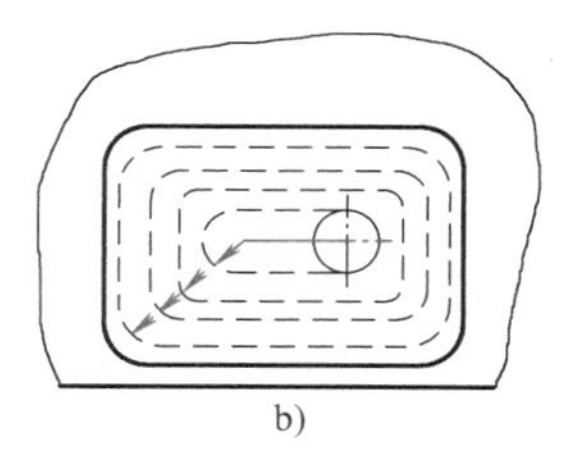

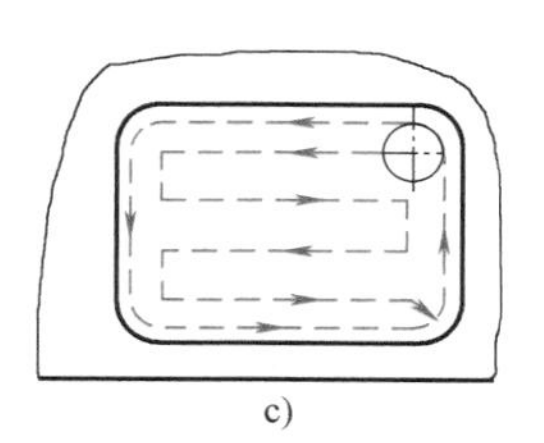

图 7.27　型腔加工的三种不同方法

a）行切法　b）环切法　c）综合法

在选用行切法进行加工时，还需要根据工件的形状特征和安装方位确定行切法走刀角度。如图 7.28 所示的工件加工，按图 7.28b 所示的走刀角度其编程和切削加工的效果较好。一般来讲，走刀角度应与工件最长切削方向一致较为合理。

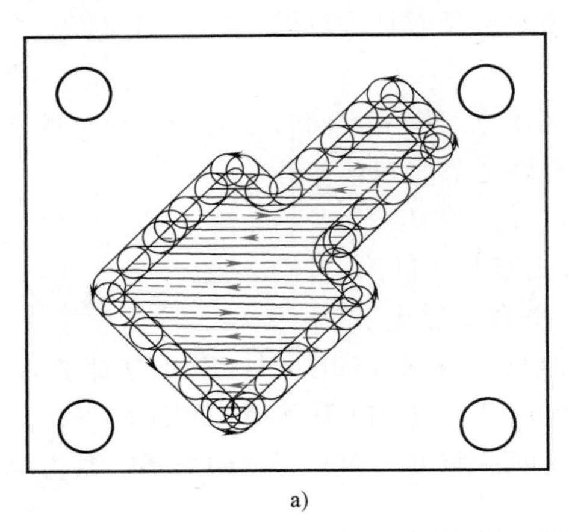

a)

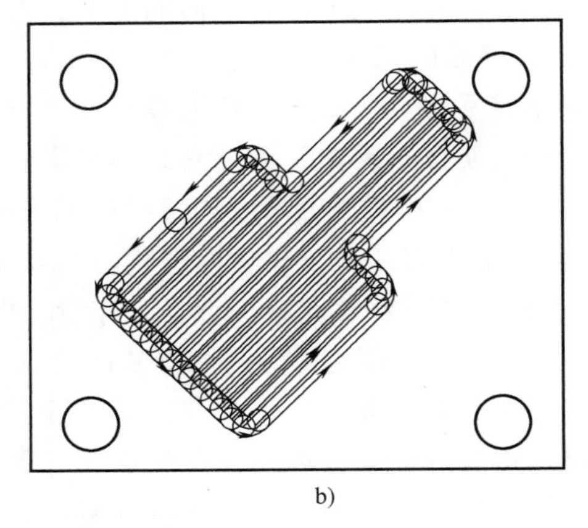

b)

图 7.28　**走刀角度的选择**

a）水平方向走刀　b）最长切削方向走刀

此外，走刀路线的确定还应考虑粗、精加工的工艺特点。粗加工时，切削用量较大，刀具切削状态与顺、逆铣方式有较大的关系。因而，粗加工一般选择单向切削，刀具始终保持在一个方向进行切削加工，即当刀具完成一行加工后，提升至安全平面，然后快速运动到下一行的起始点再进行下一行的加工，这样可保证切削过程的稳定性。而精加工时的切削力较小，对顺、逆铣反应不敏感，因而精加工可以选择双向切削，这样可大大减少空行程，提高数控加工效率。

4. 安全平面、初始点和起刀点等的确定

如图 7.29 所示，在数控加工中整个刀具的运动过程可分为快速运动、趋近运动、进刀

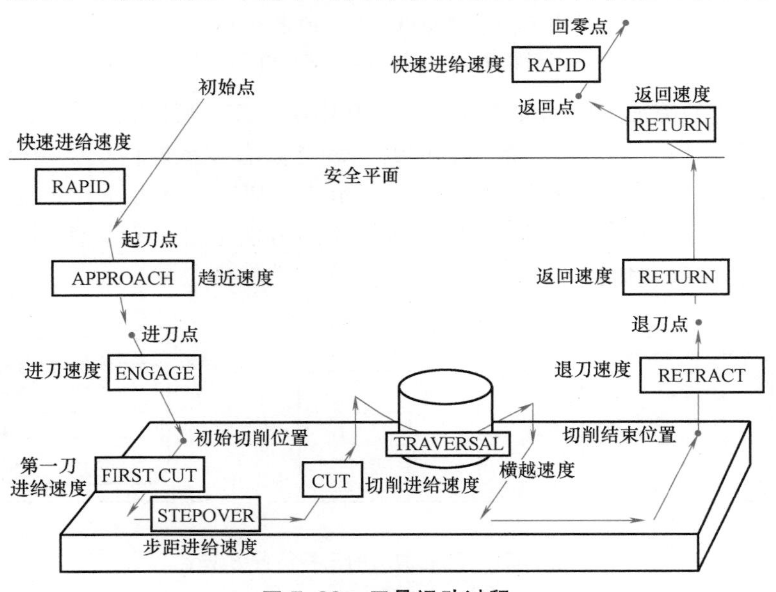

图 7.29　**刀具运动过程**

运动、切削运动以及退刀返回运动等。为了保证刀具运动过程的安全，需要确定刀具的安全平面、初始点、起刀点、进刀点和退刀点等。

安全平面是指工件上方的某一平面，该平面不仅控制刀具的非切削运动，还可以避免刀具移动时与工件及夹具的干涉碰撞。

初始点是指刀具在开始运动前的初始位置，它是所有后续运动的参考点，一般应设置于安全平面之上。

起刀点是刀具运动的第一点，即刀具以快速直线运动方式从初始点移动到起刀点。

进刀点是刀具切入工件前的刀位点，从该点开始刀具将以指定的方式切入工件。

退刀点是刀具切离工件后的刀位点，刀具将以指定的方式切离工件。

返回点是在安全平面上的某一位置点，当刀具完成切削运动后将以直线运动方式从最后的切削点或退刀点快速运动到返回点。

5. 进、退刀方式的选择

进、退刀方式也会影响到加工表面的质量和加工刀具的安全。因而，无论是粗加工还是精加工均需考虑进、退刀方式。粗加工时，进、退刀方式的选择主要考虑的是刀具切削刃的强度；精加工时，则主要考虑加工件的表面质量，以免在加工件表面留下进、退刀刀痕。

除了键槽铣刀之外，其他铣刀的端面切削刃切削能力均较差，尤其在刀具中心处几乎没有切削刃，无法进行切削加工。因此，粗加工时一定要考虑进刀方式，以免损伤刀具和机床。对于轮廓铣的粗加工，刀具起刀点应放在工件毛坯的外部，采用逐渐向毛坯进行进刀的方式；对于型腔的铣加工，可预钻工艺孔，以便刀具落到合适的高度后再进行进给切削加工，一定不能采用垂直进刀的方式。当然也可以使刀具以一定的斜角切入工件，如图 7.30 所示。

粗加工时，一般采用分层切削方式，如图 7.31 所示。考虑到毛坯表面质量因素的影响，一般第一层切深要小一些，后续各层切深可以相等的参数进行切削。

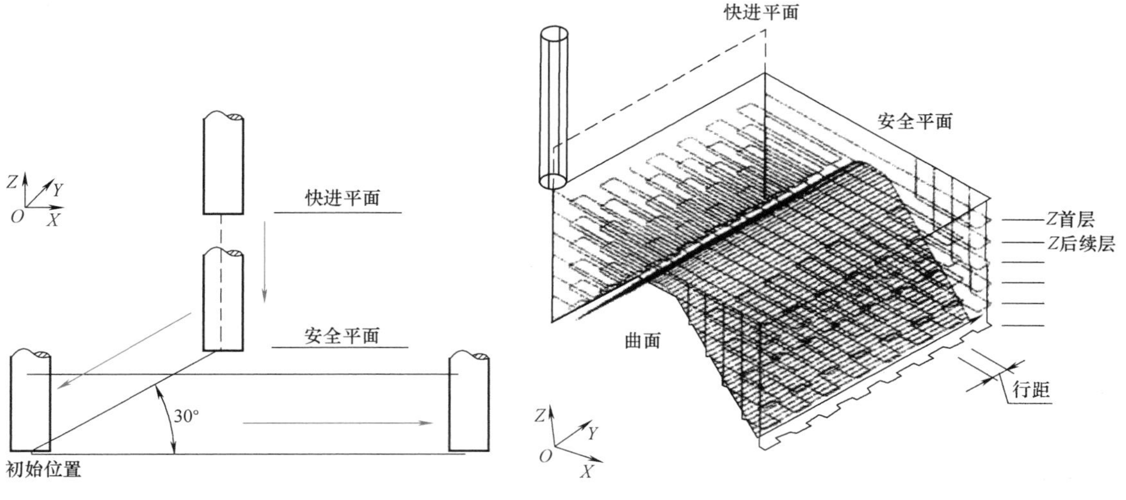

图 7.30　**斜角切入**　　　图 7.31　**粗加工分层切削**

精加工时，为避免在加工件表面留下进、退刀刀痕，可采用附加圆弧段的进、退刀方式，或采用与加工轮廓平行的进、退刀方式。图 7.32 所示为附加圆弧段进刀方式，使刀具沿附加的圆弧段逐渐进入待加工工件表面。由于一般数控系统不允许在圆弧段建立刀补，为了考虑刀具切入时刀补的建立，还需附加一个直线段，并要求该直线段长度不得小于刀具半径。同样，退刀时也需要附加一个圆弧段和一个直线段。

图 7.33 所示为附加圆弧段进、退刀方式的应用示例。图 7.34 所示为平行加工轮廓附加的切入/切出引导段。

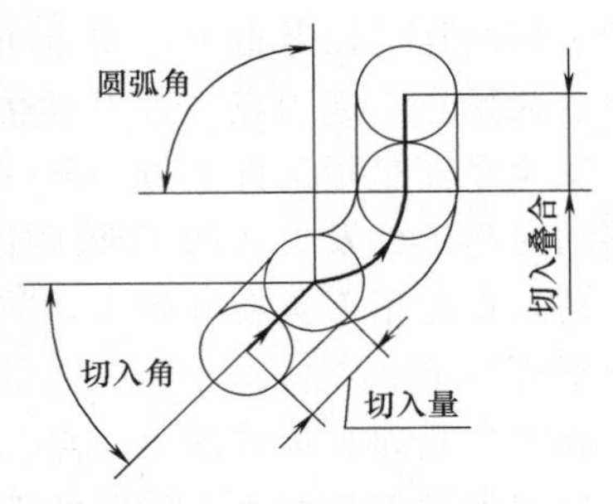

图 7.32　附加圆弧段进刀方式

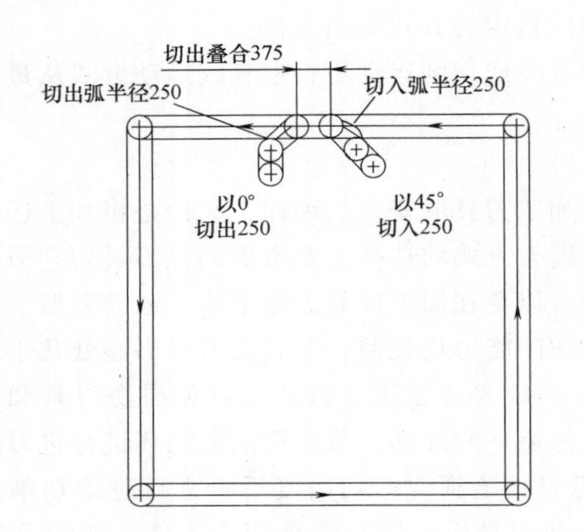

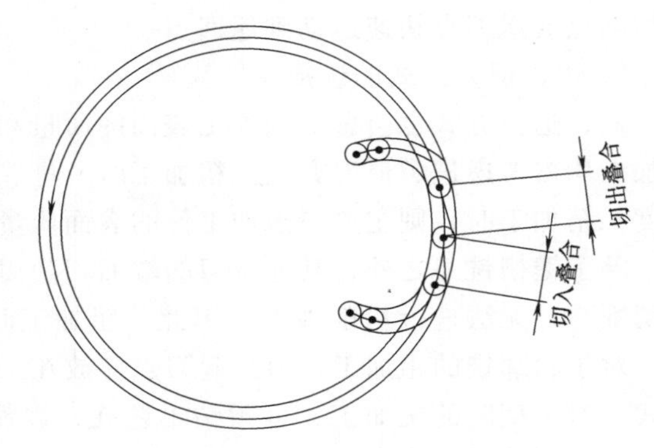

图 7.33　附加圆弧段进、退刀方式的应用示例

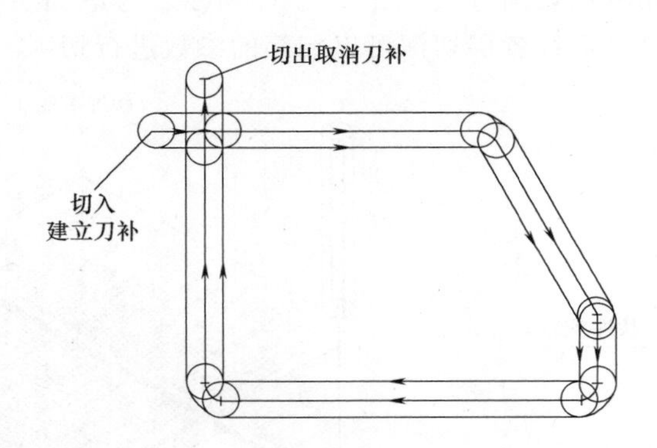

图 7.34　平行加工轮廓附加的切入/切出引导段

7.4.2　数控加工刀具轨迹的生成

数控加工刀具轨迹生成是 CAD/CAM 系统数控编程的核心任务，也是计算工作量最大的一个编程环节，然而该计算处理工作主要由系统自动完成，编程人员仅需从事必要的参数设置与输入。例如：UG 系统的 CAM 模块要求编程人员交互地完成几何体、切削刀具、加工方法及刀具轨迹程序文件的创建及其参数输入工作。

(1) 几何体创建　几何体创建是根据系统所提供的对话框，由编程人员交互指定系统编程所要求的加工几何体和毛坯几何体。编程人员可在零件几何模型上直接指定所要求的加工区域、加工边界以及检查面等，以确定加工几何体。毛坯几何体可选取已设计的毛坯实体模型，或在加工特征面加上均匀余量以作为毛坯几何体。

(2) 刀具创建　刀具的创建是根据加工工艺要求从系统刀具库中选用合适的刀具，或根据系统提供的刀具创建对话框进行新刀具定义，设定新刀具名称、类型及其参数，并将创建的新刀具存入系统刀具库，使系统刀具库得到不断完善。

(3) 加工方法创建　加工方法创建即为粗加工、半精加工和精加工指定加工余量、允许的最大残留高度、切削步距以及切削用量等参数。

(4) 程序组创建　程序组创建即为上述已定义的各种加工方法设置相应的数控加工程序，赋予程序名称，用于存储系统编程所生成的刀位源文件以及后处理输出的 NC 程序。

通过上述几何体、刀具、加工方法及程序组的创建和设置，便完成了一个个具体数控编程的定义，其实际的刀具轨迹计算、刀位源文件生成等编程过程则由系统自动完成。图 7.35 所示为用 UG 系统生成的某汽轮机叶片铣削加工刀具轨迹。

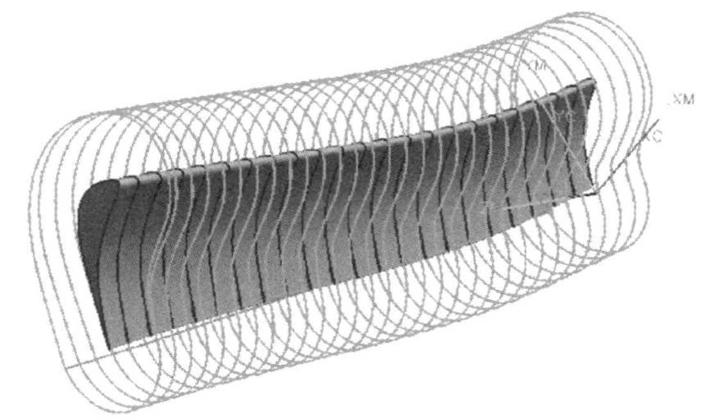

图 7.35　用 UG 系统生成的某汽轮机叶片铣削加工刀具轨迹

7.4.3　刀具轨迹的编辑修改

由于加工型面存在表面不光顺等缺陷，系统编程所生成的刀具轨迹也可能会出现一些尖点、不连续刀位点等异常现象，如图 7.36 所示，这就需要对这些个别刀位点进行编辑修改。

CAD/CAM 系统一般提供有刀具轨迹编辑修改的功能。UG/CAM 模块具有如下刀具轨迹编辑修改的基本功能：

1）在图形窗口能够快速显示被编辑的刀具轨迹。

2）可将刀具在所选择的刀位点上显示出来。

3）可用文本编辑器对刀具轨迹进行列表显示和编辑修改，可对刀具轨迹中的刀位点、切削行、切削块乃至全部刀具轨迹进行删除、复制、粘贴、插入、移动和恢复等功能。

4）在图形交互方式下，可对指定的刀具轨迹按给定的方式进行延伸（图 7.37）、修剪或反向等。

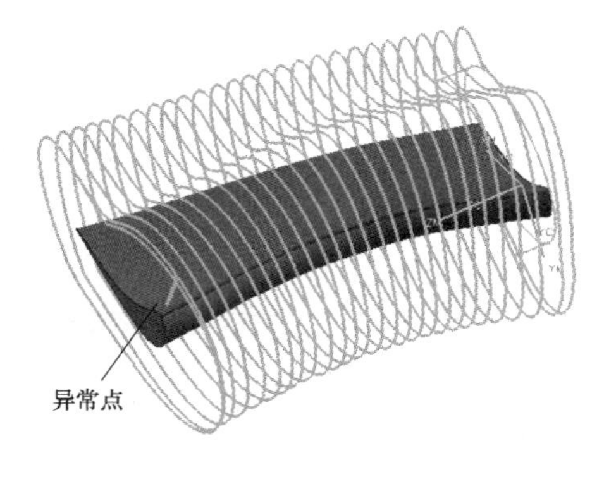

图 7.36　异常的刀位点

5）可对刀具轨迹进行平移、旋转及镜像等几何变换。

6）可在刀具轨迹中插入适当的刀位点，以便实现对刀位点的均匀化处理。

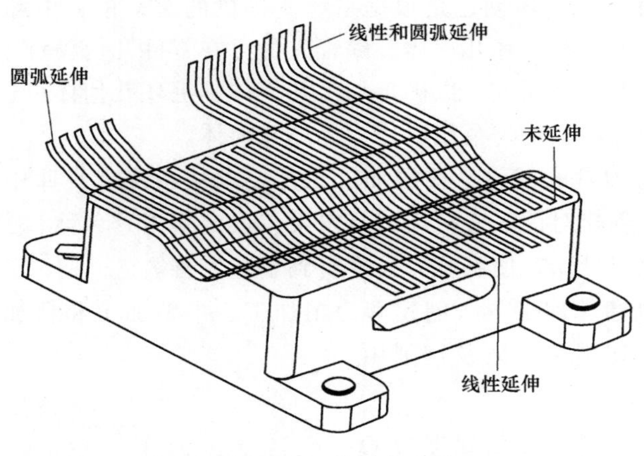

图 7.37 **刀具轨迹的延伸**

7.4.4 后置处理

1. 后置处理概念

CAD/CAM 系统数控编程所生成的中性刀位源文件 CLSF 是不能直接用于数控机床加工控制的，必须将其转换为指定机床能够执行的数控指令，该转换过程称为后置处理（Post Processing）。

例如：图 7.38 所示为轮廓铣削加工，经 UG 系统数控编程所生成的刀位源文件 CLSF 见表 7.3 左栏，经后置处理转换生成的指定机床数控代码见表 7.3 右栏。

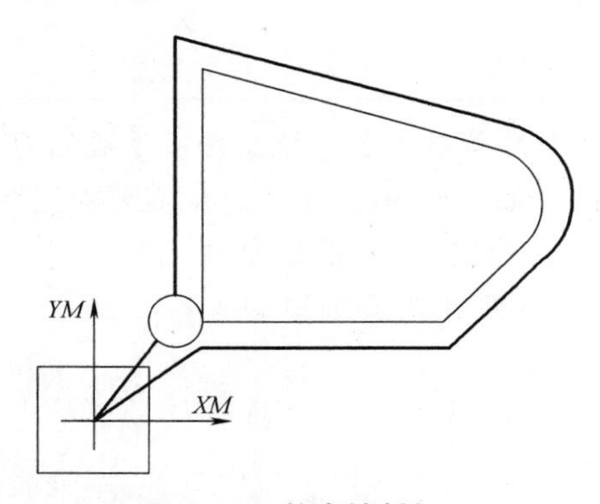

图 7.38 **轮廓铣削加工**

表 7.3 轮廓铣削加工的刀位源文件与数控代码

刀位源文件 CLSF	数控代码
TOOL PATH/PLANAR_PROFILE,TOOL,MILL TLDATA/MILL,10.0,0.0,50.0,0.0,0.0 MSYS/0.0,0.0,0.0,1.0,0.0,0.0,0.0,1.0,0.0 SS centerline data PAINT/PATH PAINT/SPEED,10 RAPID	% N0010 G40 G17 G90 G70 N0020 G91 G28 Z0.0 :0030 T00 M06 N0040 G0 G90 X0.0 Y0.0 S0 M03

（续）

刀位源文件 CLSF	数控代码
GOTO/0.0,0.0,3.0,0.0,0.0,1.0 FEDRAT/MMPM,250.0000 GOTO/0.0000,0.0000,0.0000 GOTO/15.0000,20.0000,0.0000 GOTO/15.0000,76.5161,0.0000 GOTO/80.2766,59.0253,0.0000 CIRCLE/76.3943,44.5364,0.0,0.0,0.0,1.0,15.0,0.06,0.5,10.0,0.0 GOTO/87.0009,33.9298,0.0000 GOTO/68.0711,15.0000,0.0000 GOTO/20.0000,15.0000,0.0000 RAPID GOTO/0.0000,0.0000,0.0000 PAINT/SPEED,10 PAINT/TOOL,NOMORE END-OF-PATH	N0050 G43 Z3 H00 H0060 G1 Z0.0 F250 M08 N0070 X15 Y20.0000 N0080 Y76.5161 N0090 X80.2766 Y59.0253 N0100 G2 X87.0009 Y33.9298 I-3.8823 J-14.4889 N0110 G1 X68.0711 Y15 N0120 X20.0000 N0130 G0 X0.0 Y0.0 N0140 M02 %

后置处理的工作流程如图 7.39 所示。它逐行读取 CLSF，根据机床数控代码的要求进行代码转换和相关的坐标变换，输出数控程序段，直至后置处理工作结束为止。

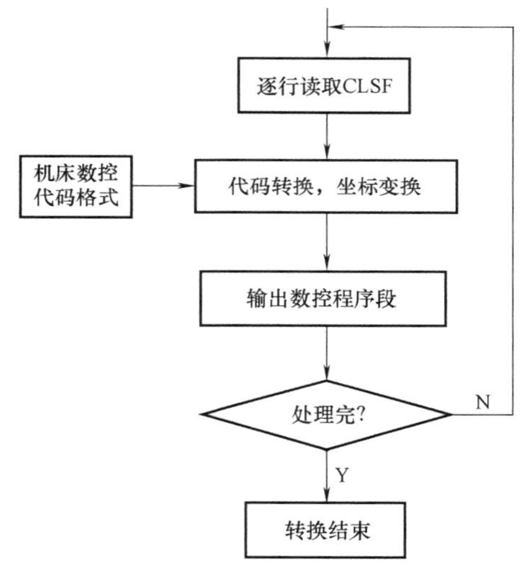

图 7.39　**后置处理的工作流程**

一般 CAD/CAM 系统均配备后置处理模块。按照后置处理的原理不同，后置处理模块可分为专用后置处理模块和通用后置处理模块两大类。

2. 专用后置处理模块

专用后置处理模块是针对特定数控机床开发的。它根据该机床的数控指令集及其代码格式，将 CLSF 中的刀位数据转换成为该机床所需的数控指令。图 7.40 所示为专用后置处理模块原理图，数控机床的控制系统不同需要有不同的后置处理模块与其匹配。

专用后置处理模块针对性强，转换程序较为简单，易于实现。但需要 CAD/CAM 系统拥有庞大的后置处理模块库。若市场上有 100 种数控系统，则须配备有 100 种专用后置处理模块以供编程人员选用。

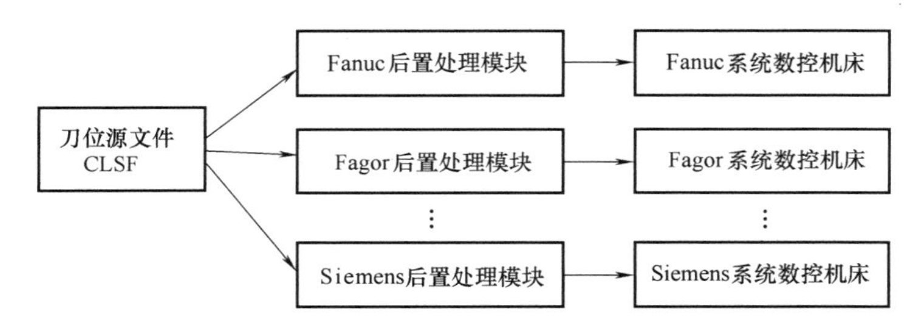

图 7.40　**专用后置处理模块原理图**

3. 通用后置处理模块

通用后置处理模块是将后置处理的程序功能通用化，可满足不同数控系统的后置处理要求，现已成为 CAD/CAM 系统后置处理模块的主流形式。

图 7.41 所示为通用后置处理模块原理图，其处理过程除了需要提供刀位源文件 CLSF 之外，还需要有一个能够反映特定机床数控指令格式的机床数据文件 MDF 的支持，而 MDF 文件则是由系统提供的机床数据文件生成器 MDFG 交互产生的。这样，通用后置处理模块便能根据 MDF 文件给定的指令格式，将刀位源文件 CLSF 转换为特定机床的 NC 数控代码。

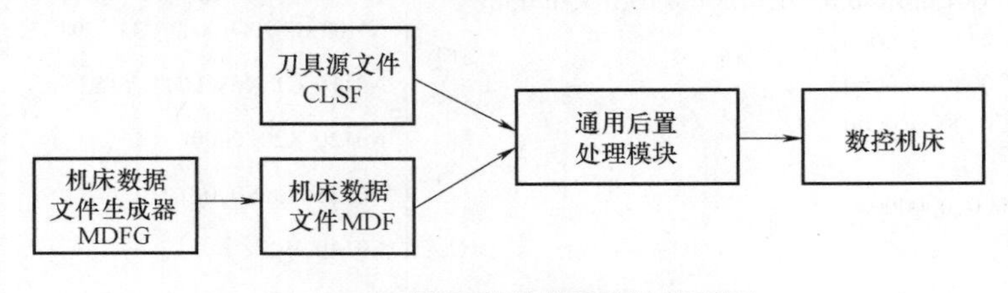

图 7.41　通用后置处理模块原理图

7.4.5　加工仿真

加工仿真是通过仿真软件在计算机屏幕上模拟数控加工的过程，以检验加工过程中可能发生的干涉和碰撞现象，包括加工过程中的刀具与工件、刀具与机床夹具间的干涉碰撞。加工仿真有刀具轨迹验证仿真和机床加工仿真两种类型。一般而言，刀具轨迹验证仿真是在后置处理之前进行，主要检验所生成的刀位源文件的正确性和合理性；而机床加工仿真则是在后置处理完成后进行，主要验证所生成的 NC 数控代码的正确性和可行性。

1. 刀具轨迹验证仿真

刀具轨迹验证仿真是利用计算机图形显示功能，将刀具相对于工件的运动轨迹用线条图显示出来进行仿真。如图 7.42a 所示为某汽轮机叶片铣削加工时的刀具轨迹仿真；也可以将数控加工过程中的工件实体、刀具实体以及切削加工后的工件表面采用不同颜色动态显示，通过动画方式模拟刀具的实际切削加工过程，如图 7.42b 所示为某汽轮机叶片砂带磨削过程接触轮磨削时的动画仿真实例。

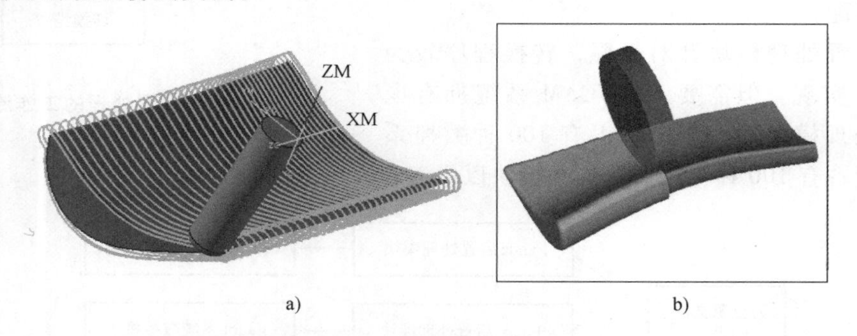

图 7.42　刀具轨迹验证仿真

刀具轨迹验证仿真是数控编程中检验刀具轨迹正确性的一个重要手段，通过刀具轨迹验证仿真过程，可以帮助编程人员判断：

1）刀具轨迹是否光滑连接，有无交叉。

2）刀杆矢量是否有突变现象。

3）凹凸点处刀具轨迹的连接性，组合曲面加工时刀具轨迹的拼接是否合理。

4）走刀方向是否符合曲面的造型原则。

5）刀具是否啃切零件加工表面。

6）刀具是否与检查面发生干涉或碰撞等。

2. 机床加工仿真

机床加工仿真是采用真实感图形显示技术把加工过程中的刀具模型、零件模型以及机床和夹具模型进行动态显示，在所构建的虚拟实景环境下模拟机床动态的加工过程。这种仿真过程综合考虑了机床控制器的特点和刀具配置，可以验证刀具轨迹的正确性，检验切削刀具与机床部件、夹具和工件之间相互运动关系以及相互间的碰撞可能，以降低机床、夹具和工件损坏的风险。

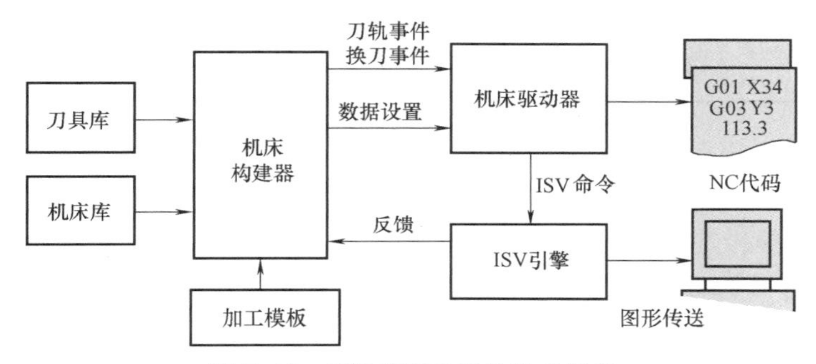

图 7.43　ISV 仿真系统的组成结构

ISV（Integrated Simulation and Verification）系统是由 UG 提供的机床加工仿真的典型代表。ISV 是一个集成的三维可视仿真系统，具有机床、刀具、夹具和工件所构成的加工场景，可以对复杂的加工环节进行仿真，能够精确地检测加工过程各部件之间的干涉和碰撞，可预览所有的加工操作，包括子程序、加工循环以及 M、G 指令代码。

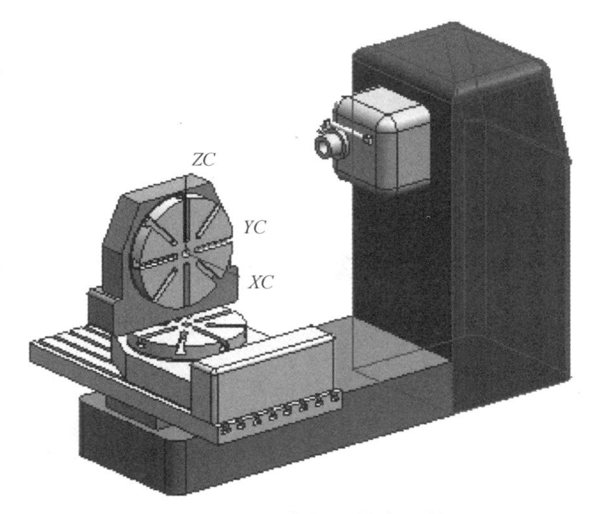

图 7.44　机床加工仿真环境

ISV 仿真系统的组成结构如图 7.43 所示，主要由机床构建器、机床驱动器和 ISV 引擎组成。机床构建器用于定义机床加工仿真环境，如图 7.44 所示；机床驱动器是一个扩展的后置处理器，用于产生机床 CNC 运动控制程序，可向 ISV 引擎提供 ISV 命令；ISV 引擎是将所接收的仿真命令进行处理，并将处理结果送至显示器进行仿真显示。

7.4.6　数控程序传输

由 CAD/CAM 系统编制完成数控程序后，需要传输给机床进行实际的加工作业。目前，数控程序的传输除了少数采用磁盘等传输介质外，更多使用的是 DNC 通信接口技术。

早期，DNC（Direct Numeric Control）仅是一种由计算机对数控机床进行直接控制的通信接口技术。如今，DNC 技术无论是功能还是内涵都发生了根本性的变化。按照其功能强弱，可分为初始 DNC、基本 DNC、狭义 DNC 和广义 DNC，见表 7.4。现代数控机床的控制系统大多具有基本 DNC 和狭义 DNC 的通信功能，不少高档数控系统甚至配置有 MAP 网络接口，具有广义 DNC 功能。

表 7.4　DNC 接口类型

类型	功　能	复杂程度	价格
初始 DNC	下传数控程序并直接控制数控加工	简单	低廉
基本 DNC	数控程序的管理和上下双向传输	一般	低廉
狭义 DNC	数控程序的管理和上下双向传输，系统状态采集与反馈	中等	一般
广义 DNC	数控程序的管理和上下双向传输，系统状态采集与反馈，远程控制与车间生产管理体系	复杂	昂贵

DNC 通信一般采用标准 RS-232C 串行硬件接口。为保证数据传输的正确性，在数据传输前须为 RS-232C 串行口设定一致性传输协议（Protocals），其中包括字符位数、奇偶校验、停止位、传输速率等。

（1）字符位数（Data Bits）　数控代码的字符码位可采用 EIA 标准的七位二进制码，也可采用 ISO 标准八位二进制数码。

（2）奇偶校验（Parity Bit）　奇偶校验是检验正在传输的数据是否被正确接收的一种校验方法，无论是七位码还是八位码，必须指定是奇校验还是偶校验。

（3）停止位（Stop Bits）　停止位是给予接收方在接收下一个即将传输字符的附加时间，可以是 1 位或是 2 位。

（4）传输速率（Baudrate）　传输速率的单位为波特率，为每秒传输二进制位数。常用的波特率有 300、600、1200、2400、4800、960 和 19200 等。

图 7.45 所示为 Siemens 系统 DNC 通信接口的设置界面。

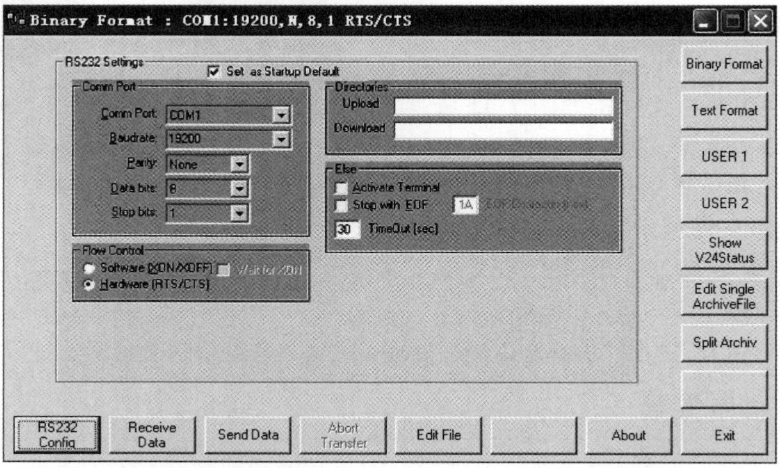

图 7.45　Siemens 系统 DNC 通信接口的设置界面

7.5 ■ 数控编程实例

本节应用 UG 系统对一具体零件的数控加工编程，进一步介绍 CAD/CAM 系统数控编程的过程。

例 7.3　图 7.46 所示为某食品糕点模型，应用 UG 系统对其进行铣削加工数控编程。

（1）毛坯设置　根据零件形状特征，将圆饼状坯料作为工件毛坯，如图 7.47 所示。

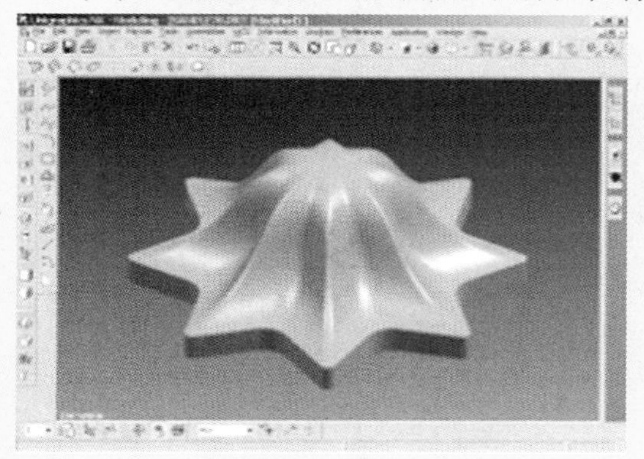

图 7.46　**某食品糕点模型**

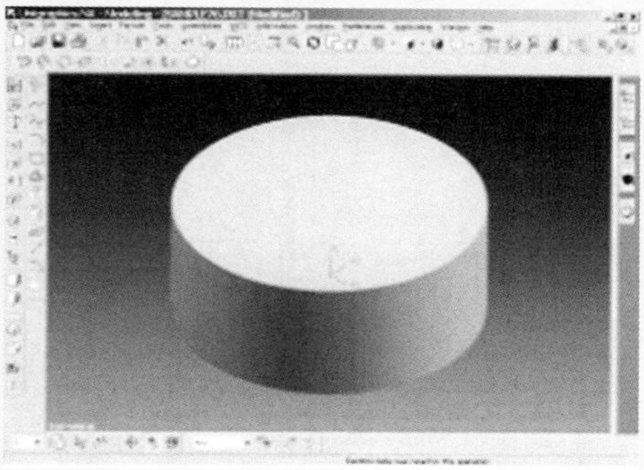

图 7.47　**圆饼状坯料**

（2）初始化编程环境　选择 UG 系统下拉菜单 “Application”→“Manufaction”，进入系统 CAM 编程模块，弹出图 7.48 所示的对话框。在该对话框内选择 “cam_general” 和 “mill_contour” 选项，对编程环境进行初始化。

（3）创建几何体、刀具组、方法组和程序组

1）创建几何体（Geometry）。单击工具栏中“创建几何体”按钮，弹出图 7.49 所示的对话框，在该对话框内将 Parent Group 设置为 “MCS_MILL”，将 Name 设置为 “WORKPIECE_1”，单击 “OK” 按钮，系统弹出图 7.50 所示的对话框。在该对话框中，单击“加工几何体”按钮，选定图 7.46 所示实体为加工几何体；单击“毛坯几何体”

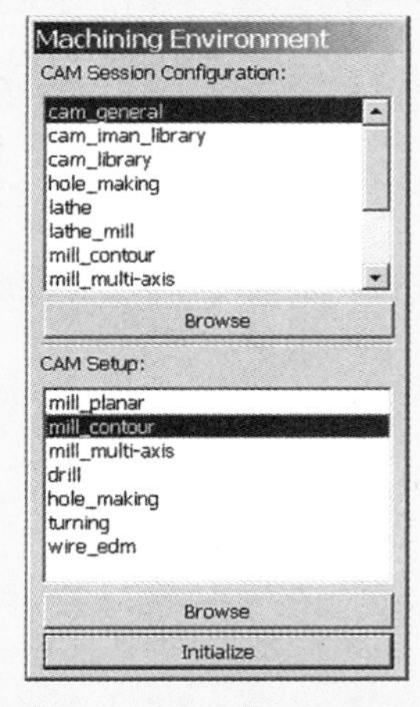

图 7.48　**初始化编程环境**

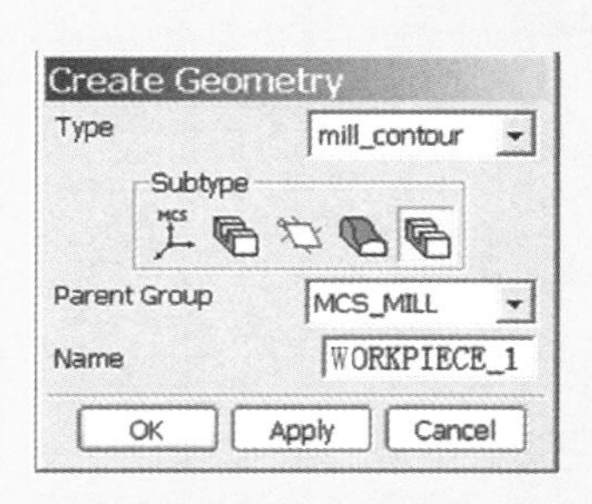

图 7.49　**创建几何体**

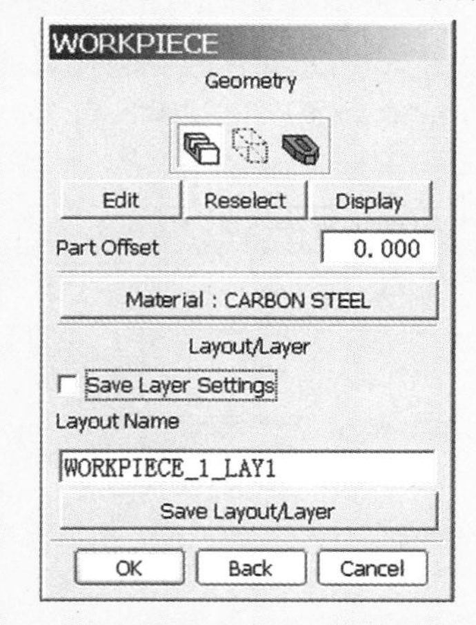

图 7.50　**创建加工几何体和毛坯几何体**

按钮，选定图 7.47 所示实体为毛坯几何体。这样，分别为系统创建了加工几何体和毛坯几何体。

2）创建刀具组（TOOL）。单击工具栏中的“创建刀具组”按钮，在弹出的图 7.51 和图 7.52 所示的对话框中设置所需的加工刀具及其参数。本例粗、精加工均采用同一把刀具“MILL_10”。

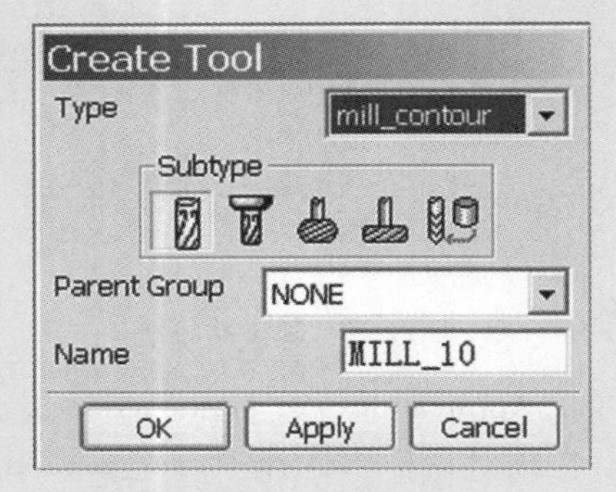

图 7.51　创建刀具组

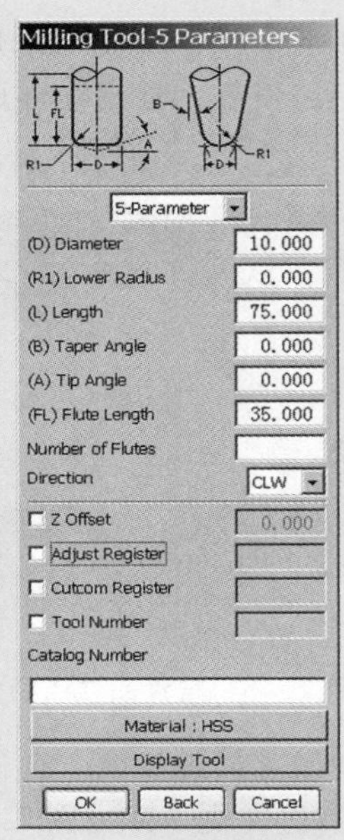

图 7.52　设置刀具参数

3）创建方法组（Method）。单击工具栏中“创建方法组”按钮，在弹出的图 7.53 及图 7.54 所示的对话框中，先后进行粗加工和精加工设置。将 Parent Group 设置为“METHOD”，将 Name 分别设置为“MILL_ROUGH”（粗铣）和“MILL_FINISH”（精铣），并设置相应的粗、精铣参数。

4）创建程序组（Program）。单击工具栏中“创建程序组”按钮，在弹出的图 7.55 所示的对话框中将 Parent Group 设置为“NC_PROGRAM”，将 Name 设置为“PROGRAM”，以创建 NC 程序组。

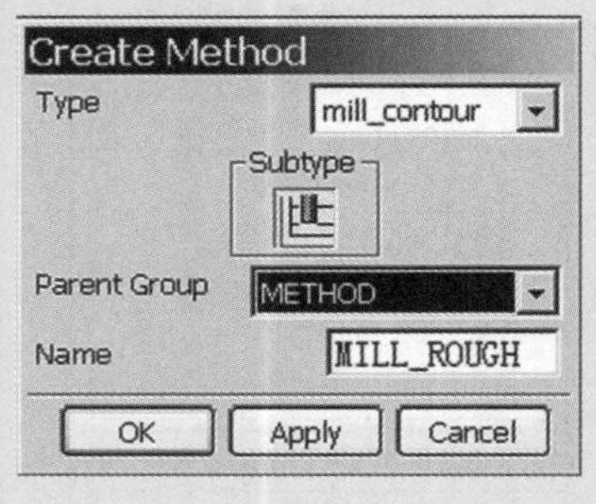

图 7.53　创建加工方法组

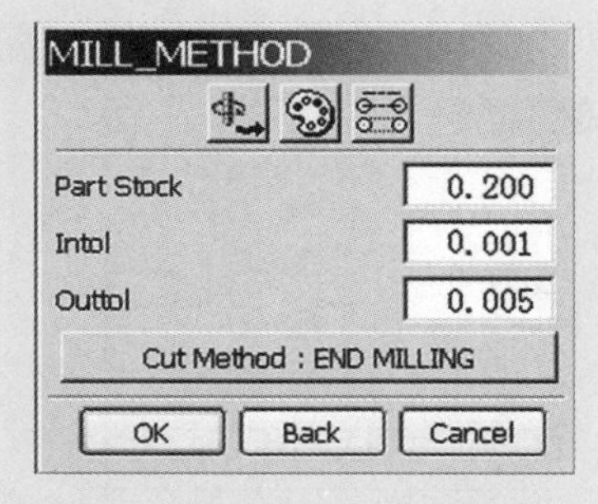

图 7.54　设置加工余量和允许偏差

图 7.55　创建 NC 程序组

（4）建立粗加工和精加工作业　单击工具栏中“加工作业”按钮，在弹出的图 7.56 所示的对话框中，将 Subtype 设置为“CAVITY_MILL”，Program 设置为“PROGRAM”，Use Geometry 设置为“WORKPIECE_1”，Use Tool 设置为“MILL10”，Use Method 设置为“MILL_ROUGH”，Name 设置为“MILL_ROUGH”，建立粗加工作业。以同样方法，建立精加工作业。

（5）设置工艺参数　在上一步完成加工作业设置并单击“OK”按钮后，弹出图 7.57 所示的工艺参数设置对话框，在该对话框中包含切削方式（Cut Method）、步进参数（Stepover）、进刀/退刀方式（Engage/Retract）、切削参数（Cutting）等较多设置内容。对于采用分层切削的粗加工作业，还需按图 7.58 所示对话框进行切削层（Cut Levels）参数设置。在该对话框中的“Display”按钮用于显示分层效果（图 7.59）。工艺参数设置是数控编程过程的关键步骤，涉及内容较多，这里仅做概略介绍，详细过程请参阅 UG 操作说明书。

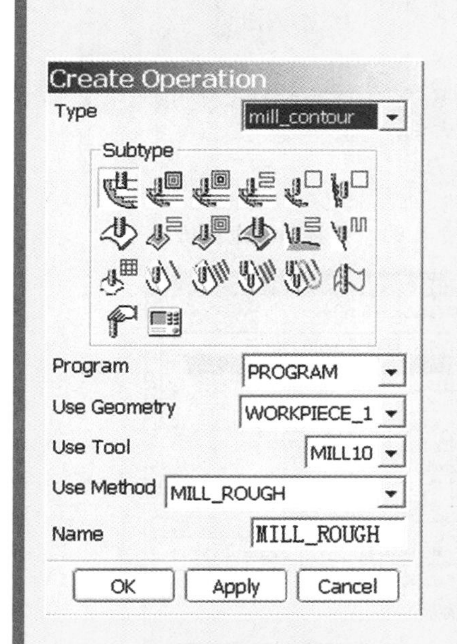

图 7.56　建立粗加工作业

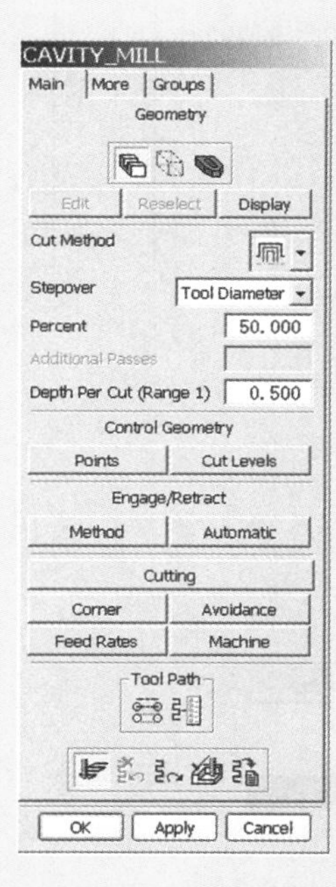

图 7.57　设置工艺参数

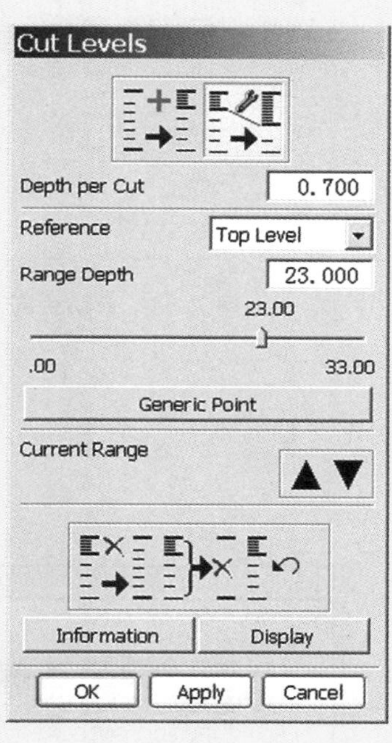

图 7.58　设置切削层参数

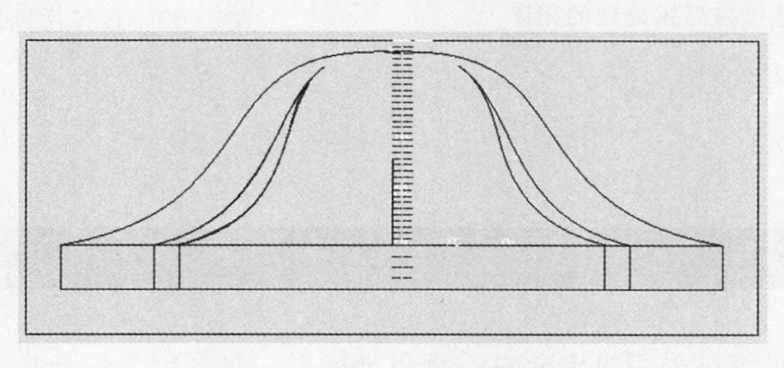

图 7.59　切削层设置结果显示

(6) 生成刀位源文件　单击工具栏中“刀位计算”按钮，系统便按上述设定的加工方法及其参数，计算刀位点，生成刀具轨迹，并存入指定的刀位源文件，如图 7.60 所示。

(7) 数控加工过程仿真　单击工具栏中“模拟仿真”按钮，系统将进行刀具轨迹验证仿真，如图 7.61 所示。

(8) 后置处理　首先选择待后置处理的程序组，包括粗、精加工，如图 7.62 所示；然后，选择下拉菜单“Tools”→“Operation Navigator”→“Output”→“UG/Post Process”，弹出图 7.63 所示的对话框，在该对话框中选择机床类型，按“OK”按钮后系统便自动将所选定的程序组中刀位源文件，逐一转换为指定机床的 NC 代码。

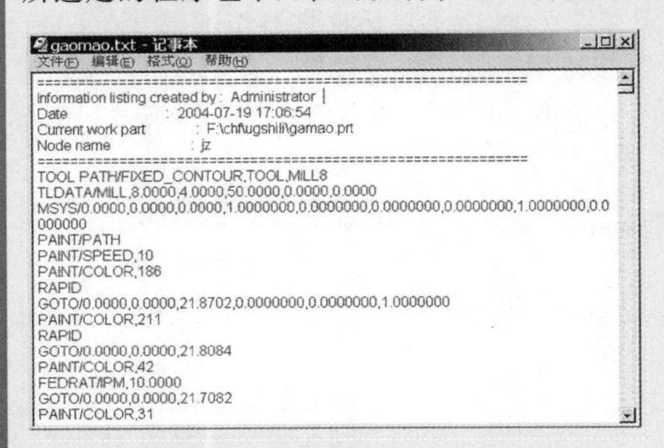
gaomao.txt - 记事本
文件(F) 编辑(E) 格式(O) 帮助(H)
==
Information listing created by : Administrator
Date : 2004-07-19 17:06:54
Current work part : F:\chf\ugshili\gamao.prt
Node name : jz
==
TOOL PATH/FIXED_CONTOUR,TOOL,MILL8
TLDATA/MILL,8.0000,4.0000,50.0000,0.0000,0.0000
MSYS/0.0000,0.0000,0.0000,1.0000000,0.0000000,0.0000000,0.0000000,1.0000000,0.0
000000
PAINT/PATH
PAINT/SPEED,10
PAINT/COLOR,186
RAPID
GOTO/0.0000,0.0000,21.8702,0.0000000,0.0000000,1.0000000
PAINT/COLOR,211
RAPID
GOTO/0.0000,0.0000,21.8084
PAINT/COLOR,42
FEDRAT/IPM,10.0000
GOTO/0.0000,0.0000,21.7082
PAINT/COLOR,31

图 7.60　自动生成刀位源文件

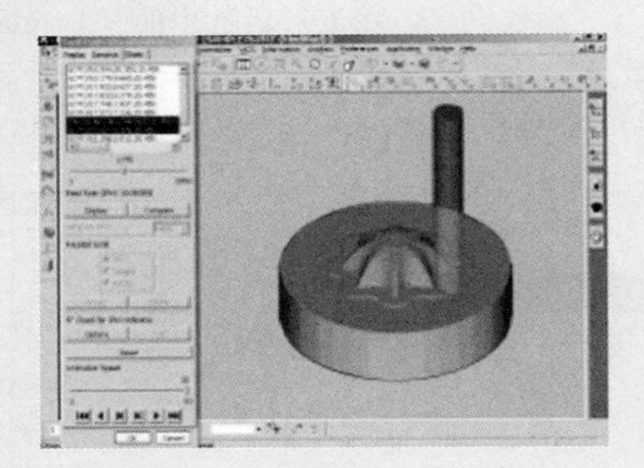

图 7.61　数控加工过程仿真

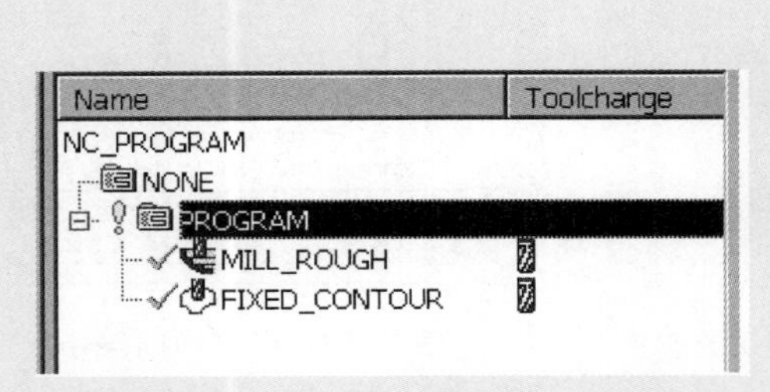

图 7.62　选择待后置处理的程序

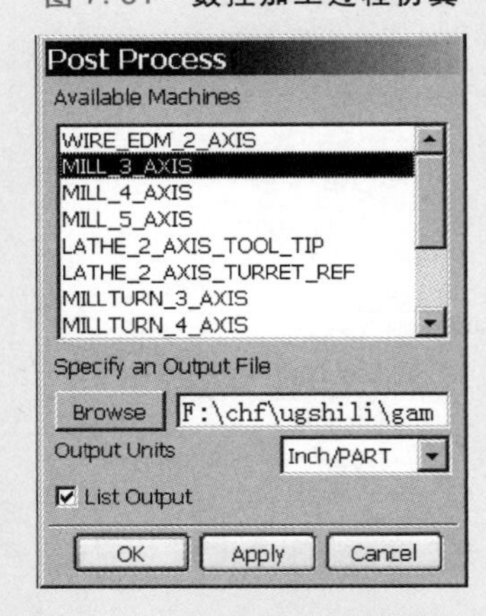

图 7.63　选择后置处理机床类型

本章小结

数控机床坐标系统是采用笛卡儿右手直角坐标系，是假定工件静止、刀具相对于工件运动进行定义的。数控程序目前普遍采用字地址格式，即字首为英文字母，后面跟随若干位数字组成。

数控铣削加工最常用的刀具有球头铣刀、圆角铣刀和平底铣刀。球头铣刀在曲面型面加工中干涉较少；平底铣刀价格便宜、切削刃强度高；圆角铣刀兼具两者共有的特点。

刀触点和刀位点是作用在切削刀具上的两个重要位置点，前者是完成工件最终型面加工的刀具切削加工点，后者是用于定义刀具工作位置的坐标点。

在数控加工中，切削刀具相对于工件总伴随有零件面、导动面和检查面三个运动控制面，分别起到背吃刀量控制、切削运动方向控制以及加工干涉检查的作用。

CAD/CAM 系统数控编程，是在系统交互环境下由编程人员指定零件几何模型上的加工型面，选择或定义合适的切削刀具，输入相应的加工工艺参数，由系统自动生成刀具加工轨迹，再经后置处理转换为特定机床数控代码的过程。

非圆曲线刀位点计算有用小直线段逼近和小圆弧段逼近两种不同方法。小直线段逼近法又有等间距法、等弦长法和等误差法；小圆弧段逼近法最常用的方法为双圆弧逼近法。

曲面加工走刀行距的确定，受到刀具球头半径、加工型面曲率半径、所允许的残留高度、刀具方向矢量等因素的影响。曲面加工有等参数曲线法、任意切片法、等高线法等。

平面型腔加工有行切法和环切法两种走刀方法。行切法刀位点易于计算、数控程序段少，而环切法刀位点计算处理复杂，计算工作量大，但型腔内壁表面加工质量好。

CAD/CAM 系统编程作业包括工艺方案设计、刀具轨迹生成与编辑、后置处理、加工仿真等基本步骤。

后置处理是将刀位源文件 CLSF 转换为指定机床能够执行的数控指令的过程。后置处理模块有专用后置处理模块和通用后置处理模块之分。专用后置处理模块针对性强、易于实现，但需要模块数量庞大；通用后置处理模块的处理功能通用化，可满足不同数控系统的后置处理要求。

思考题

1. 数控机床坐标系统及其坐标轴是如何命名和定义的？试以数控车床、立式和卧式数控铣床为例，分别指出各类机床的 X、Y、Z 坐标轴及其正方向。
2. 数控加工常用的铣削刀具有哪些？各有什么特点？各适用于什么场合？
3. 什么是刀触点和刀位点？了解常用的 CAD/CAM 系统，如 MasterCAM、UG 等，对于不同铣刀，其刀位点是如何定义的？
4. 在数控加工中，与刀具相关的三个控制面是什么面？各起到什么作用？刀具与这三个控制面分别存在哪些位置关系？
5. 有哪些数控编程方法？试分析各种编程方法的原理和特点。
6. 非圆曲线刀位点的计算有哪几种方法？试分析各种方法的计算原理及其特点。
7. 对于球头铣刀，在切削加工中如何确定其切削行距和步长？
8. 阐述数控加工曲面的不同加工方式。
9. 平面型腔零件加工有行切法和环切法之分，行切法又有往返走刀和单向走刀，试分析各种加工方法是如何进行刀位点计算的？
10. 确定数控加工走刀路线时应遵循哪些原则？试举例说明。

11. 熟悉数控加工的刀具运动过程，了解为什么需要设置快速运动、趋近运动、进刀运动和退刀返回运动？如何确定刀具的安全平面、初始点、起刀点、进刀点、退刀点？

12. 什么是后置处理？阐述专用后置处理以及通用后置处理模块的作业过程和工作原理。

13. 熟悉常用数控机床的数控程序传输技术。

14. 选择一典型零件，应用某 CAD/CAM 软件系统，完成零件实体建模、数控加工工艺分析（包括毛坯设计、刀具选用、走刀路线确定、工艺参数设定等）以及刀具轨迹生成、后置处理等 CAD/CAM 建模和数控编程作业。

第8章 基于产品设计模型的数字化制造技术新发展

企业应用CAD/CAM系统进行的产品设计过程，实质上是对产品进行数字化建模的过程。通过对产品的结构信息、工艺信息以及相关管理信息等的全面描述，建立完成产品数字化的设计模型。

产品模型作为产品数字化信息的源头，推动着企业数字化制造技术的发展，数字化加工、数字化管理、数字化产品运维与服务等数字化技术已在企业得到普遍应用。尤其在以MBD技术作为产品的设计模型中，为企业生产的各个环节提供了单一产品的数据源，极大地促进了企业产品设计与制造一体化进程，同时也驱动着数字化技术的进一步发展。例如：以系统工程思想为指导，以MBD模型为统一的“工程语言”，包括基于模型的工程（MBe）、基于模型的制造（MBm）以及基于模型的维护服务（MBs）为主要内容的“基于模型的企业（MBE）”已在制造业悄然显现；借助在虚拟空间与现实世界的实体对象完全相同的数字孪生体，用以对实体对象进行模拟、监控以及预测的“数字孪生”技术已在企业界得到实际应用。

重点提示：

基于产品设计模型的数字化制造技术在国内外制造业中得到蓬勃发展，不断推出新的概念和制造模式。本章着重介绍已在我国有所起步的“基于模型的企业”及“数字孪生”两项重要的数字化制造新技术。

8.1 ■ 基于模型的企业（MBE）

8.1.1　MBE 概述

1. 从 MBD 到 MBE

数字化制造是将制造技术与计算机技术、网络技术、管理科学等交叉、融合发展的一种制造模式，是现代制造业的一个显著特征。多年来，众多有关产品设计与制造数字化技术或系统在制造业得到快速的发展与应用，如 CAD/CAM、PDM、ERP 等，大大提升了企业产品设计水平，加快了产品开发进程，促进了企业的技术进步。

数字化制造的核心在于模型，通过模型更能形象、直观地揭示产品及其制造过程的本质特征，能够对产品结构、制造工艺以及使用维护等产品实体及其相关过程进行抽象和模拟。产品数字化建模是 CAD/CAM 技术的核心，CAD/CAM 技术就是围绕数字化建模技术而发展起来的。回顾 CAD/CAM 建模技术的发展历程，先后推出了线框模型、表面模型、实体模型、特征模型等不同层次的三维几何模型。三维几何模型的应用大大提升了产品的设计效率，简化了产品设计流程。然而，这类模型多为无工艺标注功能的三维模型，大量与产品加工、装配等相关的工艺信息难以在模型中进行定义。为此，人们不得不将三维几何模型转换为二维工程图，借助于二维工程图来表达产品加工所需的工艺信息。为此，便形成以“二维工程图+三维几何模型”组合形式的产品信息传递媒介，用于指导后续的产品生产制造各个环节。

为了给下游产品各个生产环节提供一致性的产品数据，避免不同数据源给企业生产过程带来混乱，“基于模型的定义（Model Based Definition，MBD）”技术便应运而生。MBD 是一种先进的产品数字化定义方法。它将原由二维工程图所表达的各类产品制造工艺信息按照模型的方式进行组织，使其附着于产品三维模型之上，以 MBD 单一产品数据源的形式提供给后续各个生产环节，从而完全摒弃了两百多年来一直作为工程师语言的工程图存在的各种缺陷与不足，大大促进了企业产品设计制造过程一体化的进程，现已成为国内外制造业数字化发展的普遍趋势。

然而，如何使 MBD 模型这单一产品数据源在企业各个生产环节得到充分有效地利用，在整个企业及其供应链范围内建立一个集成化的协同环境，2005 年美国在“下一代制造技术计划（NGMTI）”中提出了“基于模型的企业（Model Based Enterprise，MBE）”概念，旨在充分发掘三维模型在企业产品全生命周期中的应用潜力，加速制造技术的突破性发展，以加强美国国防工业的基础，提高美国制造业在全球经济竞争中的地位。

MBE 是一种先进制造策略的技术体现，代表着企业数字化制造的未来。MBE 采用建模与仿真技术对产品设计、制造及其支持的全部业务流程进行改造，利用产品及其过程模型来定义、执行、控制及管理企业的全部生产活动，从根本上减少产品的创新、开发、制造及支持活动的时间和成本。

2. MBE 技术内涵

如果说 MBD 是一种产品数字化定义技术，MBE 则是以 MBD 模型为基础实现企业数字化制造的一种生产模式。MBE 旨在整个企业及其供应链范围内，建立一个以产品数字化

MBD模型为基础的信息共享和协同作业的环境，支持企业在从产品概念设计到使用维护整个生命周期内的所有制造活动中，产品及其制造过程信息能够快捷、无缝地传递与衔接，增强企业协同生产的能力，提高生产率，缩短交货周期，适应快速变化的市场需求，为用户提供高质量的产品。

如果说MBD的关注点是产品信息，尽可能以完备的产品设计信息、制造工艺信息及其管理属性等，为后续生产制造过程提供唯一产品数据源，那么，MBE的关注点则在于如何使MBD模型在整个产品生命周期内得到充分的利用，侧重于在整个企业范围内构建MBD产品模型的应用环境。MBE以系统工程为指导思想，以MBD模型为统一的“工程语言”，全面优化梳理在企业内外产品全生命周期范围内的业务流程以及相关标准，采用先进的信息化技术，形成一套强有力的产品研制能力体系和信息化的生产环境，帮助企业实现MBD产品信息得到充分而直接地利用以及顺畅地流动与传递。

由MBD到MBE的最大变化，是由强调产品设计信息的定义到强调产品整个生命周期各个环节的协同作业。MBE要求覆盖企业各部门的产品模型数据不仅仅来源于产品的设计过程，还要求在工艺设计、生产制造以及后期的使用维护过程中不断反馈完善产品的设计数据，使产品模型在整个产品生命周期运行过程得到不断优化，并始终保持数据的一致性，尽力提高产品模型的完善性和利用率，提升企业的内在竞争力。

3. MBE技术架构

美国NGMTI将MBE技术架构分为三大组成部分，即基于模型的工程（MBe）、基于模型的制造（MBm）和基于模型的维护服务（MBs），如图8.1所示。MBe（Model Based engineering）是将模型技术作为产品生命周期中需求、分析、设计、实施和验证等实施环节的一种能力，突破了MBD模型的单一应用领域和范围，并将基于模型的系统工程MBSE作为完善和发展方向；MBm（Model Based manufacturing）是在虚拟制造环境下，重用MBD模型信息完成工艺设计、工艺优化以及生产制造的信息管理等；MBs（Model Based sustainment）是将产品和工艺设计MBD模型延伸到产品生命周期的维护服务阶段，并将产品维护服务过程中的服务与质量信息反馈给设计模型，以提供设计模型优化的现场信息。

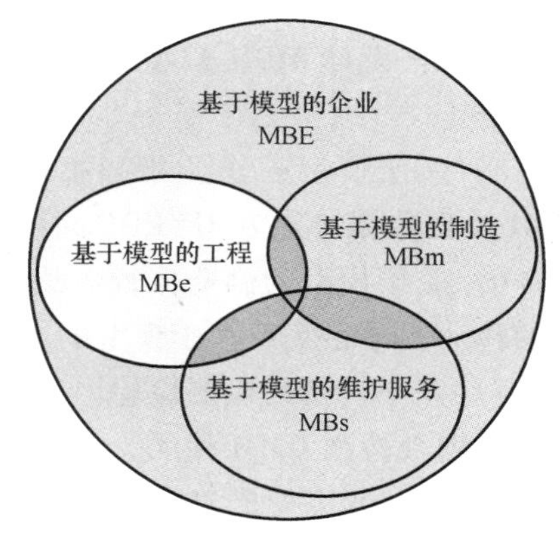

图8.1　MBE的三大组成部分

我国中航工业信息技术中心与四川成发航空科技股份有限公司在合作建设的MBE项目中，根据MBE结构组成以及企业实际需要，提出了图8.2所示的企业MBE技术架构。它以产品MBD模型为单一数据源，通过PDM产品数据集成平台，致力于企业产品MBD模型在企业各个生产环节通畅无阻地传递与应用，其主要功能包括：

1）基于模型的产品设计。完善设计标准与规范，将MBD产品设计工具集成于PDM系统平台，建立设计资源库（包括材料、标准件、元器件、典型零件等），进行产品设计，建立规范化产品设计MBD模型，为下游生产环节提供一致性的产品信息数据源。

2）基于模型的工程分析。应用内嵌于PDM平台的工程分析工具，由产品MBD模型直接构建所需的工程分析模型，进行网格划分，从事有限元及多物理场的计算与仿真分析。其

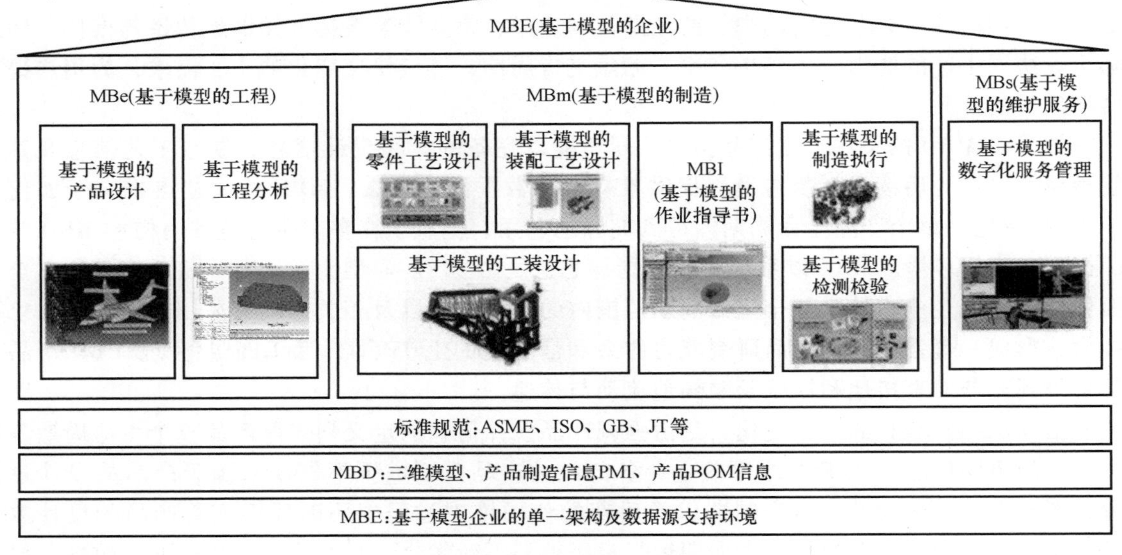

图 8.2　**企业 MBE 技术架构**

分析结果由 PDM 平台统一管理。

3）基于模型的零件及装配工艺设计。规范工艺设计标准，完善工艺设计资源库，将工艺设计工具集成于 PDM 系统平台，应用产品 MBD 模型从事零件加工工艺和产品装配工艺设计，设计结果由 PDM 平台统一管理。

4）基于模型的工装设计。建立工装分类库与资源库，统一工装设计工具与标准，应用产品及工艺设计 MBD 模型快速开展工装设计，由 PDM 系统平台管控工装设计活动及工装数据。

5）基于模型的作业指导书。应用轻量化工具，在 PDM 系统平台上直接将工艺设计 MBD 模型数据转换为 3D PDF 阅读文件，用于车间生产过程的现场指导。

6）基于模型的制造执行。从 PDM 系统平台提取基于模型的作业指导书，用于车间现场的作业指导，实现基于模型的制造执行过程。

7）基于模型的检测检验。应用基于 MBD 模型的辅助检测编程工具，生成基于特征的检测规划及检测 CMM 代码，在虚拟环境下进行检测仿真验证，优化检测检验执行文件，用以驱动 CMM 设备进行产品质量检测，其检测代码及检测质量报告由 PDM 平台统一管理。

8）基于模型的数字化服务管理。基于产品 MBD 模型生成产品三维电子技术手册，将产品及其生产的相关数据向产品服务领域传递，为产品维护服务提供准确、有效的技术支持。

9）标准规范。依据国内外 MBD 相关标准及本行业既有标准，建立 MBD/ MBE 设计制造标准规范体系及指导手册，以支持 MBE 技术在企业产品设计、制造与维护等全生命周期各个环节开展业务实施及其数据的应用。

4. MBE 技术特征

1）以 MBD 模型作为产品信息传递的媒介。产品设计是企业产品信息的源头，MBE 以 MBD 模型进行产品信息的定义，以产品 MBD 模型作为企业各个生产环节产品信息传递、应用及管理的媒介，使历经两百多年的工程师语言的工程图成为历史。

2）加速企业各生产环节信息的流动与衔接。MBE 以 MBD 模型作为企业各生产环节产品数据的唯一信息源，可使各个生产环节间的信息传递、交换处理更为方便流畅，便于相互间信息的交流和沟通，加快生产的进程。

3）增强企业各部门的协同作业。MBE 通过 MBD 模型对产品不同生产环节的数据进行表达和统一管理，围绕三维模型开展相关的业务活动，增强了各环节间的信息关联，使其业务协同作业有了根本保障。

4）便于构建企业虚拟制造环境。MBE 可以 MBD 模型为核心构建企业虚拟制造环境系统，在此虚拟制造环境下进行企业的经营规划、制造过程仿真、产品性能验证等，及早发现并纠正产品结构、制造工艺以及企业运营过程每一环节可能出现的问题，降低产品研制风险和生产成本。

MBE 是企业数字化制造的必然趋势。它将改变企业现有的制造模式，是一项具有革命性的制造业技术进步。然而，MBE 的具体实施将面临一系列技术问题的挑战，难以一蹴而就，需要长远规划，以成熟的产品、成熟的企业逐步开展。

8.1.2 基于模型的工程（MBe）

在制造业中，许多产品或系统呈现出功能复杂、耦合关联、异地设计等诸多特点，从其概念设计阶段就开始进行系统设计已成为不可或缺的重要一环，需要以系统工程的思想指导产品的需求分析、概念设计、详细设计以及实施验证等整个产品开发研制过程。MBe 是将模型技术作为产品生命周期中需求、分析、设计、实施和验证等环节的一种能力，以设计模型来担负不同设计地点及设计环节间的关联，从而突破仅以 MBD 作为 MBe 单一的应用领域和范围。本节仅简要介绍 MBe 技术范围内的有关“基于模型的产品设计”和“基于模型的工程分析”的基本内容。

1. 基于模型的产品设计

（1）MBD 模型宗旨　MBD 技术用集成的三维模型完整地表示所有产品信息，将产品设计信息和制造信息共同定义到产品三维数字化模型之中，其宗旨是，将产品三维模型打造成为传递到下游生产环节最恰当的载体，用以改变传统产品信息是由三维模型和二维工程图共同表示的局面，以保证产品数据定义的唯一性，使企业所有部门和团队都能使用该载体作为信息交流和传递的途径。

MBD 技术不是简单地在三维模型上进行三维标注，而是通过一系列规范的方法帮助设计人员能够更好地表达设计思想，具有更强的表现力，打破原有设计与制造间的壁垒，使产品设计与制造的特征更易于被计算机和工程人员进行解读，有效地解决设计与制造数字化过程的一体化问题。为此，MBD 模型的建立不仅仅是设计部门的任务，同时也要求工艺、制造、检验甚至使用和维护等部门共同参与设计的过程，使最后形成的产品 MBD 模型能够直接被工艺、制造及检验等部门人员共享共用。

（2）MBD 模型面临的主要挑战

1）MBD 模型数据的完整表达。为了使 MBD 模型完整地表达产品设计与制造数据，需要有效的工具进行描述，并按照一定的标准规范来组织和管理这些数据，以便于 MBD 模型数据的应用。

2）面向制造的设计。由于 MBD 模型是设计与制造过程的唯一依据，需要确保 MBD 模型数据的正确性。一方面是使模型所表示的产品物理及性能数据能够满足用户的需求；另一方面要求满足工艺的可制造性，即所创建的模型应能满足制造过程的要求。

3）产品设计与工艺设计的协同。MBD 模型的宗旨是使产品设计与工艺设计过程一体化，这就要求 MBD 模型能够为产品设计和工艺设计过程构建一个协同的环境与机制。

4）MBD 模型的共享。通过 MBD 模型的一次定义，能够提供多次、多点的应用，实现模型数据重用的最大化。

（3）MBD 模型的技术实现　针对 MBD 模型宗旨以及所面临的挑战，众多 CAD/CAM 软件公司与制造企业紧密配合，提出了不同的 MBD 模型技术实现途径。例如：西门子公司依据 MBD 相关标准规范，在自身的三维设计软件系统 NX 中内置有知识工程引擎，可获取、转化、构建及重用相关的工程知识，帮助企业用户快速创建产品三维数字化 MBD 模型；通过 NX 一致性质量检查模块 Check-Mate 对模型数据的合规性和可制造性进行验证，确保 MBD 模型数据的正确性；通过 NX 产品与制造信息功能模块 PMI（Product Manufacturing Information）可使用户能够根据 MBD 标准实现数字化产品的完整定义；可在 Teamocenter PLM（Product Lifecycle Management）平台上，对 MBD 模型数据及其创建过程进行有效的管理等。

西门子 NX 系统内置的知识工程引擎包含如下基本内容：

1）标准与规范。在 NX 系统中，以文档形式内置产品研发所需遵循的约定和要求。

2）典型流程和产品模板。典型流程是针对典型产品研发过程所归纳整理的基本流程，是以指导书的形式内置在系统中，供研发人员参阅；产品模板是以可重用的典型产品数据模型呈现给设计人员，可借鉴此类产品模板来完成相似产品或相似零部件的设计。

3）过程向导。过程向导是对产品开发过程相关专家知识进行整理总结后所开发的过程向导工具。在新产品开发设计时，系统应用过程向导向设计人员一步步提示完成相应的操作，以获取需要的设计结果。

4）重用库。将企业各种标准件库、用户自定义特征库、符号库等集成到建模系统内，以供用户使用和维护。

知识工程的应用将改变设计人员的传统工作模式，使设计人员在完成设计任务时，除了独自工作外，还可利用他人的头脑帮助自己共同完成设计工作。

2. 基于模型的工程分析

（1）传统工程分析存在的不足　传统产品设计时的工程分析，通常须将产品设计模型转换为 STEP、Parasolid、IGES 等中性文件作为 CAE 工程分析模块的输入，以便进行网格的划分以及相关的计算分析。这种传统的分析模式，不仅要在产品几何模型的转换和处理上花费大量时间，还会因数据格式转换带来精度以及数据完整性等问题，更不必说设计模型中的特征参数、注释以及 PMI 信息重用等问题。为此，MBe 需要一个集设计与分析为一体的集成模式来提高产品研发的效率与质量。

（2）基于模型工程分析的目标要求　基于模型的工程分析是新一代的工程分析模式，要求 CAE 分析过程基于设计模型来完成，也就是说要求分析模型与设计模型能够彼此相互关联，使设计模型的信息能够全部带入工程分析过程。若设计模型有了更新与修改，分析模型就能够自动捕捉其更新与变化。这样，在设计模型变更后，分析模型仅需自动更新相应变化的网格即可，而不需要重新划分网格模型，这可大大减少因网格模型重建所带来的时间消耗。

（3）基于模型工程分析的技术实现　不少CAD/CAM软件公司提出了CAD/CAE一体化技术方案，即将CAD模型的创建工具与CAE建模需求结合在一起，可为设计人员提供边设计边分析的功能。例如，西门子公司借助Teamcenter PLM平台实现对产品设计与工程分析数据的统一管理，可极大地提高数据查询、仿真分析以及知识重用的效率，降低软件使用的复杂性，使产品设计与工程分析共用一个可视化的用户环境，便于相互间的沟通与交流，实现产品结构设计与性能分析等多专业的协同与融合。图8.3所示为西门子NX CAE设计与分析一体化技术方案。

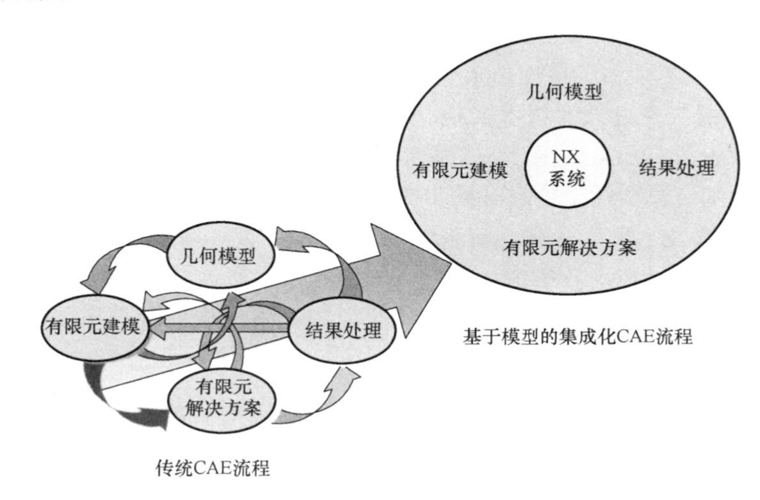

图8.3　西门子NX CAE设计与分析一体化技术方案

在图8.3所示的技术方案中，CAD系统与CAE系统集成在NX系统同一的环境下，颠覆了传统的CAE分析流程，可实现多学科、多物理场的工程分析使用同一个前后处理器，从先进的软件工具层面上实现基于模型的设计与分析一体化流程。

CAD/CAE一体化工程分析系统可提供给设计工程师、工艺工程师以及专业CAE分析师三类人员使用，前两者往往将其用于常规的产品零部件强度/刚度分析、热分析、模态分析和机构运动仿真分析等；专业CAE分析师可针对整机、大系统等对复杂模型进行结构分析、非线性分析、振动噪声分析、流体分析、热分析以及刚-柔联合仿真等。为此，CAD/CAE一体化技术方案可满足企业各层面的CAE分析需求。

8.1.3　基于模型的制造（MBm）

MBm是MBE的关键过程之一。它基于产品设计模型，在虚拟制造环境下完成工艺设计、工装设计、作业指导书编制等生产的准备，并在产品生产现场担负着制造执行管理、质量检测检验等职责。与传统制造过程相比，MBm具有如下特点：

1）直接利用产品设计MBD模型中的几何信息和工艺信息，大大减少传统产品信息手工定义所需的时间消耗；

2）可减少或消除产品信息的转换与重建所带来的出错可能；

3）允许在产品正式加工生产之前，进行制造工艺过程的虚拟验证；

4）可在制造过程早期，直接向产品设计人员反馈制造过程的相关信息。

1. 基于模型的工艺设计

(1) 传统工艺设计模式的不足 虽然三维设计系统已经普及，产品的三维数据模型已经逐渐成为企业应用的标准，但传统工艺设计仍然以二维工程图为设计依据，需要重新绘制加工工艺的二维工序图，而不能直接利用产品的三维设计模型，不能调用三维模型中的产品特征、尺寸公差以及制造技术要求等信息，这必将带来如下弊端与不足：

1）由于产品信息需要人为“翻译”或重建，使工艺设计工作繁重；

2）产品设计是一个不断更新修改的过程，使工艺设计过程也跟随反复更新，致使设计周期冗长；

3）产品数据来源不唯一，可能造成数据不一致以及管理混乱等现象。

(2) 基于模型的工艺设计的技术实现 基于模型的工艺设计涉及模型数据获取、工艺规程设计、工艺过程仿真、工序设计、工艺卡片及统计报表编制、资源管理等核心功能。

图 8.4 所示为基于模型的工艺设计的方案框架。该方案建立于 PDM 平台之上，借助于 PDM 统一的可视化管理、更改管理、流程管理以及有效的集成工具，可实现工艺设计与产品设计过程的协同作业。在该方案中，设计工程管理模块通过对产品设计数据及其文档的管理，可实现零件设计及工装设计的 CAD/CAE 的集成；制造数据管理模块通过对工艺设计、工艺卡片、资源管理等数据的管理，可实现 CAM 与 NC 程序验证仿真的集成；借助于 PDM 系统的集成功能，可实现企业级的 MES/ERP 集成。

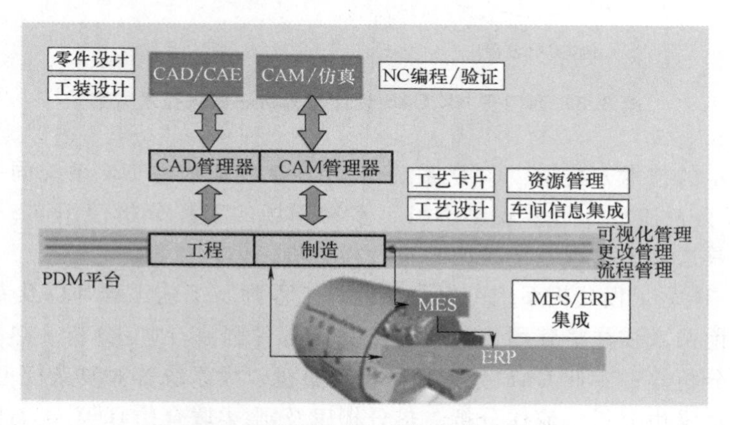

图 8.4 基于模型的工艺设计的方案框架

基于模型的工艺设计可实现真正意义上的设计与制造的协同：可利用产品设计的三维数据进行结构化的工艺设计；工艺文档可用多种格式形式输出，进行客户化定制，支持三维工序模型生成及三维标注；实现 NC 程序、刀具、工装等与工序工步相关联的 CAM 数据紧密集成；可实现对工艺数据的权限、版本、配置及流程的有效管理；通过对典型工艺及工序工步的模板化应用，还能实现知识重用，提高工艺设计的效率。图 8.5 所示为新模式工艺设计所生成的结构化工艺数据模型。

(3) 基于模型的工艺设计的价值体现

1）基于产品模型的工艺设计，无须二次重构，可节省大量工艺设计的时间。

2）以三维模型作为设计与制造信息的载体，包含产品结构、标注尺寸、公差精度以及产品制造属性、质量属性、成本属性等信息，使三维结构化的工艺模型更为直观、明晰，具

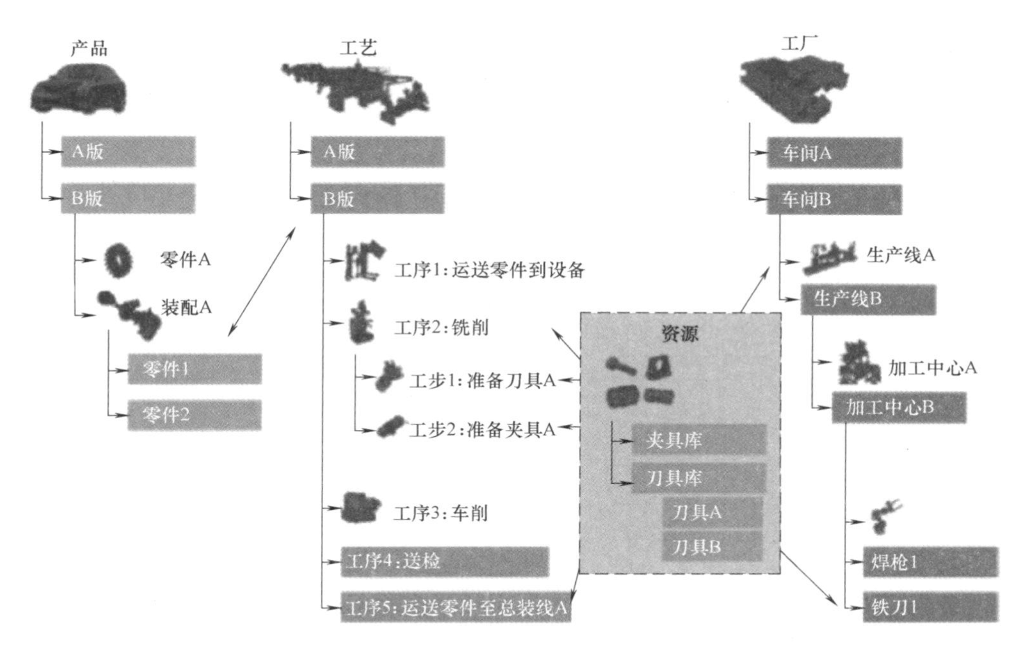

图 8.5 新模式工艺设计所生成的结构化工艺数据模型

有传统二维图表工艺表达形式无法比拟的优势。

3）以产品模型特征为单元，组织工艺流程及加工工序的设计，构建结构化工艺数据模型，便于组织生产以及下游 MES、ERP 系统的信息管理。

4）基于三维模型的工艺设计过程，通过对工装、设备、工厂等工艺资源进行三维建模，便于实现真正意义上的产品加工和装配过程的仿真验证。

2. 基于模型的作业指导书（MBI）

（1）MBI 作用　基于模型的作业指导书（Model Basic Work Instruction，MBI）是基于模型企业整个体系的重要一环。如图 8.6 所示，MBI 是用以连接虚拟世界和物理世界的纽带，并以此替代传统图样、工艺卡片等纸质媒介。如何将复杂的产品与制造过程等定义信息以

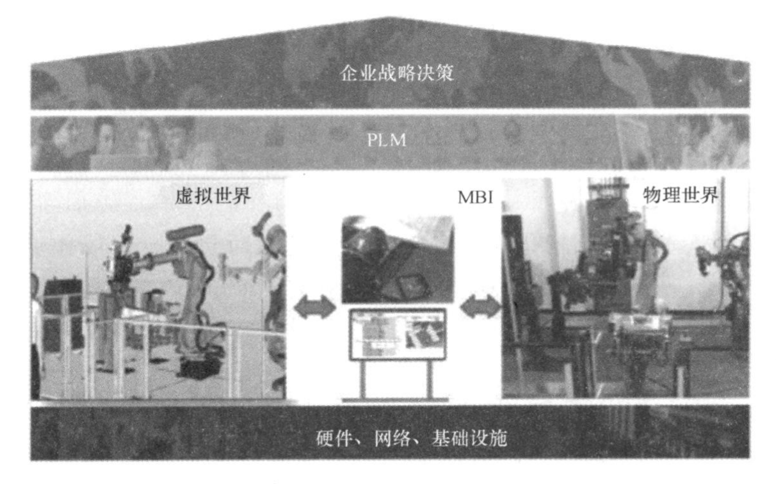

图 8.6 MBI 是纽带和媒介

MBI 的形式在生产现场展现，能够被现场人员快速无疑地理解与执行，是体现 MBE 数字化制造水平的重要标志。

(2) MBI 技术方案　针对企业不同的 MBE 水平，MBI 可采用 2D PDF 或 3D PDF 的形式。

图 8.7 所示为 2D PDF 形式的作业指导书，其中有表格、文字和图形等信息，是由工艺 MBD 结构树输出，可以用纸质打印，也可以用电子文档形式在车间展示。这种 2D 形式的 MBI 发挥了三维工艺的优点，比传统作业指导书更为直观，大大提高了执行现场对工艺信息的理解。

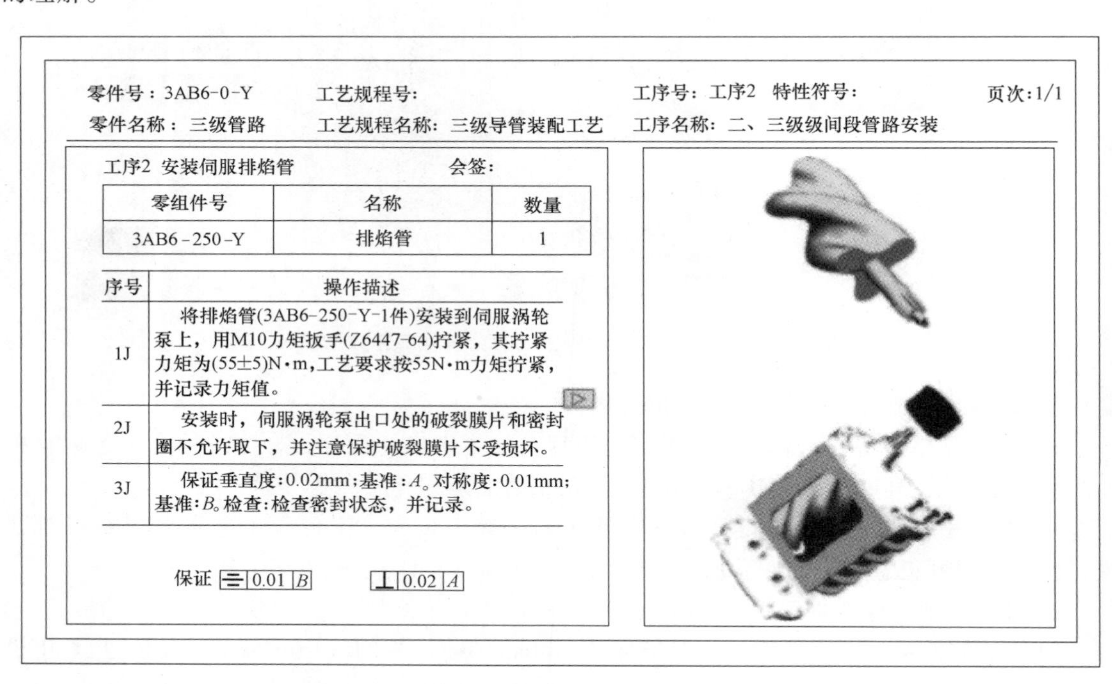
零件号：3AB6-0-Y　工艺规程号:　工序号：工序2　特性符号：　页次:1/1
零件名称：三级管路　工艺规程名称：三级导管装配工艺　工序名称：二、三级级间段管路安装

工序2 安装伺服排焰管　会签：

零组件号	名称	数量
3AB6-250-Y	排焰管	1

序号	操作描述
1J	将排焰管(3AB6-250-Y-1件)安装到伺服涡轮泵上，用M10力矩扳手(Z6447-64)拧紧，其拧紧力矩为(55±5)N·m,工艺要求按55N·m力矩拧紧，并记录力矩值。
2J	安装时，伺服涡轮泵出口处的破裂膜片和密封圈不允许取下，并注意保护破裂膜片不受损坏。
3J	保证垂直度:0.02mm;基准:A。对称度:0.01mm;基准:B。检查:检查密封状态，并记录。

保证 ⌯ 0.01 B　⊥ 0.02 A

图 8.7　2D PDF 形式的作业指导书

图 8.8 所示为 3D PDF 形式的作业指导书，内嵌有供用户直接浏览的三维模型。用户可进行装配工艺的仿真，按工序或工步进程进行播放，以电子文档的形式在车间进行展现。

(3) MBI 价值体现

1) 提高现场执行效率。MBI 具有直观易懂可视化特征，易于解读，方便关联查询，能大大提高现场的执行效率。

2) 提升现场管理水平。结构化的更改管理减少了临时更改，现场作业过程可管可控，提高了现场管理水平。

3) 提高生产质量。MBI 过程定义的可视化、细节化，使过程操作及检查检验更加科学，减少了现场误解的发生，并能快速反馈现场信息，最终达到提高生产质量的目的。

4) 缩短研制周期。MBI 使“信息分发→发现问题→实时反馈→结构化更改→优化贯彻”的产品制造信息闭环成为现实，减少了停工、返工现象，从管理体系上缩短了产品研制周期。

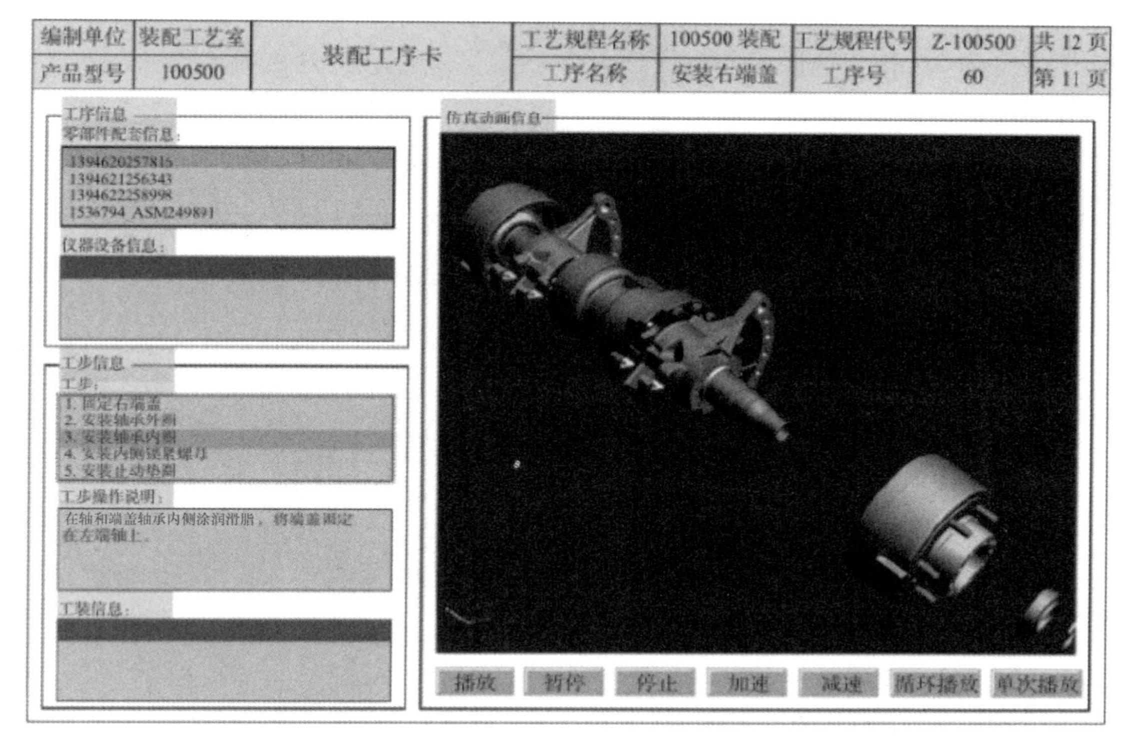

图 8.8　3D PDF 形式的作业指导书

3. 基于模型的制造执行管理

(1) 制造执行系统（MES）　MES（Manufacturing Execution System）是企业生产现场信息的管理平台，用于生产车间内的信息管理，指导车间生产过程，是连接企业信息管理系统 ERP 与生产过程控制系统 PCS 的纽带。MES 接收 ERP 下发的生产主计划以及 PDM 的制造 BOM、工艺路线、作业指导书等产品及工艺数据，进行生产排程、制造执行、数据采集、报表统计等生产控制与管理，并将生产任务的完工信息反馈给 ERP，将产品实时数据提交到 PDM，用于对生产状态的信息管理及生产过程的优化改进。

(2) 基于模型的制造执行管理面临的挑战

1) 在生产现场，以模型为载体的产品数据及工艺数据如何显示与浏览，如何确保数据的安全与及时更新，如何将 NC 代码传递到空闲的机床等问题，均将成为新的业务挑战。

2) 对于产品检验，基于三维标注模型以何种产品检验模式更为合适，如何由手工检验向联机数字检验过渡，如何由事后处理向基于统计分析的事前预防质量问题的转换等。

3) 制造现场的信息反馈。如何实现基于模型的现场信息反馈，以减少技术人员现场处理以及生产等待的时间。

4) 实做数据的采集。如何将其与产品 BOM 及模型标注进行对应，并返回至 PDM，以用于产品数据的维护与优化。

(3) 基于模型的制造执行管理技术实现　西门子公司提出了“产品与生产集成”技术方案，如图 8.9 所示。该方案在计算机网络的支持下，以产品数据管理系统 Teamcenter 实现产品部分功能，以制造执行系统 MES 实现生产部分功能，并与企业 OA、ERP 等业务系统集

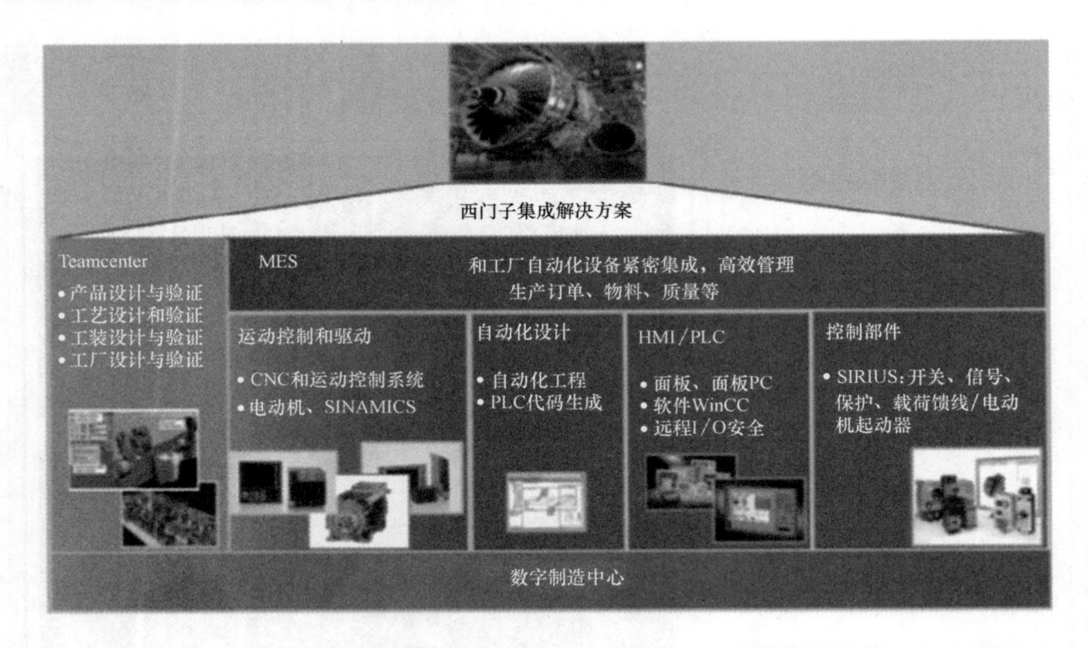

图 8.9 西门子“产品与生产集成”技术方案

成，为企业科学管理提供决策支持。图 8.10 所示为该技术方案的工作流程：

1）在 Teamcenter 环境下完成产品、工艺、工装设计与验证，并将计划物料清单（BOM）与工艺规划送至 ERP 系统，进行主计划编制，形成生产工单与物料清单，分别发送到 PDM 和 MES 系统；

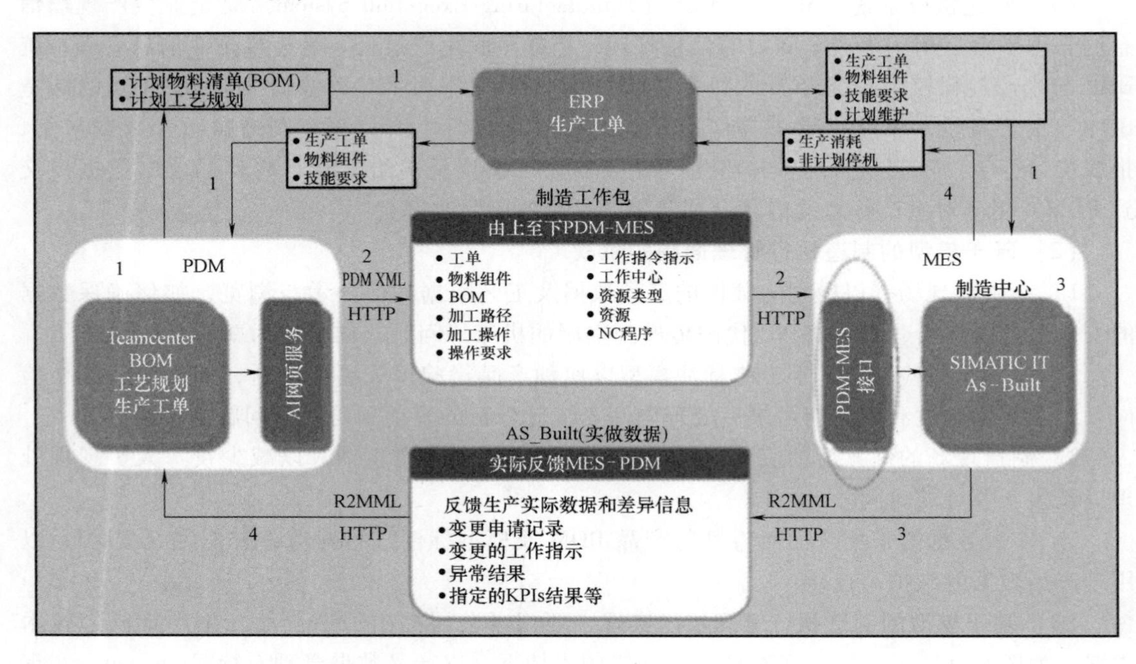

图 8.10 技术方案的工作流程

2）PDM 将生产工单与物料清单与对应版本的产品和工艺数据组合，形成制造工作包下发给 MES 系统；

3）MES 应用生产工单和制造工作包，进行生产排程和物料准备后下传给制造中心，进行生产制造，同时进行产品检验与数据采集；

4）最终将现场实际数据返回给 PDM 系统，将生产消耗等信息返送给 ERP 系统。

（4）价值体现　基于模型的制造执行管理，提供了产品与生产融合的平台，有效解决了基于模型的产品数据在生产现场的查看和应用，实现了基于模型的现场数据采集和反馈，其价值体现为：

1）将设计与工艺定义阶段的产品数据与产品制造阶段的生产数据进行融合管理，为现代制造业的发展提供了新的动力。

2）将基于模型的产品及工艺数据实时精确地下发到生产现场，使生产操作更加规范、便捷，提高了生产率与质量。

3）实现基于模型的现场信息及时反馈，有效减少了人为处理时间和现场停工时间。

4）基于模型的实做数据采集并反馈至 PDM 系统，有利于后期产品维护以及产品改进与优化。

4. 基于模型的全生命周期质量管理

（1）面临的挑战　质量既是设计出来的，也是制造出来的。产品设计与制造过程是提升产品质量的关键环节，也是产品全生命周期质量管理最为关注的环节。尺寸精度直接影响产品的功能实现、研制周期和生产成本，是产品质量管理的核心。传统的尺寸精度在很大程度上是由各种生产工艺装备和手工修配来保障的，同时产品尺寸信息在跨部门传递过程中常有断裂或脱节现象，出现质量问题往往无法有效追溯。根据现代市场的需求，要求生产厂家能够主动提供产品性能初始感知的质量，这对传统产品质量管理提出了极大挑战。由信息化支撑的可持续发展模式推动着产品质量贯穿于全生命周期的闭环管理，希望通过前期的优化设计来减少后期的制造协调以及昂贵制造装备的需求，通过尺寸设计信息准确有效地传递与相适应的合理测量规划验证来驱动跨部门的协同，以期降低质量管理的成本，缩短产品研制周期。

（2）基于模型的全生命周期质量管理的技术实现　基于模型的全生命周期质量管理，可采用以设计预防为主、以尺寸检测反馈为辅的闭环控制质量管理方案。该方案以 MBD 模型为单一信息载体，通过产品设计阶段的三维容差仿真分析 VSA（Variation Simulation Analysis）、工艺规划阶段的虚拟实体检测以及生产过程中的尺寸测量规划与验证 DPV（Dimensional Planning Validation）等手段，实现基于模型的全生命周期的质量管理。

在产品设计阶段，应用三维容差仿真分析软件直接从 MBD 模型中提取产品数据、定位基准、公差标注以及材料特性等信息，作为尺寸容差分析的输入数据，进行分析系统建模；通过仿真产品制造与装配过程，分析预测产品的尺寸质量及偏差源贡献因子，实现 MBD 模型产品公差的分配与优化，以提高产品的设计质量。

在工艺规划阶段，应用离线编程与虚拟仿真软件系统（如 NX CMM），提取 MBD 模型所传递的 PMI 尺寸公差标注信息，进行数字化测量路径的规划，创建 CMM 设备的测量程序，通过对实体模型的虚拟仿真验证，优化测量路径，获取合理的测量计划，输出零缺陷的 CMM 执行程序。

在产品生产阶段，应用 DPV 软件模块，对来自各种测量设备的实时数据进行产品质量的跟踪、分析与发布，帮助用户在第一时间发现质量问题，并通过对制造数据的深度关联寻求质量问题的根本解决方案。

上述产品全生命周期质量管理方案，将数字化设计的虚拟环境与实际制造过程的现实环境关联起来，形成一个将设计意图与实际结果直接比对的质量控制管理的闭环，可帮助企业真正实现从传统以补救和整改为主的质量控制向以预防和过程控制为主的质量管理的转变。

(3) 价值体现 由 VSA、CMM 和 DPV 技术所构成的全生命周期质量管理是 MBD/MBE 技术框架中的重要内容，可形成基于 MBD 单一数据源的尺寸质量管理闭环体系，其价值体现为：

1）优化产品和工艺。VSA 可通过仿真分析确认对产品质量有影响的关键尺寸、公差和装配工艺，在产品开发前期发现潜在的质量问题，指导产品和工艺优化，避免将设计与工艺缺陷带入实际制造阶段。

2）减少返工和废次品，降低生产成本。VSA 通过对关键特征公差的控制，降低对其他特征公差的要求，有助于最大限度地减少废品、返工以及售后维修量，降低制造成本。

3）提高检测效率和精确性。CMM 检测程序生成及更新自动化，并与模型 PMI 信息关联，可减少或避免重复编程，提高编程效率。

4）提高产品质量和生产率。通过 DPV 对生产过程的质量监控及关联分析技术，使质量问题能在第一时间被发现并得以解决，防止问题循环积累，减少废品率和返工率，可使产品质量和生产率得到显著提高。

5）支持 MBD/MBE 战略。由 VSA、CMM 和 DPV 技术所构建的全生命周期质量管理体系，形成了一个能够把制造结果和设计意图直接进行比对评估的一个质量协同平台，帮助制造企业实现从传统补救和整改为主的质量控制向以预防和过程控制为主的质量管理的转变，有效支持了企业 MBD/MBE 战略。

8.1.4 基于模型的维护服务（MBs）

1. MBs 业务挑战

有资料表明，高效的产品服务与保障将为企业带来 40%~80%的利润，对于一些复杂产品的服务，其产值可能达到产品价值的 2~5 倍。因而，无论是复杂产品的使用者或是原设备制造商，均在致力于优化服务资源与流程，以提高产品维护和服务的效率与质量。对于 MBE 模式的设备制造商而言，所面临的维护服务挑战有：如何充分利用企业跨设计、制造以及服务部门的技术与知识，来提供优质服务；如何使其所提供的产品服务优于专业服务公司或产品使用者自身，使产品使用企业更愿意购买设备制造商的直接服务。

2. MBs 技术实现

西门子公司提出了 TC MRO 技术方案，即在 Teamcenter 系统平台上建立一个维护、维修及运行的产品服务工程 MRO（Maintenance，Repair & Operations），即通过配置驱动产品服务的能力来规划服务运作，优化服务执行，最大限度地提高服务部门的效率。作为一个 MBE 企业，应具备如下针对性、专业性的服务能力。

(1) 基于 MBD 模型的交互式电子技术手册 MBE 企业应具有提供产品服务所需要的交互式电子技术手册的创建、有效性管理以及多语言翻译管理的能力。该手册应与产品

MBD模型相关联，能够与其同步更新；具有装配结构、爆炸图、仿真动画等三维显示功能，满足维护服务操作手册、产品目录、培训材料等不同业务需求；能够对手册更改审批流程及版本进行有效控制；能够为企业提供多语言翻译管理。

（2）利用MBD模型提供实物可视化展现与分析　应用MBD三维可视化功能，实现BOM零部件在模型中位置追踪查找；可基于轻量化MBD模型，对产品可靠性、维修性和保障性等分析结果报表进行立体式全方位展示；利用MBD模型展现与搜索能力，进行服务质量或技术问题的关联分析，找出最佳的故障排除方案。

（3）基于MBD模型的维护服务虚拟仿真　三维数字化仿真提供了一个虚拟环境来验证和评价维护服务过程，可研究分析维护服务流程优化、工装验证以及可操作性；能够详细评估人体在特定工作环境下的行为表现，可快速分析人体可及视野与范围，分析维修时人体的可操作性和可达性。

（4）将技术数据包延伸到维护服务现场　充分利用Web及移动设备，把产品服务所需的技术数据包或交互式电子技术手册快捷延伸到维护服务现场，使现场服务人员可查阅维修用的操作指南、设计资料以及各种必要的交互式电子手册，同时可把现场维修的事件与实物等实际状态进行反馈，以提高服务效率与质量。

3. 价值体现

基于模型的维护服务面向产品全生命周期，通过有效闭环连接产品规划、产品设计、产品制造与产品服务的业务环境，不仅提高了产品服务的质量和效率，同时通过服务反馈来提升产品规划、设计、制造的质量，其价值体现为：

1）使服务组织能够更高效地规划和交付产品服务。

2）最大限度地提高所管理的实物产品的可用性和可靠性。

3）形成反馈闭环，以使产品开发人员能够清楚用户所关心的问题。

4）支持旨在预防、基于条件或可靠性的维护服务操作。

5）使MBD模型及相关信息能够最大限度地应用到产品服务的过程。

8.2 ■ 数字孪生技术

随着工业互联网和信息技术的发展，大大促进了制造业数字化的进程，催生了一个个新技术的诞生，数字孪生（Digital Twins）便是其中最为耀眼的一个，其发展速度之快，热度之高，俨然已成为企业数字化/智能化“现象级”（短时间突然爆红）技术。

8.2.1 数字孪生概念的提出和发展

数字孪生概念，最初是由美国密歇根大学Grieves教授于2003年在其产品全生命周期管理课程中提出的，由于当时技术与认知上的局限，并未引起业界较多的重视。直至美国宇航局（NASA）在2010年发布的《模拟仿真技术路线图》中明确提出了数字孪生的概念。如图8.11所示，NASA提出构建一种高度集成的飞行器数字孪生模型，并在火箭台上展开了非凡的实践，使该模型充分利用飞行器的物理模型、传感器数据以及历史数据，刻画该飞行器全生命周期的功能、状态与演变趋势，实现对飞行器的健康状态、剩余使用寿命以及任务可达性进行全面诊断和预测，保障在其整个使用寿命期间持续安全地工作。由于NASA飞行器数字孪生模型的计划及实施，从而引起了整个业界真正的关注。

近十年来，随着大数据、物联网、工业互联网、云计算等新一代信息与通信技术的快速普及与应用，致使数字孪生技术无论在理论上还是在应用层面均取得了快速发展，其应用范围也逐渐从产品设计阶段向产品的制造、运维、服务等阶段延伸。

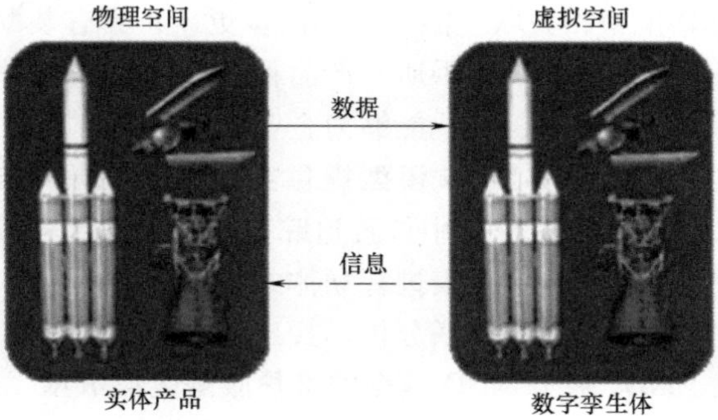

图 8.11　飞行器数字孪生模型

例如：2015 年美国通用电气公司构建了 GE90 发动机引擎数字孪生模型，通过大量虚拟传感器和各种时序数据，形成了庞大的数据流，进行针对性分析，使发动机的远程维护变得更加可控，取得了巨大的成功，并形成商业化的应用；法国达索公司建立了基于数字孪生的 3D 体验平台，利用用户交互反馈信息不断改进产品设计模型，并反馈用于物理实体产品的改进；德国西门子公司基于数字孪生理念构建了生产系统模型，形成基于模型的虚拟企业，支持企业进行价值链的整合及数字化转型；美国 PTC 公司将数字孪生作为“智能互联产品”关键性环节，致力虚拟世界与现实世界间实时的连接，实现产品的预测性维护，为客户提供高效的产品售后服务。

在国内，2016 年北京航空航天大学陶飞教授为实现制造车间的物理世界与信息世界交互融合，提出了“数字孪生车间”实现模型，并明确其系统组成、运行机制以及关键技术，为制造车间 CPS（信息物理系统）的实现提供了理论和方法参考。2018 年北京世冠金洋公司研发了“航天飞行器数字孪生技术及仿真平台”，能够快速开展在轨卫星的故障分析和故障推演，快速构建轨道任务评估系统，成功实现了数字孪生技术在卫星测控领域的工程应用。

近年来，尤其在一些软件及工业互联网公司的推动下，数字孪生概念的发展尤为迅速，有关数字孪生的论文数量呈井喷式增长。本书仅简要介绍数字孪生技术的内涵、功能与作用及其在产品全生命周期中的应用。

8.2.2　数字孪生技术内涵

目前，业界对数字孪生概念尚无公认的标准定义，这里权且引用著名研究机构 Gartner 在 2018 年十大新兴技术专题中对数字孪生的定义。Gartner 认为：“数字孪生是对现实世界的实体或系统进行数字化表达”。将此定义可进一步拓展为：数字孪生是通过数字化手段，在虚拟空间对现实世界实体对象的特征、行为以及变化过程等进行描述，以构建一个与实体对象完全相同的数字孪生体（或数字孪生模型），借此来对实体对象进行模拟与监控，以便于对其行为、状态及其性能特征的理解和预测。

上述定义中的数字孪生体，是指现实世界实体的工作状态及物理特征在虚拟空间全要素的数字化映射，是一个多物理、多尺度、超写实、动态的集成数字模型，可用来模拟、监控、诊断、预测、控制物理实体在现实环境中的构成状态和行为特征。产品数字孪生体是基于产品设计所生成的产品数据模型，并在随后的制造、应用和服务期间不断与产品实体进行信息交互，以补偿完善自身信息，最终完成对产品实体完整及精准的描述。

由数字孪生概念的定义可见，数字孪生体具有如下特征：

1）数字孪生体是物理实体的动态数字化模型。产品数字孪生体是与产品实体在其全生命周期共生共存，在产品实体制造出来后，数字孪生体便伴随而生。而在产品开发设计阶段，没有对应的物理实体，可将此时的静态产品数据模型视为产品实体“孕育”阶段的数字孪生体。产品实体“出生”之后，伴随而生的产品数字孪生体就在其全生命周期各阶段通过与产品实体不断动态交互而得到丰富与完善，同时对产品使用与维护过程进行实时、动态和可视化的监控。

2）产品孪生数据产生于产品全生命周期。产品的孪生数据不只产生于产品的设计过程，而是在产品的制造、运行和维护等全生命周期都在不断地产生孪生数据。它不仅包含产品的几何、物理、性能等信息，还包含对产品制造、运行和维护等过程状态的描述，其信息面和信息量远远超出产品设计时数字化样机的范畴。

3）数字孪生体与物理实体不是简单的一对一对应关系。每个数字孪生体必须有一个对应物理实体的数据交互，但并不是简单的一对一对应关系，有可能存在多对一、多对多的复杂关系。一个物理实体可能需要有多个不同侧面、不同视角的数字孪生体进行描述，以便于从产品不同阶段、不同环境来认识产品实体所处的不同物理过程。复杂的机械产品或系统往往需要用不同粒度的数字孪生体进行表达，这些数字孪生体可根据实际需要以某种层次或关联形式进行组合，以描述物理产品或系统实体功能的组成，如图 8.12 所示。

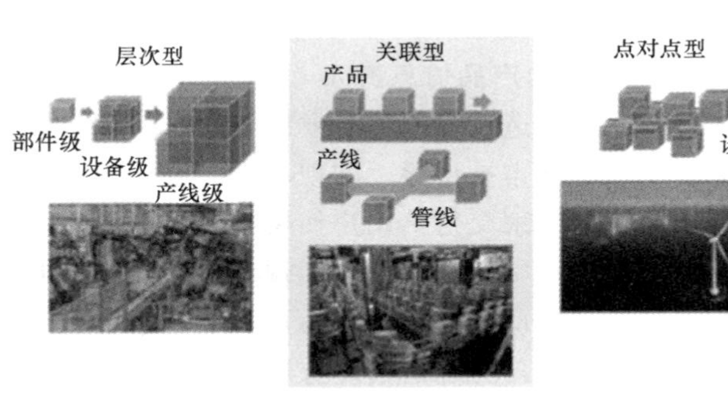

图 8.12　**复合结构各类数字孪生体之间的关系**

4）多物理和多尺度性。产品数字孪生体是基于产品物理特性的数字化映射，不仅包含产品实体的形状、尺寸、公差等几何特性，还可能包含产品实体结构动力学模型、热力学模型、应力分析模型、疲劳损伤模型以及产品材料的刚度、强度、硬度等多种物理特性；不仅包含产品实体的宏观物理特性，还可能包含产品实体的微观物理特性，如材料微观结构、表面粗糙度等。

数字孪生技术的出现，为人们提供了一个与能够感知、看得见的物理世界平行的虚拟空间，即数字孪生空间。通过这一平行空间，能够反映或镜像产品实体的真实行为和状态，能够根据物理世界实体传来的数据进行自身的数据完善、融合及模型构建，能够通过虚拟空间的展示、统计、分析与处理这些数据，实现对实体产品及其周围环境的实时监视和控制，以达到虚实融合、以虚控实的目的。

8.2.3　数字孪生的功能与作用

本节应用国内某专家提出的“四象限模型”解释数字孪生的功能与作用。如图 8.13 所示，该模型以用户分界线为横坐标，以虚实分界线为纵坐标，将产品作用域分为四个象限。产品设计位于第一象限，产品制造位于第二象限，产品实体位于第三象限，数字孪生体则位于第四象限。

1. 第一与第二象限的往复穿梭

传统的产品制造，当设计任务完成后便将设计结果传送到企业制造部门，使产品进入生产环节，从而使所设计的产品由第一象限的数字空间进入到第二象限的物理空间。在制造部门，新产品批量生产前往往需要进行物理样机的试制，以检查产品的设计、工艺及性能的正确性和可及性。若发现产品设计存在错误或缺陷，则需将其返回到第一象限，由设计部门进行修改，经改进后再传送到第二象限。在产品试制阶段，产品信息往往在第一与第二象限频繁地往复穿梭。

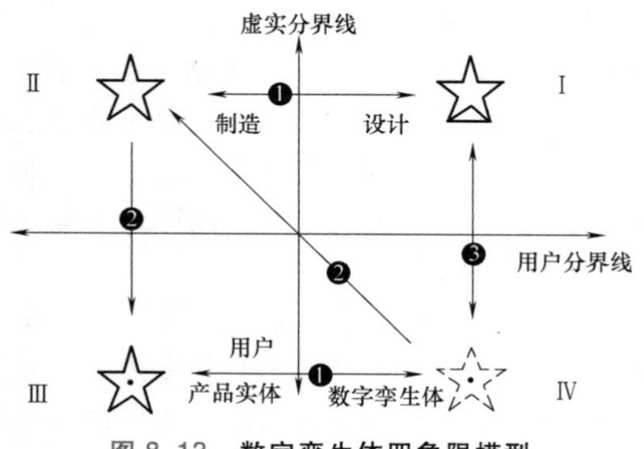

图 8.13　数字孪生体四象限模型

为了降低物理样机试制成本与工期，数字化虚拟样机出现在第一象限，如图 8.14 所示。通过虚拟样机可对产品模型的结构、性能以及可制造性等进行仿真与模拟，可部分甚至全部替代物理样机的试制，这是计算机技术在制造业的一次重大突破，可大幅度降低产品物理样机的制造成本。

2. 第三象限的产品信息孤儿

随着数字化制造技术的不断发展与进步，产品信息在第一象限数字空间与第二象限物理空间的流动障碍基本被清除，实现了产品设计与制造进程的一体化。

当产品制造结束交付给用户使用后，产品便由第二象限进入了第三象限。第三象限的用户空间是产品的正常归宿，也是实现产品价值的地方。然而，绝大部分产品进入第三象限之后，便失去与制造商的联系，成为产品信息孤儿，如图 8-15 所示。只有在产品出现故障需要质保的时候，用户与制造商才重新搭建那未必愉快的连接。

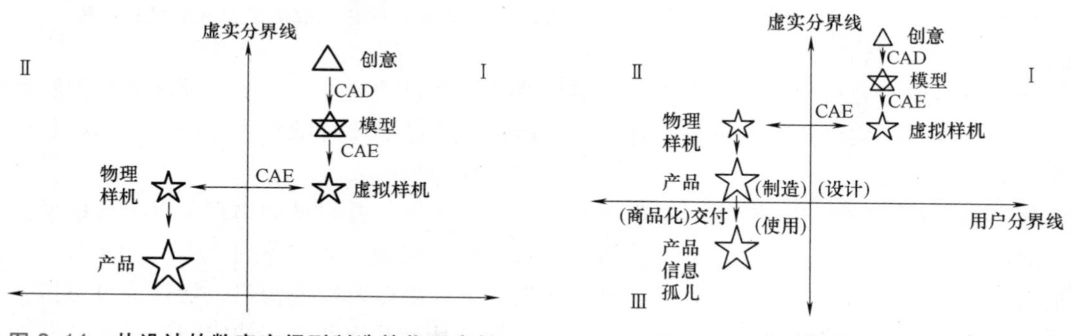

图 8.14　从设计的数字空间到制造的物理空间

图 8.15　传统制造的产品三象限

形成产品信息孤儿最重要的原因是产品信息在用户那里基本停止流动：产品设计制造信息或许还留在制造商手里，用户并不知道；产品的运行信息在用户这边，制造商也无从了解。

3. 数字孪生体在第四象限崛起

制造商一直对产品全生命周期所有信息都感兴趣，包括使用、维护直至报废等。数字孪生与产品全生命周期信息有着密不可分的联系，但因其成本代价高，没有大工程背景，无法使数字孪生技术取得商业上的价值。近年来，由于物联网的普及，数据传输更为廉价便利，使万物互联成为可能，致使数字孪生也变得“触手可得”，从而成为数字化制造的关键角色，自然也填补了原为空白的第四象限，成为该象限的新主人。

数字孪生体出现后，与设计、制造及用户一同分别占据着“四象限模型”的Ⅰ~Ⅳ象限。其中制造与用户在物理空间一侧，设计与数字孪生体在数字空间一侧；产品实体与数字孪生体在用户分界线的一侧，而设计与制造在其另一侧，从而使用户手中的产品实体不再是无人联系的“孤儿”。

4. 数字孪生体的功能与作用

产品数字孪生体的“生命”何时被激活？从本质上说，其激活时段不是发生在产品设计CAD建模，也不是在产品制造时，而是从产品制成品交付给用户那一刻开始，此前的所有活动仅被作为产品数字孪生体“孕育与准备”阶段。产品数字孪生体被激活后，才真正成为产品实体的“数字双胞胎”。

产品数字孪生体的最重要功能，体现在为产品信息的流通增加了三个数据通道（图8.13）：

1）与产品实体的信息交互。与产品实体的信息交互是数字孪生体的基本功能，通过附着在产品实体上的传感器不断采集物理产品的实时状态和性能信息，使数字孪生体自身具备与物理产品某些特征的相似性，以显示出与物理产品兄弟般的存在，用以对物理产品的描述、诊断、预警甚至预测，特殊情况下也可能会对物理产品触发实际的操作与控制。

2）向制造商反馈产品信息。数字孪生体的出现，终于使制造商可掌控用户手中的产品信息，这是一次里程碑性的握手，对制造商改善产品性能意义重大。尤其对于我国制造业，产品一旦交付用户后，持续的产品设计验证也就成了断头路，一台数十万甚至上亿元的设备交付后，基本上就各奔东西，如果有一天用户回头来找制造商，那一般是来“找茬”的。

3）与设计部门的信息流动。传统的产品制造，设计部门可得到产品在制造环节的信息反馈，而无法得到用户手中的动态产品信息。一辆汽车或一台机器，无论如何进行个性化定制，当它离开工厂之后，只能呈现一种平均数状态，机器的设计参数只能被设定为平均工况。数字孪生体可让个性化定制进一步走向个性化定用，个性化定用比个性化定制更能体现用户专有价值的实现。

数字孪生体的出现，使得产品信息流从第一象限到第四象限全程打通，形成了一个源源不断的产品数据流，使产品全生命周期的信息形成了一个完备的闭环。

8.2.4 数字孪生体三要素

为了表示物理实体的动态特性，数字孪生体应与相对应的物理实体进行关联，以便收集并组织处理物理实体的实时数据。若使数字孪生体能够实时描述、模拟、诊断及预测物理实体的状态与行为，必需自身拥有相关的计算分析模型。数字孪生体存在的目的是将其功能与作用与产品生产业务相结合，以便更好地优化生产制造过程。为此，数字孪生体应包括数据、模型及服务三个基本要素，如图8.16所示。

（1）数据 数字孪生体应包含对应物理实体的数据信息，以描述、理解对应物理实体的运行状态和行为。这些数据应由物理实体完整生命周期的信息组成。若物理实体为某一设备产品，则应包括其设计数据（规格、模型、零部件、材料等）、生产数据（生产设备、生

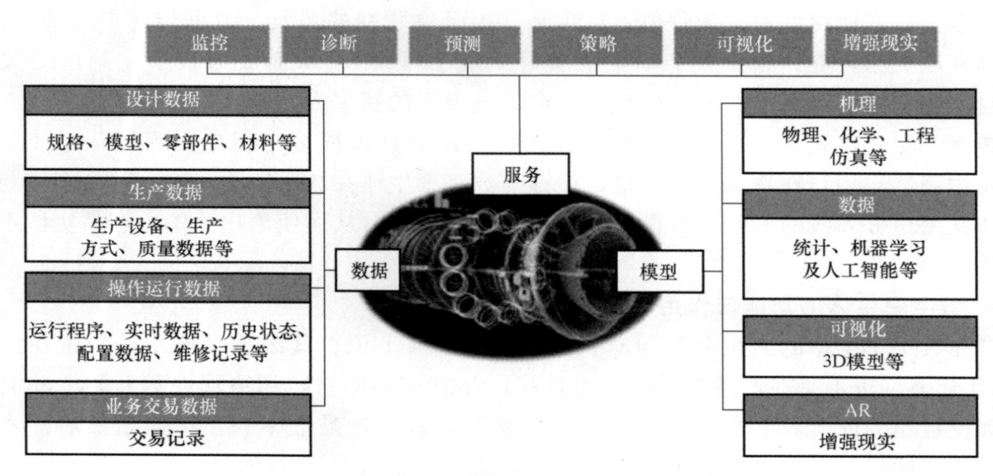

图 8.16　数字孪生体三要素

产方式及质量数据等）、操作运行数据（运行程序、实时数据、历史状态、配置数据、维修记录等）以及业务交易数据等。

（2）模型　它包括用于描述、理解、预测物理实体的运行状态和行为的计算分析模型以及基于业务逻辑用于指导物理实体运行的模型。这些模型可能包括基于物理、化学、工程仿真的模型，基于统计、机器学习及人工智能的数据模型，也可能包括增强现实模型等，以帮助人类理解物理实体的运行状态或行为。

（3）服务（接口）　数字孪生体还应提供用于监控、诊断、预测等服务的接口，这些接口应能满足各种不同服务的需要。尽管不同物理实体的形式各异，但所对应的数字孪生体都应具备一些公共数据属性及模型的通用结构，以便于不同服务的访问和调用。

8.2.5　数字孪生技术的应用

数字孪生作为一种技术工具，可用于制造业产品全生命周期的各个阶段。

（1）基于数字孪生的产品设计　基于数字孪生的产品设计，是在市场需求分析基础上，收集现有产品运行及服务的相关历史数据，建立产品数字孪生数据模型，利用已有产品与虚拟产品在全生命周期的虚实融合和协同作用，以超高拟实度的虚拟仿真及大数据等技术，分析判断现有产品需要改进或提升的功能与环境，挖掘产生具有新颖、独特价值的创新产品概念，并将其转化为详细的设计方案，以此完成创新产品的设计，如图 8.17 所示。

基于数字孪生的产品设计，可使传统设计理念呈现如下转变：

1）产品设计由个人经验与知识驱动转为孪生数据驱动。

2）产品模型由设计阶段为主的数据扩展到产品全生命周期的数据。

3）设计方式由需求被动式创新转变为基于孪生数据挖掘的主动式创新。

4）设计过程由基于虚拟环境的设计转变为物理与虚拟融合协同的设计。

5）产品验证由小批量试制为主转变为高逼真度虚拟验证为主。

基于数字孪生的产品设计，需要解决如下关键技术：

1）从高维数据属性间复杂关系中挖掘产品设计的隐性需求。

2）不同设计角色以及虚实产品间的信息协同交互和迭代优化机制。

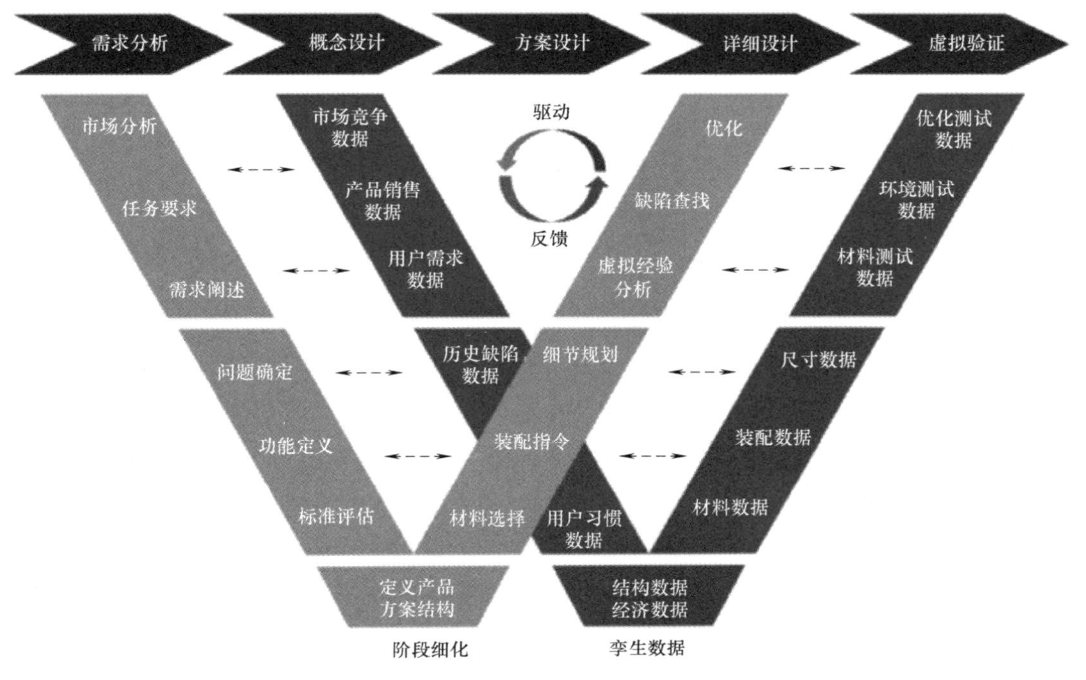

图 8.17　基于数字孪生的产品设计

3）海量产品孪生数据的完整性、实时性以及安全性的有机集成与管理。

（2）基于数字孪生的工艺规划　工艺规程是产品制造工艺过程及其操作方法的技术文件，是进行产品生产准备、生产调度、工人操作和质量检验的依据。基于数字孪生的工艺规划是通过建立超高拟实度的产品、资源以及工艺过程等虚拟仿真模型，形成全要素、全过程的虚实映射、交互融合、协同迭代的优化机制，以实现面向生产现场的工艺设计与持续优化，如图 8.18 所示。

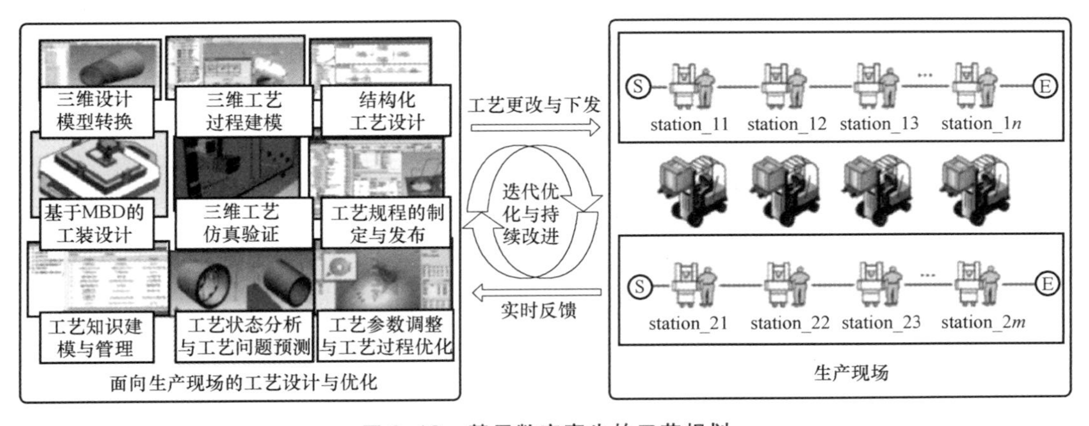

图 8.18　基于数字孪生的工艺规划

基于数字孪生的工艺设计使传统工艺设计模式呈现如下转变：

1）真正实现面向生产现场的工艺过程建模与仿真。

2）可实现基于大数据分析的工艺知识建模、决策与优化。

3）工艺问题由被动式响应向主动式应对转变，实现工艺问题的自主决策。

基于数字孪生的工艺设计需要解决如下关键技术：

1）基于数字孪生的工艺模型构建理论与方法。

2）基于大数据分析、知识提炼和知识优化的工艺创新设计。

3）基于现场实时数据工艺预测、参数动态调整的工艺过程持续迭代优化。

（3）基于数字孪生的车间生产调度　车间生产调度是生产车间决策优化、过程管控、性能提升的神经中枢，是生产车间有序平稳、均衡高效生产的运营支柱。基于数字孪生的车间生产调度，其调度要素在物理车间与虚拟车间之间相互融合和映射，以形成虚实共生、以虚控实、迭代优化的协同网络，在物理车间主动感知生产状态，在虚拟车间通过自组织、自学习、自仿真方式进行调度状态解析和调度方案的调整，快速确定异常范围，使车间生产调度系统具有生产现场变化适应能力、扰动响应能力和异常解决能力，可实现调度要素的协同匹配与持续优化。基于数字孪生的车间生产调度如图 8.19 所示。

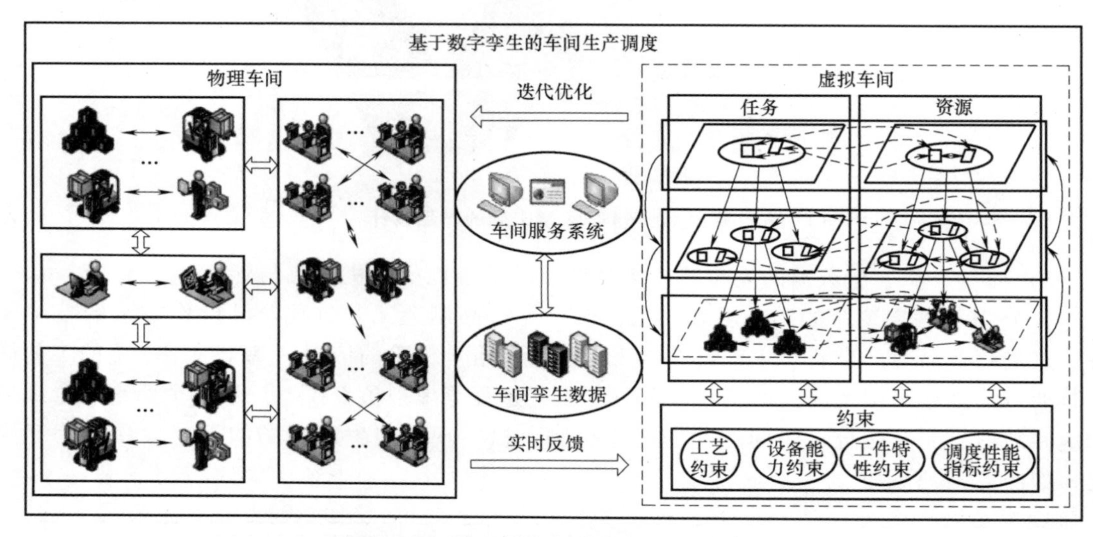

图 8.19　基于数字孪生的车间生产调度

基于数字孪生的生产调度，使传统生产调度模式呈现如下转变：

1）驱动方式由能量驱动向数据驱动转变。

2）调度要素由实体互联向虚实映射转变。

3）响应方式由被动响应向主动应对转变。

4）过程控制由粗放控制向精确控制转变。

5）管理形式由层级结构向扁平化结构转变。

基于数字孪生的生产调度，需要解决如下关键技术：

1）调度要素的虚实交互行为以及虚实交互机理。

2）自主决策、动态迭代的调度优化方法。

（4）基于数字孪生的产品质量分析　基于数字孪生的产品质量分析，是在采集物理车间各工序所承受的切削力、工作温度、尺寸精度等实时动态信息的基础上，通过虚拟车间的计算仿真，对产品现场加工质量进行分析与预测，并记录产品加工过程的动态参数，以便进行产品质量的追溯。基于数字孪生的产品质量分析如图8.20所示。

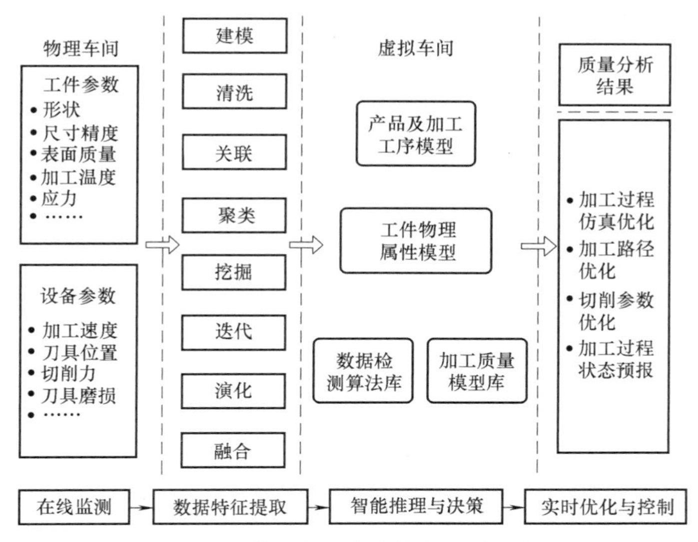

图8.20　基于数字孪生的产品质量分析

基于数字孪生的产品质量分析具有如下特点：

1）虚拟车间构建有产品及加工工序模型、工件物理属性模型、加工质量模型库、数据检测算法库等，可进行多学科全要素的生产质量分析。

2）虚拟车间仿真可与物理车间实时加工状态同步，可对加工质量进行实时分析。

3）虚拟车间可在产品加工前，对设定的加工工艺进行仿真，以验证工艺的合理性；在产品加工过程中，通过实时仿真可对加工质量进行优化控制。

基于数字孪生的产品质量分析需解决如下关键技术：

1）基于仿真的加工过程预测。

2）加工质量稳态控制的自主优化。

（5）基于数字孪生的产品服务系统　产品服务系统（PSS）是一种面向消费者进行产品服务的价值提升系统。基于数字孪生的产品服务系统，是在数字孪生技术支撑下，充分利用数字化与信息化系统，有效支持产品服务的智能分析决策、快速个性化配置、服务过程体验及快速供给等，实现资源的优化配置与融合。

基于数字孪生的产品服务系统使产品服务管理呈现如下转变：

1）响应方式由客户响应向服务商主动服务转变。

2）服务配置方式由人为主观配置向实时精确配置转变。

3）服务理念由为自己创造价值向与客户共同创造价值转变。

4）过程管理由传统服务管理模式向实时化、远程化、集成化的生命周期管理转变。

基于数字孪生的产品服务系统需解决如下关键技术：

1）智能获取现有信息系统中的准确数据，实现不同客户的个性化产品服务系统模式。

2）基于产品服务分析评价工具，实现价值增值能力和环境效益的实时分析。

3）建立远程系统与PLC之间的数据通道，为产品提供远程、实时和无人化操控支持。

4）研究物理产品生命周期状态变化规律，支持产品服务系统生命周期的履历管理。

本章小结

为了使 MBD 模型在企业环境下得到充分有效地利用，发挥其最大效益，基于模型的企业（MBE）生产模式问世。MBE 宗旨是在整个企业范围内建立一个以产品 MBD 模型为基础的信息共享和协同作业的环境，使企业产品及其制造过程信息能够快捷、无缝地传递与衔接，以增强企业协同生产能力。

MBE 通常由基于模型的工程（MBe）、基于模型的制造（MBm）和基于模型的维护服务（MBs）三部分组成。MBe 包括“基于模型的产品设计”和“基于模型的工程分析”等基本内容，是将模型技术作为产品生命周期中的需求、分析、设计、实施和验证的能力；MBm 是在虚拟制造环境下完成产品的工艺设计、工装设计、作业指导书编制等生产准备任务，在生产现场担负制造执行管理、质量检测检验等职责；MBs 是将产品和工艺设计 MBD 模型延伸到产品维护服务阶段，并将维护服务信息反馈给设计模型。

数字孪生是对现实世界的实体或系统进行数字化表达，是通过数字化手段在虚拟空间对现实世界实体对象的特征、行为以及变化过程等进行描述，以构建一个与实体对象完全相同的数字孪生体，借此来对实体对象进行模拟与监控，以便于对其行为、状态及其性能特征的理解和预测。

数字孪生体通常包括数据、模型及服务三要素：即采集物理实体全生命周期的各类数据，用以描述、理解物理实体的运行行为和状态；通过自身拥有的各种计算分析模型等，对物理实体的行为和状态进行分析和预测；通过各种应用接口服务于物理实体的监控、诊断和预测等。

思考题

1. 什么是 MBD 及 MBE？两者的概念是在什么背景下产生的？
2. 阐述 MBE 技术内涵，分析 MBE 与 MBD 的关注点有何区别。
3. MBE 技术架构如何组成？分析各组成部分的技术内容以及 MBE 技术特征。
4. 简略分析 MBe 所包含的“基于模型的产品设计”及“基于模型的工程分析”技术是如何实现的。
5. 阐述 MBm 有何特点、包含哪些基本功能以及如何实现。
6. 作为一个 MBE 企业，MBs 应具有哪些专业性的服务能力？
7. 试分析“数字孪生”技术内涵和基本特征。
8. 叙述数字孪生“四象限模型”，根据该模型分析数字孪生的功能作用。
9. 数字孪生体三要素是指哪些要素？各要素有何作用？
10. 分析数字孪生在产品全生命周期中有哪些具体应用。

参 考 文 献

[1] 周秋忠，范玉青. MBD 数字化设计制造技术 [M]. 北京：化学工业出版社，2019.

[2] 西门子工业软件公司，西门子中央研究院. 工业 4.0 实战　装备制造业数字化之道 [M]. 北京：机械工业出版社，2015.

[3] 陈超祥，胡其登. SOLIDWORKS MBD 与 Inspection 教程 [M]. 北京：机械工业出版社，2017.

[4] 卢鹄，韩爽，范玉青. 基于模型的数字化定义技术 [J]. 航空制造技术，2008 (3)：78-81.

[5] 张宝源，席平. 三维标注技术发展概况 [J]. 工程图学学报，2011 (4)：74-79.

[6] 刘金锋，周宏根. 基于 MBD 的三维机加工艺设计关键技术研究及应用 [M]. 北京：北京理工大学出版社，2018.

[7] 刘小磊. 三维机加工工艺设计中工艺 MBD 模型生成关键技术研究 [D]. 武汉：武汉理工大学，2019.

[8] 饶有福. 基于模型的企业 (MBE) 在航空业的实践与发展 [J]. 航空制造技术，2015 (18)：89-91.

[9] 高星海. 从基于模型的定义 (MBD) 到基于模型的企业 (MBE) [J]. 智能制造，2017 (5)：25-28.

[10] 王建军，向永清，何正文. 基于数字孪生的航天器系统工程模型与实现 [J]. 计算机集成制造系统，2019，25 (6)：1348-1360.

[11] 美国工业互联网联盟. 工业应用中的数字孪生 [J]. 机械工程导报，2020 (4)：19-30.

[12] 李培根. 浅说数字孪生 [J]. 机械工程导报，2020 (4)：1-9.

[13] 林雪萍. 数字孪生：第四象限的崛起 [J]. 机械工程导报，2020 (4)：10-18.

[14] 庄存波，刘检华，熊辉，等. 产品数字孪生体的内涵、体系结构及其发展趋势 [J]. 计算机集成制造系统，2017 (4)：753-768.

[15] 陶飞，刘尉然，刘检华，等. 数字孪生及其应用探索 [J]. 计算机集成制造系统，2018 (1)：1-18.